全国本科院校机械类创新型应用人才培养规划教材

工程机械检测与维修

主　编　卢彦群

副主编　朱桂英　孔江生

参　编　刘占良

内容提要

本书是为21世纪大学车辆工程（以工程机械为主）专业编写的一部专业课教材，共分10章，主要讲述可靠性与维修性理论、现代维修思想、机械零件的失效与检验、机械零件故障检测与诊断、机械零件主要维修方式以及典型零部件的维修与再制造等内容。

本书注重理论联系实际，可作为大学工程机械和汽车专业的教材，也可供相关工程技术人员参考使用。

图书在版编目(CIP)数据

工程机械检测与维修/卢彦群主编. —北京：北京大学出版社，2012.9
(全国本科院校机械类创新型应用人才培养规划教材)
ISBN 978-7-301-21185-4

Ⅰ.①工… Ⅱ.①卢… Ⅲ.①工程机械—检测—高等学校—教材②工程机械—机械维修—高等学校—教材 Ⅳ.①TU607

中国版本图书馆CIP数据核字(2012)第210346号

书　　名：工程机械检测与维修
著作责任者：卢彦群　主编
策 划 编 辑：童君鑫　宋亚玲
责 任 编 辑：宋亚玲
标 准 书 号：ISBN 978-7-301-21185-4/TH·0314
出　版　者：北京大学出版社
地　　址：北京市海淀区成府路205号　100871
网　　址：http://www.pup.cn　http://www.pup6.cn
电　　话：邮购部62752015　发行部62750672　编辑部62750667　出版部62754962
电 子 邮 箱：pup_6@163.com
印　刷　者：北京鑫海金澳胶印有限公司
发　行　者：北京大学出版社
经　销　者：新华书店
　　787毫米×1092毫米　16开本　22.75印张　525千字
　　2012年9月第1版　2012年9月第1次印刷
定　　价：45.00元

前　言

进入21世纪以来，随着社会经济的快速发展，加速了工程机械工业的快速发展和车辆技术的快速进步，工程机械的结构和功能日趋复杂和完善，自动化程度越来越高，产品品种越来越齐全。但是，在工程实际应用中因为许多不可避免的因素的存在，或者一些人为因素的影响，零件会发生失效，机械设备的可靠性会降低，车辆往往会出现各种故障，以致耽误工期，使用户蒙受经济损失，甚至会造成严重事故。因此，对机械设备实施状态检测，及时消除隐患、排出故障，保障车辆的正常运行，就成为一个十分紧迫的任务。

2011年教育部工作要点指出，要启动中西部高等教育振兴计划，调整优化大学生招生结构，大幅增加工程类专业招生比例，加强应用型人才、复合型人才和拔尖创新人才培养，扩大卓越工程师教育培养计划试点范围。“要点”明确指出，要大力发展高等工程教育，培养一大批具有一定理论基础和较强实践能力的，适应现代生产、建设、管理、服务第一线的应用型人才，这是经济建设和社会发展的迫切需要，也为我们培养车辆工程方面的实用型人才提出了新的要求，也更加突出了编写一部车辆维修方面的实用型教材的重要性。

工程机械的维修水平，不仅关系到其完好率、维护费用、实用成本、工程进度和质量，也关系到工作效率和经营效益，同时也能够从一个侧面反映出一个企业的技术力量、管理水平和工程能力。只有掌握机械设备维修行业不断发展的新观念、新思想、新理论，熟悉以现代机械系统状况监测技术和故障诊断理论为基础，以传感设备、微处理器、故障诊断仪等设备为硬件支撑，以相关计算机应用程序为软件支持，以诊断专家系统为技术手段，以先进维修方式为工艺的修理技术，才能适应时代的发展和社会的进步，才能科学地判断故障类型、分析故障原因、确定故障部位、采取合理措施。

本书是机械制造与自动化、车辆工程、工程机械、汽车等专业的主要专业课教材，共分为10章，涉及维修思想、故障理论、可靠性与维修性理论、零件的失效及检验、故障的诊断与检测、摩擦与润滑、基本维修方法、典型机构的修理、再制造基础等内容，强调理论联系实际，注重实用性，力争吸取维修领域最新成果，对教学、工程实践都有一定的参考价值。

本书第1、2、3、4、8及第10章部分内容由卢彦群编写，第6、7章由孔江生编写，第5、9章由朱桂英编写，第10章部分内容由刘占良编写，全书由卢彦群统稿、审定。

由于水平所限以及时间限制，书中难免有疏漏之处，敬请读者提出宝贵意见。

编　者

2012年6月

目　录

第1章 绪 论

★了解工程机械的基本类型、应用特点；

★了解我国工程机械维修行业现状；

★了解国际上工程机械维修技术发展趋势。

知识要点	能力要求	相关知识
工程机械的应用特点	了解工程机械类型和应用特点	工程机械类型、应用、发展趋势
工程机械维修行业现状	了解国内工程机械维修行业存在的问题及维修技术发展趋势	故障诊断信息、维修体制、维修技术的发展动向

1.1 工程机械的应用

随着经济的快速发展和社会的巨大进步，工程机械在我国社会主义建设的伟大事业中占有越来越重要的地位，已经成为我国装备工业的重要组成部分。一般来讲，凡是土石方施工工程、路面建设与养护、流动式起重装卸作业和各种建筑工程所需的综合性机械化施工工程所必需的机械装备，统称为工程机械。它广泛地用于国防建设工程、交通运输建设，能源工业建设和生产、矿山石油等原材料工业建设和生产、农林水利建设、工业与民用建筑、城市建设、环境保护、铁路施工、物料搬运、大型风动工程等领域，是国民经济发展中绝对不可或缺的重要机械设备。

1.2 工程机械的类型

因为工程机械的用途非常广泛，所以其类型繁多，形式各异，按用途一般可分为以下几种类型：挖掘机械、铲土运输机械、工程起重机械、机动工业车辆、压实机械、路面机械、桩工机械、混凝土机械、钢筋和预应力机械、装修机械、凿岩机械、气动机械、其他工程车辆或机械。

1.3 工程机械的特点

国际上工程机械行业，经过近100年来的发展，已经能够生产20多个类型，近5000个规格型号的设备，品种齐全、形式多样、大小不一、类型各异。

在应用环境方面，工程机械作业的场合繁多、工况复杂、道路崎岖泥泞、温差多变、风吹日晒、空气污浊、环境恶劣。

因此，要求工程机械必须抗冲击、抗振动，零部件刚度大、强度大；在工地倾斜35°～50°时仍能可靠地工作；必须适应剧烈的负荷变化，必须有大扭矩储备系数、大转速适应性系数和适应宽范围的温度变化的能力；必须适应恶劣的工作环境条件(如灰尘大、泥沙多等)，适应停车、变速、制动、转向频繁变化的工况。

1.4 工程机械的发展趋势

从国际上看，工程机械在广泛应用新技术的同时也涌现出新结构和新产品。整机的可靠性得到很大提高，增加了电子信息技术含量，在集成电路、微处理器、微型计算机及电子监控技术等方面都有广泛的应用。产品的标准化、系列化和通用化得到完善。

纵观国内外工程机械制造业今后的发展，有以下几个方面的趋势：一是两极化，即产品向极小型和特大型方向发展；二是安全舒适，即改善驾驶员的工作条件，提高运行安全性和操控舒适性；三是节能环保，即产品向着节能、降耗、低碳方向发展；四是轨迹控制微机化，即最大程度地实现自动化；五是高效灵活的液压系统；六是机、电、液、气一体化的多用途产品。

1.5 我国工程机械维修行业现状与发展趋势

1.5.1 现状

改革开放以来，我国工程机械拥有量迅速增加，不仅逐步引进技术、开发检测设备，而且在不断学习国外先进的维修管理经验的基础上，结合我国的具体情况，采用了以可靠性理论为指导、以机械技术状态检测为基础的按时维修与视情维修相结合的“项修制”。简单地说，它是先检测、后修理，坏什么、修什么，以恢复总成、整机技术性能指标为最终目的。它省工省时省料，针对性强，修理质量高，缩短了停机时间。实践证明，采用这种维修制度和方法效果显著。但是，与高速发展的工程机械制造行业和汽车维修行业相比，我国目前的工程机械维修行业还存在以下问题。

1. 有规矩，不规范

虽然制定了送修制度、修竣验收标准、维护分级制度以及相应的行业服务规章等，但大多数维修企业没有按相应的制度和标准执行，很多还处于无人监管的营运状态，操作规范性很差。

2. 修理外的售后服务市场亟待开发

比如，工程机械零配件的供应、维护与保养的技术指导、故障的检测与诊断、配置增容与局部改造、整机或整车改装、机手的岗前培训等方面都有大量的工作要做。

3. 急需培育4S或6S店

和汽车行业相比，工程机械的销售和维修经营都比较落后，甚至许多大中城市都没有正规的工程机械修理厂，或依附于汽车修理厂，或摊点式经营，或作坊式运营等，离4S或6S的标准相差很远，服务水平、维修质量、社会效益都很低下。

4. 人才不平衡

在工程机械维修行业，顶级人才需求持平，初级人才过剩，中高级人才短缺；行业内具有较深理论造诣的博士级人才够用，初、高中级文化程度的一线实际操作人员较多，而既有一定理论知识有又丰富实践经验的行业工程师、高级职业技术人员、诊断和咨询工程师等类型的人才十分短缺，是影响维修企业升水平、上档次，向现代化企业发展的一个瓶颈。

5. 对工程机械维修行业的科技含量要求越来越高

由于诸如CAM、RPM、PE、RM等工程机械制造技术的飞速发展，AD、OBD等检测诊断技术的快速进步，再加上工程机械维修信息系统发生重大变革，基于用户、纸质文件、CD、计算机、internet和经验之上的各方面的信息不断增多，使得该行业中科技进步对收益的贡献率不断提高，因此，对人员科技素质的要求也越来越高。

6. 工程机械再制造业才刚刚起步

与国际先进的再制造业相比，我国的工程机械再制造业起步较晚，急需完善、规范和发展壮大。

1.5.2 发展趋势

1. 树立正确的维修思想

以可靠性为中心的维修理念，遵循了设备发生故障的规律，增强了维修的针对性、灵活性，提高了维修的效率和效益。因此，维修行业一定要转变观念，在坚持可靠性维修、绿色维修的基础上，不断完善工程机械的状态检测机制，努力使维修工作既可达到用户满意，也可实现维修企业经营目标的总体要求。

2. 改革维修体制

机械维修工作并非是一种简单的零部件更换的劳动，而是通过采取相应技术措施，使机械达到、恢复和保持其技术性能及可靠性、耐用性，使之发挥最大的机械效能的重要手段，工程机械的快速发展，新技术、新结构、新材料、新工艺在工程机械上的普遍应用，使机械性能得到很大提高，这种科技含量的增加，给维修工作提出了新要求，我们应针对工程机械使用的特点，在配置上、措施上全面提高维修技术水平，建立一种高效快速的维修机制。

(1) 要尽快成立责权统一的管理部门，以负责工程机械维修业的宏观调控和规划其整体发展。

(2) 要加大行业的立法和执法力度，制定系统、完备的法规制度和标准，使维修业有法可依、有据可凭，加快从行政命令型向依法管理型方向发展的步伐。

(3) 积极营造工程机械维修业多元化发展的外部环境，不同企业允许有不同的、各具特色的维修机制。

(4)促使工程机械维修从专业分立向资源共享方向发展。拥有少量维修资源的企业，只有实现资源共享，优势互补，才能适应形势的变化，才能促进自身发展。

(5) 将传统的定点维修方式转变为定点维修与机动相结合的方式。组建专业化的巡回维修队伍，配备高性能的机动维修设备，实现现场维修服务。

3. 提高故障诊断的科学性

1) 逐步实施以状态实时检测结果为主要依据的现代故障诊断技术

随着科学技术的发展，特别是微电子、计算机信息技术的迅速发展，光、电、机、液、气一体化技术在工程机械上的应用将日益广泛。实践表明，工程机械越先进，结构就越复杂，其维修活动就越依赖于状态监测和故障诊断的技术。今后，随着状态监测和故障诊断技术的广泛应用，以先进的在线自动监测和故障诊断为手段，以可靠性为中心的维修理念将成为工程机械维修管理的主导理念。

2) 建立智能网络维修服务系统

建立智能网络维修服务系统将成为21世纪工程机械维修业的重点发展方向。运用网络技术，可以超越国家、地区和时空界限，将工程机械的科研机构、技术咨询、生产厂、维修厂、配件站和使用单位联系起来，实现远程、快速、优质和全方位的服务。生产厂以此作为售后服务的主要手段，通过与工程机械配套的数据采集系统、运输管理系统、维修服务系统，直接或间接地从施工现场获得信息，按最佳效率时间采取措施完成售后服务。

4. 发展改进性修理和复合修理技术

随着电子、液压技术、CAD技术和材料工程技术在工程机械上的广泛应用，具有集成化、智能化的新型工程机械的更新周期将进一步缩短，恢复性修理将更多地被改善性修理所取代。另外，采用两种或两种以上的修复工艺来修复零件或设备的复合修理方法，如：焊接+胶粘、多种表面修复技术等，能综合各法之长、弥补各法之短，具有最佳的经济效益，将成为修理工艺重点研究和发展的方向。

5. 积极发展再制造业

再制造是以规模化、批量化、专业化生产的方式，对报废机械产品、淘汰的机械设备进行全面升级改造的维修兼制造工程，再制造使用先进技术和现代管理手段，再制造产品要达到或超过原机性能，可对原产品进行技术升级，同时环保、节能、降耗，大大降低生产成本，是重要发展方向。

本章小结

本章综合阐述了工程机械的类型、应用范围、使用特点，简要介绍了工程机械今后的发展动向，重点讨论了当前工程机械维修行业中存在的问题以及工程机械维修发展趋势。

1. 试分析目前我国工程机械维修行业存在的主要问题。
2. 工程机械维修主要依据的信息渠道有哪些?
3. 今后工程机械维修应该向什么方向发展?

第2章 工程机械的故障及可靠性与维修性

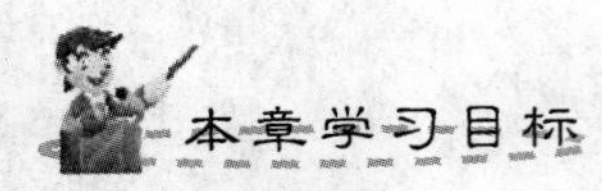

★ 了解工程机械故障的类型及其特征；

★ 了解工程机械的可靠性及其指标，了解系统可靠性以及系统可靠度的计算方法；

★ 了解工程机械的维修性、描述维修性的指标以及提高维修性的主要措施。

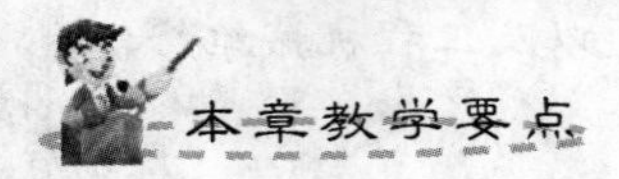

知识要点	能力要求	相关知识
工程机械的故障	了解故障的基本分类，掌握描述故障主要指标及计算方法	按危害程度故障的4种类型，故障概率、故障率等概念
工程机械及系统的可靠性	了解表达工程机械及系统可靠性的主要指标及计算方法	可靠度、平均寿命、串并系统、并串系统等概念
工程机械的维修性	了解表达工程机械维修性的指标及其计算方法	了解维修度、维修概率、平均维修时间等概念

2.1 工程机械的故障

工程机械及其零部件在使用过程中会出现不同程度老化和性能衰退现象，这往往会导致某些故障的产生。在工程机械的检修中，首先要辨清故障模式，查明故障原因，验证失效机理，以提出合理的对应策略，减少故障的发生，提高维修质量和维修效益。

1. 故障

机械产品不能实现其规定的部分或全部功能的现象成为故障。对于工程机械而言，是指其整机、总成或零部件部分或完全不能完成其规定功能的状态。

应该注意的是，故障是一个相对的概念，是指一种不合格的状态，究竟是否可称为故障，就要看把合格分数线定在什么位置。因此，分析故障时，一定要明确规定的对象目标、规定的时间期限、规定的功能任务、规定的环境条件。

2. 故障类型

对故障进行类型划分，有利于明确故障的物理概念，评价故障的影响程度，以便于分门别类进行指导，从而提出相应维修决策。从不同角度考虑，有不同的故障类型。

1）按工作成因分

（1）人为故障：由于设计、加工、制造、使用、维护、保养、修理、管理、存放等方面的、人为的原因所引起的、使机械丧失其规定功能的故障。例如，零件装反，润滑油牌号用错等。

（2）自然故障：由于自然方面的不可抗拒的内、外部因素所引起的老化、磨损、疲劳、蠕变等失效所导致的故障。例如，履带的正常磨损，面板的自然老化等。

2）按故障危害的严重程度分

（1）致命故障：造成机毁人亡重大事故，造成重大经济损失，严重违背制动、排放及噪声标准的故障。例如，制动突然失灵，发动机戳缸，转向突然失灵等。

（2）严重故障：造成整机性能显著下降，严重影响机械正常使用，且在较短时间内无法用一般随机工具和配件修好的故障。例如，曲轴断裂、气缸严重拉伤等。

（3）一般故障：明显影响整机正常使用，造成停机，但可以在较短时间内用随车工具和易损件修好的故障。例如，节温器损坏，制动器跑偏，离合器发抖等。

（4）轻微故障：轻度影响正常使用，可在短时间内用简易工具排除的故障。例如，油管漏油，轮胎螺栓松动等。

3）按故障发生发展的进程分

（1）渐进性故障：逐渐发生、缓慢发展的，通过监控和检测可以预测和判断得到的故障。这种故障是机械的功能参数逐渐劣化所形成的，其特点是，故障发生的概率与时间有关，只是在机械有效寿命期后再发生。例如，链轨的正常磨损，气缸的正常磨损等。

（2）突发性故障：突然或偶然发生的、不能通过事先检测预判到的故障。这是由于各种有害因素和偶然的外界影响共同作用的结果。例如，半轴突然断裂，转向杆突然松脱，车轮突然被尖突物刺破而爆胎等。

4）按故障的显现情况分

(1) 功能性故障：可以直接观察或感觉到的，设备不能完成其规定功能的故障。例如，冒蓝烟，工作温度过低，动臂折断，生产率下降等。

(2) 潜在性故障：已经发生并逐渐发展的，尚未影响机械规定功能的，但有可能随时萌发的，通过特定检诊手段才可以鉴别到的故障。例如，曲轴局部微小裂纹，喷油嘴轻度磨损等。

3. 工程机械常见故障现象

工程机械故障类型很多，最常见的几种情况见表 2-1。

表 2-1 工程机械常见故障现象

序号	故障	现象	举例
1	工作异常	表现出不能正常圆满地运行	提升缓慢，行车抖动，效率下降等
2	声音异常	表现出不正常的噪声	敲缸，气门异响，皮带啸叫等
3	气味异常	可以闻到特殊的气味儿	电线烧毁时的胶皮味儿，燃油泄漏时的生油味儿，离合器或制动器摩擦片过度磨损的焦煳味儿等
4	排放异常	尾气颜色异常	冒蓝烟，冒黑烟，冒白烟等，颗粒物超标等
5	温度异常	超出正常的工作温度范围	冷却液温度过低或过高，变矩器油温异常，轮胎温度过高等
6	油料消耗异常	油料添加、更换频繁	燃油、机油等油料消耗过快、过多
7	“一断”、“二开”、“三松”、“四磨”、“五漏”	折断、开裂、松弛、磨损、泄漏	杆件折断；开焊，开铆；皮(齿)带松，链条松，履带松；普通接触磨损，磨料磨损，疲劳磨损，粘着磨损；漏油，漏水，漏电，漏气，漏液

4. 故障发生的来龙去脉

故障的产生是一系列的机械作用、化学作用、物理作用和能量作用的结果，在此，我们仅从作用在工程机械上的能量的角度出发，以框图的形式表达故障产生的过程，如图 2.1 所示。

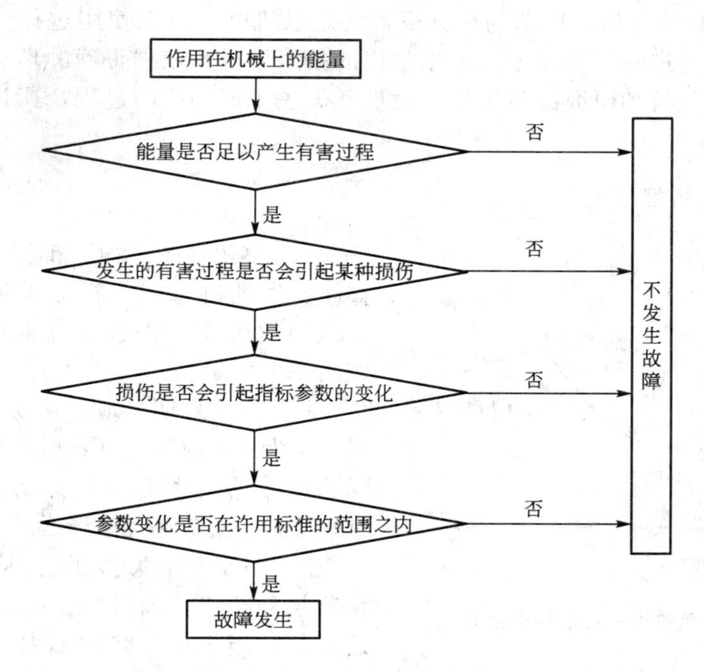

图 2.1 工程机械故障的判断

2.2 工程机械故障基本理论

2.2.1 故障基本理论

故障理论可以揭示工程机械及其设备在使用过程中发生、发展的基本规律，可以有效地指导相关企业进行社会化生产。故障理论包括故障统计分析理论和故障物理分析理论。

(1) 故障具体分析：故障的分析是通过故障现象并用理论推导分析产生故障的原因。分析故障时，首先应掌握诊断对象的构造、工作原理以及有关的理论知识等，然后再通过现象看本质，从宏观到微观，一层一层地进行分析。例如，轮胎式液压挖掘机传动离合器打滑，其现象是：车辆的行驶速度不能随发动机的转速提高而提高。其原因分析的思路应从离合器的作用、构造和工作原理开始，因为其原理是通过机械摩擦而传递动力，所以通过分析可知，离合器打滑的原因有两个：一是压盘的压紧力减小(正压力减小)，二是摩擦力(摩擦系数)减小。

(2) 故障统计分析：利用数理统计的原理和方法，结合机械产品可靠性理论，从宏观角度出发，既可定量又可定性地推断出工程机械运动过程中的故障模型、故障特征，描述常见多发性故障发生、发展及其分布规律，为维修企业提供基本信息，反映主要问题，提出故障的逻辑判断方法和维修决策，指导企业生产。例如，工程机械、汽车、发动机总成等所发生的故障一般会符合浴盆曲线型分布规律。

(3) 故障的物理分析：所谓物理分析，就是以机械设备在使用过程中的基本故障为研究对象，使用先进的检测设备，采用现代的技术手段，依据正确的理论指导，从微观或亚微观的角度分析和研究故障发生、发展和失去规定功能的过程，探讨故障的机理和形态。

2.2.2 故障基本规律

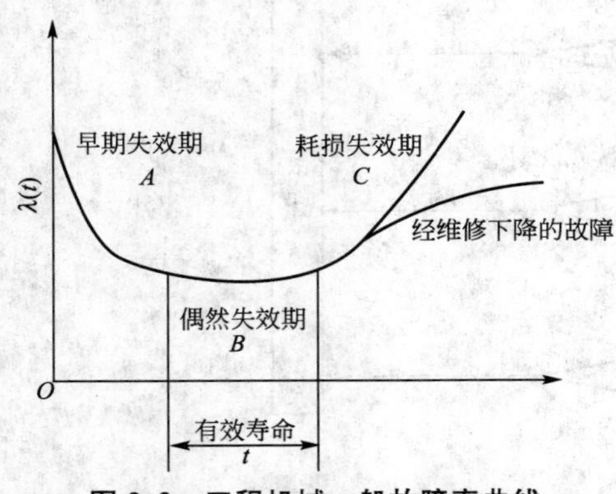

图 2.2 工程机械一般故障率曲线

(1) 整机基本规律：工程机械整机、汽车整体、发动机总成等机械设备，最常见、最基本的故障率，符合浴盆曲线型分布规律，如图 2.2 所示。

从上图可以明显地看到以下内容。

A 为早期故障期(Decreasing Failure Rate，DFR)。其基本特征是，开始失效率较高，随时间推移，失效率逐渐降低。

产生 DFR 型失效的原因：产品本身存在着某种缺陷，如各摩擦副间的配合间隙不是十分得当、加工精度不太符合要求、材料存在某些内部缺陷、设计不够完善、加工工艺不当、检验差错致使次品混于合格品中等。

B 为偶然故障期(Constant Failure Rate，CFR)。其基本特征是，失效率 $\lambda(t)$ 近似等于常数，失效率低且性能稳定，在这期间失效是偶然发生的，何时发生无法预测。

出现 CFR 的原因：由于各种失效因素或承受应力的随机性，致使故障的发生完全是偶然的，但用户通过对机械维护和修养(日常维护，一级维护 二级维护)，可以使这一时期延长。

C 为耗损故障期(Increasing Failure Rate，IFR)。基本特征：随着时间的增长，失效率急剧加大。

其原因是，在机械产品使用的后期，由于各零部件的磨损、疲劳、老化、腐蚀等的积累达到一定的程度，故障率随着时间的延长而不断增加，且增速越来越快。

(2) 机械零部件故障的一般规律：对于工程机械来讲，它们都是由众多零部件构成的机械设备，因为各个零件的结构特点、功能要求和工作性质不同，其参数随时间的变化而变化的规律也不尽相同。如果从单个机械零件的角度出发，其一般故障规律我们可以用图 2.3所示的曲线进行描述。

若从一族零件影响机械系统故障规律的角度考虑，我们可以用图 2.4 来近似说明。

图 2.4 中，$u(t)$代表零部件的状态参数，u_1 为极限值，用各条直线近似代表每个零件的状态参数随时间的变化而变化的情况，而 $f(t)$为相应的故障概率密度。此般规律可由下式表示：

$$u(t)=ct^{v}+u_0 \tag{2-1}$$

式中，c、v 为常数；t 为时间；u_0 为初始参数。

当 $u(t)$达到极限值 u_1后，即发生故障。

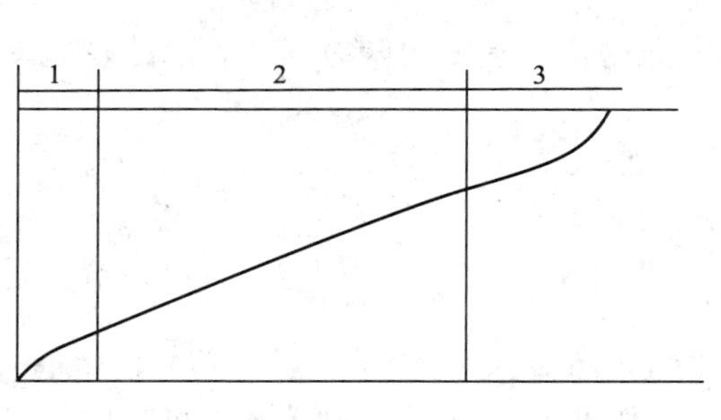

图 2.3 机械零件故障一般规律

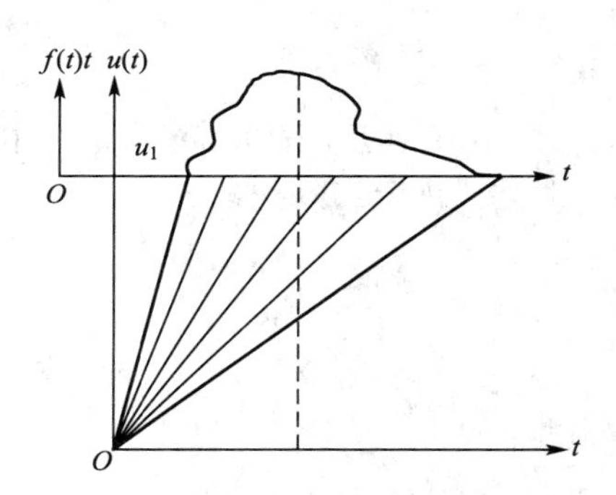

图 2.4 零部件状态参数变化与机械故障密度

2.3 工程机械故障的衡量指标

机械设备的技术状况总是随着使用时间的延长而逐渐恶化，故而其使用寿命总是有限的。因此，其发生故障的可能性也总是时间的函数，但有时也颇具随机性，所以人们很难非常确切地预料故障的发生，也就是说机械发生的故障可以用概率来表示。

2.3.1 故障概率

(1) 定义：规定的产品对象，在规定的时间里、规定的条件下，不能实现其规定功能的概率。

(2) 表达式

$$F(t)=\int_0^t f(t)\mathrm{d}t \tag{2-2}$$

式中，F 是英文 Failure 的缩写，代表失效；$F(t)$为 t 时间内的累计失效概率；$f(t)$为故障概率密度(函数)。

式(2－2)表明，故障概率是其密度在 $0\sim t$ 时间内的积分。当 $t=0$ 时，$F(t)=0$；当$t=\infty$时，$F(t)=\infty$。

(3) 线图：工程机械的机械零部件的一般故障概率线图如图 2.5 所示。

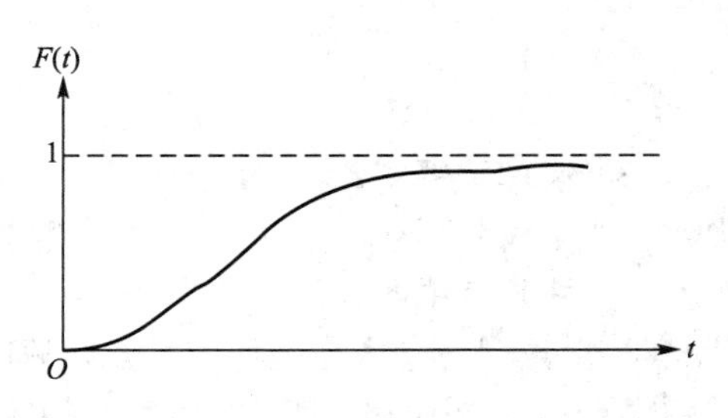

图 2.5 机械零件的一般故障概率曲线

(4) 物理解释：设有 N 件规定产品，在规定的条件下，工作到 t 时刻时发生故障的件数为 $n(t)$，此时还有 $N-n(t)$件产品仍能正常工作，如果 N 足够大时，则有

$$F(t)\approx\frac{n(t)}{N} \tag{2-3}$$

再设产品的固有寿命为 T，则 $T=t$、$T<t$ 或 $T>t$ 均有可能发生，如果实际上在 t 时刻内产品不能完成规定功能的概率为 $P(T\leqslant t)$，则有：$F(t)=P(T\leqslant t)$

2.3.2 故障概率密度

(1) 定义：反映故障概率随时间的变化而变化的快慢程度的函数，即表示故障概率在某一时间段内分布规律的函数。

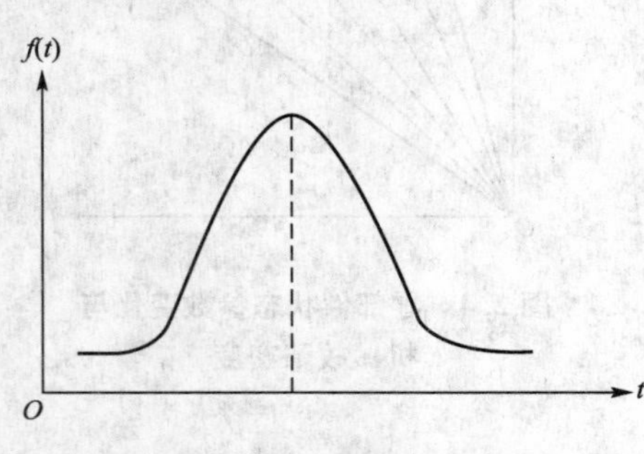

图 2.6 故障概率密度函数线

(2) 表达式。

表达式如下：

$$f(t)=\frac{\mathrm{d}F(t)}{\mathrm{d}t} \tag{2-4}$$

在前述的物理解释中，若在 Δt 时间内发生 $\Delta n(t)$ 个故障，如果 Δt 足够小，则上式亦可写成：

$$f(t)=\frac{1}{N}\times\frac{\mathrm{d}n(t)}{\mathrm{d}t}=\frac{\mathrm{d}F(t)}{\mathrm{d}t} \tag{2-5}$$

(3) 线图：符合正态分布时的故障概率密度函数线图如图 2.6 所示。

(4) 物理解释：设有 N 个产品对象，在测定故障频率时，将时间分成若干小区间：$0\sim t_1, t_1\sim t_2$，$t_2\sim t_3$，…，$t_{n-1}\sim t_n$，则，第 i 个区间段内的故障频率应为 $\Delta n(t_i)/\Delta t_i$，其中，$\Delta n(t_i)$为第 i 个区间段内的故障数，Δt_i 为第 i 个区间段内的持续时间，因此，在 Δt_i 内，故障概率密度为 $\Delta n(t_i)/\Delta t_i N$。

2.3.3 故障率

用故障概率密度描述故障发生情况所存在的不足是：当到达使用后期或实验末端时，剩余产品的数量越来越少，$\Delta n(t)$趋近于零，所以 $f(t)$也趋近于零，此时，用故障概率密度就难以准确反映故障概率，为此，引入故障率的概念。

(1) 定义：工作到某一时刻 t 时，仍未失效的产品在该时刻以后单位时间内发生失效的概率。

它表达了产品在某一瞬间可能发生的故障相对于此瞬间内产品残存率之间的关系。

(2) 表达式

$$\lambda(t)=\frac{\Delta n(t)}{[N-n(t)]\Delta t}=\frac{\Delta n(t)/N}{[N-n(t)]\Delta t/\mathrm{N}}=\frac{\Delta n(t)}{N}\times\frac{1}{[N-n(t)]\Delta t/\mathrm{N}}$$
$$=f(t)\times\frac{1}{1-F(t)} \tag{2-6}$$

(3) 物理解释：设有 N 个产品对象，从 0 时刻开始工作，到 t 时刻时，有 $n(t)$ 个产品失效，则 t 时刻后仍未失效的产品个数为：$N-n(t)$。

(4) 故障率的类型

① 常数型——指在任何时间段内故障发生的概率均相等，一般指突发性事件，如，轮胎刺穿、熔丝熔断等。其可靠度符合指数分布，故障率曲线如图 2.7(a)所示，可表达为：

$$\lambda(t)=t \tag{2-7}$$

② 负指数型(渐减型)——由于设计、加工工艺、材料、装配、运输、保管等方面的原因，以及使用初期熟练程度较低等因素，使得机械设备使用初期故障率较高，随着时间的增加，故障不断被排除，其故障率逐渐减小，如图 2.7(b)所示，可由下式表示：

$$\lambda(t)=\frac{m}{t_0}t^{m-1} \tag{2-8}$$

式中，m 为状态参数，且 $m<1$；t_0 为尺度参数。

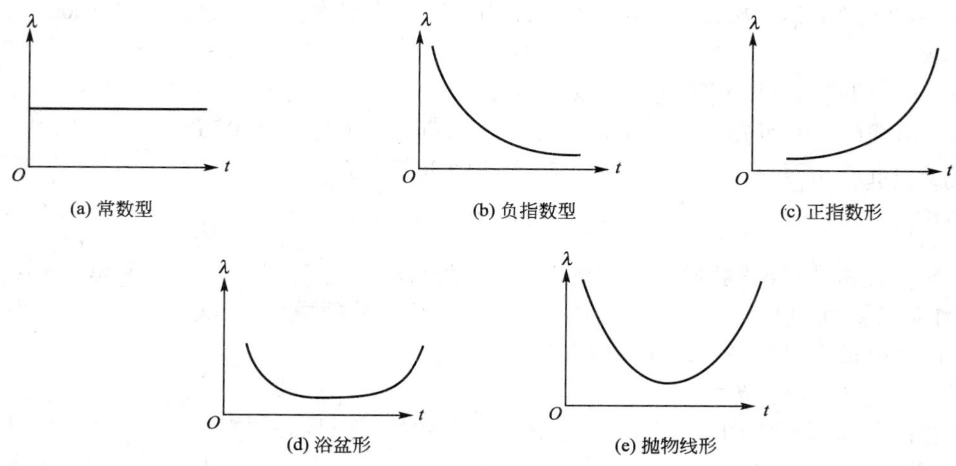

图 2.7　故障率的类型

其可靠度符合威布尔分布。一般指大型复杂系统的初始故障，如，连接件松动，管路、线路接头松脱等。

③ 正指数型(渐增型)——其故障率曲线如图 2.7(c)所示。故障率随着零部件的逐渐老化、磨损而呈正指数状，渐进性故障的故障率就是此类型，其可靠性仍符合式(2-8)所表达的威布尔分布，但此时 $m>1$。一般指工程机械的机械系统(如驱动桥，传动系统)磨合期后的故障。

④ 浴盆形——其曲线形状如图 2.7(d)所示(也同于图 2.2)。实际上它是前三者组合叠加而成的故障率曲线，该曲线中间低且平缓，左边由高到低渐缓，右端由低到高渐陡，形状颇似浴盆，所以俗称浴盆曲线。它是描述工程机械、汽车、发动机等机械产品整机所常见的一种故障率类型。

⑤ 抛物线形——其曲线形状如图 2.7(e)所示。相当于浴盆曲线中的盆底长度缩短为近似于零时的形状，一般常用来描述一些假冒伪劣机械产品的故障率走势。

【例 2-1】 已知：一批产品 100 件，当工作到 5000h 时，失效 6 件，工作到 6000h 时，总失效数为 8 件。

求：该批产品工作到 5000h 时的故障率?

解：因为 $N=100$，$\Delta t=6000-5000=1000\text{h}$，$\Delta \text{n}(t)=8-6=2$

所以 $\lambda(t)=\dfrac{\Delta n(t)}{[N-n(t)]\Delta t}=\dfrac{2}{(100-6)1000}=\dfrac{0.0213}{1000}$

2.3.4　平均故障间隔时间

(1) 定义：可修复的机械产品在任意两次故障之间的平均间隔时间(MTBF，Mean Time Between Failure)。

(2) 表达式

$$\theta = MTBF = \frac{\sum_{i=1}^{n} \Delta t_i}{n} \tag{2-9}$$

式中：θ 为平均故障间隔时间；Δt_i 为第 i 次故障前正常工作时间；n 为故障发生的总次数。

【例 2-2】 已知：一台 CAT 挖掘装载机在考察期内，工作 1000h 发生第一次故障，又工作 1100h 发生第二次故障，再工作 1200h，发生第三次故障，最后工作 1000h 发生第四次故障。

求：该挖掘装载机的平均故障间隔时间。

解：由式(2-9)可知，$\theta=(1000+1100+1200+1000)\div 4=1075\text{h}$

对于一批产品而言，式(2-9)在工程实践中也可写成：

$$\theta=MTBF=\frac{N\times t}{r} \tag{2-10}$$

式中：N 为样机数；t 为检验截止时的时间；r 为检验期内 N 件产品的故障总数。

【例 2-3】 已知：有 10 台推土机，4000h 内的总故障数为 42 次。

求：这批推土机的平均故障间隔时间。

解： $\theta=MTBF=N\times t/r=10\times 4000/42=925.4\text{h}$

注意：在式(2-10)中，若 $r=0$，则按 $r=1$ 计算，而且必须把“$=$”改为“$>$”。

2.4 工程机械的可靠性

针对维修工程而言，可靠性是指工程机械被投入使用时无故障运行能力的量度，是描述工程机械的一组时间质量指标。可靠性低的机械产品就不能可靠地工作，更不能发挥其智力延伸的潜力，而且由于事故和停机，还会给企业带来巨大的经济损失。

2.4.1 可靠性基本概念

1）定义

规定的产品在规定条件下、在规定时间内，完成规定功能的能力，称为可靠性。

2）可靠性的类型

(1)固有可靠性(内在可靠性)——在设计、制造过程中赋予产品的内在质量，它只能合理、科学、充分利用，而不能提高。

(2)使用可靠性(工作可靠性)——工程机械在使用和维修保养过程中所表现出来的质量性能，这种可靠性可以通过科学合理的维护、保养措施加以提高。

(3) 环境可靠性——工程机械在周围环境的影响下所表现出的可靠性(可以设法减少有害因素对工程机械的影响，以在一定程度上提高产品在这方面的可靠性)。

3）可靠性的内容

(1) 无故障性——在某一时间段内，规定的产品对象连续保持其规定工作能力的性能。

(2) 耐久性——规定的产品对象在到达报废之前，保持其规定工作能力的性能。

4）故障与可靠性的关系

(1) 故障是随机发生的事件，其发生率必须用概率论与数理统计的方法进行研究，所以，可靠性也是如此。

(2) 故障和可靠性属于同一事物的两个方面。

(3) 在进行批量维修时，必须建立故障概率密度函数，研究其各阶段的分布规律，分析其与可靠度的关系，以便对重要机件或整机的实用性能、可靠程度、安全系数、使用寿命等进行科学合理的统计、评估和预测，最终目的是以期对工程机械的检测和维修提供合理的理论指导。

2.4.2 工程机械可靠性的评价指标

工程机械的可靠性是它所具有的质量、寿命方面的一种能力。它可以从不同角度、用不同的评价指标来描述，常用的可靠性评价指标有：可靠度、不可靠度(又称故障概率、失效度、累积失效概率)、故障概率密度、故障率(失效率)、平均寿命、有效度以及经济性指标等。其中有些已在故障理论内容中讲述。

1. 可靠度

(1) 定义：规定的产品对象，在规定的时间里、规定的条件下，实现其规定功能的概率——是工程机械可靠性的概率量度。

(2) 表达式：设一批产品中有 N 件为规定研究对象，若到 t 时刻时，有 $n(t)$ 件失效，则还有 $N-n(t)$ 件产品能够工作，如果 N 足够大，则：

$$R(t)=\frac{N-n(t)}{N} \tag{2-11}$$

【例 2-4】 设有1000件油泵总成，5000h时有170件失效。

求：该批油泵总成在使用到5000h时的可靠度。

解：由式（2-11）知：$R(t)=R(5000)=(1000-170)/1000=83\%$

(3) 线图：例2-4中，若给定若干时间点，就可以绘出工机可靠度曲线(图2.8所示)。

(4) $R(t)$ 与 $F(t)$ 的关系：从可靠度与不可靠度(故障规律)的定义或其线图我们都可以看出，它们属于同一事物的正反两个方面，既对立又统一地构成一个完整的事件组，且有

$$F(t)=1-R(t)=\frac{N}{N}-\frac{N-n(t)}{N}=\frac{n(t)}{N} \tag{2-12}$$

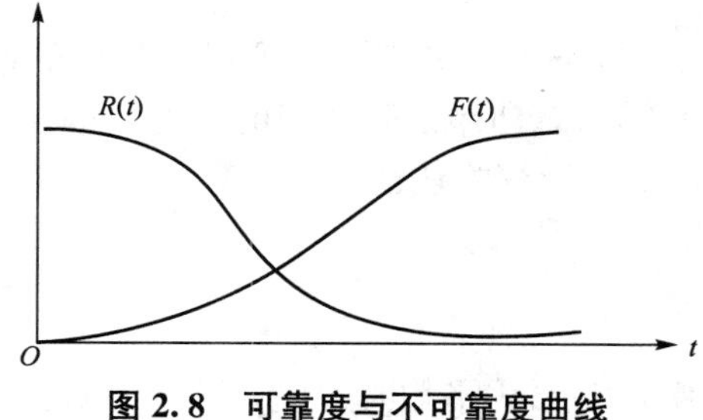

图 2.8 可靠度与不可靠度曲线

(5) 机械零件可靠度的分类等级：可靠度过低不能完成规定功能，可靠度过高会增加成本，因此，对不同用途、不同场合的零件的可靠度有不同的要求(表2-2)。

表 2-2 零件可靠度分类等级及其应用场合

等级	可靠度	使用情况
0	<0.9	不重要的情况，失效后果可以忽略不计。比如，裸露的粗齿轮 $R(t)=0.5\sim0.8$；不重要的轴承 $R(t)=0.58\sim0.9$
1	$\geqslant0.9$	不太重要的情况，失效只会引起较小的损失。比如，一般轴承 $R(t)=0.9\sim0.95$；农机易修齿轮 $R(t)=0.9\sim0.92$
2	$\geqslant0.99$	重要情况，失效会引起较大的损失。比如，工程机械传动系统齿轮 $R(t)=0.99\sim0.996$；飞机主传动齿轮 $R(t)\geqslant0.9999$
3	$\geqslant0.999$	
4	$\geqslant0.9999$	
5	$\geqslant1$	很重要的情况，失效会引起灾难性的重大后果，比如，某些零部件的盈余设计、应力校核时都应取大于1的系数

2. 平均寿命

根据产品是否可以维修，描述产品平均寿命的指标被分为两类，一类是平均故障间隔时间(即 MTBF)，另一类是平均寿命时间，即 MTTF(Mean Time To Failure)。

(1) MTTF：指对于不可维修的产品来说，从投入使用到失效时的平均工作时间。

(2) 表达式：

$$MTTF=\frac{1}{N}\sum_{i=1}^{N}t_i \tag{2-13}$$

式中，N 为产品总数；t_i 为第 i 个产品失效前的工作时间。

(3) MTBF 和 MTTF 的数学期望：

式(2-10)和式(2-13)只是求出了有限产品数量和有限故障次数之间的实际有效工作时间的平均值，它们不能用来对大批产品的平均工作时间做无偏估计，为此，当 $f(t)$ 已知时，可求其数学期望 E。

由其定义知：$E=\int_0^{\infty}tf(t)\mathrm{d}t$，又因为 $f(t)=\mathrm{d}F(t)/\mathrm{d}t$，$\mathrm{d}F(t)=-\mathrm{d}R(t)$，且当 $t=0$ 时，$R(t)=1$，$t=\infty$ 时，$R(t)=0$

$$E=-\int_1^0 t\mathrm{d}R(t)=-[tR(t)_{R(t)=1}^{R(t)=0}]+\int_0^{\infty}R(t)\mathrm{d}t=\int_0^{\infty}R(t)\mathrm{d}t \tag{2-14}$$

3. 有效度

(1) 定义：指某一批产品在规定的条件下，在某一段考察期内具有或维持其规定功能的时间与总使用期限之间的时间比例。

(2) 计算方法：

$$A(t)=\frac{U}{U+D} \tag{2-15}$$

式中，$A(t)$ 为平均有效度；U 为能够正常工作的时间；D 为不能正常工作的时间。

由于正常工作的时间和故障时间都是随机的，所以有效度也是随机函数。但是，有效度与可靠度相比，因为前者把维修后维持正常故障的结果也包括了进去，因此它增加了正常工作的概率。所以我们通常可以通过降低设备的故障率和提高其修复率来提高有效度。

【例 2-5】 已知：一批某型号的装载机，在使用考察期内，正常工作时间是 500h，因故障停机维修时间 20h。

求：这批装载机在该段时间内的平均有效度。

解：由式(2-15)可知：$A(t)=500/(500+20)=96\%$

4. 可靠性的经济指标

从经济学角度考虑，用来描述工程机械可靠性的指标，称为可靠经济指标。

(1) 费用比 R_c。

$$R_c=C_{ym}/C_b \tag{2-16}$$

式中，C_{ym} 为考察期内的维保费用；C_b 为购置费。

(2) 经济可靠性 R_e。

$$R_e=(C_b+C_{tu})/T \quad (2-17)$$

式中，C_b 为购置费；C_{tu} 为总使用费用；T 为使用期限。

(3) 经济性与可靠度的关系：二者的关系可用图 2.9 来表示，该图为某铲运机的可靠性要求与制造成本和使用维修费用之间的关系曲线。图中，C_{tu} 为总使用费用；C_m 为新产品的造价；C_u 为使用、维护和修理的总费用。

从图 2.9 可以看到，对可靠性要求过高和过低，或者是制造成本过高和过低，都不能获得较好的经济性，而适度的可靠性和适中的造价，却能获得较好的经济性。

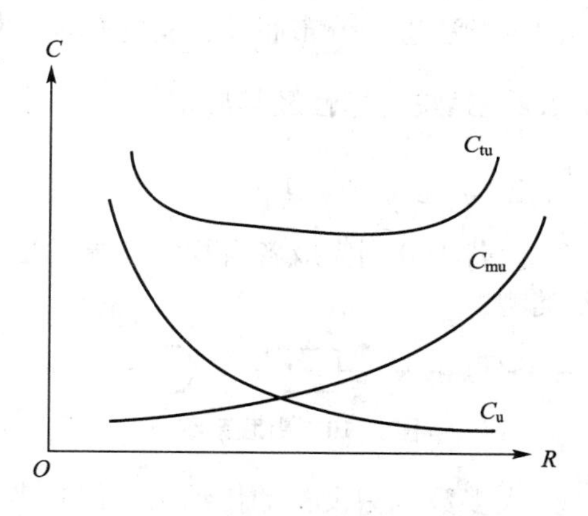

图 2.9 机械设备可靠性与经济性的关系

2.4.3 工程机械可靠性数据的采集与分析

1. 可靠性试验

1) 可靠性试验的目的

可靠性试验的目的有四，一是对研制中的新产品进行可靠性试验，以发现其弱点，改进其设计；二是确认零件是否符合设计任务书中所说明的要求；三是在保证产品质量的条件下，使用户放心接受产品；四是审查制造工艺的优劣等。

2) 可靠性试验分类

按试验性质分为：寿命试验、临界试验、环境试验和使用试验等。而寿命试验又可分为：储存寿命试验；工作寿命试验；加速寿命试验。

2. 使用性可靠性数据的采集方法

1) 采集方法

使用性可靠性数据的采集方法要根据对象的种类和目的来定，一般有两种方法：一种是对现场人员分发报表，定期返回，其特点是费用低廉、不需专门人员，但易出现数据不完整和不准确的情况；另一种是组织专门测定可靠性的人员进行可靠性试验，其特点是费用高，但由于采集者对数据分析过程有充分的理解，选择的数据适当，能掌握重点，易发现数据的谬误，因而可保证数据的完整和准确。

2) 采集数据时的注意事项

一要明确采集范围；二要制定异常工作的标准(即故障的含义)；三要做好时间记录；四要满足规定的使用条件；五要满足规定的维修条件；六要使用正确的取样方法：可靠性数据应在母体中随机取样进行调查，既不能只调查发生事故的产品，也不要把毛病特大特多的除外。

3) 可靠性分析

除了采用理论计算和数理统计的方法分析之外，也可以采用简便易行的概率纸法(即图分析法)对工程机械的可靠性进行分析。由于威布尔概率纸上的坐标有一一对应的关系，假如能够根据样本(或是截尾样本)确定或基本上确定坐标下的一条直线，那就可以断定这个样本(或截尾样本)是来自某个威布尔母体，并且可以从这条直线上确定其分布参数。倘若在坐标下明显地不是一条直线，那就可以断定该样本不是来自某个威布尔母体。这就是用图分析法进行分布假设检验的基本思想。

2.4.4 系统可靠性及其应用

1. 系统的可靠性

由若干分别完成各自规定功能的独立单元所组成的综合体，称为系统。系统有 3 种基本类型：

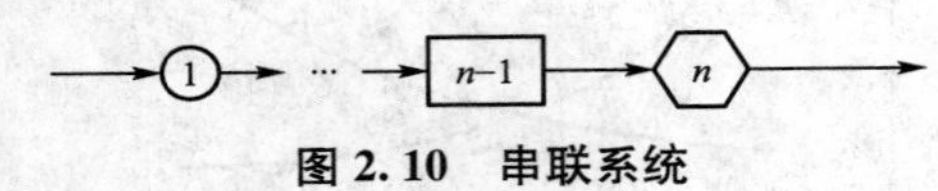

图 2.10 串联系统

(1) 串联系统——组成系统的各子单元，从前至后相互串联在一起，其中只要一个出现故障，整个系统就会失去完成规定功能的能力，如图 2.10 所示。

大多数机械设备的传动系统都是串联系统，若串联系统由 n 个子系统组成，且各子系统的可靠度分别为 R_1，R_2，…，R_{n-1} 和 R_n 时，该系统的可靠度 R_S 为

$$R_S = R_1 R_2 \cdots R_{n-1} R_n = \prod_{i=1}^{n} R_i \tag{2-18}$$

(2) 并联系统——组成系统的各个子单元相互并联在一起，只要有一个子系统能够正常工作，就可以使整个系统维持工作，此类系统亦称为冗余系统，如图 2.11 所示。

并联系统的可靠度 R_P 为

$$\begin{aligned} R_P &= 1-(1-R_1)(1-R_2)\cdots(1-R_{n-1})(1-R_n) \\ &= 1-\prod_{i=1}^{n}(1-R_i) \end{aligned} \tag{2-19}$$

(3) 混联系统——由串联系统和并联系统组合而成，又可分为并串系统和串并系统两种类型：所谓并串系统，就是将各个子串联系统并联起来，如图 2.12 所示；所谓串并系统，就是把各子并联系统串联起来，如图 2.13 所示。

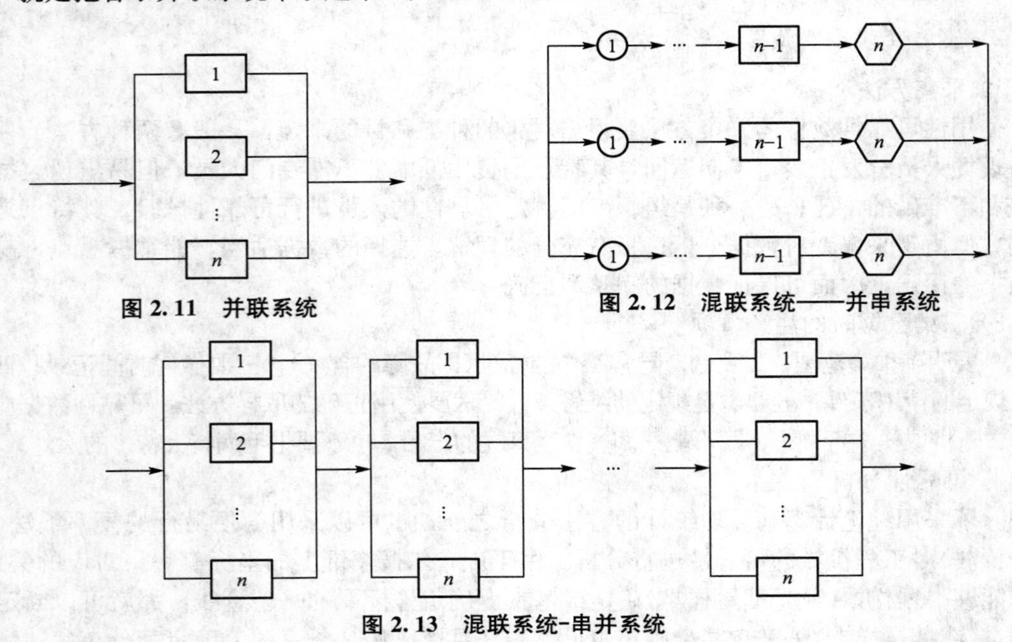

图 2.11 并联系统

图 2.12 混联系统——并串系统

图 2.13 混联系统-串并系统

混联系统中，可靠度的计算无统一的方法，要根据具体情况进行具体分析。通常来讲，对于串并系统可靠度的计算，首先将各并联系统转化成一个个等效单元，然后，再将各等效单元串联起来求解；对于并串系统，则需首先把各子串联系统转化成一个个等效子单元，然后再把各子单元并联起来求解。

【例 2-6】 在图 2.14 所示的 Z-H 轮边减速器中，已知：$R_1=0.995$，$R_2=R_2'=R_2''=0.999$，$R_3=0.990$。

求：该减速器的可靠度。

解： 若忽略轴、花键、轴承等环节的可靠度，该系统可方便地转化成图 2.15 所示的等效混联系统简图，从其中不难看出，3 各行星齿轮组成一个并联系统，先用式(2-19)计算出该并联系统的可靠度 R_p，再用式(2-18)求出整个系统的可靠度 R_m 即可。

$$R_p=1-(1-R_2)(1-R_2')(1-R_2'')=1-(1-0.999)^3=1-0.000000001=0.999999999$$

$$R_m=R_1R_pR_3=0.995\times0.999999999\times0.990=0.985$$

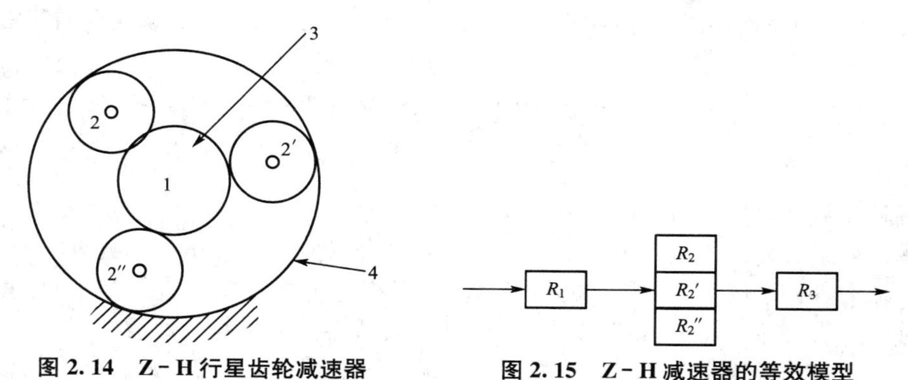

图 2.14 Z-H 行星齿轮减速器　　图 2.15 Z-H 减速器的等效模型

2. 系统可靠性理论在维修中的应用

1）指导维修性生产

一是分辨系统类型：掌握系统可靠性原理，能够使有关人员容易地辨明系统的类型，估算其剩余可靠度。在需要维修时，除了要恢复机械设备技术性能之外，同时还要估算并恢复产品设计时所赋予的可靠度。

二是估算维修时间间隔和维修所需时间：通过 MTBF 和 MTTF 的估算，了解企业内所需维修机械设备的故障周期和维修周期，明确计划目标，合理分配任务，正确安排时间。

三是估算维修成本和维修生产效益：从经济性的角度出发，通过经济性可靠度的计算，大致了解系统可靠性要求与维修费用之间的关系，争取以较小的运行成本，取得较高的可靠性和较大的经济效益。

2）通过改进性维修，提高设备的可靠性

使用、养护、修理对提高其运行可靠性具有不可替代的作用，维修中，要根据系统可靠性理论，正确评价系统的工作状况，不但能够按照设计要求使机械产品的可靠性予以回复，而且要对系统中某些关键的零部件进行现代化改造，如有必要，甚至可以用可靠性更高的零部件或总成代替原有部件，从而提高整个系统的可靠性。

3）科学指导维修行业改革

对于故障率按浴盆曲线分布的产品，我们可以明显地看出，在产品的正常使用阶段，其故障率最低，如果在设备没有达到损耗故障期之前，提前对设备进行维修不但会加重企业负担，而且还有可能反而增加故障率；对于故障率呈指数型的设备，应根据其明显的损耗故障期的出现，及时、合理地安排维修；对于故障率呈常数型的设备，不能依靠定期检修降低其故障率，但可以通过正确分析各种随机因素，尽量减少随机故障的发生，也可以采用并联系统代替串联系统以避免和减少随机故障的产生。

4）识别不同故障的分布规律，根据故障分布规律预测故障概率

工程机械的各个部分发生故障的规律不尽相同，了解不同零部件和总成的不同的故障分布规律，有助于由规律推测未知。一般，我们可以在系统可靠性理论的指导下，结合经验、教训、统计资料和现实条件对某一系统做出专家预测或概率预测，以指导一个阶段的工作。

5）合理指导维修行业的信息反馈，为设计、制造业提供科学、有价值的信息

维修行业的工作者，在维修过程中，要认真记录、总结机械在可靠性方面所存在的问题，及时向设计、加工、热处理、装配等部门或环节反馈，并及时调查维修后产品的可靠性情况，为设计、制造部门提供宝贵的改进信息和意见，也为广大用户提供正确的使用指导。

2.5 工程机械故障的分布规律

工程机械故障的发生与分布情况随时间的变化而变化的规律称为故障分布规律。

工程机械组成复杂，故障规律不一。但主要符合三大分布规律：指数分布(调试完备的工程机械的各种总成、工程机械的电气系统一般符合该规律)、正态分布(以磨损失效为主的零件一般符合该规律)、威布尔分布(连杆等疲劳零件一般符合此规律)，当然，在实际情况中，各种总成或零部件的故障究竟符合哪种规律，还要在理论的指导下结合具体检测和统计数据来判断。

2.5.1 指数分布

1）定义

可以用故障概率密度函数 $f(t)=\lambda e^{-\lambda t}$ 所描述的故障分布规律称为指数分布规律。它是连续型随机变量分布形式中最基本的一种，计算简便，在可靠性工程中应用广泛。

2）指数分布规律中各可靠性指标的计算

(1) 故障概率(不可靠度)$F(t)$

$$F(t)=\int_0^t f(t)\mathrm{d}t=\int_0^t \lambda e^{-\lambda t}\mathrm{d}t=1-e^{-\lambda t} \tag{2-20}$$

(2) 可靠度 $R(t)$

$$R(t)=1-F(t)=1-(1-e^{-\lambda t})=e^{-\lambda t} \tag{2-21}$$

(3) 故障率 $\lambda(t)$

$$\lambda(t)=\frac{f(t)}{R(t)}=\frac{\lambda e^{-\lambda t}}{e^{-\lambda t}}=\lambda \tag{2-22}$$

(4) 平均寿命 θ

$$\theta=MTBF=\frac{1}{\lambda} \tag{2-23}$$

【例 2-7】 已知：大量统计资料表明，某推土机驱动桥总成的故障符合指数分布规

律，且 $\lambda=1\times10^{-3}$。

求：其分别在500h、800h时的不可靠度。

解：(1) $F(500)=1-e^{-\lambda t}=1-e^{-1\times10^{-3}\times500}=0.393$

(2) $F(800)=0.551$

指数分布中，λ 与 θ 互为倒数，且当 $t=1/\lambda$ 时，$R(t)=e^{-1}=0.368$；$F(t)=1-R(t)=0.632$。

2.5.2 正态分布

1) 定义

故障概率密度函数符合式(2-24)所表示的故障分布规律，称作正态分布。不同参数下的正态分布曲线如图2.16所示。

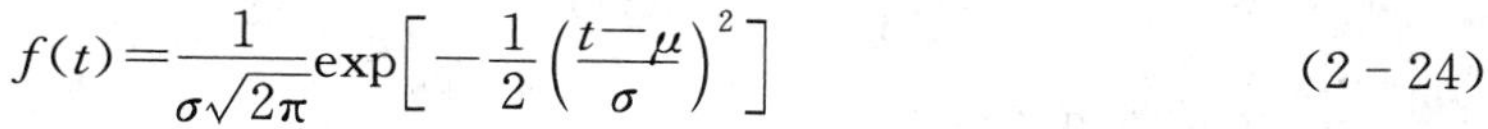

$$f(t)=\frac{1}{\sigma\sqrt{2\pi}}\exp\left[-\frac{1}{2}\left(\frac{t-\mu}{\sigma}\right)^2\right] \tag{2-24}$$

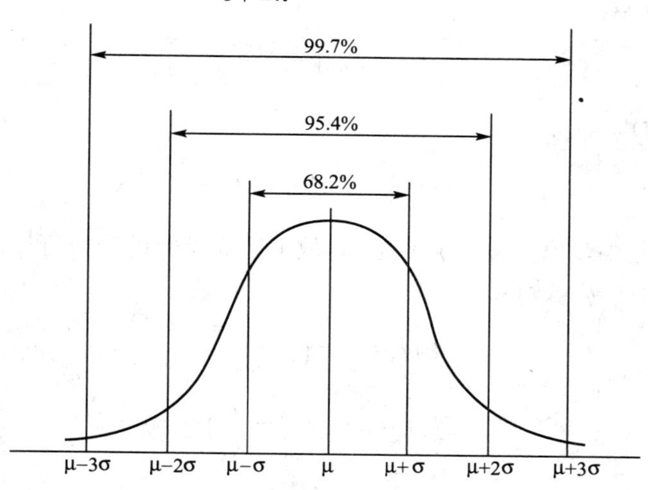

图2.16 正态分布曲线

2) 状态分布中各可靠性指标的计算

(1) 不可靠度 $F(t)$

$$F(t)=\int_{-\infty}^{t}\frac{1}{\sigma\sqrt{2\pi}}\exp\left[-\frac{1}{2}\left(\frac{t-\mu}{\sigma}\right)^2\right]dt \tag{2-25}$$

(2) 可靠度 $R(t)$

$$R(t)=1-\int_{-\infty}^{t}\frac{1}{\sigma\sqrt{2\pi}}\exp\left[-\frac{1}{2}\left(\frac{t-\mu}{\sigma}\right)^2\right]dt \tag{2-26}$$

(3) 故障率 $\lambda(t)$

$$\lambda(t)=\frac{f(t)}{R(t)}=\frac{\varphi\left(\frac{t-\mu}{\omega}\right)}{\sigma R(t)} \tag{2-27}$$

式中，t 为故障时间随机变量；σ 为总体标准差；μ 为总体均值。

注意，为了简单起见，人们设法将以上函数转化成均值 $\mu=0$，标准差 $\sigma=1$ 的标准正态分布，并制定了标准正态分布积分表，从表中可以直接查出失效概率。

2.5.3 威布尔分布

1）定义

故障概率密度函数符合式(2-28)所表达的故障分布规律，称为威布尔分布，它在工程机械可靠性分析中应用比较广泛。

$$f(t)=\frac{m(t-\gamma)^{m-1}}{t_0}\exp\left[-\frac{(t-\gamma)^m}{t_0}\right] \tag{2-28}$$

式中，m 为形状参数；t 为考察截止时间；t_0 为尺度参数；γ 为位置参数。

2）威布尔分布中各可靠性指标的计算

(1) 可靠度 $R(t)$

$$R(t)=\exp\left[-\frac{(t-\gamma)^m}{t_0}\right] \tag{2-29}$$

(2) 不可靠度 $F(t)$

$$F(t)=1-\exp\left[-\frac{(t-\gamma)^m}{t_0}\right] \tag{2-30}$$

(3) 故障率 $\lambda(t)$

$$\lambda(t)=\frac{f(t)}{R(t)}=\frac{m(t-\gamma)^{m-1}}{t_0} \tag{2-31}$$

在实际工程问题中，位置参数 γ 常为 0，故上述 3 参数的分布可以简化为 2 参数的分布，若令 $\eta=t^{1/m}$，$t_0=\eta^m$，则有

$$R(t)=\exp\left(-\frac{t}{\eta}\right)^m \tag{2-32}$$

$$F(t)=1-\exp\left(-\frac{t}{\eta}\right)^m \tag{2-33}$$

$$\lambda(t)=\frac{mt^{m-1}}{\eta^m} \tag{2-34}$$

3）威布尔分布中各参数的意义

m，t_0，γ 是威布尔分布的 3 个参数，这 3 个参数在数学上有其明显的几何意义，在物理上，他们代表了产品不同的性能(不同的失效模式)，下面分别加以说明。

(1) 形状参数 m：m 取不同的数值，其威布尔分布曲线的形状也随之变化。

当 $m<1$ 时，失效率随时间增加而递减，反映了产品早期失效过程的特征，称 DFR 型；

当 $m=1$ 时，失效率等于常数($\lambda=1/t_0$)，反映了随机失效过程的特征，即 CFR 型；

当 $m>1$ 时，失效率随时间增加而递增，反映了耗损失效过程的特征，即 ZFR 型。

(2) 尺度参数 t_0：如图 2.17 所示，尺寸参数不影响曲线变化的形状和位置，只是改变曲线的纵横坐标的标尺。

(3) 位置参数 γ：参数 γ 不同时，威布尔分布的概率密度曲线形状不变，只是曲线起点的位置发生变化，参数 γ 增大，曲线沿着横轴正方向平行移动。威布尔分布中不同参数变化时的各曲线状况如图 2.17 所示。

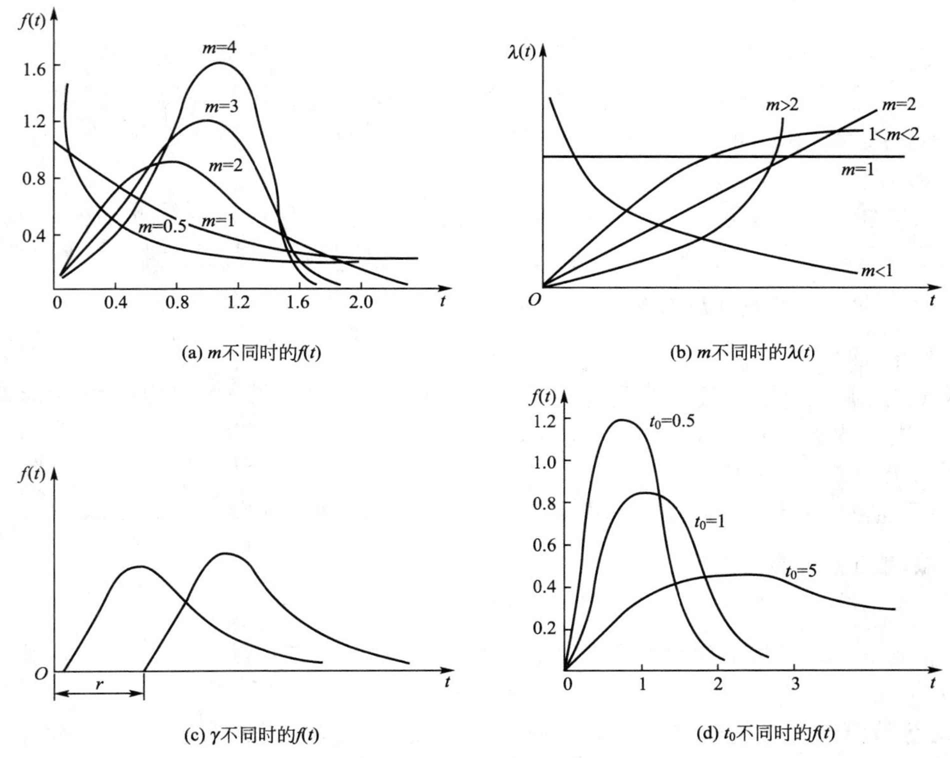

(a) m不同时的$f(t)$　　(b) m不同时的$\lambda(t)$

(c) γ不同时的$f(t)$　　(d) t_0不同时的$f(t)$

图 2.17　威布尔分布曲线

【例 2-8】 已知：某零件的寿命服从两参数威布尔分布，且 $m=2.8$，$\eta=1000\text{h}$。求：$t=100\text{h}$ 时的可靠度与失效率。

解：(1) $t=100\text{h}$ 时的可靠度为：$R(100)$。

由式(2-32)可知

$$R(t)=1-F(t)=\exp(-t/\eta)^m$$
$$=R(100)=\exp(-100/1000)^{2.8}=0.998$$

(2) $t=100\text{h}$ 时的失效率 $\lambda(100)$。

由式(2-34)可知

$$\lambda(t)=f(t)/R(t)=mt^{m-1}/\eta^m=\lambda(100)=2.8\times100^{2.8-1}/1000^{2.8}=4.4\times10^{-5}\text{h}^{-1}$$

2.5.4　影响故障分布规律的主要因素

1. 零件材料的性能的影响

要求材料的化学组成合理，且随着外界环境和工作条件的改变基本稳定；在满足机械性能要求的情况下，尽量使用具有密度低、熔点低、色彩宜人的物理性能且价格便宜的材料；材料必须具有足够的强度、刚度、耐磨性以及抗冲击、耐疲劳、抗蠕变等机械性能。

2. 零件加工过程及质量的影响

1) 加工成形方法

零部件的生产，必须采用正确合理的加工方法，如铸造、锻造、滚轧、注射成形、拉拔等。

2）表面热处理和化学处理

不同的工作条件和使用场合，需要用不同的方法对零部件进行表面处理，如淬火、渗碳、渗氮、喷涂、阳极氧化、回火、正火、退火、激光处理、气相沉积等。

3）加工精度

零件的加工必须满足行业标准或国家标准在行为公差方面的要求，诸如公差带、粗糙度、锥度、平面度等各项指标的要求，并结合实际需要尽量降低加工成本。

3. 机械部件、总成装配质量的影响

1）配合间隙

不管是过盈配合、过度配合还是间隙配合，不同形式的配合方式都必须按精度等级和偏差要求进行装配。

2）位置公差

装配中必须满足诸如平行度、同轴度、垂直度、同心度等位置公差的要求。

4. 使用因素的影响

1）负荷因素

实践证明，磨损与负荷大小成直线形式的正比关系，且有：

$$\lambda=\lambda_0 K_L \tag{2-35}$$

式中，λ 为故障率；λ_0 为额定负荷时的故障率；K_L 为负荷因子，$K_L>1$ 时，称为增额因子；$K_L<1$ 时称为减额因子；从使用角度讲，一般要求 $K_L<1$。

2）环境因素

使用环境对机械设备故障分布规律的影响，可用式(2-36)表示：

$$\lambda=\lambda_0 K_L K_F \tag{2-36}$$

式中，K_F 为环境修正系数，因为工程机械的工作环境非常恶劣，所以，一般 $K_F>1$，称为增额因子，但可设法降低。

3）使用操作因素

机械设备的使用和操作必须符合规程，不能盲目操纵，比如，齿轮式变速箱换挡时，必须有离合器来默契配合才能顺利完成。

5. 保养与维护因素

严格按照规定的程序进行保养，可以提高机械设备的使用可靠性，比如按时更换机油和三滤。修理过程中，必须严格管理、加强协调、提高责任意识，必须有先进的检测设备、现代化的维修设备，必须有合格的技术力量和一丝不苟的工作精神，才能保证维修后的产品具有合理的可靠性。

2.6 工程机械的维修性

工程机械属于可维修系统，因此在评价它们的使用性能时，不仅要研究工程机械的系统结构，建立起相应的可靠度函数方程，估计其发生故障的时间、程度以及耐用性和寿命，而且也要强调在工程机械发生故障以后，能否在较短的时间内，以比较小的代价对其进行修复。

2.6.1 概述

为保持和恢复工程机械完成规定功能的能力而采取的技术措施和实施的管理过程称为工程机械的维修。

1. 维修的内容

(1) 维护——为维持和保护完好技术状态和工作能力而进行的作业。
(2) 修理——为完全或部分恢复技术状态和工作能力而进行的作业。

2. 工程机械维修应当遵循的基本原则

(1) 以可靠性理论为基础，坚持“预防为主、强制维护、视情修理”的原则；
(2) 坚持“以技术检验为主，以主观判断为辅”的原则；
(3) 坚持“维修项目、维修时机、作业深度合理合规”的原则；
(4) 坚持“尽量采用先进维修技术和维修工艺”的原则。

3. 维修的三要素

(1) 被维修产品的维修性；
(2) 人员素质——维修理念、技术素养、责任心态；
(3) 维修设备及工艺。

4. 工程机械维修性

工程机械在规定的条件下、规定的时间里，按照规定的程序和方法进行维修时，维持和恢复完成规定功能的能力。

维修性与维修的概念不同，维修是指维修工作者在维持和恢复设备规定功能的过程中所采取的一切活动和措施，维修性是指设备本身恢复或维持其规定功能的难易程度。

5. 工程机械维修性的内容

(1) 维护性——工程机械在规定的条件下、规定的时间里，按计划程序和相应的技术条件进行维护作业时，产品所具有的维持其规定功能的性能。

(2) 维修性——工程机械发生故障后，在规定的条件下、规定的时间里，按计划程序和相应的技术条件进行维修作业时，产品所具有的能被修复的能力或性能。

2.6.2 评价工程机械维修性的主要指标

1. 维修度

1) 定义

工程机械产品在规定的使用条件下，在规定的时间里，按照规定的方法流程进行维修时，能够保持和恢复其规定功能的概率。

2) 表达式

由定义显然可知，维修度是时间的函数。设 τ 为实际维修时间，t 为规定维修时间，

则有

$$M(t)=P(\tau\leqslant t) \tag{2-37}$$

式中，$M(t)$为维修度；P 为可能性。

2. 不可维修度

1）定义

工程机械产品在规定的使用条件下，在规定的时间里，按照规定的方法和流程进行维修时，不能够保持和恢复其规定功能的概率。

2）表达式

$$G(t)=P(\tau\geqslant t) \tag{2-38}$$

式中，τ 为实际维修时间；t 为规定维修时间；$G(t)$为不可维修度。

根据它们的定义和概率理论可知，当 $t=0$ 时，$M(t)=0$，$G(t)=1$；当 $t=\infty$时，$M(t)=1$，$G(t)=0$；显然，维修度与不可维修度是同一事物对立统一的两个方面，因此有：

$$M(t)+G(t)=1 \tag{2-39}$$

3. 维修概率密度函数

1）定义

维修度 $M(t)$对时间的导数，即描述单位时间内维修成功概率分布规律的函数。

2）表达式

$$m(t)=M(t)/\mathrm{d}t \tag{2-40}$$

3）维修度、不可维修度与维修概率密度函数之间的关系

$$M(t)=P(\tau\leqslant t)=\int_0^t m(t)\mathrm{d}t \tag{2-41}$$

$$G(t)=1-\int_0^t m(t)\mathrm{d}t=\int_t^\infty m(t)\mathrm{d}t \tag{2-42}$$

由图 2.18 也可以形象地描述它们三者之间的关系。

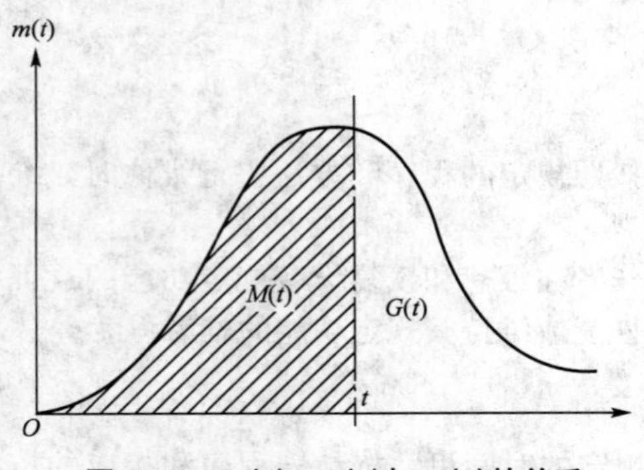

图 2.18　$M(t)$、$G(t)$与 $m(t)$的关系

4. 修复率

1）定义

达到某一时刻 t 时，尚未修复的产品在该时刻后的单位时间内完成修复的概率。

2）表达式

其数学关系和故障率类似，可用下式表达：

$$\mu(t)=m(t)/G(t) \tag{2-43}$$

式中，$\mu(t)$为修复率；$m(t)$为修复概率密度函数；$G(t)$ 为不可维修度。

和 $f(t)$一样，$m(t)$可以是正态分布，威布尔分布，也可以是指数分布，一般工程机械的总成以指数分布规律形式居多。当维修事件符合指数分布规律时，则有：

$$m(t)=\mu\mathrm{e}^{-\mu t} \tag{2-44}$$

$$\mu(t)=\mu \tag{4-45}$$

$$G(t)=\int_t^{\infty} m(t)\mathrm{d}t=\int_t^{\infty}\mu \mathrm{e}^{-\mu t}\mathrm{d}t=\mathrm{e}^{-\mu t} \tag{2-46}$$

$$M(t)=1-G(t)=1-\mathrm{e}^{-\mu t} \tag{2-47}$$

5. 平均修复时间

1）定义

在检修时间段内所用修复时间的总和与所修复的总次数的比值。指发生故障后，多次维修时间的平均值。

2）表达式

$$MTTR=\frac{1}{n}\sum_{i=1}^{n}t_i \tag{2-48}$$

式中，MTTR是Mean Time To Repair的首字母缩写，代表平均事后维修时间；n为发生故障的总次数；t_i为第i次故障所用修复时间。

3）平均修复时间的计算方法

若维修概率密度函数已知，则

$$MTTR=\int_0^{\infty} tm(t)\mathrm{d}t=\int_0^{\infty}G(t)\mathrm{d}t \tag{2-49}$$

当维修时间符合指数分布规律时，则

$$MTTR=T_{\mathrm{r}}/n=1/\mu \tag{2-50}$$

式中，T_{r}为总修复时间；n为故障总次数；μ为修复率。

式(2-50)表明，当维修时间符合指数分布规律时，平均修复时间与修复率互为倒数。

6. 维修效益

1）定义

维修后的设备所创造的利润与维修总费用之比，是衡量机械设备是否还具有维修价值的一个基本的经济性指标。

2）表达式

$$E_{\mathrm{r}}=B_{\mathrm{t}}/C_{\mathrm{r}} \tag{2-51}$$

式中，E_{r}为维修效益；B_{t}为被维修后的产品所创利润；C_{r}为维修总费用。

【例2-9】 已知：某装载机过去的平均修复时间是20h，而且其维修时间符合指数分布规律，现又发生故障。

求：其分别在12h、24h、48h时的维修度。

解： 因为$MTTR=20$所以由式(2-50)可知

$$\mu=1/MTTR=0.05$$

所以由式(2-47)得

$$M(12)=1-\mathrm{e}^{-0.05\times 12}=1-0.55=0.45$$

同理有

$$M(24)=1-e^{-0.05\times 24}=0.70$$
$$M(48)=1-e^{-0.05\times 48}=0.91$$

【例 2-10】 已知：某批推土机在某一时间段内共发生故障 15 次，修复期间共停机 1200min，且其修复事件符合指数分布规律。

求：$t=100$min 时的维修度

解：因为 $MTTR=T_r/n=1200/15=1/\mu$

所以 $\mu=15/1200=0.0125$

由式(2-47)得

$$M(t)=M(100)=1-e^{-0.0125\times 100}=0.714$$

【例 2-11】 已知：大量的统计资料表明，液压提升总成的维修工作符合指数分布规律。在统计检测期内共维修成功 48 次，共用工时 300h，若规定每次维修时间为 10h。

求：(1) 按时维修好的总成数占发生故障总成总数的比例？

(2) 需要规定多长的维修时间才能使 99%的故障总成修好？

解：因为 $T_r=300$h，$n=48$，$MTTR=T_r/n=300/48=1/\mu$

所以 $\mu=1/MTTR=48/300=0.16$

由式(2-47)可知

(1) $M(10)=1-e^{-\mu t}=1-e^{-0.16\times 10}=80\%$

(2) 当 $M(t)=0.99$ 时，有：$1-e^{-\mu t}=0.99$，$e^{-\mu t}=0.01$，$\mu t=-\ln 0.01 t=-\ln 0.01/0.16=28.8$h

2.6.3 提高工程机械维修性的途径

1. 维修对工程机械可靠度的影响

工程机械的技术维护、修理方法与修理质量对其可靠性有重大影响，而且在不同的阶段，有不同的作用。

对于新设备或刚刚大修过的机械产品，在它们的初期使用过程中，按照规定的维护措施及作业项目、作业要求及时进行技术维护，不仅能使工程机械保持良好的技术状况、延长机械零件的工作寿命、减少自然故障、消除隐患性故障，而且可以防止出现事故性损坏，使机械的可维修性得到改善；设备在正常使用期内，要适时进行状态监测，一旦出现故障，不但要应用先进修理方法、使用现代的维修设备和维修机具对设备进行及时维修，而且要严格执行修理技术标准和作业规范，保证修理质量、提高维修工效，以延长浴盆曲线的“盆底长度”；在设备使用的故障损耗期内，应当对比维修成本和维修效益，根据具体情况，适当进行维修，以减缓浴盆曲线右端的斜度，尽量延长使用寿命；按照国家现行的技术标准，对机械设备进行正规的大修，可以使产品恢复次浴盆曲线特性，从而获得比新产品稍低但能够满足实际工程作业需求的可靠性。

2. 提高维修性的主要措施

1) 设计方面的措施

(1) 维修性结构设计，包括以下方面。

可接近性：故障发生后，维修人员在作业中，能够比较容易地用眼睛直接看到，用手或简易工具直接接触到。比如，设透明观察窗，加易拆式罩盖等。

拆装的便利性：工作人员在检查、拆卸和修理过程中，应有足够的操作空间，容易下手，容易使修理工具就位，方便零件的通过，而且应符合工程心理学和人机工程学规定的标准。比如，推土机的高驱配置就比普通配置的传动系统的拆卸简化很多。

使修理程序简化：采用整体式结构和模块式总成，尽量使用单体式零件，简化检测步骤，减少拆卸环节。比如，易更换的机油滤清器总成，整体式曲轴等。

无维修设计：可靠性维修理念的终极思想是无维修设计，即设计出不需维修的零部件甚至总成。比如，自润滑轴承、自调间隙、无润滑固定关节等。

(2) 维修周期设计。

将维修周期大致相同的零件归类，便于进行批量维修。比如，发动机“四配套”的维修与更换等。

根据寿命分类，确定合理的维修时间间隔。比如，轮胎更换、正时带更替等。

尽量平衡零件寿命，同一总成中的零件寿命尽量一致；实在不能达到一致，就遵照重要零件优先的原则。比如，曲轴与连杆寿命大致相同，而曲轴与轴瓦寿命不一，优先考虑曲轴的寿命等。

(3) 维修技术保障设计(亦称软件设计)。

随机销售应有简洁易懂、方便易行的使用说明书；设计单位或生产厂家推荐维修技术标准和维修指南；随时随地提供充足的维修备件、及时的产品改进和升级信息，并能及时回应用户及维修企业的意见反馈。

2) 使用方面的措施

用户使用前必须学通弄懂使用说明书，了解机械设备的基本性能、使用要求、工作条件和工作特性；操作人员必须掌握正确的操作要领，严格按规程进行操作，必要时要进行专门的岗前培训；整个使用期内必须坚持保养规则；工作前、工作中、收工后都要按制度对机械设备进行相关的检查，尤其是安全性方面的检查，努力做到防患于未然，把故障、事故消灭在萌芽状态。

3) 维修与保养方面的措施

组织管理严密：维修企业、维修车间都应有一个严格的组织机构和管理体系，所有人员都要服从管理和调配，严格遵循有关规章制度。

全面正确掌握信息：维修人员应尽量多的从各种渠道了解故障设备的相关情况，确保所获得的故障设备的技术资料和故障信息全面、正确。

提高维修人员素质：包括文化素养、技术素质、心理素质、责任意识等。

避免“四误”或“四乱”：坚决避免误诊、误判、误拆、误换(或乱诊、乱判、乱拆、乱换)，避免造成不必要的浪费。

注意安全生产：避免维修人员被锐边、尖角、突起划伤，避免重物砸伤，避免电击、滑到、运转的机械设备弄伤等事故的发生。

采用先进的检诊仪器、维修设备、修理工艺：比如，使用计算机化的故障诊断仪代替单纯的经验判断，使用电脑四轮定位仪代替手工测量，使用激光切割代替火焰切割，使用等离子喷涂技术替代火焰喷涂等。

本章小结

本章讲述了机械设备的故障、故障的类型及故障分析基本理论、可靠性和维修性基本理论；重点介绍了衡量机械设备的故障、可靠性和维修性的一些重要指标(描述参数)，以及用数学模型来描述这些指标的方法，其中穿插一些例题；阐述了机械设备故障的3种基本分布规律，即指数分布、正态分布和威布尔分布，并介绍了在各种分布状态下各参数的计算方法。

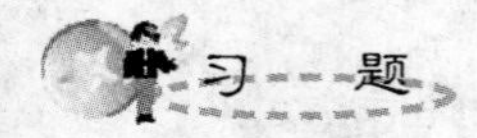

1. 按危害程度分，故障分为几种类型?
2. 什么是可靠性，描述可靠性的主要指标有哪些?
3. 试分析“浴盆曲线”。
4. 试分析影响故障分布规律的主要因素。
5. 已知：一批产品200件，当工作到3000h时，失效10件，工作到4000h时，总失效数为13件，求：该批产品工作到4000h时的故障率?
6. 已知：一批某型号的推土机，在使用考察期内，正常工作时间是600h，因故障停机维修时间25h，求：这批推土机在该段时间内的平均有效度。
7. 大量统计资料表明，某机械总成的故障符合指数分布规律，且$\lambda=1.2\times10^{-3}$，求：其分别在480h、880h时的可靠度。
8. 已知：某批装载机在某一时间段内共发生故障25次，修复期间共停机1800min，且其修复事件符合指数分布规律，求：$t=120$min时的维修度。

第3章 摩擦与润滑

★了解金属材料的表面特征；
★了解摩擦的基本类型和特点；
★了解润滑的功用、润滑方式。

知识要点	能力要求	相关知识
金属表面的修理学特征	了解金属表层结构	金属表面的宏观、中间和微观偏差，边界膜、接触面积等概念
表面摩擦	了解各类摩擦的特点、影响因素及减少摩擦的措施	滑动摩擦、滚动摩擦、边界摩擦等概念
零件润滑	了解润滑的功能、类型和工程机械的润滑方式	液体润滑、边界润滑、动压润滑、非压力润滑等概念

摩擦学是研究表面摩擦行为的学科，是研究相对运动的相互作用表面间的摩擦、润滑和磨损，以及三者间相互关系的基础理论和实践(包括设计和计算、润滑材料和润滑方法、摩擦材料和表面状态以及摩擦故障诊断、监测和预报等)的一门边缘学科。而伴随着这一新的边缘学科的诞生，“TRIBOLOGY”这一新词汇也应运而生。

摩擦所造成的磨损是工程机械零件的三大主要失效形式之一，主要包括以下几个方面：一是动、静摩擦，如滑动轴承、齿轮传动、螺纹连接、液压部件、履带等；二是零件表面受工作介质摩擦或碰撞、冲击，如铲斗和水泵、油泵等；三是机械制造工艺的摩擦学问题，如金属成形加工、切削加工和超精加工等；四是弹性体摩擦，如轮胎与路面的摩擦、弹性密封的动力渗漏等；五是特殊工况条件下的摩擦学问题，如腐蚀状况下的摩擦、微动摩擦等。

仅就油润滑金属摩擦来说，就需要研究润滑力学、弹性和塑性接触、润滑剂的流变性质、表面形貌、传热学和热力学、摩擦化学和金属物理等问题，涉及物理、化学、材料、机械工程和润滑工程等学科。但受到篇幅限制，我们只就几个修理学方面应当了解的问题做一些讨论。

3.1 金属的修理学表面特征

材料的摩擦是一种表面效应，摩擦系数、摩擦阻力和摩擦效果也主要取决于表面状态，所以我们应当了解金属表面的几何特性和物化特性。

3.1.1 金属零件表面的几何特性

机械零件有多种成形方法，但是无论哪一种方法，其工作表面实际上也不是绝对光滑的理想表面，即使经过精密加工的机械零件表面也会在金相显微下呈现出凸凹不平的几何形状(图 3.1)，这就叫做金属表面的几何形貌。此外，还会产生残余应力、加工硬化、微观裂纹等表面缺陷，它们虽然只有很薄的一层，但却错综复杂地影响着机械零件的加工精度、耐磨性、配合质量、抗腐蚀性和疲劳强度等，从而影响着产品的使用性能和寿命，因此必须加以重视。

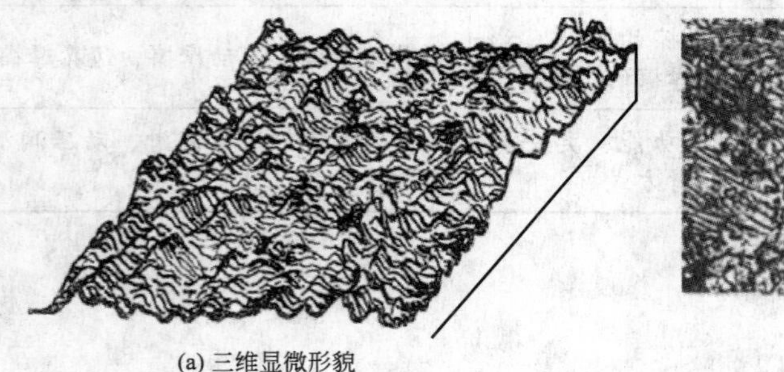
(a) 三维显微形貌

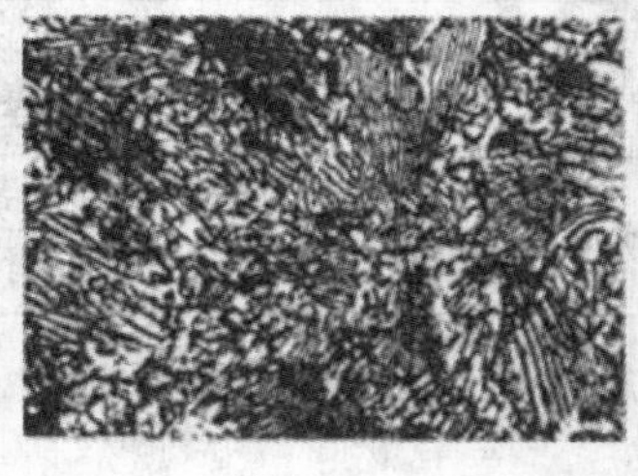
(b) 二维显微形貌

图 3.1 金属表面的形貌特征

零件表面上的突起称为波峰，凹陷处叫做波谷，相邻波峰和波谷之间的高度差叫做波幅，波幅用 H 表示；相邻两波峰或相邻两波谷之间的距离叫做波长(或波距)，用 L 表示，如图 3.2 所示。

无论采用何种成形或者表面加工方法，都会因为各种因素在表面形成塑性变形、刀痕、加工应力和微观不平度，这就使得实际的加工表面与理想表面之间存在偏差。根据 L/H 之值的大小，把这种表面偏差分为以下 3 种。

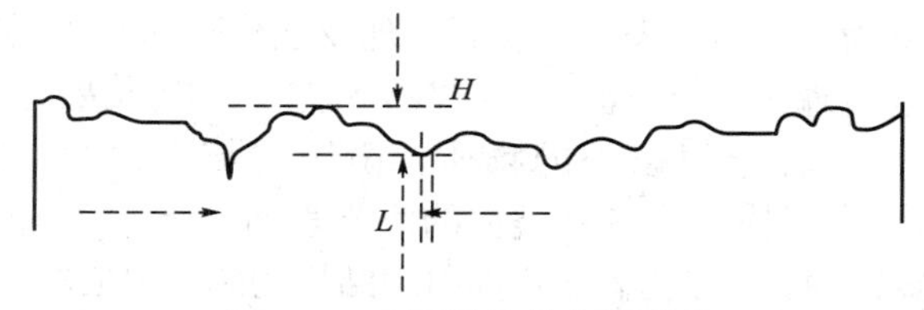

图 3.2 金属零件的表面形貌

1）宏观偏差

宏观偏差又称为形状误差，是指 $L/H>1000$ 时的偏差。它是由于加工方法存在缺陷，加工工艺不完善所造成的不重复、不规则的凸度、锥度、凹度、椭圆度等表面偏差。它直接影响着配合精度和装配质量。

2）中间偏差

中间偏差亦称波纹度或波度，是指 $L/H=50\sim1000$ 范围内的偏差，它是由于加工机具的不平衡所引起的振动，加工刀具不均匀进刀或者由于不均匀的切削力所引起的周期性的有规则的波峰和波谷。它直接影响着零件表面的加工精度和硬化层均匀性以及加工应力的分布。

3）微观偏差

微观偏差即表面粗糙度，是指 $L/H<50$ 时的偏差，它是由于加工刀具的精度、金属表面本身的特性、刀具与零件表面间的摩擦、切屑分离时表面层金属的塑性变形、工艺系统中的高频振动以及切削规范所引起的表面波纹上的微观的、一个个微凸体而形成的偏差，它和零件的储油性、耐磨性、配合性质、疲劳强度、接触刚度、振动和噪声等有密切关系，对机械产品的使用寿命和可靠性有重要影响。

以上各种偏差有时会同时存在，有时以其中一种为主。对于前两种，应尽量使其减小，对于粗糙度，要根据具体情况提出不同的要求，比如，对于精密零件，要求其粗糙度要小，对于一般零件，粗糙度要求适中。表 3－1 列举了一些常见的金属机械加工及塑性加工所能达到的表面粗糙度。

表 3－1 机械加工及塑性加工所能达到的表面粗糙度

机械加工	表面粗糙度/μm	塑性加工	表面粗糙度/μm
车外圆(精)	0.1～1.6	热轧	>6.0
车端面(精)	0.4～1.6	模锻	>1.6
磨平面	0.025～0.4	挤压	>0.4
研磨	0.012～0.2	冷轧	>0.2
抛光	0.01～1.6		

3.1.2 金属零件的表层结构

金属或合金与周围环境（气相、液相和真空）间的过渡区称为金属的表面。因环境不同，过渡区的组成和深度不同。金属表面有 3 种基本情况：

（1）纯净表面：大块晶体的三维周期结构与真空间的过渡区域称为纯净表面。它包括所有的不具有体内三维周期性结构的原子层，常为一个到几个原子层厚，约 5～10Å。

（2）清洁表面：不存在有表面化合物，仅有气体和洗涤物的残留吸附层的金属表面称为清洁表面，清洁表面又称为工业纯净表面。表面处理及强化时通常均要求金属表面先成为清洁表面，如：电镀、发蓝、磷化、热喷涂、热浸渗和气相沉积等均要先得到清洁表面。

(3) 污染表面：表面存在金属以外的物质。由于清洁表面会与环境中的空气、水、油、酸、碱、盐等作用，会很快形成各种类型的污染表面。

污染情况下的金属零件的表层是由若干不同组织结构的薄层组成的，表层性质与金属基体的性质有较大区别，如果暴露在大气中，就会形成外表面层和内表面层：外表面层的最外部是污染层，由尘土、油污、磨屑等构成，其厚度不一；其次是气体分子吸附层，在固体表面上的分子力处于不平衡或不饱和状态，由于这种不饱和的结果，固体会把与其接触的气体或液体溶质吸引到自己的表面上，从而使其残余力得到平衡，这就称为气体分子吸附，该层厚度与金属活性和气体环境有关；再次是氧化层，是由于金属与 O_2 接触所形成的氧化物。

内表面层最外层与氧化层接触，叫做贝氏层，是由于加工过程中分子层融化和表层流动所形成的冷硬层，结晶较细，有利于提高表层的耐磨性；再向里是变形层，也叫应力硬化层，是由于表面在加工过程中产生了弹性变形、塑性变形、晶格扭曲而形成了加工硬化层，此层的金相组织发生了变化，硬度较高且有残余应力；再往里就是基体金属。

3.1.3 金属表面的边界膜

存在于相对运动表面间的极薄的且具有特殊性质的化性、物性或机械性薄膜，称为边界膜。这些膜可以是自然形成的：只要把固体置于一定的环境中，其表面就会与环境中的物质发生相互作用而形成不同的表面膜；这些膜也可以是人为造成的：为了获得某种表面特征，用人工的方法使表面形成一种理想的薄膜。各种膜的形成方式和性质见表 3-2。

表 3-2 各种边界膜的类型、特点、形成方式和应用范围

分类	特点	形成条件	适用范围
物理吸附膜	在分子引力作用下定向排列吸附在表面。吸附与脱附完全可逆	在常温或较低温度下形成，高温时脱附	常温、低速、轻载
化学吸附膜	分子化合价或表面电子交换作用，使金属皂的极性分子定向排列。吸附与脱附不完全可逆	在常温或较低温度下形成，高温时脱附并发生化学变化	中温、中速、中载
化学反应膜	化学反应生成的金属膜。膜的熔点高，但剪切强度低	在高温下生成	重载、高温、高速
氧化膜	金属表面结晶点阵原子处于不平衡状态，使原子化学活性大，与氧发生反应	室温无油时生成	有瞬间润滑性

3.1.4 金属表面的接触

工模具与工件表面无论被加工得多么光滑，从微观角度讲都是粗糙的，工件表面尤为不平，因此，当两个物体相接触时，其接触面积不可能是整个外观面积。从三维观点观察，表面仅仅在微凸体顶部发生真正接触，其余部位在着 100Å 或更大的间隙，实际的或真正的接触面积只占总面积的极小部分，因此可以把接触面积分为 3 种，如图 3.3 所示。

(1) 名义接触面积 A_n (Nominal Area of Contact)——也称表观接触面积(Apparent Area of Contact)，是指以两物体宏观界面的边界来定义的接触面积，用 A_n 来表示：$A_n=a\times b$，

它与表面几何形状有关。

(2) 轮廓接触面积(Contour Area of Contact)——是指由物体接触表面上实际接触点所围成的面积，以 A_c 表示，如图 3.3 中虚线围成的面积之和。

(3) 实际接触面积(Real Area of Contact)——即为在轮廓面积内各实际接触部分的微小面积之和，也是接触副之间直接传递接触压力的各面积之和，又称真实接触面积，以 A_r 表示，如图 3.3 中小黑点面积之和。

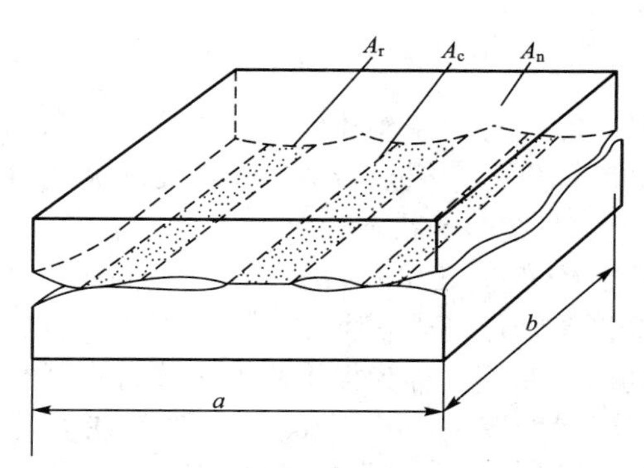

图 3.3 接触表面示意图

由于表面凹凸不平，实际接触面积是很小的，一般只占表观接触面积的 0.01%～1%，但是，当接触表面发生相对运动时，实际接触面积对摩擦和磨损起决定作用。同轮廓接触面积一样，实际接触面积不是恒定的，因为表面微凸体首先发生弹性变形，此时实际接触面积与接触点的数目、载荷成正比。当载荷继续增加，达到软材料的屈服极限时，微凸体发生塑性变形，实际接触面积迅速扩大，此时有：

$$A_r = \frac{F_N}{\sigma_s} \tag{3-1}$$

式中，F_N 为法向载荷；σ_s 为软材料的屈服强度。

3.2 摩　　擦

摩擦、磨损是一门古老的学问，但一直未成为一种独立的学科。1964 年以乔斯特为首的一个研究小组，受英国科研与教育部的委托，调查了摩擦方面的科研与教育状况及工业在这方面的需求。于 1966 年提出了一项调查报告。这项报告提到，通过充分运用摩擦学的原理与知识，就可以使英国工业每年节约 5 亿多英镑，相当于英国国民生产总值的 1%。这项报告引起了英国政府和工业部门的重视，同年英国开始将摩擦、磨损、润滑及有关的科学技术归并为一门新学科——摩擦学。

3.2.1 概述

1. 摩擦

相互接触的两个物体有相对运动或有相对运动的趋势时，在接触界面上出现彼此阻碍对方相对运动的现象，这种现象叫做摩擦。

当一个物体与另一物体沿接触面的切线方向运动或有相对运动的趋势时，在两物体的接触面之间有阻碍它们相对运动的作用力，这种力叫摩擦力。

2. 摩擦的弊端

虽然摩擦有利，但在机械工程领域，有很多情况摩擦却是有害的，例如，机器运转时的摩擦，会造成能量的无益损耗，使得配合间隙加大，摩擦生热导致机件膨胀，加剧磨损甚至卡死，或使机器不能正常工作，或使机器的寿命缩短，并降低了机械效率等。

3. 摩擦的类型

摩擦有内摩擦和外摩擦之分。内摩擦是指同一物体内部各部分之间相对位移时所产生的摩擦；外摩擦是指两个物体之间彼此阻挠其相互运动的现象。这里只讨论外摩擦。

1）按运动状态分

静摩擦(Static Friction)——两物体在外力作用下产生微观预移位，即弹性变形及塑性变形等，但尚未发生相对运动时的摩擦。比如，螺纹副的连接。在相对运动即将开始的瞬间的静摩擦，称为极限静摩擦或最大静摩擦，此时的摩擦系数称为静摩擦系数。

动摩擦(Kinetic Friction)——存在于两个做相对运动的物体接触表面之间的，彼此阻挠对方运动的现象，叫做动摩擦。比如，斗齿与物料之间的摩擦。此时的摩擦系数称为动摩擦系数。

2）按运动形式分

滑动摩擦(Sliding Friction)——两接触物体接触点具有不同的速度和(或)方向时的摩擦。比如，活塞与缸筒之间的动摩擦。

滚动摩擦(Rolling Friction)——两相互接触物体的接触表面上至少有一点具有相同的速度和方向的动摩擦。它比滑动摩擦要小得多，在一般情况下，滚动摩擦只有滑动摩擦阻力的1/40～1/60。比如，轮式推土机在附着性较好的路面上行驶时，胎面与路面之间的摩擦。

3）按接触表面的状态分

干摩擦(Dry Friction)——两物体间名义上无任何形式的润滑剂存在时的动摩擦。严格地说，干摩擦时，在接触表面上应当无任何其他介质如湿气及自然污染膜。在工程机械中出现干摩擦情况下，摩擦表面直接接触，产生强烈的阻碍摩擦副表面相对运动的分子吸引和机械啮合作用，消耗较多的动力，并将其转化为有害的摩擦热。此种摩擦情况下，具有极高的摩擦系数，往往伴随着强烈的摩擦副表面磨损。

边界摩擦(Boundary Friction)——两相互运动的物体的接触表面被一层极薄的、既具有润滑性能又具有分层结构的边界膜所隔开的动摩擦。此时，做相对运动的两固体表面之间的摩擦磨损特性，主要由表面性质与极薄的边界膜的性质所决定，而与润滑剂粘度特性关系不大，且通常与载荷和相对滑动速度无关，摩擦系数一般在0.03～0.05之间。无论是吸附膜还是反应膜，都有一定的临界温度，若工作温度过高，将使边界膜破坏，出现固体摩擦，因此，此情况多属于过渡状态。

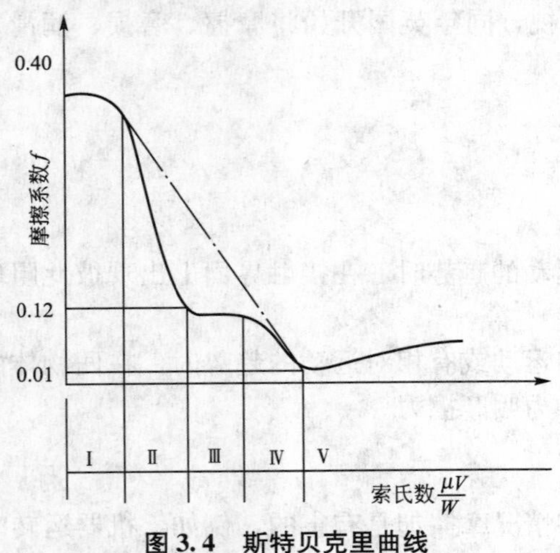

图 3.4　斯特贝克里曲线

Ⅰ—干摩擦；Ⅱ—半干摩擦；Ⅲ—边界摩擦；Ⅳ—液体摩擦；Ⅴ—混合摩擦

流体摩擦(Fluid Friction)——做相对运动的两固体表面被具有体积粘度特性的流体润滑剂完全隔开时的摩擦。此时摩擦磨损状况主要由液体的粘性阻力或流变阻力所决定，而且此状况下的摩擦系数最小，通常在0.001～0.008之间。

混合摩擦(Mixed Friction)——在两固体的摩擦表面之间同时存在着干摩擦、边界摩擦或流体摩擦的混合状况下的摩擦。又称半干摩擦或半流体摩擦。

以上4种摩擦的摩擦特性可由图3.4所示的斯特贝克里曲线来描述。

3.2.2 滑动摩擦

滑动摩擦是两个接触表面相互作用引起的滑动阻力和能量损耗。摩擦现象涉及的因素很多，因而人们提出了各种不同的摩擦理论来解释摩擦现象。

1. 机械互锁(或机械啮合)理论

摩擦起源于表面粗糙度，摩擦是由表面粗糙不平的凸起和凹陷间的相互啮合、碰撞以及弹塑性变形作用的结果。

该理论认为摩擦系数可由下式计算：

$$\mu=\sum F/\sum W=\tan\theta \qquad (3-2)$$

式中，μ是摩擦系数；$\sum F$为摩擦力；$\sum W$为载荷；θ为接触微凸体的倾斜角。其物理模型如图 3.5 所示。

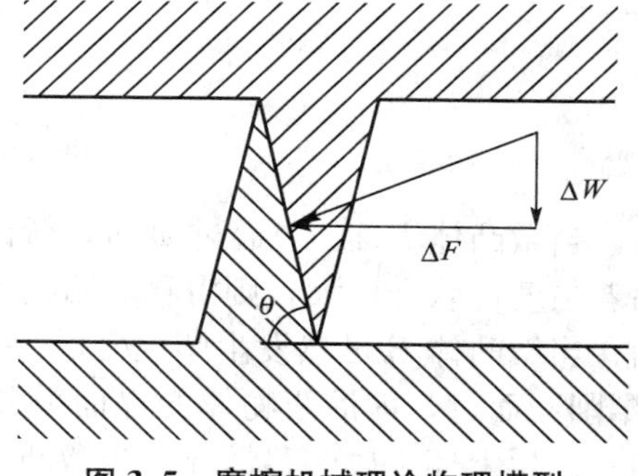

图 3.5 摩擦机械理论物理模型

该理论解释了表面越粗糙，摩擦系数也就越大的现象，但无法解释经过精密研磨的洁净表面的摩擦系数反而增大的现象。说明机械互锁作用并非产生摩擦力的唯一因素。

2. 分子吸引理论

第一次提出分子吸引理论的人是英国物理学家德萨谷利埃。他认为产生摩擦力的真正原因不在于表面的凹凸高低，而在于两物体摩擦表面间分子引力场的相互作用，而且表面越光滑摩擦力越大，因为表面越光滑，摩擦面彼此越接近，表面分子作用力越大。

根据分子作用理论可以得出这样的结论：即表面越粗糙，实际接触面积越小，因而摩擦系数应越小。显然，这种分析除重载荷条件外是不符合实际情况的。

3. 粘着-犁沟摩擦理论

(1) 基本概念：当两表面相接触时，在载荷作用下，某些接触点的单位压力很大，发生塑性变形，这些点将牢固地粘着，使两表面形成一体，称为粘着或冷焊。当一表面相对另一表面滑动时，粘着点则被剪断，而剪断这些连接的力就是摩擦力。此外，如果一表面比另一表面硬一些，则硬表面的粗糙微凸体顶端将会在较软表面上产生犁沟，这种犁沟的阻力也是摩擦力。即摩擦力由粘着阻力和犁沟阻力两部分组成，或者说，承载表面的相对运动阻力(摩擦力)是由表面相互作用引起的。表面的相互两种作用如下。

一是表面粘着作用：在洁净金属表面，即微凸体顶端相接触的界面上不存在表面膜的情况下，金属与金属在高压下直接发生接触，发生塑性变形，这些点将牢固地粘着，使两表面形成一体(粘着或冷焊)，如图 3.6 中的 C、D 点所示。

二是表面材料的迁移作用：在图 3.6 中，B 点处虽没有粘着作用，但是当表面发生相对运动时，B 点处阻碍运动的那部分表面材料可能发生如下情况才能继续作相对滑动。

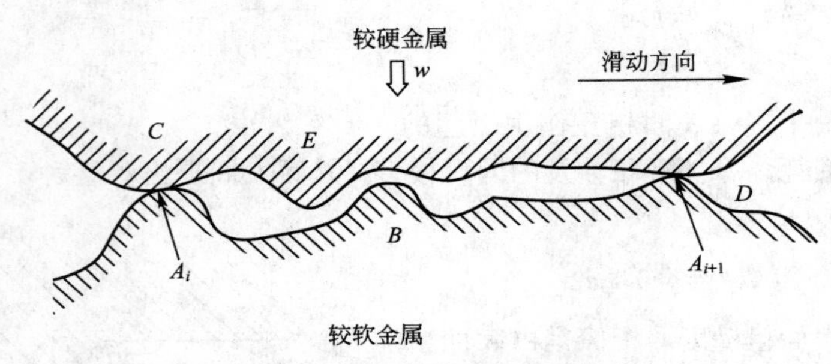

图 3.6 表面粘着作用示意图

当微凸体 E(或 C)通过 B 时，微凸体 B 发生比较严重的塑性变形而粘着，若其粘着点粘着强度比软金属大，则滑移剪断发生在软金属层内，从而造成金属从下表面转移到上表面；当微凸体 B 虽然发生塑性变形，但不严重，因而粘着并不牢固。微凸体 E(或 C)沿 B "犁削"而过，即沿两物体的界面剪断，这时下表面微凸体 B 发生材料迁移变形(犁沟)，但不发生上述金属转移情况；当微凸体 B 只发生弹性变形，微凸体 E(或 C)比较容易地滑过 B。

(2) 粘着理论的基本内容：摩擦表面处于塑性接触状态，实际接触面只占名义面积的很小一部分，接触点处应力达到受压屈服极限产生塑性变形后，接触点的应力不再改变，只能靠扩大接触面积承受继续增加的载荷。

滑动摩擦是粘着与滑动交替发生的跃动过程：接触点处于塑性流动状态，在摩擦中产生瞬时高温，使金属产生粘着，粘着结点有很强的粘着力，随后在摩擦力作用下，粘接点被剪切产生滑动。这样滑动摩擦就是粘着结点的形成和剪切交替发生的过程。

摩擦力是粘着效应和犁沟效应产生阻力的总和。

$$F=A_r\tau+F_p \tag{3-3}$$

式中，F 为摩擦力；A_r 为实际接触面积；τ 为剪应力；F_p 为犁沟阻力。

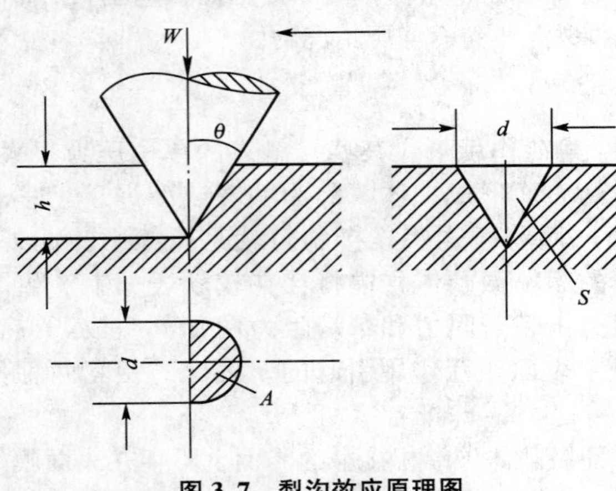

图 3.7 犁沟效应原理图

(3) 犁沟效应：犁沟效应是硬金属的粗糙峰嵌入软金属后，在滑动中推挤软金属，产生塑性流动并划出一条沟槽。犁沟效应的阻力是摩擦力的组成部分，在磨粒磨损和擦伤磨损中为主要分量。

如图 3.7 所示，假设硬金属表面的粗糙峰由许多半角为 θ 的圆锥体组成，在法向载荷作用下，硬峰嵌入软金属的深度为 h，滑动摩擦时，只有圆锥体的前沿面与软金属接触。接触表面在水平面上的投影面积 $A=\pi d^2/8$；在垂直面上的投影面积 $S=dh/2$。

如果软金属的塑性屈服性能各向同性，屈服极限为 σ_s，于是法向载荷 W 和犁沟力 F_p 以及由犁沟效应所产生的摩擦系数分别为

$$W=A\sigma_s=\frac{1}{8}\pi d^2\sigma_s \tag{3-4}$$

$$F_p = S\sigma_s = \frac{1}{2}dh\sigma_s \tag{3-5}$$

$$\mu = \frac{F_p}{W} = \frac{4h}{\pi d} = \frac{2}{\pi}\cos\theta \tag{3-6}$$

4. 影响滑动摩擦的主要因素

1）摩擦副材料的影响

一是金属的整体机械性质，如剪切强度、屈服极限、硬度、弹性模量等，都直接影响摩擦力的粘着项和犁沟项；二是金属的表面性质对摩擦的影响更为直接和明显，如表面切削加工引起的加工硬化等；三是晶态材料的晶格排列形式，在不同晶体结构单晶的不同晶面上，由于原子密度不同，其粘着强度也不同，如面心立方晶系的Cu的(111)面，密排六方晶系的Co的(001)面，原子密度高，表面能低，不易粘着；四是金属摩擦副之间的冶金互溶性，互不相溶金属组成的摩擦副的粘着摩擦和粘着磨损都比较低；五是材料的熔点，通常低熔点材料易引起表层熔融而降低摩擦。

2）载荷的影响

一般地说，金属材料摩擦副在大气中干摩擦时，轻载下，即在弹性接触的情况下，摩擦系数随载荷的增大而增大，因为载荷增大将氧化膜挤破，导致金属直接接触，但当它越过一个极值后，便会趋于稳定。

不少试验也证明，金属在相对滑动中，在塑性接触区内，摩擦系数在越过一个极值后，会随着载荷的增大而减小，这是因为实际接触面积的增大不如载荷增大的快。

因此，载荷的影响需要根据研究对象的实际工况来分析。

3）滑动速度的影响

当滑动速度较高时，由于界面温升使材料表面发生软化或熔化。表面材料与环境的反应加剧，使摩擦系数随速度的增大而增大。

当滑动速度很低(包括相对位移前的静态接触)时，表面微凸体接触时间长，有足够的时间产生塑性变形使粘接点增大，也有充分的时间在表面膜破裂以后形成牢固的粘接点，从而发生界面粘着。因此需要较大的剪切力剪断接点而产生宏观的相对运动。此时摩擦力(静摩擦)很大。滑动开始后，微凸体相接触的时间，随着滑动速[illegible]而减少，粘接点面积增大不多，表[illegible]破裂。所以界面粘着较少，摩擦系[illegible]擦)比静摩擦小。图3.8是克拉盖尔斯[illegible]人得出的试验结果。结果表明：对于一[illegible]单塑性接触状态的摩擦副，摩擦因数随滑[illegible]动速度的增加而越过一个极大值，如图中曲线2和3，并且随着对偶表面间法向载荷的增加，其极大值的位置向坐标原点移动。

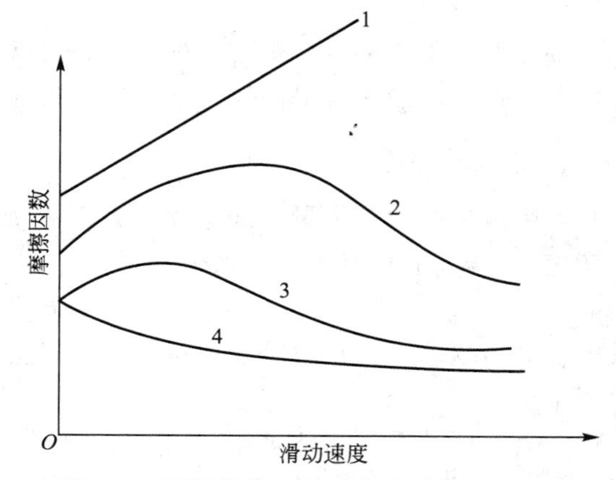

图3.8 不同载荷下滑动速度对摩擦的影响

当载荷极小时，曲线只有上升部分，如图中曲线1所示；而载荷极大时曲线只有下降部分，如图中的曲线4所示。当摩擦副对偶表面的相对滑动速度超过50m/s时，接触表面产生大量的摩擦热。因接触点的持续接触时间短，瞬间产生的大量摩擦热来不及向基体内部扩散，因此摩擦热集中在表层，使表层温度较高而出现熔化层，熔化了的金属液起着润滑作用，使摩擦因数随速度增加而降低。

4）温度的影响

温度对滑动摩擦性能的影响表现在两方面。

一是发生润滑状态转化，如从油膜润滑转化为边界润滑甚至干摩擦；

二是引起摩擦过程表面层组织的变化，即摩擦表面与周围介质的作用改变，如表面原子或分子间的扩散、吸附或解附、表层结构变化和相变等。

温度对于摩擦系数的影响与表面层的变化密切相关。大多数实验结果表明：随着温度的升高，摩擦系数增加，而当表面温度很高使材料软化时，摩擦系数将降低。

5）表面膜的影响

表面膜的减摩作用与润滑膜相似，它使摩擦副之间的原子结合力或离子结合力被较弱的范德华力所代替，因而降低了表面分子力作用。另外表面膜的机械强度低于基体材料，滑动时剪切阻力较小。

6）表面粗糙度的影响

根据机械嵌合理论，表面越粗糙摩擦力越大；而根据分子粘着观点，表面间达到分子能作用的距离内，摩擦系数反而会增大。因此表面粗糙度有一个最佳值，此时，摩擦系数会有最小值出现。而此最佳值一般是通过磨合来实现，使磨损和摩擦达到一个低而稳定的值。

7）润滑状况的影响

机械设备的摩擦副在不同的润滑条件下，摩擦系数的差异很大。如，在洁净但无润滑情况下的表面摩擦系数为0.3～0.5；而在良好的液体动压润滑条件下，表面摩擦系数只有0.001～0.01。

3.2.3 滚动摩擦

1. 定义

物体在力矩作用下，沿着另外一个物体表面滚动时接触表面间的摩擦称为滚动摩擦。其运动特点是：成点接触或线接触的两物体在接触处的速度大小和方向均相同。

2. 滚动摩擦系数

可以用一个无量纲量，即滚动阻力系数 f_r 来表征滚动摩擦的大小。它在数值上等于滚动摩擦力(驱动力)与法向载荷之比。

$$f_r = F/W = k/R \tag{3-7}$$

式中，F 为驱动力，其值等于摩擦力；W 为法向载荷；k 为比例常数，$k = F_R/F_N$；R 为轮子半径。

因为一般情况下 $k/R \ll \mu$，所以滚动比滑动省力。

3. 滚动摩擦机理

1）微观滑移效应

1876 年，Reynolds 用硬金属圆柱体在橡胶平面上做滚动实验，观察到弹性常数不同的两个物体发生赫芝接触并自由滚动，作用在每一个物体界面上的压力相同，但两表面上引起切向位移不相等，而导致界面有微量滑移并伴有摩擦能量损失(理解：当刚性滚轮沿弹性平面滚动时，在一整周内滚轮走过的距离要小于圆周长)。

2）弹性滞后效应

接触时的弹性变形要消耗能量，脱离接触时要释放出弹性变形能。由于材料弹性滞后和松弛效应，释放的能量小于弹性变形能，两者之差就是滚动摩擦的损耗。在粘弹性材料中，滚动摩擦系数与松弛时间有关。低速滚动时，粘弹性材料在接触的后沿部分恢复得快，因而维持了一个比较对称的压力分布，于是滚动阻力很小；反之，在高速滚动时，材料恢复的较慢，甚至在后沿来不及接触，此时，粘弹性材料的弹性滞后大，摩擦损失大于金属。

3）塑性变形效应

滚动表面接触应力超过一定限度时，将首先在表面层下的一定深度产生塑性变形，随载荷的增大，逐渐扩展到表面。塑性变形消耗的能量构成了滚动摩擦的损耗。在反复循环滚动摩擦接触时，由于硬化等原因，会产生相当复杂的塑性变形过程。

4）粘附效应

滚动接触粘附效应与滑动摩擦不同，滚动表面相互紧压形成的粘着结点在滚动中将沿垂直接触面的方向分离，没有结点面积扩大现象，所以粘着力很小，通常由粘着效应引起的阻力只占滚动摩擦阻力的很小部分。

综上所述，在高应力下，滚动摩擦阻力主要由表面下的塑性变形产生；而在低应力情况下，滚动摩擦阻力主要由材料本身的滞后损耗引起。

3.2.4 边界摩擦

1. 定义

边界摩擦是指摩擦界面上存在一层极薄的润滑膜时产生的摩擦。

物理化学吸附膜或化学反应膜均可称为润滑膜，膜厚小于 0.1μm，可起到润滑作用。此时的摩擦性能取决于表面性质和边界膜的结构形式，而不取决于润滑剂的粘度。

边界摩擦是一种极为普遍的状态，如普通滑动轴承，气缸与活塞环，机床导轨，凸轮与从动杆，齿轮等接触处都可能是边界摩擦。

2. 边界摩擦的特点

相对于干摩擦来说，边界摩擦的特点如下。

(1) 具有较低的摩擦系数，μ 在 0.03～0.10；

(2) 由于表面不直接接触，可以减少零件磨损，延长使用寿命；

(3) 能大幅提高承载能力，扩大使用范围。

3. 边界摩擦机理

当界面存在吸附膜时，吸附在金属表面上的极性分子形成定向排列的分子栅，可以为单分子层或多分子层吸附膜；当摩擦副的接触表面相对运动时，表面的吸附膜像两个毛刷子一样相互滑动，吸附分子之间发生位移，代替了金属之间的直接接触，保护了金属表面，降低了摩擦系数，起到了润滑作用，如图 3.9 所示。

当边界膜是反应膜时，由于摩擦主要发生在这个熔点高、剪切强度低的反应膜内，有效地防止了金属表面直接接触，也能使摩擦系数降低。

当接触压力较大时，由于摩擦副表面粗糙不平，接触微凸体的压力很大，当两表面相互滑动时，接触点温度很高，部分边界膜被破坏，使金属直接接触，如图 3.10 所示。

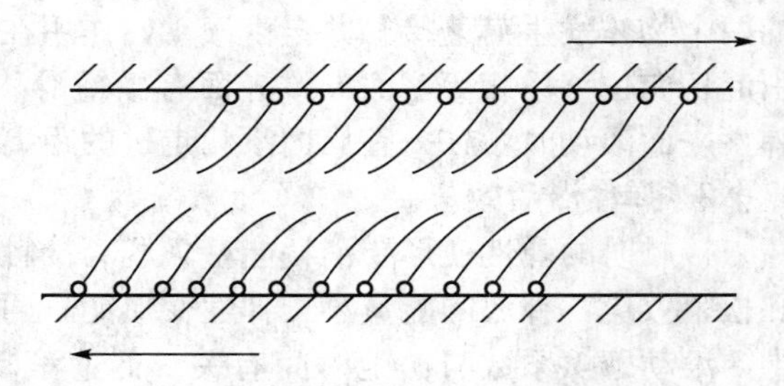

图 3.9　单分子吸附膜的摩擦原理模型

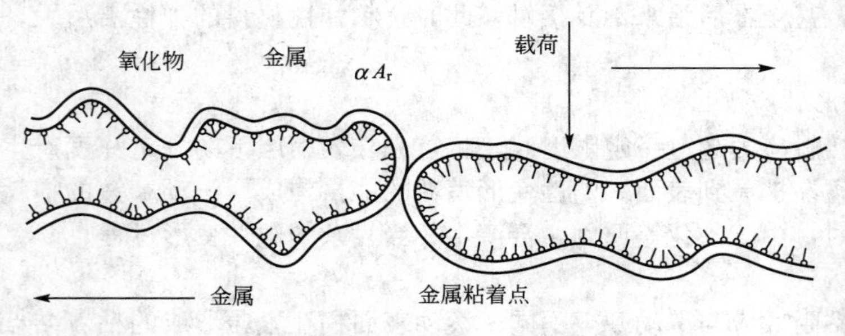

图 3.10　边界摩擦机理模型

3.3　润　　滑

润滑是在相互接触、相对运动的两固体摩擦表面间，引入润滑剂(流体或固体等物质)，将摩擦表面分开，以减小摩擦、减少磨损或减轻其他形式的破坏的措施。

3.3.1　润滑的功用

(1) 降低摩擦。液体润滑油在摩擦表面可形成各种油膜状态，按照不同摩擦表面，选用不同润滑油，得到不同摩擦系数。如采用含有不同添加剂的润滑油，应用到不同工况条件下的摩擦副中，能有效控制摩擦。

(2) 减少磨损。由于润滑的作用，使得摩擦系数大大下降，从而使磨损率大大下降，与干摩擦相比，使磨损失效率下降 90%以上。

(3) 降温冷却(辅助)。摩擦副在运动时会产生大量热量，尤其在高速重载的情况下，物体表面的温度将很快升高，甚至可达到熔点的程度。而由于润滑油的热传导，把摩擦副所产生的热量通过流体循环带回到散热器和油箱，促使物体表面的温度下降。

(4) 防腐防锈。润滑油、脂对金属无腐蚀作用，极性分子吸附在金属表面，能隔绝水分与潮湿空气和金属表面接触，起到防腐、防锈和保护金属表面的作用。

(5) 循环冲洗。摩擦副在运动时产生的磨损微粒或外来杂质，可利用润滑剂的流动，把摩擦表面间的磨粒带到机油滤清器，从而被过滤掉，以防止物体的磨粒磨损，延长零件使用寿命。

(6) 防漏密封。润滑油与润滑脂能深入各种间隙，弥补密封面的不平度，防止外来水分、杂质的侵入，起到密封作用。

(7) 缓冲减震。在传动中，由于液体的可压缩性比金属好，而成为一种良好的缓冲介质。摩擦副在工作时，两表面间会产生噪音与振动，由于液体有粘度，它把两表面隔开，使金属表面不直接接触，从而减少了振动。

3.3.2 润滑的分类

1. 按润滑介质分

(1) 液体润滑(Liquid Lubrication)：做相对运动的两固体表面被具有体积粘度特性的液体润滑剂完全隔开时的润滑状态。

(2) 气体润滑(Gas Lubrication)：做相对运动两表面被气体润滑剂分隔开的润滑。

(3) 脂润滑(Grease Lubrication)：做相对运动的两表面被黄油所隔开的润滑方式。

(4) 固体润滑(Solid Lubrication)：做相对运动的两固体表面之间被粉末状或薄膜状固体润滑剂隔开时的润滑状态。

2. 按接触表面的摩擦状况分

(1) 无润滑(Dry Friction)：指两相互运动的摩擦表面之间无任何润滑剂的润滑方式，此时，两相对运动表面直接接触，摩擦系数很高，磨损严重。一般在缺少润滑剂或出现其他形式的润滑系统故障时，就有可能出现无润滑的干摩擦状况。

(2) 流体润滑(Fluid Lubrication)：在摩擦界面间形成一定厚度的、高强度的、具有一定化性和物性的润滑油膜，它能够把摩擦表面的凸凹不平的波峰和波谷完全淹没，做相对运动的摩擦表面完全被分隔开来，使摩擦表面的直接外摩擦变成润滑油分子之间的内摩擦，完全改变了摩擦的性质。工程上油膜的厚度一般可达 1.5μm～1mm，摩擦系数降为 0.001～0.008。此时的摩擦力可由彼得罗夫公式计算：

$$F=\frac{\mu AV}{h} \tag{3-8}$$

式中，F 为摩擦力；μ 为润滑油的动力粘度；A 为相对运动的摩擦表面积；V 为相对运动速度；h 为润滑油膜的厚度。

(3) 边界润滑(Boundary Lubrication)：两个作相互运动的接触表面被某种边界膜所隔开的润滑，即，做相对运动的两固体表面之间的摩擦磨损特性取决于两表面的特性和润滑剂与表面间的相互作用及所生成边界膜的性质的润滑状态(详见“边界摩擦”)。

(4) 混合润滑(Mixed Lubrication)：两固体的摩擦表面之间同时存在着干摩擦、边界润滑或流体润滑的混合状态下的润滑状态。在混合润滑中，摩擦系数在很大的范围内变化，因为此时的摩擦因数取决于液体油膜遭到破坏的程度，取决于液体油膜破坏后立刻处于边界摩擦还是处于干摩擦，取决于被破坏油膜的恢复能力。

3. 按润滑原理分

(1) 液体动压润滑(Hydrodynamic Lubrication)：依靠运动副滑动表面的形状在相对运动时形成一层具有足够压力的流体膜，从而将两表面分隔开的润滑状态，又称流体动力润滑。滑动轴承在运转过程中，由于轴和轴套间隙中润滑油受到高速转动轴的摩擦力作用，随同轴一起转动，在转动中油进入轴承底部相接触的摩擦区域时，由于轴与轴套间呈楔形间隙，油流通道变小，使油受到挤压，因而产生油压。油压的产生使得轴受到一个向上的作用力。当轴承的转速足够高，产生的油压达一定值时，就可以将轴抬起，在摩擦面间形成一层流动的油层。

(2) 液体静压润滑(Hydrostatic Lubrication)：依靠外部的供油系统将具有一定压力的润滑剂供送到轴承中，在轴承油腔内形成具有足够压力的润滑油膜将两表面分隔开的润滑状态，又称流体静力润滑。各种液体静压轴承如图 3.11 所示。

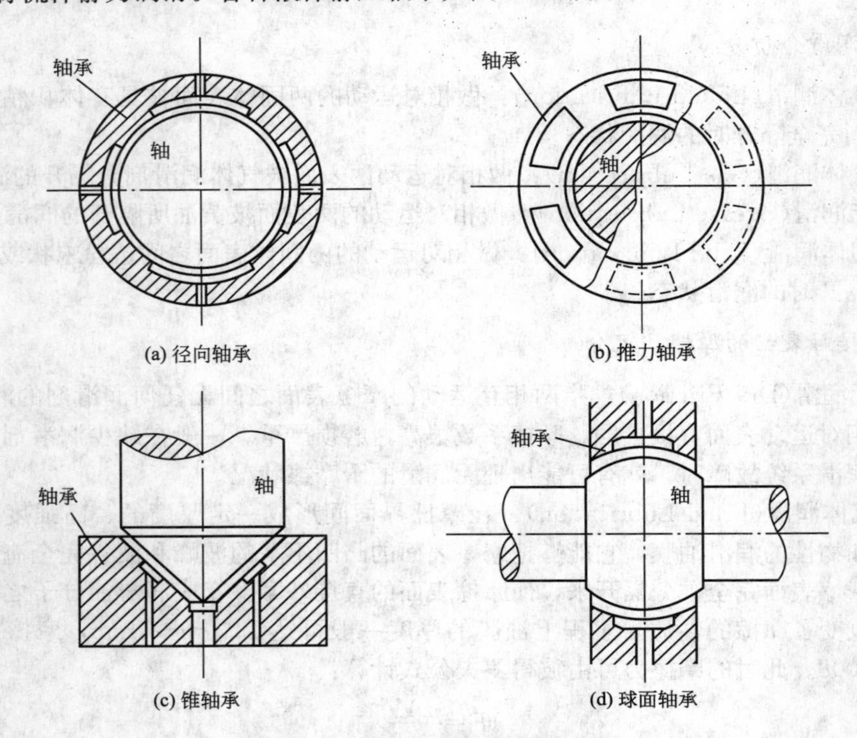

图 3.11 液体静压润滑轴承的类型

液体静压润滑有定量式和定压式两种类型。

定量式液体静压润滑所提供的液体流量不变，下油腔的压力与油膜厚度的立方成反比，上油腔的压力则相反。这样，在轴颈的上下方就形成了一个与外界负荷相平衡的力，而保持轴颈浮在润滑油中，处于液体润滑状态。

定压式液体静压润滑所提供的液体压力不变，它是在利用外界动力所提供的压力将轴颈扶起，实现液体润滑状态，适用于载荷恒定的场合。

(3) 液体动静压润滑(Hydrodynamic - static Lubrication)：随着科学技术的发展，近年来在工业生产中出现了新型的动、静压润滑的轴承。液体动、静压联合轴承充分发挥了液体动压轴承和液体静压轴承二者的优点，克服了液体动压轴承和液体静压轴承二者的不足。

其基本工作原理是：当轴承副在启动或制动过程中，采用静压液体润滑的办法，将高压润滑油压入轴承承载区，把轴颈浮起，保证了液体润滑条件，从而避免了在启动或制动过程中因速度变化不能形成动压油膜而使金属摩擦表面(轴颈表面与轴瓦表面)直接接触产生的摩擦与磨损。当轴承副进入全速稳定运转时，可将静压供油系统停止，利用动压润滑供油形成动压油膜，仍能保持轴颈在轴承中的液体润滑条件。

(4) 弹性流体动压润滑(Elastic Hydrodynamic Lubrication)：相对运动两表面之间的

摩擦和流体润滑剂膜的厚度取决于相对运动对偶表面弹性形变以及润滑剂在表面接触时的流变特性的润滑状态，称为弹性流体静力润滑。

弹流润滑是当今摩擦学科中的新润滑理论，它能解释和评价多种机械零件，尤其是点、线接触的运动副(如齿轮传动、凸轮机构、滚动轴承、重载滑动轴承等)的润滑性能。弹流润滑理论研究在相互滚动或伴有滚动的滑动的条件下，两弹性物体间的流体动力润滑的力学性质，把计算在油膜压力下摩擦表面变形的弹性方程、表述润滑剂粘度与压力之关系的粘压方程与流体动力润滑的主要方程结合起来，以求油膜压力分布、润滑膜厚度分布、摩擦力和温升等性能参数。依靠润滑剂与摩擦表面的粘附作用，两接触物体滚动或滑动时将润滑剂带入它们之间的间隙。高的接触压力使物体变形，接触面扩大，接触面上出现平行缝隙，并在除进油口之外的接触面边缘上出现使间隙变小的突起，阻碍润滑剂流出而形成高的油膜压力(其典型的两个作相对滚动物体之间的油膜压力分布如图3.12所示)。

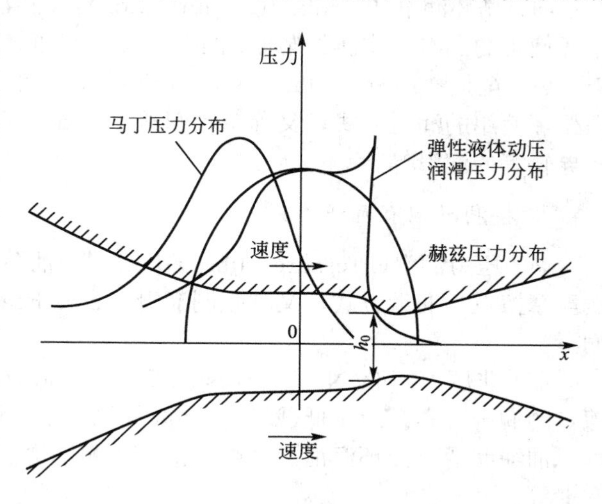

图3.12 典型的弹性流体动压润滑油膜压力分布

(5) 磁流体动压润滑(Magneto Hydrodynamic Lubrication)：由电磁作用所引起的流体动压润滑，又称磁流体动力润滑。

磁流体又称磁性液体、铁磁流体或磁液，是一种于上世纪60年代开始应用的液态磁性材料，是将纳米尺度的磁性固体颗粒，经表面处理后均匀地分散在液体介质中形成一种稳定的二相胶体溶液，它由磁性颗粒、活性剂、润滑母液3部分组成。

磁流体润滑是指利用磁流体(其中的磁性颗粒大小只有5～10nm，远远小于粗糙度)代替传统的润滑剂，再施以相应的外加磁场(该磁场可以将润滑剂准确地保持在所需润滑表面)对摩擦副进行润滑，磁流体在工作中状态稳定，不会出现无润滑状态，具有良好的承载能力和减磨能力，可以降低摩擦系数，减少磨损，延长使用寿命。

3.3.3 润滑方式

零件工作表面的磨损、零件表面的腐蚀和材料的老化是正常使用条件下工程机械的机械零部件的3种主要失效形式，而零件工作面的磨损所引起的失效所占的比例最大。也就是说，机械的磨损是使其各种零部件走向极限技术状态的主要原因之一。而解决机械零部件的磨损问题，除了采用优良的材料、选择先进的制造工艺、设计合理的机械结构外，在使用过程中要做的一项重要工作就是保证对机械的合理润滑。但是，工程机械的零部件形式多样，工作环境不一，运动情况各异，因此不同零件、不同机构、不同系统就需要有不同发热润滑方式。所以，润滑方式的分类方法很多，有时名称之间互有交叉或覆盖。

1. 按润滑剂供给是否连续分

(1) 连续润滑(Continuous Lubrication)：将润滑剂连续地送入摩擦表面的润滑方式。

如发动机曲轴、凸轮轴以及其他滚动轴承、滑动轴承的润滑等。

(2) 间歇润滑(Periodical Lubrication)：将润滑剂周期性(间歇性)地送入摩擦表面的润滑方式。如一些小型的、不重要的、间歇运转的场合。

2. 按润滑剂的循环状况分

(1) 循环润滑(Circulating Lubrication)：润滑剂送至摩擦点进行润滑后又回到油箱再循环使用的润滑方式。如柴油机曲轴主轴承的润滑。

(2) 全损耗润滑(Total Loss Lubrication)：润滑剂送至摩擦点进行润滑后不再返回油箱循环使用的润滑方式，又称单程润滑（Once - Through Lubrication）。如水泵轴承、开式导轨等的润滑等。

3. 按润滑剂有无压力分

(1) 压力润滑(Pressure Lubrication)：用油泵等加压装置将具有一定压力的润滑剂供送至摩擦点的润滑方式，又称强制润滑(Force Feed Lubrication)。如中、高载的轴承等的润滑。

(2) 非压力润滑(Non - pressure Lubrication)：将大气压力状态下的润滑剂供送至摩擦点的润滑方式。用于低载场合(如配气机构中挺柱、推杆的润滑等)，又可分为：油浴润滑、油绳润滑、油环润滑、油垫润滑、飞溅润滑、溢流润滑、滴油润滑、油轮润滑、油链润滑等。

4. 按润滑剂的输送方式分

(1) 油雾润滑(Oil - mist Lubrication)：将润滑油微粒借助气体进行输送，用凝缩嘴进行油量分配，然后将凝缩后的微粒供送至各润滑点的润滑方式。应用于高速、高温的滚动轴承、电机、成套设备等的润滑。

(2) 油气润滑(Aerosol Lubrication)：将压缩空气与油液混合后呈油气状微细油滴或颗粒状送向润滑点的润滑方式。

5. 按集中程度分

(1) 集中润滑(Centralized Lubrication)：由一个集中油源向机器或机组的摩擦点供送润滑剂的润滑方式。如发动机油底壳、机床、自动化生产线等。

(2) 分散润滑(Individual Point Lubrication)：使用便携式工具进行手动加油的润滑方式。如使用油壶、油枪加油润滑等。

3.3.4 工程机械润滑剂

工程机械是量大面宽、品种繁多的设备，其结构特点、工况条件及使用环境条件有很大差异，对润滑系统和使用的润滑剂有不同的要求。工程机械主要润滑部位有：发动机、轴承、齿轮、制动系统、传动系统、离合器、液压系统、凸轮等典型机械零部件。

1. 工程机械润滑的特点

工程机械大多数都是移动式或自行式，因此要求体积小、重量轻、速度快、功率大，而且可靠性高、检修方便等。其润滑主要有以下 8 个方面的特点。

(1) 发动机是工程机械的关键，要求十分可靠，并保证有较高的效率，必须选用高质量的内燃机润滑油；

(2) 机械运转条件变化多，负荷变化大，开开停停，冲击振动较大，所用润滑油必须具有良好的缓冲性与抗极压性能；

(3) 野外露天作业多，经常受到风吹、日晒、雨淋和尘埃侵袭，温度变化大，因此所用油品必须具有良好的粘温性能和抗氧化性；

(4) 作业情况复杂，机械运转速度变化范围大，且变化频繁，要求润滑剂有良好的抗磨性能；

(5) 一般施工现场距基地较远，而维修保养也多有不便，因此要求润滑剂有较长的寿命和良好的抗老化性能；

(6) 施工现场一般空间狭窄，造成活动不便，操作受到限制，要求润滑油耐用期长、更换与加注方便；

(7) 施工现场工作人员多，障碍物多，安全工作存在一定的难度，要求动作十分灵活可靠，特别是对液压操作的机械，要求液压油系统工作必须准确；

(8) 施工机械种类多，设备差异大，结构复杂，工作条件差别大，对润滑维护要求也不同，因此对润滑剂的选用和润滑方式的正确选择要求较高。

2. 工程机械常用润滑剂

(1) 矿物油：由石油提炼而成，主要成分是碳氢化合物并含有各种不同的添加剂，根据碳氢化合物分子结构不同可分为烷烃、环烷烃、芳香烃和不饱和烃等。

(2) 合成油：采用有机合成的方法制得的、具有一定结构特点与性能的润滑油。合成油比天然润滑油具有更为优良的性能，在天然润滑油不能满足现有工况条件时，一般都可改用合成油，如硅油、氟化酯、硅酸酯、聚苯醚、氟氯碳化合物，双醋、磷酸酯等。

(3) 水基润滑油：两种互不相溶的液体经过处理，使液体的一方以微细粒子(直径约0.2～50μm)分散悬浮在另一方液体中，称为乳化油或乳化液。如油包水或水包油乳化油、水—乙二醇液压油等。它们的主要作用是抗燃、冷却、节油等。

(4) 润滑脂：将稠化剂均匀地分散在润滑油中，得到一种粘稠半流体散状物质，这种物质就称润滑脂。它是由稠化剂、润滑油和添加剂3大部分组成，通常稠化剂占10%～20%，润滑油占75%～90%，其余为添加剂。

(5) 固体润滑剂：在相对运动的承载表面间为减少摩擦和磨损，所用的粉末状或薄膜状的固体物质。它主要用于不能或不方便使用油、脂的摩擦部位。常用的固体润滑材料有：石墨，二硫化钼、滑石粉、聚四氟乙烯、尼龙、二硫化钨、氟化石墨、氧化铅等。

(6) 气体润滑剂：采用空气、氮气、氦气等某些惰性气体作为润滑剂。它主要优点是摩擦系数低于0.001，几乎等于零，适用于精密设备与高速轴承的润滑。

3. 工程机械润滑剂的选用

润滑油与润滑脂的品种牌号很多，要合理选择必须要考虑很多因素，如摩擦副的类型、规格、工况条件、环境及润滑方式与条件等，不同情况有不同选择方法。下面仅就通用条件下，对主要的几个选择因素作一简要说明。

(1) 根据运动速度选用：两个摩擦表面相对运动速度愈高，则润滑油的粘度应选择的小一些，润滑脂的针入度应该大一些，若采用高粘度的油、低针入度的润滑脂，将增加运动的阻力，产生大量热量，使摩擦副发热并不易散发。

(2) 根据承载负荷选用：工作负荷大，则润滑油的粘度也应大一些，润滑脂的针入度应该小一些。各种润滑剂都有一定承载能力，一般来讲粘度大的油，针入度小的脂，其摩擦副的油膜不容易破坏。在边界润滑条件下，粘度不起主要作用，而是油性起作用，在此情况下应考虑润滑油或脂的极压性。

(3) 根据工作温度选用：工程机械工作的环境温度、摩擦副负载、运动速度、零件表面材料、润滑材料、结构等各种因素都集中影响工作温度。当工作温度较高时应采用粘度较大的润滑油，针入度较低的润滑脂，因为油的粘度随温度升高而降低，脂的针入度随着温度的提高而增加。

(4) 根据与水接触情况和水质情况选用：在与水接触的工作条件下，应选用不容易被水乳化的润滑剂或用水基润滑剂；不同含盐量(含碱量)的水，应选用含有不同添加剂的润滑剂。

(5) 根据润滑剂的名称、牌号选用：润滑剂的类型众多、名称各异、牌号繁杂，不同的润滑剂适用的环境不同，选用时一定要注意对号入座。如汽机油与柴机油不得选错，不同牌号的润滑脂，粘稠度不同，适用的环境温度不同等。

(6) 根据其他条件选用：以上是润滑剂选用时应考虑的几个主要依据，在应用时要根据实际情况加以综合分析，不能机械搬用。在发生矛盾时，应首先满足主要机构的需要，着重考虑速度、负荷、温度等因素，然后再考虑润滑方式、环境温度、密封状况、环保要求、使用期限等因素，而后最终决定。

本章小结

本章从修理学的角度出发，首先简要介绍了关于金属材料表面性质方面的一些基本知识；其次较为详细地阐述了什么是摩擦，摩擦对工程机械的影响，摩擦的类型，滑动摩擦和滚动摩擦的区别以及影响滑动摩擦的主要因素；最后讨论了润滑的作用、润滑的类型、润滑方式以及工程机械润滑剂的选用方法。

1. 何谓金属的表面？金属材料通常有哪几种表面？怎样区分它们？怎样制备它们？

2. 金属表面形貌对其能性有何影响？

3. 机加工后的金属表面层，暴露在大气环境下一定时间后，从外向内依次为________、________、________、________、________和________。

4. 金属材料的表面分析仪器可分为哪两类？SEM特征及用途是什么？各类分析谱仪有何用途？

5. 摩擦在工程机械上有何作用和危害？

6. 按表面状况分，摩擦分为几种类型？
7. 试分析影响滑动摩擦的主要因素。
8. 你认为粘着-犁沟摩擦理论是否妥当，有何建议？
9. 润滑有哪些功用？试说明液体润滑原理。
10. 什么是动静压润滑，有何特点？

第4章 工程机械维修思想和维修方式

★ 了解工程机械维修基本理念，尤其是以可靠性为中心的维修理念；
★ 了解工程机械维修行业的竞争策略；
★ 了解工程机械的维护和修理工艺。

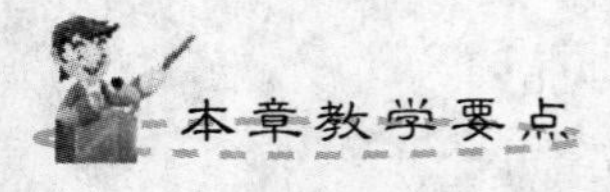

知识要点	能力要求	相关知识
工程机械的基本维修思想	了解以可靠性为中心的维修理念、状态检测维修理念	主动维修、被动维修、监测维修、绿色维修等概念
工程机械维修行业的竞争策略	树立现代维修服务理念，在激烈的竞争中占有一席之地	了解超值服务理念、服务创新理念和克服服务缺陷理念
工程机械的维护分级及其工艺	了解工程机械维护的分级及内容，学会确定维护工艺流程	一级维护、二级维护、磨合维护、特殊维护等概念
工程机械修理方式及其工艺	了解工程机械修理基本方式和修理工艺流程	大修、小修、零件修理、总成互换修理等概念

工程机械是一种价值较高的机械产品，在其长期的使用过程中，由于技术状况的变化，不可避免地要发生故障和损坏，此时就需要对工程机械进行维护和修理。工程机械维护的基本任务就是采用相应的技术措施预防故障的发生，避免损坏；工程机械修理的基本任务就是消除故障和损坏，恢复车辆的工作能力和完好状况。

统计资料表明，在工程机械的整个使用期内，其使用、维护和修理费用，约为工程机械原值的4～6倍，因此探讨如何以最低的费用维持工程机械的完好状态，保持工程机械的工作能力和可靠性，使工程机械低耗高效地完成工作任务，就成为一个十分重要的课题。

4.1 工程机械维修基本思想

维修思想，亦称维修理念或维修哲学，是指某一阶段内，以现有维修设备、生产能力、人员素质和维修手段为基础条件，而建立的指导维修实践活动的理论。也可以说是组织实施工程机械维修工作的指导方针和政策，是人们对维修目的、维修对象、维修活动的总认识。

4.1.1 被动维修思想

被动维修又叫做事后维修，是指工程机械发生故障后才进行维修作业。包括分析原因、查找故障、进行修复或更换、进行调整、试机和验收等全过程。

这种维修思想的特点是：头痛医头，脚痛医脚，事先对故障现象没有充分的了解和把握，往往会造成突然的停工停产，而且维修时间长，维修费用高，维修质量也不易保证。这是一种古老的维修思想，现已基本被淘汰，仅仅应用于一些无关紧要的、对安全和可靠性要求很低的场合。

但就目前而言，根据事后维修方式的特点，它仍可在以下两种情况下采用，即：故障是突发性的，无法预测，而且事故的后果不涉及运行安全；故障是渐发性的，但故障的出现不涉及运行安全，其所造成的经济损失小于预防维护的费用。

4.1.2 主动维修思想

主动维修思想也称“预防为主”的维修思想，是根据工程机械技术状况变化的规律，在其发生故障之前，提前进行维护或换件修理。

“预防为主”维修思想，是建立在零部件失效理论和失效规律(见后面的章节)的基础上的。这种维修思想认为，工程机械在使用过程中由于零部件的磨损、疲劳、老化和松动，其技术状况会不断恶化，到一定程度时就必然会导致故障发生，为了尽可能地保证每个零部件能安全可靠地工作，要求维修作业能符合客观规律，实施在故障发生之前。

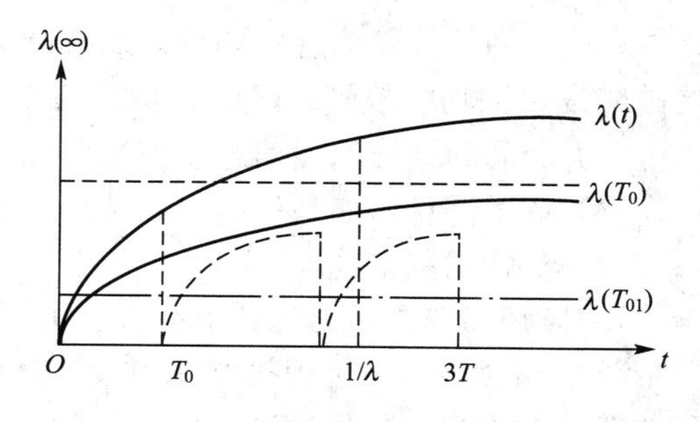

图4.1 维护周期对工程机械故障率的影响

理论分析表明，对突发性损坏所进行的预防维护是无效的，但对于渐发性损坏，适时的维护则可延缓损坏的发生，减少损坏的概率。图4.1为维护对工程机械故障率的影响示意图。图中假定工程机械维护是处于理想状态，即工程机械经过维护后，其技术状况基本保持原状。T_{01}是维护周期，在达到维护周期之前，故障率上升到某一值λ，经维护后，故障率又恢复至初始水平，然后随着继续使用又逐渐上升，因此故障率的变化呈锯齿形。$\lambda(T_{01})$是维护周期为T_{01}时的平均故障率，它明显低于无维护时的故障率$\lambda(t)$。

4.1.3 以可靠性为中心的维修思想

随着工程机械性能及功能的不断发展，工程机械的复杂程度也愈来愈高，其本身价值及维修费用在使用费用中所占比重也越来越高，这就迫切需要一种新的维修方法能够以最佳的经济效益来实现工程机械最大的可靠度，于是以可靠性为中心的维修思想(RCM, Reliability Centered Maintenance)便开始应用于工程机械维修领域。

1）RCM的含义

可靠性维修思想是指以可靠性、维修性理论为基础在经过大量统计和研究的情况下，根据监控检测数据，综合利用各种信息而制定的视情修理的维修思想。它是目前国际上流行的、用以确定设备预防性维修工作、优化维修制度的一种系统工程方法，也是发达国家军队及工业部门制定军用装备和设备预防性维修大纲的首选方法之一。

2）RCM的特点

(1) 正确的使用和维护只可以保持和恢复工程机械的固有可靠性水平，但却能够适当地提高其使用可靠性，这必须基于必要的使用大量数据的信息反馈和正确维修的基础之上。

(2) 可靠性分析就是运用概率论和数理统计等数学工具，对工程机械使用中的故障规律进行统计分析和推断对不同零部件采用不同的维修方式，使维修作用既满足适用性准则，又满足有效性准则。

(3) 以可靠性为中心的维修，强调了诊断检测，加强了维修中的“按需维修”的成分，它根据不同零部件、不同的可靠特性及不同的故障后果，选用不同的维修方式，避免了采用单一的维修方式所造成的预防内容扩大、维修针对性差、维修费用增大等缺点。

(4) 以可靠性为中心的维修，要求建立一套完整的故障采集和分析系统，不断地采集和分析使用数据，为建立科学的、经济的、符合工程机械使用实际的维修制度提供依据。

3）RCM分析所需的信息

(1) 产品概况：如产品的构成、功能(包含隐蔽功能)和余度等；

(2) 产品的故障信息：如产品的故障模式、故障原因和影响、故障率、故障判据、潜在故障发展到功能故障的时间、功能故障和潜在故障的检测方法等；

(3) 产品的维修保障信息：如维修设备、工具、备件、人力等；

(4) 费用信息：如预计的研制费用、维修费用等。

4）RCM的基本功能

RCM所带来的维修效果和效益，既包括无形性效果和效益，又包括有形效果和效益。无形效果和效益有：工程机械使用者的满意度、维修企业的声誉和社会影响力，以及维修行业职工实现自我价值感和心里满足感等；有形功能可用图4.2来表达。

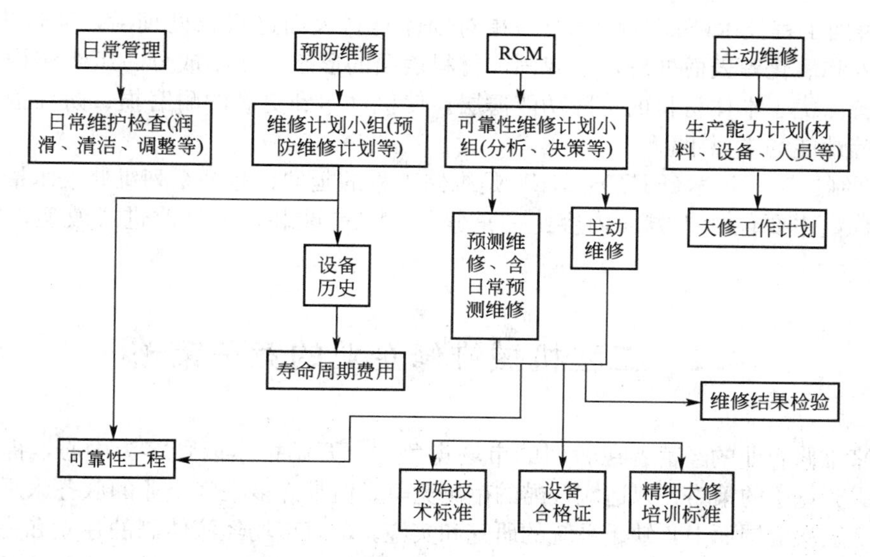

图 4.2 可靠性维修的总体功能框架

4.1.4 绿色维修思想

1. 定义

绿色维修也叫做循环经济维修，是指综合考虑环境影响和资源利用效率的现代维修思想，其目标是除应达到保持和恢复产品规定状态外，还应满足可持续发展的要求。

该思想认为，在维修过程及产品维修后直至产品报废处理这一段时期内，既应该最大限度地使产品保持和恢复原来规定的状态，又要使维修废弃物和有害排放物降到最低水平，即，对环境的污染要尽量地小，同时还要使资源利用效率最高。

2. 绿色维修的特点

绿色维修是一种从报废零部件中获取高附加值的维修理念，它以原有成形的零部件为基础，进行局部加工与改进，使其性能达到甚至超过原来的性能。其优点主要表现在：可缩短研制周期，降低研制和全寿命周期的费用；绿色维修兼顾经济效益和环境效益，能最大限度地减少原材料和能源的消耗，降低成本，提高效益，对环境的污染最小，能对生产全过程进行科学的改革和严格的管理，使维修过程中排放的污染达到最低，鼓励使用环境无害化的产品，使对环境的危害大大减轻。绿色维修方式可以实现资源的可持续利用，在维修过程中可以控制大部分污染，减少污染来源，具有很高的环境效益。所以，无论从经济角度还是从环境和社会角度来看，绿色维修均符合可持续发展战略。

其缺点是：在对已有缺陷的零部件进行鉴定、加工、检测及质量控制的过程中，技术难度大，对检测设备的要求高。

3. 绿色维修的主要技术

(1) 现代故障诊断技术(MFDT)：MFDT是随着电子测量技术、信号处理技术以及计算机技术的发展逐渐形成的一门综合性技术，它可以在设备运行过程中或基本不拆卸的情况下，监测设备的运行状况，预测设备的可靠性，判断故障的部位和原因。

(2) 表面工程技术(SET)：SET 是指对固体材料表面进行预处理后，通过进行镀层、涂覆、注入和氧化等表面处理，改变固体材料表面的形态、化学成分、组织结构和应力状态等，制备出优于本体材料的特殊功能薄层，使机件达到更高的耐磨损、防腐蚀、抗疲劳和耐高温等性能的重要手段。

(3) 再制造工程技术(RET)：RET 是维修工程的延伸，是一系列维修技术措施或工程活动的总称，主要包括 4 方面内容：一是修复，二是改装，三是改进或改型，四是回收利用。

4.2 工程机械维修企业的竞争策略

近年来维修企业的经营者在激烈的市场竞争中，开始摸索以顾客为中心，提高服务水平，推行服务竞争的策略，以适应残酷的市场竞争。但是许多维修企业的服务水平和理念还是停留在低层次的层面上，缺乏系统的研究和实施。随着市场经济体制的建立和完善，买方市场逐渐形成，尤其是随着我国逐步融入国际社会，对于维修企业服务提出了更高更新的要求，决定了我国维修企业只有开展激烈的服务竞争，才能在残酷的市场中生存和发展。

4.2.1 树立现代服务理念

用什么样的服务理念指导服务活动，对于维修企业能否赢得竞争优势十分关键。服务理念是人们从事服务活动的主导思想意识，反映人们对服务活动的理性认识。维修企业必须转变传统的服务理念，树立现代服务观。

现代服务理念是经济型服务理念的发展，是以顾客为中心的服务观，即把服务看成是奉献与获取经济利益的统一，维修企业服务既要最大限度满足顾客需要，又要最大限度提高维修企业经济效益。提高经济效益是维修企业服务的原动力，是维修企业全部活动的最高目标。现在，顾客成为维修企业利润之源，维修企业只有通过产品和服务更好地满足了顾客需要，才能提高经济效益。

4.2.2 修正服务缺陷

维修企业能够提供稳定、高水平、高质量的服务，就意味着充足的客户和良好的市场占有率，其有效途径之一是修正服务缺陷。服务缺陷是指维修企业由于服务员工的素质缺陷所造成的服务失误及服务体制存在的缺陷，所以一个现代化的维修企业一定要及时修正服务缺陷及服务体制存在的缺陷。为此，维修企业首先要制定明确具体的服务标准，以作为识别服务缺陷的重要依据；其次要正确引导顾客投诉，因为顾客投诉是维修企业发现服务缺陷的重要渠道之一；第三，实施服务恢复，即对服务缺陷进行弥补和修正，善待顾客抱怨，解决顾客后顾之忧，使顾客由不满意变为满意；第四就是要充分利用技术支持，如网络技术、现代检测技术等，这是发现并修正服务缺陷的重要手段。

4.2.3 提供超值服务

超值服务是指超出产品本身的价值、超出服务本身的价值、超出顾客期望值、超越常规的服务，在企业向顾客奉献爱心、诚心、耐心的基础上，与用户建立起全新的亲情关系，以此留住、吸引和发展顾客群。超值服务成为近年来很多汽车维修企业非常时新的做法。

4.2.4 实施服务创新

服务创新策略就是要突破原有的服务方式。在当代，产品的内涵在增加，原来属于服务的部分被产品吸收，成为核心产品的一部分，不再属于服务，不再是附加利益，只有创新的部分才是服务。工程机械维修企业不在服务上创新，就没有服务水平的提高。现在市场竞争力越来越取决于服务创新。

4.3 工程机械的维护

4.3.1 概述

在工程机械整机和主要总成不解体的情况下对其进行(采取)的维持和养护工作(措施)，称为工程机械的维护。

1. 工程机械维护的基本原则

(1) 预防为主，强制维护：对于一些与行车和运行安全有关的零部件、总成、机构或系统，要坚持以预防为主的原则，要严格按照有关部门颁布的法律、法规，进行强制性维护，否则，不予颁发证照。

(2) 强化检验，严格标准：工程机械为维护前、维护中和维护后，都要按照相关程序、使用合适的检验检测仪器进行检查，并严格对照相关标准，把指标参数控制在标准以内。

(3) 严密组织，精心操作：维护工作的组织要严密，不得出现死角，不得埋下故障或事故隐患，一线操作人员要谨慎操作，精心调整，对每一步工作都达到精益求精。

(4) 加强管理，提高效益：维护工作的管理要追求科学化、现代化(比如，6S管理、8S管理模式等)，既要保障安全、严格纪律，又要人性化，达到每个员工心情舒畅，激发劳动热情和工作积极性，从而实现效益最大化。

(5) 合理调整，有的放矢：针对不同服务对象、不同机械类型、不同维护项目，要对维护策略、维护方式不断做出适当的调整，以便做到因时制宜、因事制宜和有的放矢。

2. 工程机械维护的类型

维修理念不同，便会产生不同的维护类型和维护方式。目前我国在实行“预防为主，强制维护”的原则下，为了保证工程机械的技术状况，维持其工作能力，常采用的维护类型如图4.3所示。

该图按维护的性质将其分为预防维护和非预防维护两大类。

(1) 预防维护。预防维护是指维护作业的内容和时机是按预先规定的计划执行的，其目的是为了预防故障，维持工程机械的工作能力。预防维护又可分为例行维护和计划维护。例行维护的时机和内容与工程机械的行驶里程或工作时间无关，如日常维护、停驶维护和换季维护等。计划维护的时机和内容是与工程机械的行驶里程或工作时间有关的，如

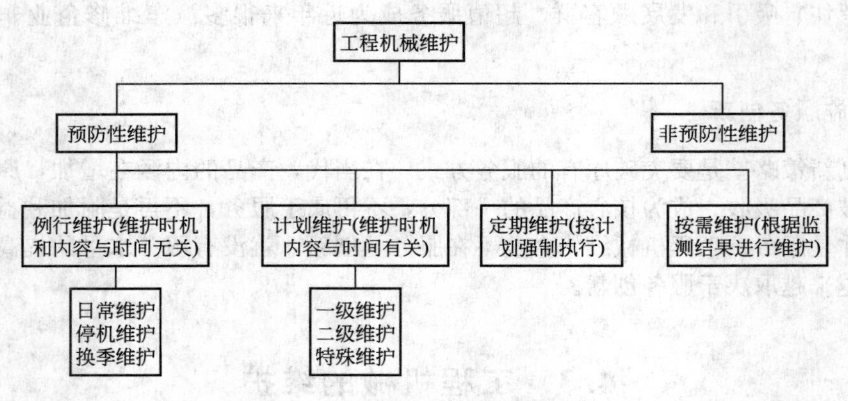

图 4.3 工程机械维护的类型

一级维护、二级维护等。如果维护作业是按计划强制执行的则称为定期预防维护；如果维护作业是根据定期检查的结果按需执行的则称为按需预防维护。

(2) 非预防维护。非预防维护通常是在工程机械出现故障后进行的，它适用于突发性维护事件，因为这类事件的出现具有很大的随机性，在事件出现前是很难预测的，因而无法预先安排维护计划。

(3) 定期维护。定期维护是预防维护的一种，它根据技术状况的变化规律及故障统计分析，规定出相应的维护周期。每隔一定的时间(或行程)对工程机械进行一次按规定作业内容执行的维护。

定期维护方式可使维护工作能在有准备的情况下进行，便于组织安排，并能保证维护质量。但是，由于维护工作是按计划强制进行的，不可避免地会存在执行作业的盲目性，增加维护的工作量，甚至会破坏部件的配合特性，降低工程机械的固有可靠性，而且对突发性故障采用定期维护方式也是无效的。

(4) 按需维护。按需维护也是预防维护的一种。它是以故障机理分析为基础，通过诊断或检测设备，定期或连续地对工程机械技术状况进行诊断或检查，根据检查结果来组织维护工作。

3. 制定工程机械维护基本策略的依据

工程机械制造厂的建议、科研部门的试验资料、使用部门的使用数据是分析、拟定维护策略的主要依据。由于不同地区的使用条件不同，必须在分析上述资料的基础上，结合当地的使用条件和使用经验进行具体分析。

4. 工程机械维护作业项目的确定

工程机械是由许多总成和部件组成的，它们的工作条件各不相同，因此相应的维护周期会在较大的范围内变动。为了有计划地组织定期维护，就必须根据总成和部件的维护周期，按维护作业的性质和深度进行分级，分别归并到某一级维护作业中去。

比较简单的一种方法是技术经济法，它是按使单位运行时间内的维护总费用最低的原则进行作业组合的，即

$$C_{t} = \sum_{i=1}^{n} C_{mi} + C_{ri} = C_{tmin} \tag{4-1}$$

式中，C_t 为维护总费用；C_{mi} 为总成或部件的单位维护费用；C_{ri} 为总成或部件的单位修理费用；n 为需维护的总成或部件数；

对有安全、技术限制的作业项目，在组合时，还应考虑安全及技术条件所限定的极限时间。

5．工程机械维护周期的确定

工程机械维护周期直接影响工程机械维护费用和寿命周期费用。合理确定维护周期需要有足够的、可信的使用数据，为此，除应加强车辆使用情况的资料收集工作外，还可有计划地进行实际运行试验，记录工程机械出现故障或技术状况变化的情况。工程机械维护周期一般按工程机械单位运行时间维修费用最小的原则来确定。

设 T 为定期预防维护周期，C_m 为定期预防维护时，因维护或换件所需的平均费用；C_r 为定期预防维护期内，因发生故障进行的附加小修所需的平均费用。因此，在每一维护周期内(MUT)，工程机械维修的单位费用为：

$$C(T)=\frac{C_m R(t)+C_r F(t)}{MUT} \tag{4-2}$$

式中，MUT 为工程机械维护周期(h)；$R(t)$为工程机械的可靠度；$F(t)$为工程机械的失效概率。

4.3.2 工程机械的维护分级及其基本内容

工程机械维护的分级是指根据目的和需求把维护作业项目分成若干级别，我国目前实行的分级制度主要有以下几种。

1．日常维护

日常维护是指由工程机械使用者负责实施的日常性维保和养护工作。包括以下内容。

(1)“一保持”：保持机容、机貌、机况良好；

(2)“二感知”：根据各种现象敏锐地觉察异常情况的发生；

(3)“三检查”：作业前、作业间歇中、作业后对制动、转向、灯光、机油、冷却液等各部分的检查；

(4)“四清洁”：保持空气、机油、燃油滤清器、蓄电池和各种油液的清洁；

(5)“五防漏”：防治漏油、漏水、漏电、漏液、漏气；

(6)“六添放”：注意按要求添加水(电瓶蒸馏水、冷却软水)、添加液(防冻液、转向制动液)、添加油(燃油、机油、齿轮油、变矩器油、液压油)或润滑脂，按时机和温度放泄冷却水(冬季60℃以下)、放泄润滑油(热车状况下)、放泄液压油(30℃以上)。

2．一级维护

一级维护是指由专业技术人员负责执行的、包括日常维护在内的、以紧固整机所有部分和检查操纵装置为主要内容的维保与养护。主要内容如下。

(1) 日常维护的全部内容；

(2) 检查并按规定紧固、调整传动系、悬架、行走系、空压机、传动带等；

(3) 检查和调整制动、转向、提升、回转、分配阀、锁止阀等系统或总成。

3. 二级维护

二级维护是指在工作较长时间后，对工程机械进行的比较全面的检查、调整和养护，以维持或提高其经济性、动力性，并确保其安全性。主要内容如下。

(1) 日常维护；

(2) 一级维护；

(3) 检查并调整转向器、变速器、制动器、离合器、四轮定位、各部分间隙、转位制动、提升与锁止机构等；

(4) 就机测试与安全有关的操控项目；

(5) 完成附加的、必要的、与运行安全有关的小修项目。

4. 磨合(试运转)维护

工程机械的磨合如同运动员在参赛前的热身运动一样，目的是使机体各部件机能适应环境的能力得以调整提升。新机或刚刚大修过的工程机械都必须进行合理的磨合。磨合质量的优劣，会对机械设备的寿命、安全性和经济性产生重要的影响，因此，必须高度重视。

磨合维护应注意以下几点。

(1) 要学懂弄通产品结构和使用说明书。由于工程机械是特殊车辆，操作人员应接受适当的培训、指导，对机器的结构、性能有一定的了解，并获得一定的操作及维护经验方可操作机器。生产厂家提供的产品使用维护说明书，是操作者操作设备的必备资料，在操作机器前，一定要先阅读使用维护说明书，按说明书的要求进行操作、保养。

(2) 要按规程实施磨合。磨合必须严格按照规则要求进行，不能盲目提速与加载，尤其要注意磨合期的工作负荷，磨合期内的工作负荷一般不要超过额定工作负荷的80%，并要安排适合的工作量，防止机器长时间连续作业所引起的过热现象的发生。

(3) 要做到眼勤手勤。注意经常观察各仪表的指示情况，出现异常情况，应及时停车予以排除，在原因未找到，故障未排除前，应停止试运转。此外，还要注意经常检查润滑油、液压油、冷却液、制动液以及燃油油(水)位和品质，并注意检查整机的密封性。检查中发现油、水缺少过多，应分析原因。同时，应强化各润滑点的润滑，建议在磨合期内，每班都要对润滑点加注润滑脂(特殊要求除外)。

5. 换季维护

环境温度和湿度对工程机械的作业有一定的影响，尤其在温差、湿差较大的地区，必须注意在入冬和入夏前的换季维护问题。

换季维护一般由机手负责完成，其主要作业中心内容为更换符合季节温度要求的润滑油、冷却液，调整燃油供给系统和充电系统，检查冷却系统和暖风空调系统以及防锈维护等。

6. 特殊维护

针对不同机型，对一些特殊的总成，要在不同的时刻，采用不同的方式进行特殊维护。如发动机总成的维护，排放系统的维护，驱动桥总成的维护以及液压系统的维护等。

4.3.3 工程机械的维护工艺

为了有效地完成工程机械维护工作，维护作业时间、地点、内容、方式和先后顺序等都应按工艺配备，合理布局，使各方面工作协调、高效，充分利用人力、物力，减少消耗，取得最佳效益。

1. 工程机械维护工艺的组织原则

(1) 工艺过程的组织应符合车辆运行的工作制度；
(2) 能合理利用维护工艺设备和生产面积；
(3) 能有效地完成规定的维护工作内容，保证维护质量；
(4) 工艺过程的组织应保证维护作业的劳动生产率高，成本低。

2. 工程机械维护作业方式

1) 流水作业法

对于一些正规的大型维修企业，因为其人员分工精细、技术和设备优良、维护场所宽敞，为提高生产效率，一般可以按照确定的工艺顺序和节拍，采用“一位一项、顺序维护”的流水线式的维护作业方式，如图 4.4 所示。这种方法将机器的检查、清洁、润滑、紧固、调整和附加小修等维护作业，按节拍和顺序合理地安排在一条流水线上的各个工位上来完成，显然，对于同一级别的维护作业，工位越多，则每一工位上的作业内容也就越少，节拍也就越快。

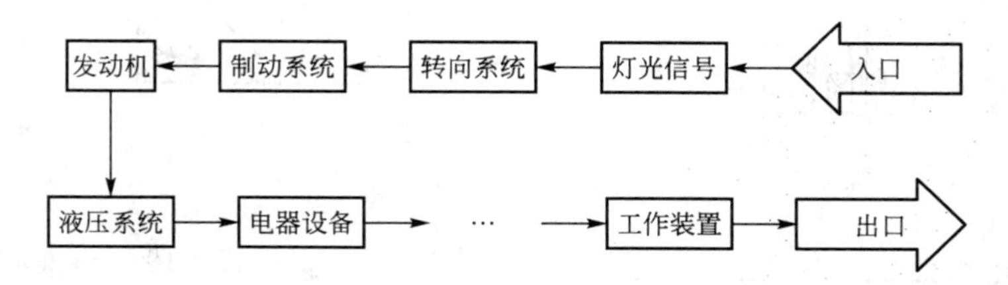

图 4.4 工程机械维护流水作业法示意图

2) 定位作业法

对于一些较小的维修企业，由于其人员和设备不足，维护空间拥挤，往往采用在一个固定工位上，由不同工作人员来完成所有维护作业项目和内容的维护方法。

3. 工程机械维护作业的组织形式

工程机械维护工艺作业的组织形式按专业分工程度不同，通常有全能工段式和专业工段式两种形式之分。

1) 全能工段式

全能工段式是把除外表维护作业外的其他规定作业组织在一个工段上实施，把执行各类维护作业的人员编成一个作业组，在额定时间内，分部位有顺序地完成各自的作业项目。

全能工段式可以是以技术较高的全能工人对工程机械的固定部位完成其维护作业；也可以是以专业工种的工人在不同部位执行指定的专业维护作业。前者称为固定工位作业，后者则称为平行交叉作业。

2）专业工段式

专业工段法把规定的各项维护作业，按其工艺特点分配在一个或几个工段上，各专业工人在指定工段上完成各自的工作，工段上配有专门的设备。当专业工段按维护作业的顺序排列时，这些专业工段即组成工程机械维护作业流水线。工程机械可以依靠本身的动力或利用其他驱动方式在流水线上移动。

4. 工程机械维护的工段组织

(1) 尽头式工段。在尽头式布置(图 4.5)的工段中，工程机械在维护时可各自单独地出入工段，工程机械在维护期间，停在各自地点，固定不动，维护工人按照综合作业分工等不同的劳动组织形式，围绕工程机械交叉执行各项维护作业项目。各工段的作业时间可单独组织，彼此无影响。因此，尽头式工段适合于规模较小、机型复杂的维修企业在高级维护作业时采用。

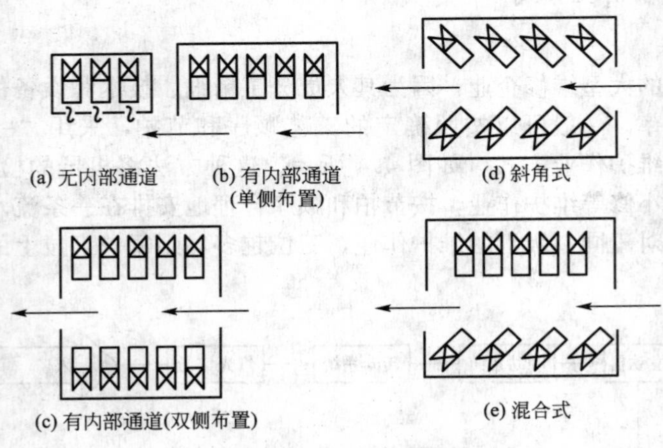

图 4.5　尽头式工段

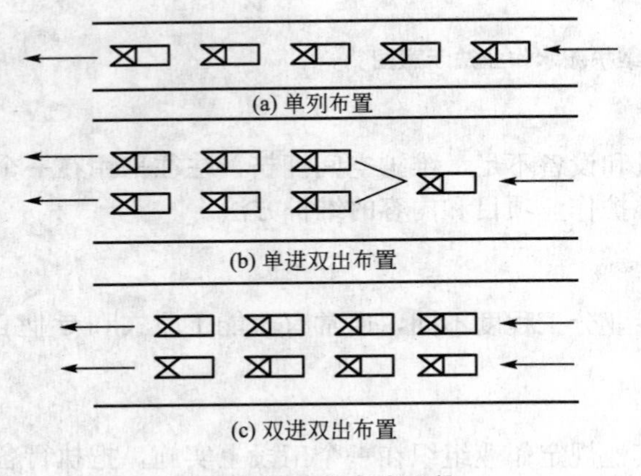

图 4.6　直通车式工段

(2) 直通式工段。直通式工段(图 4.6)较适宜于按流水作业组织的维护，各维护作业按作业顺序的要求分配在各工段(工位)上，工段的作业人员按专业分工完成维护作业。直通式工段完成维护作业的生产效率较高。因此，当企业有大量类型相同的工程机械，而且维护作业内容和劳动量比较固定时，则宜采用流水作业方式。

5. 工程机械二级维护工艺流程举例

外部清洗→检测与技术评定→二保计划的制订→交接双方签署合同→承修方接收待维车辆→检查维护照明、灯光、信号→检查维护起动系统→检查维护轮胎、链轨→检查维护制动系统→检查维护转向系统→检查调整四轮定位→检查、调整离合器→检查维护升降装置→加注黄油(其中穿插必要的、经送修和承修双方协商同意的附加小修作业)→作业后的检查→局部返工处理→验收交付使用。

6. 工程机械维护工艺、组织方法的选择原则

(1) 按企业规模选择：正规的、规模较大、设备齐全的企业，宜采用专业工段分工、流水线式作业和直通车式布置；小企业，宜采用全能工段分工、定位作业和尽头式布置。

(2) 按被维护对象类型选择：若待维护对象机型单一，宜采用流水作业；若待维护对象机型混杂，宜采用定位作业。

(3) 按各工序额定时间选择：各工序额定时间基本统一时，宜采用流水作业；各工序额定时间差别很大时，宜采用定位作业。

(4) 按附加作业规律性选择：附加作业规律性强时，宜采用流水作业；规律性差时，宜采用定位作业。

4.4 工程机械的修理

修理是指在工程机械发生故障以后，或是在故障发生之前通过检测信息已预测到故障即将发生时，对机械设备采取的、完全或部分恢复其规定功能的技术和管理措施。

4.4.1 工程机械修理的分级和内容

工程机械修理分级的原则是：实时监测、视情修理——根据实际工况和实时监测结果确定修理范围、修理内容和修理深度。

1. 整机大修

整机大修是指机械设备在运行到一定时间之后，经过检测诊断和技术鉴定，用修理或更换部分零部件的方法，完全或接近完全恢复设备技术性能的彻底修理。主要包括整机和各总成的解体、零件清洗、零件检验分类、零件修理、零件的废弃、配件的选用、总成装配、总成磨合和测试、整机组装和调试、冷磨合以及交竣验收等环节。

整机大修的修理范围最广、内容最多、深度最大、耗时最长、费用最高、性能恢复最全面。

2. 总成大修

总成大修，是指工程机械的总成(如发动机总成、驱动桥总成、转向桥总成等)经过一定使用或时间(或里程)后，用修理或更换总成任何零部件(包括基础件或整体)的方法，恢复其完好技术状况的恢复性修理。

3. 局部小修

局部小修是指随时用修理或更换个别零件的方法对工程机械局部进行运行性修理或恢复性修理。工程机械局部进行运行性修理属于无计划性、随机性的故障检诊和修理，目的是消除工程机械运行中或维护作业过程中所发生的临时故障，恢复工程机械工作能力，消除故障隐患或局部损伤。

4. 零件修理

对于那些因磨损、变形、折断等不能继续使用的单一零件进行的修复或更换。

零件修理要考虑经济上合理和技术上可靠的原则。零件修理是修旧利废、节约原材料、降低维修费用的重要措施。凡有修理价值的零件，都应予以修复使用。

4.4.2 工程机械的大修方式

1. 总成互换修理法

用备用的、技术状态和功能完好的总成换掉故障总成，然后再对故障总成进行修理的方法称为总成互换法。其特点是，由于利用了周转的总成，从而保证了修理装配过程的连续性，大大缩短了机械设备修理的在厂时间，缩短了延误生产的停机时间，有利于组织流水作业，从而实现优质、高效和低耗；但是，需要一定数量的周转总成，要求维修企业有合适的规模。

(1)周转总成数目的确定。

周转总成数目可按下式确定：

$$N=1+\frac{D_s\times N_P}{D_T} \tag{4-3}$$

式中，N 为日常维修所需周转总成数目；D_s 为修复单个总成所需工作日数；N_P 为一个生产周期内计划更换的总成总数；D_T 为计划期内的总工作天数。

【例 4-1】 已知：某企业每年计划维修 6110T 发动机总成 200 台，修复一台这样的发动机总成所需要的平均时间为 5 天，若每年按 270 个工作日计算，求：该企业计划期内所需的发动机总成的周转数目。

解： 由式(4-3)知，$N=1+5\times200/270=5$(台)

(2) 总成互换法修理工艺，如图 4.7 所示。

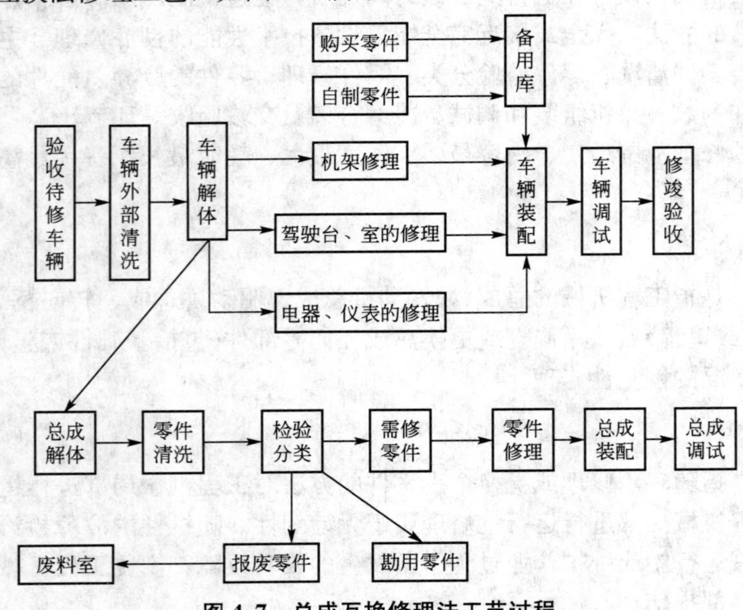

图 4.7 总成互换修理法工艺过程

2. 就机修理法

(1) 定义。除报废零件外，将原机拆下的所有能用零部件一律修理、装复使用的随机修理方法。

(2) 特点。必须等修理周期最长的总成修竣后方能装配整机，因此大修周期较长，但无需周转总成。

(3) 就机大修工艺，如图4.8所示。

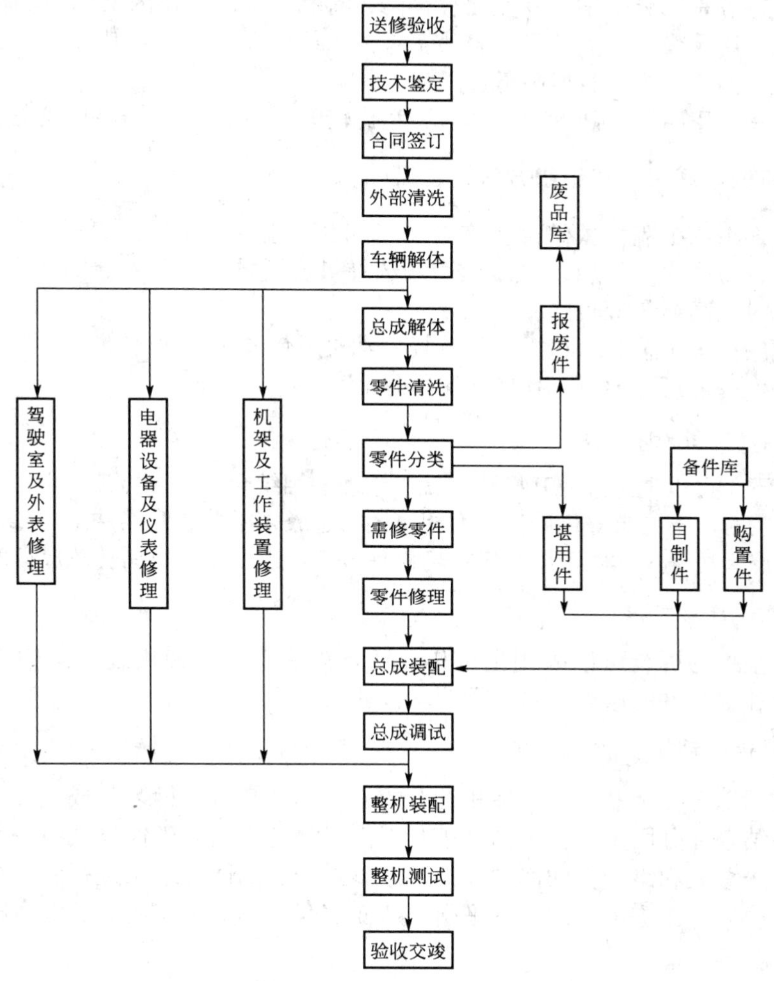

图4.8 就机大修工艺过程

4.4.3 工程机械修理作业的劳动组织方法

1. 综合作业法

综合作业法是指，除车身、轮胎、锻造、焊接和机加工等项目由专业工种配合完成之外，其余所有拆解、清洗、修理、装配、调试等工作全部由一个修理工组来完成的修理作业。

该组织方法的特点是：工作人员的作业范围广，对工人的修理操作技能要求高，作业延续时间长。因此，工效低，速度慢，修理质量不易保证。

综合作业方法适宜于生产量较小、机型繁杂、维修企业规模小、技术设备比较简陋的场合。

2. 专业分工法

专业分工法是指，将工程机械的整个修理作业按工种、工位、总成、工序和流程划分为若干个单元，每个单元有一个或一组人员专门负责，来完成修理作业。

该方法的特点是：分工细，专业化程度高，有利于提高操作人员的单项作业技术的熟练程度，并可采用大量的专用工具，容易实现流水线作业。因此，功效高，在厂日短，修理质量易保证，修理成本也有所降低。

专业分工法适用于生产规模较大、承修机型比较单一、设备技术条件比较先进的维修企业。

4.4.4 工程机械修理工艺和组织方法的选择

维修企业在组织工程机械修理生产时，都可以根据自身的具体条件，对基本修理方法、作业方式、劳动组织等加以灵活运用，选择最合适的工艺组织形式，以达到高功效、低成本、短耗时、高质量等目的。

工程机械的修理工艺和组织方法的选择，除可以借鉴工程机械维护工艺、组织方法的选择原则之外，一般可参照以下比较成熟的经验。

1. 正确选择修理基本方法

一般情况下，可以选择总成互换法与就机修理法相结合的修理方法，此时，对于一些结构复杂、费工费时、不易与整机修理进度相协调的总成采用总成互换法进行修理，其余部分可以采用就机修理法。这样既可以缩短在场修理日期，也可以解决周转总成方面诸多困难。

2. 合理选择作业方法

一般对于整机的拆装可以采用定位作业法，以便于集中使用起重运输设备和拆装工具，而对总成和组合件的修理则可采用流水作业法。

3. 科学进行劳动组织

一般可采用综合拆装和专业修理相结合的方式：对整机的拆装，成立综合拆卸组，按整机拆装顺序结合部分固定分工，同时进行工作，并使工人的工作量大致平衡，且相互不发生干扰；对于总成和组合件的修理，则可以以工种或工件为对象进行专业分工，并通过作业组内部的协调达到进度上的基本平衡，从而实现平行交叉作业，以提高修理效率。

本章小结

本章简单介绍了什么是工程机械的维护和修理，介绍了工程机械维修的基本思想，其中重点阐述了可靠性维修理念；主要论述了工程机械维护和修理的分级、内容、维护修理工艺、维护修理劳动作业及组织方法，其中较为详细地说明了二级维护和总成互换修理的基本内容和方法。

1. 什么是可靠性维修思想，有何特点，其主要技术有哪些？

2. 试举例说明装载机二级维护的内容、方法和步骤。

3. 试解释日常维护中的“一保持、二感知、三检查、四清洁、五防漏、六添放”的具体内容。

4. 试描述寒冷地区冬季更换润滑油及“三滤”的方法步骤和注意事项。

5. 什么是冷磨合，一台新购置的推土机应当怎样进行热磨合？

6. 已知：某修理厂每年计划维修康明斯(QSB3.3)发动机总成198台，修复一台这样的发动机总成所需要的平均时间为6天，如果采用总成互换修理发且每年按275个工作日计算，求：该厂计划期内所需QSB3.3型的发动机总成的周转数目。

7. 某修理厂共有技术工人12人，拥有一个面积为1000m^2的综合性维修车间，一般承接不同类型的工程机械和车辆，试分析该厂应怎样进行修理作业的工艺组。

第5章 工程机械零件的失效

★ 了解工程机械零件失效的主要形式；
★ 了解工程机械零件磨损、折断的类型和机理，掌握减轻磨损和减少折断的措施；
★ 了解工程机械零件腐蚀、变形和老化的机理及减缓措施。

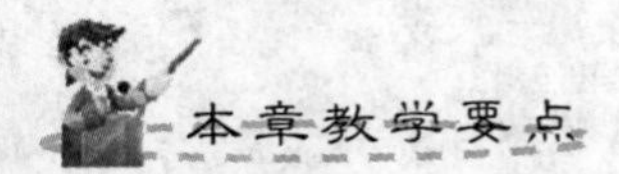

知识要点	能力要求	相关知识
工程机械零件的磨损失效	了解零件磨损失效的形式、机理、影响因素、减缓措施	磨料磨损、粘着磨损、疲劳磨损、腐蚀磨损、微动磨损等
工程机械零件的断裂失效	了解零件断裂失效的形式、机理、影响因素和减缓措施	脆性断裂、韧性断裂、疲劳断裂、过载断裂等概念
工程机械零件的腐蚀失效	了解零件腐蚀的类型、机理和减轻措施	化学腐蚀、电化学腐蚀等概念
工程机械修零件的变形、老化	了解零件变形和老化的机理	弹性变形、塑性变形、蠕变、老化等概念

5.1 概 述

任何事物均有寿命：大到宇宙、星球，小到细菌、病毒，从包括人类在内的动植物到广泛应用的机械产品等，无一例外。但不同对象，都有其特定的失效规律，就机械产品、工程机械而言，其寿命的终结，往往是由于零件、部件或总成失效所引起的。“失效”一词的英语有好几个词汇可以表达，比如：“Lose Effect”(失去效用)，“Become Invalid”(不再有效)，“Expire”（过期失效)等，但对于机械零件来讲，最确切的失效一词应为“Failure”。

5.1.1 机械设备的失效

零件的失效，是指零件丧失其原有设计和制造时所规定的功能的现象；工程机械的失效，是指工程设备在运行中失去规定功能或者发生损伤破坏的现象。

机械设备的工作性能随使用时间的增长而下降，此时，其经济技术指标部分或全部下降。例如，一辆装载机失去了举升能力，就是失效。其他如发动机功率下降、尺寸精度与表面形状精度下降、表面粗糙度达不到规定等级、出现振动与不正常声响等也都属于失效。

5.1.2 失效分析

失效分析的任务就是找出失效的主要原因，防止同一性质的失效再度发生。就失效的检测与判断方法看，经历了从人员经验判断、简单检测仪器判断，到智能检测判断等几个阶段。目前，失效分析已经涉及机械学、材料学、制造工艺学、工程力学、断口金相学、摩擦学、腐蚀学、无损探伤检测学，再加上计算机及其软件辅助技术的应用，使失效分析作为一门综合性技术日臻完善。

5.1.3 零件失效的判断原则

凡是完全不能工作(如发电机的绕组烧毁、活塞碎裂、发动机戳缸等)、能凑合着用但不能十分完美地完成规定功能(零件功能降低和有严重损伤或隐患，如曲轴轴瓦磨损过度、离合器摩擦片裂纹等)或不能安全地工作(继续使用会失去可靠性和安全性，如制动管路漏油，制动盘过度磨损，连杆螺栓螺纹损坏等)，均可判定为失效。

5.1.4 失效的危害

机械设备失效后不但会导致故障(如戳缸、抱轴、电器件烧毁、自燃等)，造成停工停产(例如，起重臂断裂延误建筑施工，盾构机动力系统失效导致承包逾时等，都会导致停工停产，严重影响生产效率，耽误合同工期，从而造成重大经济损失)，而且还会引发重大事故(例如，突然爆胎导致的机车侧翻，起重机吊钩断裂引起的设备损坏和人员伤亡等)。

5.1.5 零件失效的基本原因

机械零件失效的基本原因大致可分为3类，一是工作条件(载荷大小、作用力的状况、环境温度湿度、空气质量)的影响，二是设计、加工和制造(设计不合理、选材不当、制造工艺不当、装配不合理等)方面的因素所致，三是使用维修不当(不正当地使用、不按规则保养、修理方式和深度不当等)所引起，见表5－1。

表5－1　机械零件失效的基本原因

基本原因	主要内容	应用举例
工作条件因素	零件的受力状况	曲柄连杆机构在承受气体压力过程中，各零件承受扭转、压缩、弯曲载荷及其应力作用；齿轮轮齿根部所承受的弯曲载荷及表面承受的接触载荷等；绝大多数工程机械零件是在动态应力作用下工作的
	工作环境	工程机械零件在不同的环境介质和不同的工作温度作用下，可能引起腐蚀磨损、磨料磨损以及热应力引起的热变形、热膨胀、热疲劳等失效，还可能造成材料的脆化，高分子材料的老化等
设计制造因素	设计不合理	轴的台阶处直角过渡、过小的圆角半径、尖锐的棱边等造成应力集中；花键、键槽、油孔、销钉孔等处，设计时没有考虑到这些形状对截面的削弱和应力集中问题，或位置安排不妥当
	选材不当；制造工艺不合理；	制动蹄片材料的热稳定系数不好；产生裂纹、高残余内应力、表面质量不良
使用维修因素	使用	工程机械超载、润滑不良，频繁低温冷启动
	维修	零件装反，油料选错，破坏装配位置，改变装配精度

5.1.6　机械零件失效的基本类型

机械零件失效的基本类型。见表5－2。

表5－2　机械零件的基本失效类型

失效类型	失效模式	举例
磨损	普通磨损、粘着磨损、磨料磨损、表面疲劳磨损、腐蚀磨损、微动磨损	气缸工作表面“拉缸”、曲轴“抱轴”、齿轮表面和滚动轴承表面的麻点、凹坑等
断裂	低应力高周疲劳、高应力低周疲劳、腐蚀疲劳、热疲劳	曲轴断裂、齿轮轮齿折断、螺栓断裂、半轴断裂、水泵轴断裂劣等
腐蚀	化学腐蚀、电化学腐蚀、穴蚀	湿式气缸套外壁麻点、孔穴，水泵穴蚀等
变形	过量弹性变形、过量塑性变形	曲轴弯曲、扭曲，基础件(气缸体、变速器壳、驱动桥壳)变形等
老化	龟裂、变硬、褪色	橡胶轮胎、塑料器件、仪表板等

5.2　磨　　损

工程机械各零部件在其运动中都是一个物体与另一物体相接触、或与其周围的液体或气体介质相接触，与此同时在运动过程中，产生阻碍运动的效应，这就是摩擦。摩擦效应总会伴随着表面材料的逐渐消耗，这就是磨损。

据统计，全球因磨损造成的能源损失占总损失的1/3，而工程机械的机械零件大约有75%因磨损而失效，因此，研究磨损失效具有重要的意义。

5.2.1 概述

磨损是构件由于其表面相对运动而产生摩擦，从而在承载表面上出现的材料不断损失的现象。工程机械的零部件发生磨损后，会导致尺寸改变，间隙破坏，精度下降，材料表面性能变化，配合状况恶化，工作性能下降，寿命缩短。

1. 磨损的一般规律

在不同条件下工作的工程机械，造成磨损的原因和磨损形式不尽相同，但磨损量随时间的变化规律相类似。机械零件的磨损一般可以分为3个阶段，分别为磨合阶段（*OA* 为冷磨合段，*AB* 为热磨合段）磨损、稳定阶段磨损（*BC* 段）、损耗期剧烈磨损（*CD* 段），如图5.1所示。

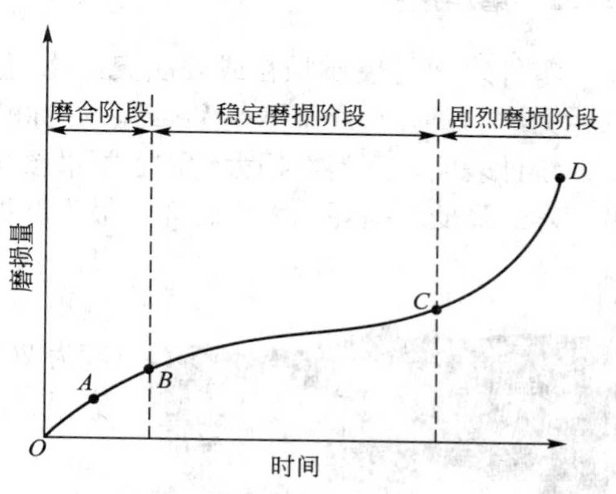

图5.1 机械零件磨损的一般规律

1）磨合磨损阶段

新加工零件装配后的表面仍然比较粗糙，此时运行造成的磨损非常迅速。随着运行时间的延长，表面粗糙度下降，逐渐形成正常磨损条件。选择正常的负荷、运行速度、润滑条件是尽快达到稳定阶段磨损的前提条件。磨合阶段结束后，清除摩擦副中的磨屑，更换润滑油，才能进入满负荷运行阶段。

此阶段的磨损，又可分为冷磨合阶段磨损和热磨合阶段磨损两部分，冷磨合一般由厂家完成，热磨合由厂家和用户共同完成。

2）稳定磨合阶段

零件表面的磨损量随工作时间的延长而逐步稳定、缓慢地增长。在磨损量达到极限之前的这段时间属于耐磨使用期。该阶段时间的长短，与维护和保养条件、工作条件有很大关系。该段时期越长，可靠度越高，有效使用期也越长。

3）剧烈磨损阶段

随着磨损加剧，磨损量到达一个使摩擦条件发生本质劣化的阶段，此时温度升高、金相组织发生变化、冲击载荷增大、润滑条件恶化，导致磨损量急剧增大、机械效率降低、精度降低，直至整机失效。在此阶段应采取修复、更换等手段，防止故障的发生。

2. 影响磨损的主要因素

影响零件磨损的因素很多，但主要有以下几点。

(1) 零件接触表面的几何形貌：如实际接触面积、微接触点的形状、表面粗糙度、表面组织的多孔性、亲油性等；

(2) 运动副的装配质量：如间隙大小、配合形式、位置公差等；

(3) 运动学和动力学状态：如载荷大小、载荷性质、相对运动速度、位移大小、加速度的大小和方向、受力的方向、大小和作用点等；

(4) 摩擦环境：如温度、湿度、酸碱度、空气质量、润滑介质的粘度、灰分等；

(5) 工件材料：如材料的化学构成、组织结构、表面硬度、两运动副的材质差别、摩擦中的介质和表面组织变化等。

3. 磨损的类型

磨损与零件所受的应力状态、工作条件、润滑条件、加工表面形貌、材料的组织结构与性能以及环境介质的化学作用等一系列因素有关，若按表面破坏机理和特征来界定的话，磨损可以分为磨料磨损、粘着磨损、表面疲劳磨损、腐蚀磨损、微动磨损和冲蚀磨损等。前 4 种是磨损的基本类型，后几种磨损形式只在某些特定条件下才会发生。

5.2.2 磨料磨损

零件表面与硬质颗粒或硬质突出物(包括硬金属)相互摩擦而引起的表面材料损失的现象称为磨料磨损(Abrasive Wear)，亦称磨粒磨损。

统计表明，磨料磨损大约占各类磨损总量的 50%，且磨损速率及强度较大，可使工程机械的寿命降低、损耗加大，破坏性最为严重。举例来说，一台在砂石地区工作的履带式推土机，仅工作几十小时后发动机就可能出现故障，经拆检后发现，进气管内存有许多沙粒，导致严重的磨料磨损；粒度为 20～30μm 的尘埃将引起曲轴轴颈、气缸表面的严重磨损，而 1μm 以下的尘埃同样会使凸轮挺杆副磨损加剧。

图 5.2 轴颈的磨料磨损

1. 磨料磨损特征

磨料磨损属机械磨损的一种，特征是接触表面有明显的切削痕迹，这些痕迹呈与相对运动方向平行的、深浅不一的很多细小沟槽，如图 5.2 所示。

2. 磨料磨损机理

1) 微量切削机理

该假说认为，塑性金属同固定的硬质磨料磨损时，可产生微量的金属切削，形成螺旋形、弯刀形或不完整圆形的磨屑(相关内容见“油样分析”章节)。

2) 疲劳破坏机理

该假说认为，金属表面的同一显微体在硬质颗粒的反复挤压作用下，产生多次的反复塑性变形，最终使表面发生疲劳破坏，有小金属颗粒从表面脱落下来。

3) 压痕犁耕机理

该假说认为，对于塑性较好的材料，磨粒会在压力作用下压入该材料的表面，磨粒在同该表面一起运动的过程中，便会犁耕另一材料的表面，使后者形成沟槽，而前者也会因为严重的塑性变形，使压痕两侧金属遭到严重破坏，最终脱落。

4) 断裂破坏机理

该假说认为，对于脆性材料而言，随着磨粒压入表面深度的增加，最终会达到一个临界值，此时，伴随压应力而出现的拉伸应力就会使材料表面产生裂纹，裂纹不断扩展，最终导致显微体断裂而脱落。

3. 磨粒磨损的类型

(1) 刨削(凿削)式磨损(Gouging Abrasion)：磨料对材料表面有大的冲击力，从材料表面凿下较大颗粒的磨屑，如挖掘机斗齿及颚式破碎机的齿板的磨损。

(2) 低应力擦伤式磨损(Scratching Abrasion)：磨料作用于零件表面的应力不超过磨料的压溃强度，材料表面被轻微划伤。农业生产中的犁铧，及煤矿机械中的刮板输送机溜槽磨损情况就是属于这种类型。

(3) 高应力碾碎式磨损(Grinding Abrasion)：磨料与零件表面接触处的最大压应力大于磨料的压溃强度。生产中球磨机衬板与磨球，破碎式滚筒的磨损便是属于这种类型。

4. 影响磨粒磨损的主要因素

(1) 磨粒的硬度(图5.3)。

图中，S_w 为磨损量；H_0 为材料表面硬度；H_a 为磨粒硬度；H_0/H_a 为二者的硬度比。

当材料较软磨粒较硬时($H_0/H_a \leqslant 0.77$)，磨损最为严重；当 H_0/H_a 位于0.77～0.90时，磨损量开始明显降低；当 H_0/H_a 位于0.90～1.40时，磨损量更小；当 H_0/H_a 大于1.40时，基本不出现磨损。

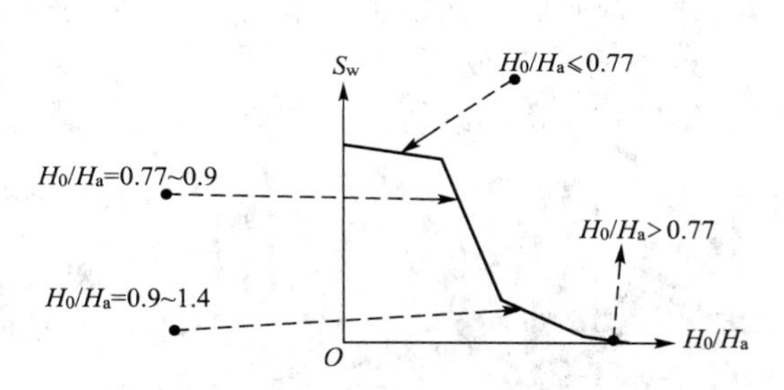

图5.3 磨粒硬度对磨损量的影响

(2) 磨粒的尺寸。试验表明，一般金属的磨损率随磨粒平均尺寸的增大而增大，但磨粒到一定临界尺寸后，其磨损率不再增大，此时，过大的磨粒可以凸出于表面，起到阻止其他磨料对表面进行显微切削的作用。磨粒的临界尺寸随金属材料的性能不同而异，同时它还与工作元件的结构和精度等有关。有人试验得出，柴油机液压泵柱塞摩擦副在磨粒尺寸为3～6μm时磨损最大，而活塞对缸套的磨损是在磨粒尺寸20μm左右时最大。因此，当采用过滤装置来防止杂质侵入摩擦副对偶表面间以提高相对耐磨性时，应考虑最佳效果。磨损量与磨粒尺寸大小之间的关系，如图5.4所示。

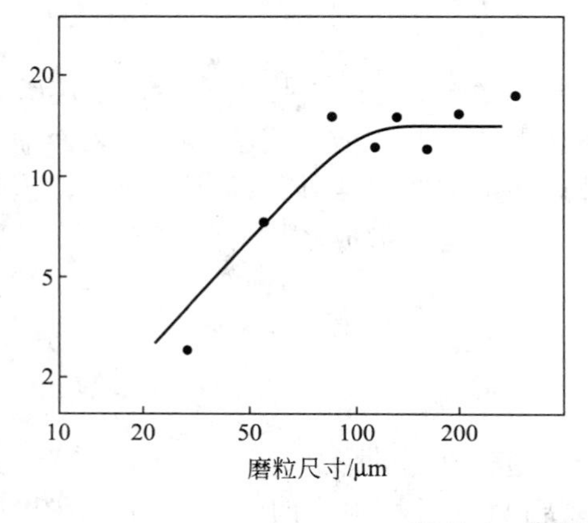

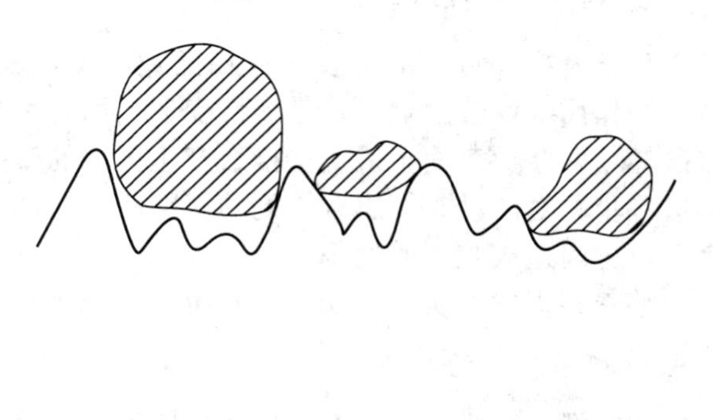

图5.4 磨损量与磨粒尺寸之间的关系

(3) 载荷。试验表明，磨损度与表面平均压力成正比，但有一转折点，当表面平均压力达到并超过临界压力 P_c 时，磨损度随表面平均压力的增加变化缓慢，对于不同材料，其转折点也不同。

5. 预防或减小磨粒磨损的措施

1) 减少磨料的进入

设备各运动副应阻止外界磨料的进入，并及时清除磨合过程中新产生的磨料。采取的方法可以是空气滤清器、燃油和机油过滤器、轴类油封等，在油底壳底部加装磁性螺塞、集屑房等，按需更换空气、机油、燃油过滤装置并合理更换机油等。

2) 设法增强零件的耐磨性

从选材上可选耐磨性好的材料，对于既要求耐磨又要求耐冲击的零件，如轴类零件，可选用中碳钢调质的方法；对于配合副，可选用软硬配合的方法，通常是将轴瓦选为软质材料，如：轴承合金、青铜合金、铝基合金、锌基合金、粉末冶金合金等。这样可以使磨料被软材料吸收，而轴和轴承孔则需进行表面硬化处理，以增加其硬度和耐磨性。

3) 合理分布载荷

尽量减小运动副所承受的载荷，并使载荷分布均匀，受力合理。

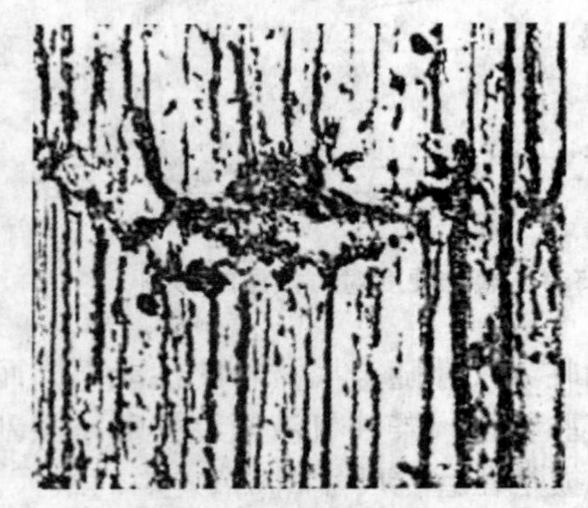

图 5.5　柴油机气缸上止点下 30mm 处的粘着磨损

5.2.3　粘着磨损

粘着磨损(Adhesive Wear)也称抓粘磨损或咬合磨损，是指摩擦副相对运动时，由于互相焊合(相互粘着)作用，造成接触面金属损耗(一个表面材料转移到另一个表面上去)的现象。

1. 粘着磨损特征

失去材料一方的零件表面出现锥状坑，接收材料一方表面出现鱼鳞状斑点。常见的粘着磨损现象有，柴油机的烧瓦、抱轴、拉缸等(典型案例如图 5.5 所示)。

2. 粘着磨损机理

从粘着机理看，由于表面存在微观不平，表面的接触发生在微凸体处，在一定载荷(重载)作用下，接触点处发生塑性变形，而且摩擦热不能够及时散发出去，使其表面油膜被破坏，两摩擦表面金属直接接触产生更多的摩擦热而形成接触点处的熔化和熔合；当表面进一步相对滑动时，熔合点处的材料从强度低的一方脱落，形成磨屑并粘附于强度高的表面，进而造成咬死或划伤。

粘着磨损的发展阶段如图 5.6 所示。

3. 粘着磨损的类型

按照粘着熔合点的强度和破坏位置不同，粘着磨损有不同的形式。

(1) 轻微粘着磨损：当粘接点的强度低于摩擦副两材料的强度时，剪切发生在界面上，此时虽然摩擦系数增大，但磨损却很小，材料转移也不显著。通常在金属表面有氧化

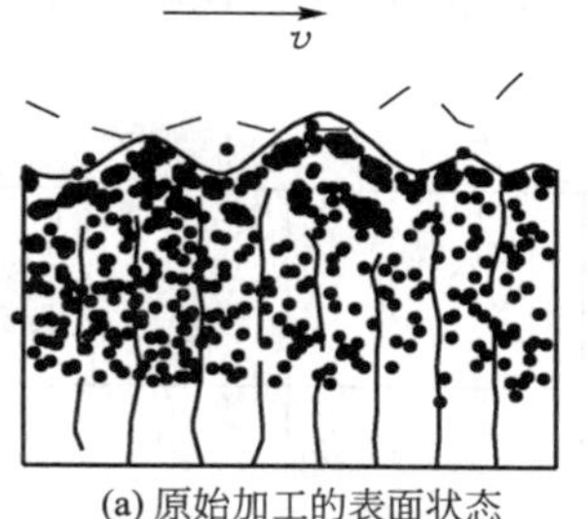

(a) 原始加工的表面状态

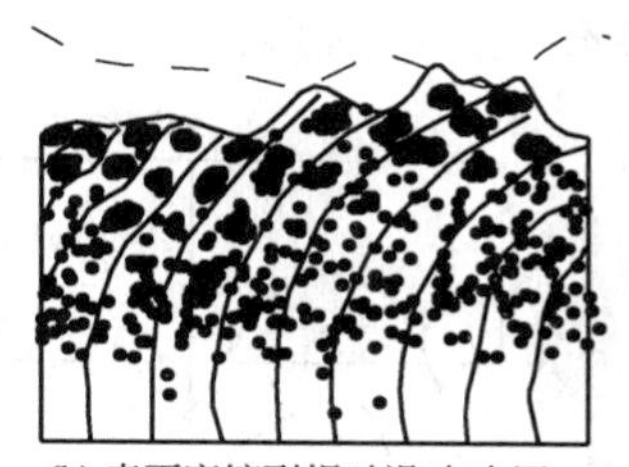
(b) 表面摩擦副相对滑动时,因摩擦力的作用表层产生塑性流动,缺陷逐渐扩展,接触点产生粘着

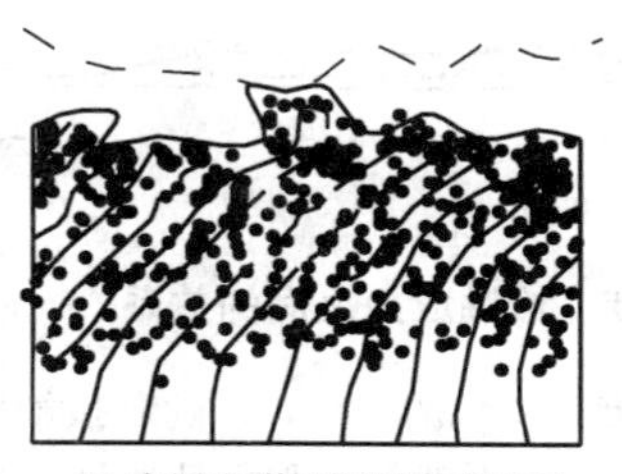
(c) 表层内裂纹扩展至表面后被撕裂而转移到另一表面

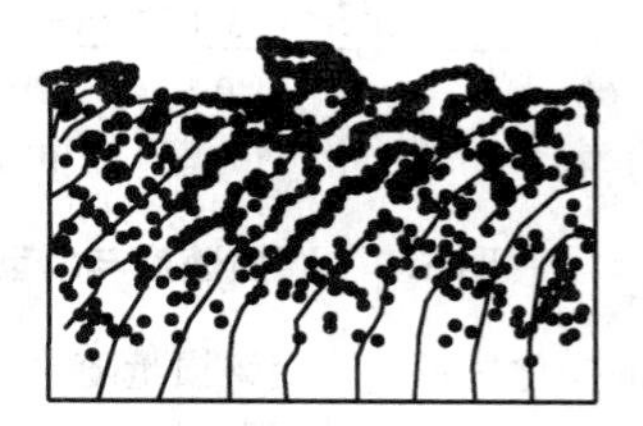
(d) 磨损后形成新表面

图 5.6 粘着磨损的发展过程

膜、硫化膜或其他涂层时发生这种粘着磨损。

(2) 一般粘着磨损：当粘接点的强度高于摩擦副中较软材料的剪切强度时，破坏将发生在离结合面不远的软材料表层内，因而软材料转移到硬材料表面上。这种磨损的摩擦系数与轻微粘着磨损的差不多，但磨损程度加重。

(3) 擦伤磨损：当粘接点的强度高于两相对摩擦材料的强度时，剪切破坏主要发生在软材料的表层内，有时也发生在硬材料表层内。转移到硬材料上的粘着物又使软材料表面出现划痕，所以擦伤主要发生在软材料表面。

(4) 胶合磨损：如果粘接点的强度比两相对摩擦材料的剪切强度高得多，而且粘接点面积较大时，剪切破坏发生在对磨材料的基体内。此时，两表面出现严重磨损，甚至使摩擦副之间咬死而不能相对滑动，此时，若在外力作用下强行运动，则会造成基体的严重破坏。

4. 影响粘着磨损的主要因素

(1) 材料性质的影响。选用不同种金属或互溶性小的金属以及金属与非金属材料组成摩擦副时，粘着磨损较轻；脆性材料比塑性材料的抗粘着能力强；表面含一定量微量的C、S等合金元素时，对金属及合金的粘着有阻滞作用；提高材料硬度后，可减小粘着磨损。粘着磨损量与硬度较小一方材料的屈服极限成反比。

(2) 载荷的影响。加载一般不要超过材料硬度值的 1/3，尽量减小载荷，同时提高材料的硬度。

(3)滑动速度的影响。载荷一定的情况下，粘着磨损最初随滑动速度的提高而增加，但旋即可达到某一极大值，此后又随着滑动速度的提高而减少。有时随着滑动速度的变化磨损类型由一种变为另一种，在滑动速度不太高的范围内，钢铁材料的磨损量随着滑动速度、接触压力的变化规律如图 5.7 所示。

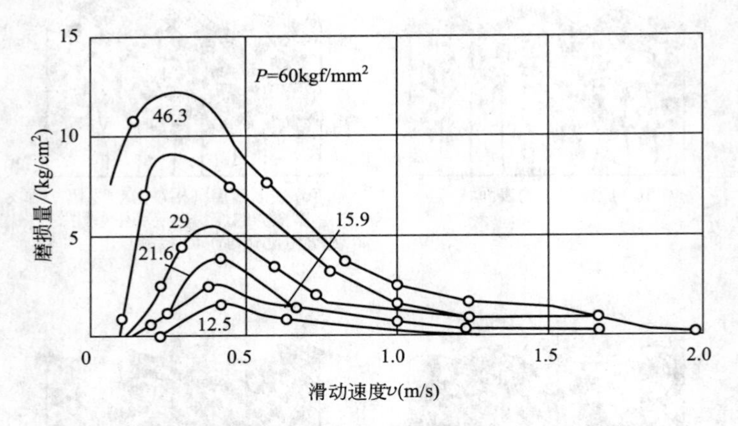

图 5.7　磨损速度与滑动速度、接触应力之间的关系

注：接触压力的变化并不会改变磨损量随滑动速度而变化的规律，但随着接触压力增加其磨损量也增加，而且粘着磨损发生的区域移向滑动速度较低的区间。也就是说重载低速运行是容易产生粘着磨损的条件。

(4) 滑动距离的影响。粘着磨损量与滑动距离成正比关系。

以上 4 条中，(1)、(3)、(4)条被称作粘着磨损定律。

(5) 温度的影响。这里首先应该注意区分摩擦面的平均温度与摩擦面实际接触点的温度：局部接触点的瞬时温度称为热点温度或闪点温度；滑动速度和接触压力对磨损量的影响主要是热点温度改变而引起的，当摩擦表面温度升高到一定程度时，轻者破坏油膜，重者使材料处于回火状态，从而降低了强度，甚至使材料局部区域温度升高至熔化状态，将促使粘着磨损产生。轴承钢的磨损量与热点温度之间的关系图 5.8 所示。

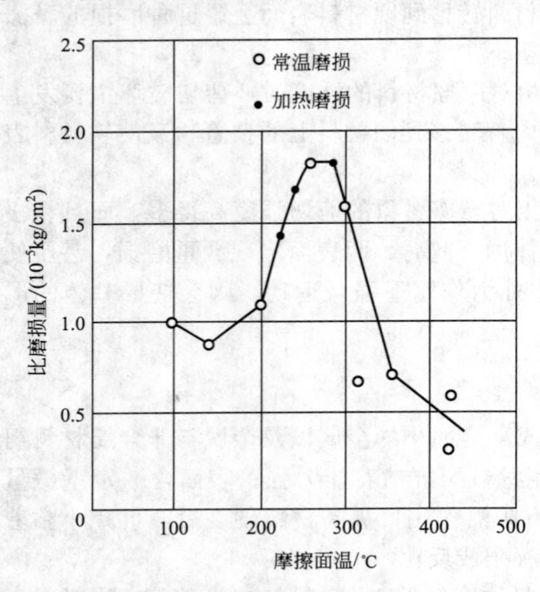

图 5.8　轴承钢比磨损量与热点温度的关系

5. 预防或减小粘着磨损的措施

(1) 设法减小摩擦区的形成热：比如，可以使用机油散热器，使热点温度降低，使摩擦区的温度低于金属热稳定性的临界温度和润滑油热稳定性的临界温度。

(2) 控制摩擦副表面材料与金相组织：材料成分和金相组织相近的两种材料最易发生粘着磨损。因此，应选用最不易形成固溶体的两种材料作为摩擦副，即应选用不同材料成分与晶体结构的材料。

(3) 设法提高摩擦副和润滑油的热稳定性：在材料选择上应选用热稳定性高的合金

钢，或表明进行渗碳处理，在润滑油中加入适量的多效添加剂等。

(4) 限制负荷：必须将负荷严格限制在规定范围之内。

(5) 进行特殊的表面处理：采用热稳定性高的硬质合金堆焊，喷涂亲油层，提高表面多孔性，减低互熔性等。

(6) 选择适当的润滑剂：根据工作条件(如载荷、温度与速度等)，选用不同的润滑剂，以建立必要的吸附膜，为摩擦表面创造良好的润滑条件。

5.2.4 疲劳磨损

两接触表面在交变接触压应力的反复作用下，材料表面的显微材料单元产生相似或相同的塑性重复变形，以致因疲劳而产生微片或颗粒脱落而造成物质损失的现象称为表面疲劳磨损(Fatigue Wear)。

1. 疲劳磨损现象

疲劳磨损时，会在材料表面出现麻点、凹坑，或局部裂纹和斑状剥落。典型的齿轮齿面疲劳磨损如图5.9所示。

图5.9 典型的疲劳磨损现象

2. 疲劳磨损机理

表面疲劳磨损是疲劳和摩擦共同作用的结果，其失效过程可分为两个阶段：一是疲劳核心裂纹的形成，二是疲劳裂纹的发展直至材料微粒的脱落。

(1) 油楔理论——裂纹起源于摩擦表面(滚动兼滑动接触)。该理论认为，由于交变载荷的作用，表面反复变形、硬化，沿与运动方向成小于45°角的方向产生裂纹并逐渐向远、向内扩展，润滑油沿裂纹逐渐浸入，油的浸入使得裂纹进一步扩展，最终磨损物从表面脱落。

在滚动带滑动的接触过程中(以齿轮啮合面为例)，由于外载荷及表层的应力和摩擦力的作用，引起表层或接近表层的塑性变形，使表层硬化形成初始裂纹，并沿着与表面呈小于45°的夹角方向扩展，而后润滑油浸入形成油楔，裂纹内壁承受很大压力，迫使裂纹向纵深发展。裂纹与表面层之间的小块金属犹如一承受弯曲的悬臂梁，如图5.10所示，在载荷的继续作用下被折断，在接触面留下深浅不同的麻点剥落坑，深度0.1～0.2mm。

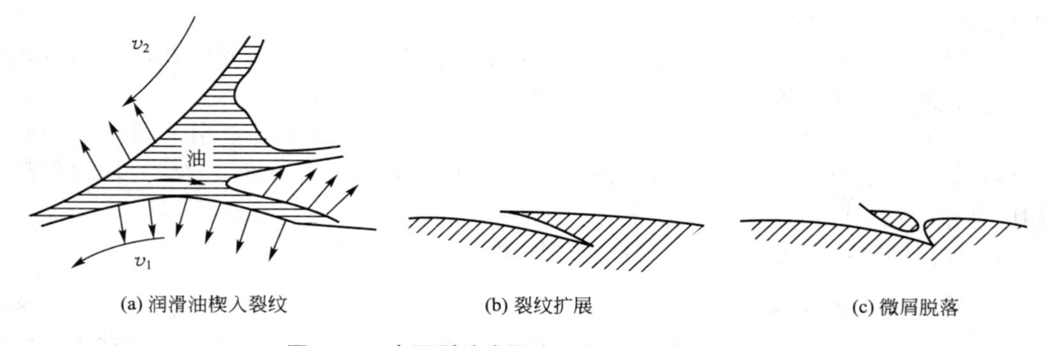

图5.10 表面裂纹发展由于润滑油作用示意图

(2) 最大剪应力理论——裂纹起源于次表层。该理论认为，裂纹的产生一般是在切向应力的作用下因塑性变形而引起。滚动轴承的疲劳磨损即遵循此理论。

纯滚动时，最大剪切应力发生在表层下 0.786b(b 为滚动接触面宽度之半)处，即次表层内(一般深度在 0.2～0.4mm 之间)，在载荷反复作用下，裂纹在此附近发生，并沿着最大剪切应力方向扩展到表面，形成磨损微粒而脱落，磨屑形状多为扇形，出现“痘斑”状坑点。

当运动副处于除纯滚动接触外，还带有滑动接触模式时，最大剪切应力的位置随着滑动分量的增加向表层移动，破坏位置随之向表层移动，如图 5.11 所示。

(3) 交界过渡区理论——裂纹起源于硬化层与芯部过渡区。该理论认为，表层经过硬化处理的零件(渗碳、淬火、硬质喷涂、喷丸等)，其接触疲劳裂纹往往首先出现在硬化层与芯部过渡区。这是因为该处所承受的剪切应力较大，而材料的剪切强度较低。

试验表明，只要该处承受的剪切应力与材料的剪切强度之比大于 0.55 时，就有可能在过渡区形成初始裂纹。裂纹平行于表面，扩展后再垂直向表面发展而出现表层大块片状磨屑剥落(如图 5.12 所示)。

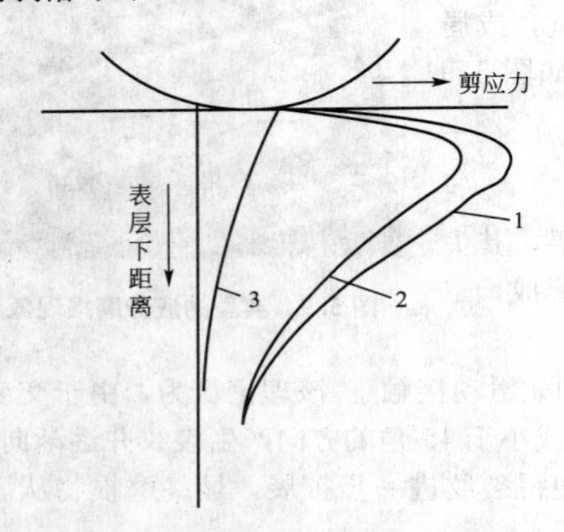

图 5.11　不同运动情况下剪应力的分布

1—纯滚动；2—滚动兼滑动；3—纯滑动

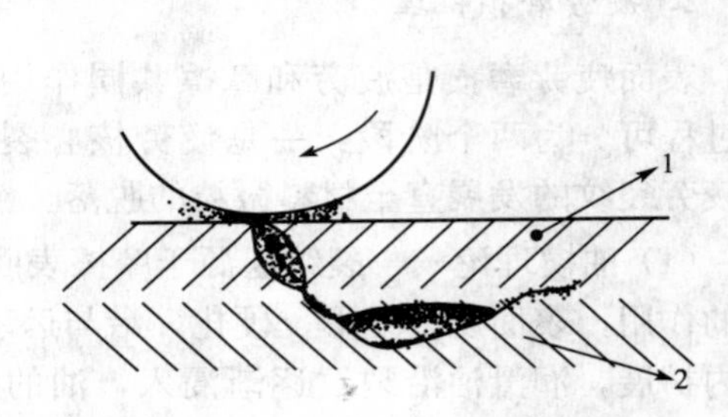

图 5.12　裂纹起源于软硬过渡层面

1—硬化层；2—芯部基体

硬化层深度不合理、芯部强度过低、过渡区存在不利的残余应力时，容易在硬化层与芯部过渡区产生裂纹。

3. 影响疲劳磨损的主要因素

(1) 零件材料性质：材料中含有非金属夹杂物，特别是氧化铝、硅酸盐、氮化物等脆性夹杂物时，容易产生疲劳磨损；

(2) 材料表面的性质：材料表面的强度和硬度、热处理的形式及热处理后的金相组织、表面粗糙度、接触精度等，都在一定程度上影响着疲劳磨损；

(3) 润滑状况：润滑油的牌号、质量、粘度、抗剪性、腐蚀性，润滑油膜的性质等；

(4) 零件的硬化层：材料的硬化措施(渗碳、氮化)和硬化层厚度要合理，应该使最大剪切应力在硬化层内，这样能够提高抗疲劳磨损的能力；

(5) 载荷性质：力的种类、运动形式、加速度大小及方向等。

4. 预防或减小疲劳磨损的措施

(1) 正确试运转：新的或刚刚大修的工程机械都要进行正规的磨合，以期获得良好的配合间隙和接触精度；

(2) 合理的润滑：正确选择润滑方式和润滑油品，以期获得良好的润滑油膜；

(3) 改良材质：通常情况下，晶粒细小、均匀，碳化物呈球状且均匀分布有利于提高滚动接触寿命。

(4) 合理的表面硬度：硬度在一定范围内增加，其抗接触疲劳的能力随之增大。举例来说，闭式齿轮箱传动齿轮的最佳硬度在 HRC58～HRC62，对于承受相对较大冲击力的齿轮，硬度可以取下限。

(5) 合理的表面粗糙度：适当降低表面粗糙度是提高抗疲劳磨损能力的有效途径，但表面粗糙度不能过低，这是因为，粗糙度与接触应力直接相关。接触面硬度越高，粗糙度应越低。

5.2.5 腐蚀磨损

在机械摩擦过程中，金属同时与周围介质发生化学或电化学反应，此时，由于机械摩擦和腐蚀的共同作用而引起的表面物质剥落，从而形成表面材料缺失的现象为腐蚀磨损(Corrosive Wear)。腐蚀磨损是一种极为复杂的磨损过程，经常发生在高温或潮湿的环境下，以及有酸、碱、盐等环境下，而且腐蚀磨损的状态与介质的性质、介质作用在摩擦表面上的状态以及摩擦材料的性能有关。

根据腐蚀介质的不同类型和特点，腐蚀磨损可分为氧化磨损和特殊介质下腐蚀磨损以及氢致磨损三大类。

(1) 氧化磨损：氧化磨损是指摩擦表面与空气中的氧或润滑剂中的氧作用所生成的氧化膜，这种膜在摩擦中很快就会被磨损掉而生成新膜，继而新膜再被磨损掉的现象。

影响氧化腐蚀磨损的因素主要有以下几种：一是运动速度的影响：当滑动速度变化时，磨损类型将在氧化磨损和粘着磨损之间相互转化；二是载荷的影响：当载荷超过某一临界值时，磨损量随载荷的增加而急剧增加，其磨损类型也由氧化磨损转化为粘着磨损；三是介质含氧量对氧化磨损的影响：介质含氧量直接影响磨损率，金属在还原气体、纯氧介质中，其磨损率都比空气中大，这是因为空气中形成的氧化膜强度高，与基体金属结合牢固的关系；四是润滑条件对氧化磨损的影响：润滑油膜能起到减磨和保护作用，减缓氧化膜生成的速度。

(2) 特殊介质腐蚀磨损(化学或电化学腐蚀磨损)：在环境为酸、碱、盐等特殊质作用下的摩擦表面上所形成的腐蚀产物，将迅速地被机械摩擦所去除，此种磨损称为特殊介质腐蚀磨损。发动机气缸内的燃烧产物中含有碳、硫和氮的氧化物、水蒸气和有机酸，如蚁酸(HCOOH)、醋酸(CH_3COOH)等腐蚀性物质，可直接与气缸壁发生化学作用，而形成化学腐蚀；也可溶于水形成酸性物质，腐蚀气缸壁，此为电化学腐蚀，其腐蚀强度与温度有关，如图 5.13 所示。

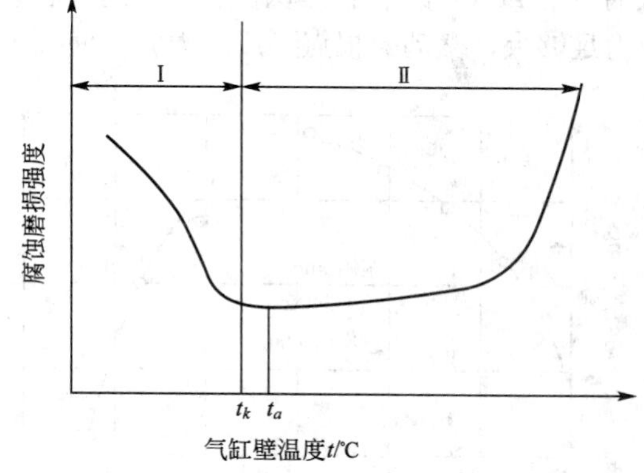

图 5.13 气缸的腐蚀磨损

Ⅰ—电化学腐蚀；Ⅱ—化学腐蚀

(3) 氢致磨损：含氢的材料在摩擦过程

中，由于力学及化学作用导致氢的析出。氢扩散到金属表面的变形层中，使变形层内出现大量的裂纹源，裂纹的产生和发展，使表面材料脱落，这种现象称为氢致磨损。氢可以来自材料本身或是环境介质，如润滑油和水等物质。

对于特定介质的腐蚀磨损，可针对腐蚀介质的形成条件，选用合适的耐磨材料来减低腐蚀磨损速率。

5.2.6 微动磨损

两接触表面间没有宏观相对运动，但在外界交变动负荷影响下，有小振幅的相对振动(一般 100μm～0.1mm 之间)，使接触表面产生微小的相对位移，其间接触表面间产生大量的微小氧化物磨损粉末，有时夹杂磨料磨损和粘着磨损，这种情况造成的磨损称为微动磨损(Fretting Wear)。

1. 微动磨损易发生部位

微动磨损通常发生在静配合的轴和孔表面、某些片式摩擦离合器内外摩擦片的结合面上，以及一些受振动影响的连接件(如花键、销、螺钉)的结合面、过盈或过度连接表面、机座地脚螺栓、弓子板板簧簧片之间等处。一般会在微动磨损处出现蚀坑或磨斑。

2. 微动磨损的危害

微动磨损会造成摩擦表面有较集中的小凹坑，使配合精度降低；也可导致过盈配合紧度下降甚至松动，严重的可引起事故；更严重的是在微动磨损处引起应力集中，导致零件疲劳断裂(如机座螺栓等)。

3. 微动磨损机理

微动磨损是一种兼有磨料磨损、粘着磨损、氧化磨损的复合磨损形式，磨屑在摩擦面中起着磨料的作用。摩擦面间的压力使表面凸起部分粘着，粘着处被外界小振幅引起的摆动所剪切，而后剪切面又被氧化。

对于钢铁材料来讲，接触压力使结合面上实际承载峰顶发生塑性变形和粘着。外界小振幅的振动将粘着点剪切脱落，脱落的磨屑和剪切面与大气中的氧反应，发生氧化磨损，产生红褐色的 Fe_2O_3 的磨屑堆积在表面之间起着磨料作用，使接触表面产生磨料磨损。如果接触应力足够大，微动磨损点形成应力源，使疲劳裂纹产生并发展，导致接触表面破坏。

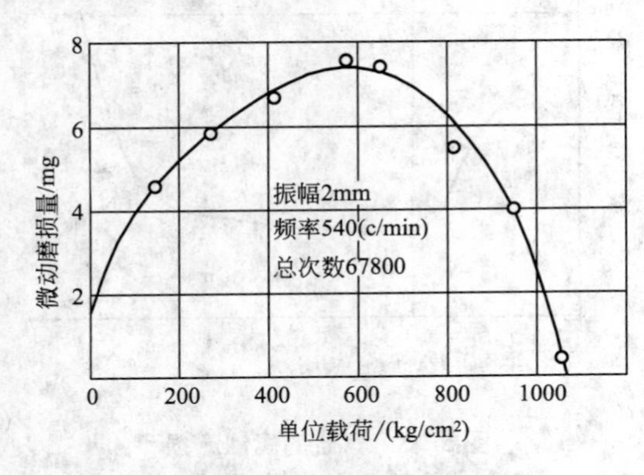

图 5.14 微动磨损与载荷的关系

4. 影响微动磨损的主要因素

(1) 材料性质：一般来说，抗粘着磨损性能力大的材料也具有良好的抗微动磨损性能。

(2)滑动距离与载荷：紧配合接触面间相对滑动距离大，微动磨损就大；滑动距离一定时，则微动磨损量随载荷的增加而增加，但超过一定载荷后，磨损量将随着载荷的增加而减少，如图 5.14 所示；因此，可通过控制预应力及过盈配合的过盈量来减缓微动磨损。

(3) 相对湿度：微动磨损量随相对湿度的增加而下降。相对湿度大于50%以后，金属表面形成 $Fe_2O_3 \cdot H_2O$ 薄膜，它比通常 Fe_2O_3 软，磨料效果下降，因此随着相对湿度的增加，则微动磨损量减小，如图 5.15 所示。

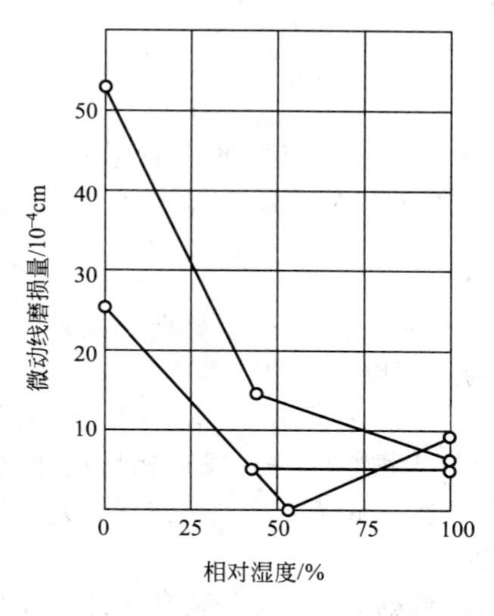

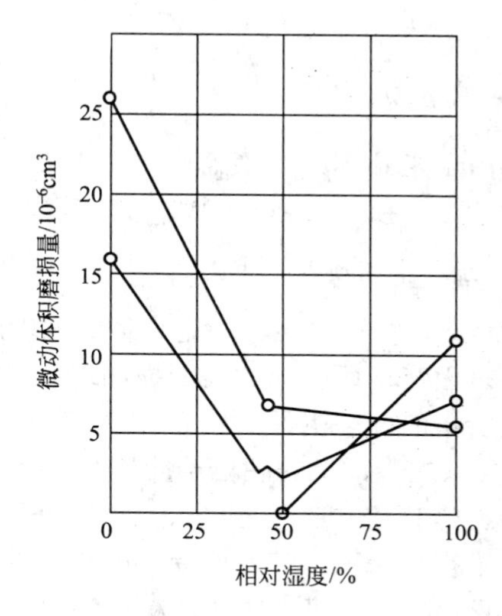

图 5.15 微动磨损量与相对湿度的关系

(4) 振动频率和振幅：在大气中振幅很小(0.012mm)时，钢的微动磨损不受振动频率的影响；振幅较大时，随着振动频率的增加，微动磨损量有减小的倾向。当振幅超过50～150μm 时，磨损率均显著上升(图 5.16)。

(5) 环境温度：实验证实，工程机械轮毂轴承在冬天的微动磨损比夏天严重；实验测得中碳钢的微动磨损在临界温度 130℃时发生转折，超过此临界温度后，微动磨损大幅度降低；对于低碳钢，在温度低于 0℃时，温度越低，磨损量越大，在 0℃以上，磨损率随温度上升而逐渐降低，在 150～200℃突然降低。继续升温，磨损率上升，温度从 135℃升高到 400℃时，其磨损量增加 15 倍。

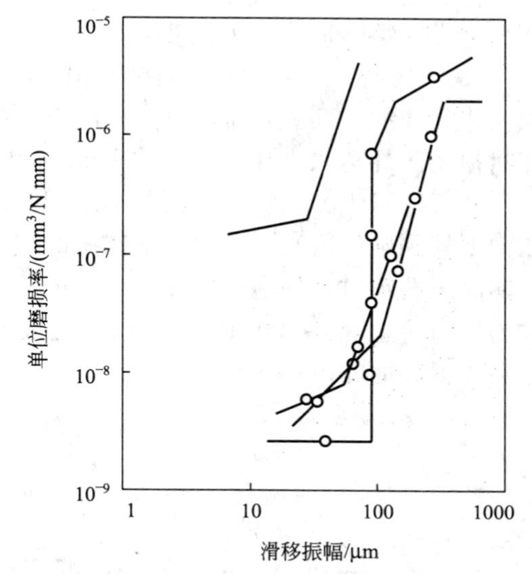

图 5.16 振幅与微动磨损率的关系

5. 减小或预防微动磨损的措施

(1) 选用合适的材质：选用适当的材料并提高硬度，可减少微动磨损。将碳素钢表面硬度从 180HV 提高到 700HV 时，微动磨损量可降低 50%。采用表面处理，如硫化或磷化处理或采用金属镀层可有效降低微动磨损。

(2) 减小载荷：在其他条件相同时，微动磨损量随载荷的增加而增加。但当载荷超过临界值时，磨损量反而减小。

(3) 控制振幅：振幅较小时，单位磨损率比较小，因而，应将振幅控制在 30μm 以下。

(4) 辅助措施：加强检查配合件紧固情况，使之不出现微动或采取在配合副之间加弹性垫片，充填聚四氟乙烯(套或膜)或用固体润滑剂；适当的润滑可有效地改善抗微动磨损的能力，因为润滑膜保护表面防止氧化，采用极压添加剂或涂抹二硫化钼都可以减少微动磨损。

5.2.7 冲蚀磨损

材料由于受到固态、液态、气态介质的高速、高压、反复冲击而形成的表面损伤现象，叫做冲蚀磨损(Washout Wear)。其磨损特征是磨损处呈蜂窝状斑痕。

1. 冲蚀磨损的类型和机理

(1) 固态硬粒子冲蚀：一定直径的大硬度固态粒子(一般高于材料硬度)以一定的速度冲击零件表面时，所引起的表面损伤现象，称为固态粒子冲蚀磨损。

这里所指的冲蚀机件的粒子相对较小并且分散，一般平均直径小于 1mm，冲击速度在 500m/s 以内。常见的硬粒子冲蚀有：空气中的尘埃粒子进入发动机后造成的冲蚀、气流输送物料(如沙洗机、射流泵、混凝土高压输送泵、粉煤灰及水泥输送机)对弯头、管道的冲蚀、工程机械工作装置所受到的粒子冲蚀等。

(2) 液滴冲蚀：液滴冲蚀是粒子冲蚀的一种特殊情况。当液滴高速冲击零件表面时，会造成机件表面的损伤。实验证明，当冲击零件表面的液滴速度达到 720m/s 时，在直径 1.3mm 的射流面积上的峰值载荷可达 6300N(当水的速度＞1200m/s 的时候，可以切割钢板)。这样的冲击力，足以在零件表面冲出一个凹坑，而凹坑又使得后续冲击的能量更加集中。随后还会产生腐蚀现象，进而整个零件表面就会受到损伤。

这类冲蚀磨损常发生在液泵、马达、高压共轨、喷油泵、喷油器等零部件上。

(3) 气蚀：当零件与液体接触并伴有振动或搅动时，液流中的气泡对零件表面造成的损伤称为气蚀。其主要特征是零件的表面出现麻点、针孔，严重时，零件的表面会出现蜂窝状损伤。蜂窝状小孔的直径达 1mm 以上，深度达 20mm(可出现蚀透现象)。

从气蚀发生的机理看，其基本过程是：因液体受到振动使局部压力发生波动，当局部压力下降到某一值时，溶解在液体中的气体和液体蒸汽会在液体中形成无数小的气泡，当其向高压波动时，气泡可以 100～500m/s 的速度冲向零件表面并破裂，对零件产生的瞬间冲击压力可达 30～200MPa，最高可达上千兆帕，瞬间温度最高可达上千摄氏度，很容易导致材料表面的破坏。

5.3 断　　裂

零件在诸多单独或综合因素(应力、温度、腐蚀等)的作用下局部开裂或整体折断的现象，称为断裂失效。

与变形和磨损相比，零件因断裂而失效的几率很小，但零件的断裂往往会造成严重的设备事故乃至灾难性事故。断裂的原因是多方面的，但断口(零件断裂后断开处的自然表面)形态总能反应断裂发生的过程。因此，通过断口分析，找出断裂的原因，是改进设计、合理修复的前提。

5.3.1 断裂的类型

按该教材研究的需要，从不同的角度，断裂可按如下方法分类。

1. 按断口宏观形貌分

(1) 韧性断裂(延性断裂)——断口有明显的塑性变形，断面呈暗灰色的杯锥状或鹅毛绒状纤维，断口无法完全对齐。

韧性断裂的机理是，在载荷的反复作用下，首先在某一应力中处产生弹性变形→应力继续反复作用→继而产生韧性变形→进一步产生塑性变形→出现微小裂纹→裂纹不断扩展→最终断裂。

(2) 脆性断裂——发生在应力达到屈服极限之前，零件无明显塑性变形的瞬间断裂。其断口形貌特征是，断口呈冰糖状结晶颗粒，颜色发亮且易出现人字纹或放射状纹，断口对接完好，断口处无明显塑性变形，如图 5.17 示。比如，钢锯锯条、活塞环、弓子板、球铁曲轴的断裂等。

(a) 断口可以完好对接的试棒

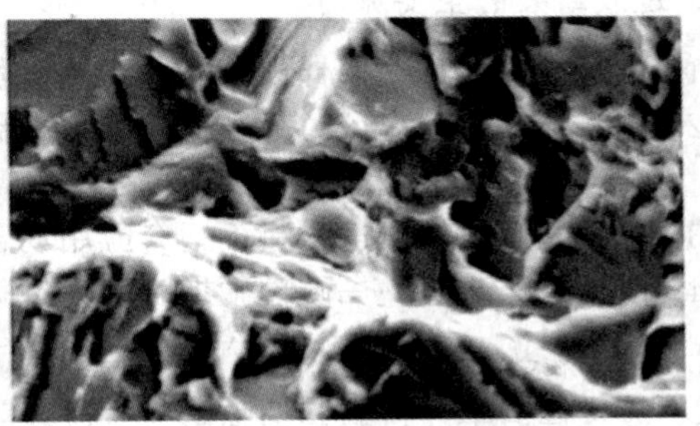

(b) 成冰糖状结晶的高倍率显微断口

图 5.17 脆性断裂的断口形貌

2. 按载荷性能分

(1) 过载断裂：由于过失、使用操作不当，而引起的一次加载性突然瞬间断裂。

(2) 疲劳断裂：零件在交变应力作用下，经过较长时间工作和反复变形而发生断裂的现象称为疲劳断裂。

疲劳断裂是工程机械零件常见及危害性最大的一种失效方式。在工程机械上，大约有90%以上的断裂可归结为零件的疲劳失效，因此，疲劳断裂是本节研究的重点之一。

3. 按断口微观形态分析

(1) 晶间断裂(沿晶断裂)——裂纹沿晶界扩散，断面上的晶粒大多保持完整，这种断裂称为晶间断裂，又称解理断裂。当晶间断裂时，塑性变形量很小，故称脆性断裂。

(2) 穿晶断裂(晶内断裂)——裂纹穿过晶粒内部而发生的断裂称为穿晶断裂，穿晶断裂是一种延性断裂。以上两种断裂如图 5.18 所示。

(3) 混晶断裂——断口或裂纹既穿过晶体内部，又沿晶界扩展的断裂，叫做混晶断裂。

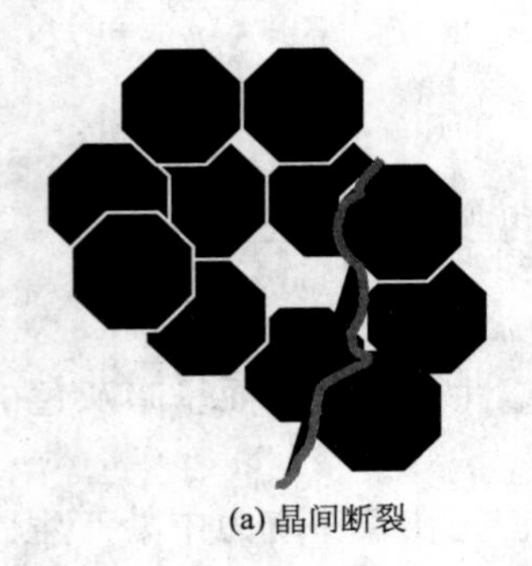

(a) 晶间断裂

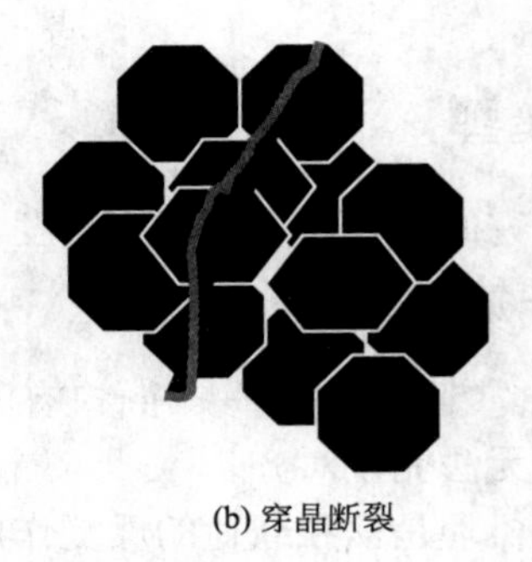

(b) 穿晶断裂

图 5.18　晶间断裂和穿晶断裂

5.3.2　过载断裂

当外载荷远远超过其危险断面所能承受的极限应力时，零件经一次加载所引起的断裂，称之为过载断裂。虽然过载断裂发生的几率较低，但危害却甚大。

1. 过载断裂的主要原因

(1) 设计缺陷——截面错误、形状不当、强度不足等；

(2) 制造缺陷——夹渣、内部裂纹、气孔、过度圆角有误、工艺错误、热处理不当等；

(3) 选材失误——所选材料不适合应用场合；

(4) 使用操作不当——硬拉硬拽、用力过猛、超负荷作业、超越功能范围的运行等。

2. 过载断裂的主要特征

(1) 通常情况下的过载断裂特征——过载断裂的宏观断口特征与材料拉伸断裂断口的形貌类似。过载断裂的断口通常分为 3 个区域，当断口无应力集中时，3 个区域的分布如图 5.19 所示，分别称为纤维区 F、放射区 R、剪切唇区 S。

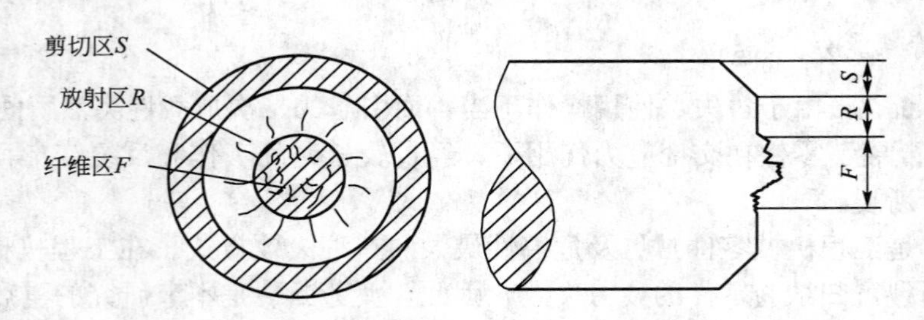

图 5.19　过载断裂的断口形貌

其中，F 区凹凸起伏，呈纤维状，该区受 3 项应力作用出现微小空穴，空穴不断扩大、聚集，形成所谓韧窝，留下纤维状特征。截面的断裂首先从纤维区中心开始，当纤维区断裂面积达到一定极限时，断裂裂纹便会迅速扩展。

R 区是由纤维区裂纹迅速扩散而形成的放射区域，主要特征是有放射状花纹。材料越粗大，放射状花纹越粗大。

S 区是由断裂最后阶段而形成的区域，被称为剪切唇，这一区域的表面比较光滑，而且与拉伸应力成45°角，是由最大切应力形成的切断型断裂。

(2) 特殊情况下过载断裂特征如下。

① 带应力集中槽的过载断裂——当裂口出现在应力集中部位时，则F、R、S三区完全颠倒，如图5.20所示。纤维区F分布在周围，即周围首先破断。然后，裂纹向中央扩展，产生收敛型放射花纹区S。

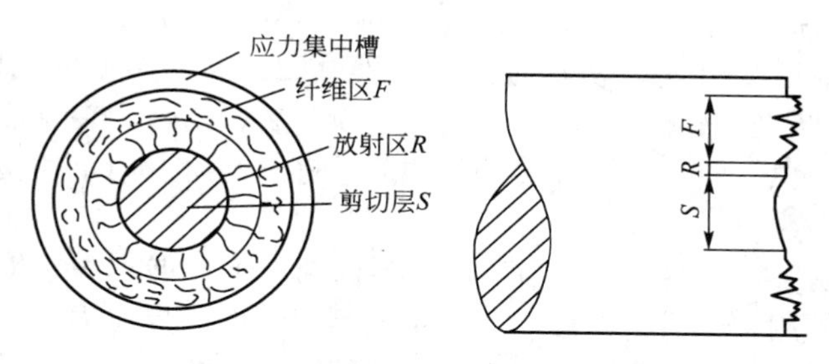

图5.20 带应力集中槽的过载断裂

② 纯塑性金属过载断裂：纯塑性金属过载断裂时，可能会出现全纤维状断口，没有放射区与剪切区，两对偶的断面均为内凹的杯状，称为双杯状。

③ 在冲击弯曲载荷作用下的过载断裂：在此条件下形成的过载断裂，其剪切唇不完整，宏观塑性变形或颈缩减小。

5.3.3 疲劳断裂

金属零件经过较长时间或一定次数的循环载荷或交变应力作用后，出现反复变形而最终断裂的现象称为疲劳断裂。

1. 疲劳断裂的类型

(1) 按有无预裂纹分：无裂纹断裂失效和有裂纹断裂失效。

(2) 按载荷性质分：拉压疲劳断裂、振动疲劳断裂、弯曲疲劳断裂、扭转疲劳断裂与复合应力疲劳断裂等。

(3) 按引起疲劳断裂的总的应力循环次数分：高周疲劳断裂(HCFB)——$N \geqslant 10^5$，大多数疲劳断裂为该类形式的断裂；高周疲劳发生时，应力在屈服强度以下，零件的寿命主要由裂纹的形核寿命控制。低周疲劳断裂(LCFB)——$N \leqslant 10^5$，极少数情况下才会发生该类断裂。低周疲劳发生时的应力可高于屈服极限，其寿命受裂纹扩展寿命的影响较大。

(4) 按诱发原因分：纯循环应力疲劳断裂、热疲劳断裂、腐蚀疲劳断裂等。

2. 疲劳断裂的失效机理

一般认为疲劳断裂经历3个过程：裂纹源萌生阶段、裂纹扩展阶段、最终断裂或瞬间断裂阶段。

(1) 疲劳裂纹源的萌生阶段：金属零件在交变载荷作用下，表层材料局部发生微观滑移，如图5.21所示。

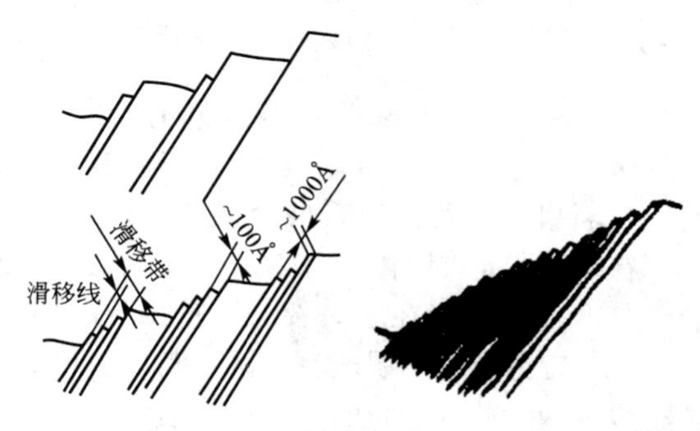

图5.21 延性金属由于外载荷作用所造成的滑移

滑移积累到一定程度后，就会在表面形成微观挤入槽与挤出带，这种挤入槽就是疲劳裂纹策源地。在槽底，高度集中的应力极易形成微裂纹，称疲劳断裂源。因最初滑移是由剪应力引起的，使得挤入槽与挤出峰和原始裂纹源均与拉伸应力呈 45°角的关系。

形成疲劳裂纹源所需的应力循环次数与应力成反比，但如果材料表面或内部本身有缺陷，如气孔、夹杂、台阶、尖角、磕碰与划伤等，均可大大降低应力循环次数。

(2) 疲劳裂纹的扩展阶段：当疲劳裂纹源切向(与拉应力呈 45°方向)扩展达到几微米或几十微米时，裂纹改变方向，朝着与拉应力垂直的方向，而形成正向扩展，如图 5.22 所示。在交变的拉伸、压缩应力作用下，裂纹不断开启、闭合，裂纹前端出现复杂的变形与加工硬化及撕裂现象。使裂纹一环接一环往前推进。此阶段内，切向扩展较为缓慢，而正向扩展速度较快。

(3) 最终断裂或瞬间断裂阶段：当裂纹在零件断面上扩展到一定值时，零件残余断面不能承受其载荷的作用，此时的断面应力大于或等于断面临界应力。此时，裂纹由稳态扩展转化为失稳态扩展，整个残余断面出现瞬间断裂。

3. 疲劳断口的特征

典型疲劳断裂过程有 3 个形貌不同的区域：疲劳核心区、疲劳裂纹扩展区、瞬间断裂区，如图 5.23 所示。

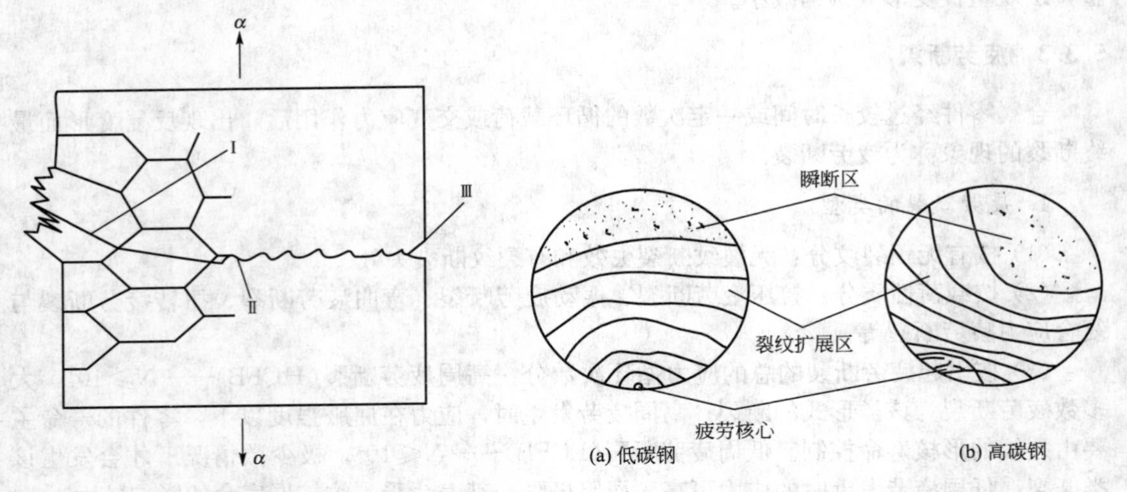

(a) 低碳钢　(b) 高碳钢

图 5.22　疲劳裂纹的扩展阶段

Ⅰ—切向扩展段；Ⅱ—正向扩展段；Ⅲ—脆断段

图 5.23　疲劳断裂断口的形貌特征

(1) 疲劳核心区：用肉眼或低倍放大镜就能找出断口上疲劳核心位置。它是疲劳断裂的源区，一般紧挨表面，但如内部有缺陷，该核心区也可能在缺陷处产生。当疲劳载荷较大时，断口上也可能出现两个或两个以上的核心区。

在疲劳核心周围，存在着一个以疲劳核心区为焦点的光滑的、贝纹线不明显的狭小区域。其产生的原因在于，裂纹反复张开、闭合，使断口面磨光所致。

(2) 疲劳裂纹扩展区：该区是断口上最重要的特征区，常呈贝纹状或海滩波纹状。每一条纹线表示载荷的变化时，裂纹扩展一次所留下的痕迹。这些纹线以核心区为中心向四周推进，与裂纹扩展方向垂直。对裂纹不太敏感的低碳钢，贝氏裂纹呈收敛型(图 5.23(a))。对裂纹比较敏感的高碳钢，贝氏裂纹呈发散型(图 5.23(b))。

(3) 瞬断区：瞬断区是疲劳裂纹扩展到临界尺寸后，残余断面发生快速断裂而形成的区域。此区域具有过载断裂的特征，即同时具有放射区与剪切唇。有时仅有剪切唇而无放射区，对于极脆的材料，瞬断区为结晶状脆性断口。

5.3.4 脆性断裂

金属零件因制造工艺、使用过程中有害物质的侵蚀、环境温度不适等，都可能使材料变脆，进而导致金属零件突然断裂，称其为脆性断裂。

1. 引起金属脆化的原因

氢或氢化物渗入金属材料内部就可能导致氢脆，氯离子渗入奥氏体不锈钢中后可能导致氯脆，硝酸根离子渗入钢材可能出现硝脆，与碱性物接触的钢材可能会出现碱脆，与氨接触的铜质零件可能会出现氨脆。此外，在10℃～15℃以下的环境温度下，中、低强度的碳钢易发生冷脆。含铝的合金，如热处理温度控制不严，易于使零件温度偏高而过烧，表现出严重的脆性。

2. 氢脆的类型

一类是内部氢脆，它是由材料在冶炼、锻造、焊接、热处理、电镀、酸洗过程中，溶解和吸收了过量的氢而造成的；另一类为环境氢脆，它是由周围环境中某些含氢或氢化物的介质与零件自身应力，即工作应力与残余应力共同作用而引起的一种氢脆。

一般认为，内部氢脆与环境氢脆在微观范围内，其本质是相同的。都是由氢或氢化物引起的材料脆化。但就宏观而言，则有差别。这是因为在氢的吸收过程中，氢与金属的相互作用形态、断裂时的应力状态与温度、断口组织结构等均不相同。

3. 氢脆断裂机理

金属材料在冶炼、热处理、锻压、轧制等高温过程中，对氢的溶解度较高。温度降低以后，材料析出氢原子和氢分子，并在内部扩散后聚集在材料微观缺陷处或薄弱处。聚集的氢分子或氢原子形成巨大的氢气气泡，并使材料在气泡处形成裂纹。随着氢扩散与聚集的继续，气泡进一步生长，裂纹进一步扩张，并相互连接、贯通，最后导致材料过早断裂。

4. 氢脆断裂的主要特征

(1) 金属发生脆性断裂时，工作应力一般并不高，通常不超过材料的屈服强度，甚至低于某些规范确定的许用应力。因而，脆性断裂又称为低应力脆断。

(2) 脆性断裂的断口平整光亮，呈粗瓷状，断口断面大体垂直于主应力方向。一般断口边缘有剪切唇，断口上有人字纹或放射状花纹。其SEM显微特征如图5.24所示。

图 5.24 典型构件氢脆断裂的SEM特征

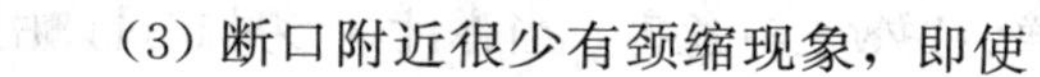

(3) 断口附近很少有颈缩现象，即使

有，截面收缩率也很小，一般低于3%。

(4) 脆性断裂也有裂纹源，裂纹源一般出现在表面的应力集中部位，损伤部位，内部的夹杂与空穴以及由轧制或锻造而形成的微小裂纹。

5.3.5 减少和防止断裂危害的措施

(1) 设计方面：首先材料的选用一定要有针对性，不能一味选取高强度材料，而应根据环境介质、温度、负载性质做出适当选择，如冲击载荷处用韧性材料；高温环境处用耐高温材料；强摩擦处用耐磨材料等。另外，要尽量提高金属材料的纯净度，减少夹杂物含量及尺度，尽量提高零件表面完整性设计水平。其次，要尽量避免应力集中现象(缺口、槽隙、凸肩、过渡棱)，这也是抑制或推迟疲劳裂纹产生的有效途径。

(2) 制造工艺方面：表面强化处理可大大地提高零件的疲劳寿命，可以有效控制表面的不均匀滑移，如，表面滚压、喷丸、表面热处理等；表面恰当的涂层可防止有害介质造成的脆性断裂；另外，某些材料热处理时，填充保护气体可极大地改善零件的性能。

(3) 安装和使用方面：首先安装时，应避免附加应力的产生，防止振动、碰撞、刮擦与拉伤；其次应加强设备的次负荷锻炼，正确、严格按照试运转条例进行磨合、严禁初期超载、加强次负荷锻炼都是延缓裂纹扩展的途径；第三，严格遵守操作规程，防止超负荷；第四，要有良好的平衡和冷却措施，同时避免振动和温差过大；第五，应保护设备的使用与运行环境，防止腐蚀介质的侵蚀；第六，设法降低疲劳裂纹扩展的速度，及早发现，及时弥补。

5.4 机械零件的变形失效

机械零件在使用过程中，由于温度、外载或内部应力的作用，使零件的尺寸和形状发生变化而不能正常工作的现象，称为机械零件的变形失效。

过量变形是零件失效的一个重要原因，如曲轴、离合器摩擦片、变速器中间轴与主轴等常常因变形而失效。

零件发生变形后会出现伸长、缩短、弯曲、扭曲、颈缩、膨胀、翘曲、弯扭以及其他复合变形等现象。其危害是，破坏原来的配合间隙，打乱原有的位置关系，加速零部件的不均匀磨损，发生运动干涉或完全失去规定功能等。

从变形类型看，金属零件的变形分为弹性变形、塑性变形、翘曲变形、蠕变等失效形式。

5.4.1 弹性变形失效

在外力撤去后，变形会自动消失的现象，称作弹性变形。在弹性变形阶段，应力和应变呈线性关系，即符合虎克定律。此时零件所受应力未超过弹性极限，应力消失后，应变也消失，零件恢复原有形状。

1. 弹性变形的危害

虽然弹性可以自行恢复，但这并不意味着弹性失效没有危害，当弹性变形量超过许用值时，就会破坏零件间相对位置精度(如转向扭杆的过度弹性变形会导致转向灵敏度下降)。此外，其造成的危害还包括：使轴上零件工作失常(如齿廓啮合线偏移)及支撑(如轴承)过载；对于箱体类零件而言，会造成系统的振动。如果弹性失效的固有频率与载荷频率成整倍数关系时，还会引起共振，使设备无法正常工作。

2. 影响弹性变形的主要因素

(1) 结构因素：零件截面的结构对弹性变形的影响最大。对于型钢来说，在材料截面积相等的情况下，工字钢刚度最大，槽钢次之，方形钢最次。如果是扭转载荷，则环形空心截面优于实心截面。

(2) 弹性模量的 E 影响：材料弹性模量 E 越大，则抵抗弹性变形的能力越大。

(3) 温度的影响：在通常情况下，弹性变形量与温度成正比，这是因为随着温度的升高，弹性模量 E 也会下降。但随着温度的升高，材料的屈服强度降低，在载荷作用下，材料会发生显著的塑性变形。

3. 弹性变形的机理

由于材料组织结构中的晶体，在相邻原子间存在的吸力和斥力作用，在外力作用下它们之间的平衡被打破，此时便会产生弹性变形。其特点是，变形量一般较小，对于非弹簧件来讲，$S_{\Delta}<0.1\sim1\%S_0$。

金属材料弹性变形是其晶格中原子自平衡位置产生短距离的可逆位移的反映，所以弹性变形具有可逆性、单值线性及变形量小等特点。

由相关推导可知，原子间相互作用力 F 与其间距 r 之间的关系可用下式表示：

$$F=\frac{A}{r^2}-\frac{Ar_0^2}{r^4} \tag{5-1}$$

式中，A 为常数；r_0 为原子平衡距离。

由式(5-1)可知：

(1) F 与 r 之间关系不是直线关系，而是复杂的抛物线形，但当外力 F 较小，即原子偏离平衡位置的距离很小时，则可近似为直线关系。

(2) 当外力大于 F_{max}(理论值)，为金属材料在弹性下的断裂载荷(即理论断裂强度)。

实验发现：实际材料的断裂强度要比该值［即 F_{max}(理论值)］小几个数量级，从而推导出材料中存在着缺陷，比如：点缺陷(如间隙、空位等)、线缺陷(如位错等)、面缺陷(如晶界缺陷等)、体缺陷(如孔洞等)等。

5.4.2 塑性变形失效

材料在应力的作用下会产生变形，但当应力消失后，零件不能够完全恢复原来的形状，这种变形叫做塑性变形。零件的工作压力超过材料的屈服极限时，因塑性变形而导致的失效称为塑性变形失效。

经典的强度设计都是按照“防止塑性变形失效”的原则来设计的，即不允许零件的任何部位进入塑性变形状态。在给定外载荷条件下，塑性变形失效取决于零件截面的大小、安全系数值及材料的屈服极限。材料的屈服极限越高，则发生塑性变形失效的可能性也就越小。

1. 塑性变形的危害

破坏原有的配合间隙；打乱原有的位置关系；加速零件的不均匀磨损；发生运动干涉。

2. 各类塑性变形的机理和特点

1）滑移式塑性变形

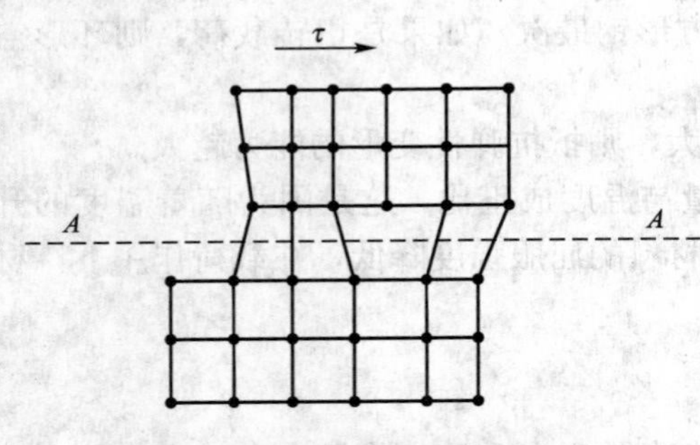

图 5.25 材料的滑移塑性变形

指材料在切应力(或载荷和温度的共同)作用下，打破内应力的平衡，使内部单晶或多晶结构发生位移或错动，其中一部分相对另一部分沿滑移面和滑移方向进行的切变过程，其变形过程如图 5.25 所示。

滑移式塑性变形的特点是：①只有在切向应力作用下发生；②在温度与切向应力的共同作用下更易发生；③常沿原子密度最大的晶面和晶向发生；④移动距离是原子间距的整数倍；⑤滑移同时伴有转动。

2）孪生式塑性变形

指在切应力作用下晶体的一部分沿一定晶面(孪生面)发生切变。由于切变后的部分与切变部分成镜面对称，故称为孪生，如图 5.26 所示。

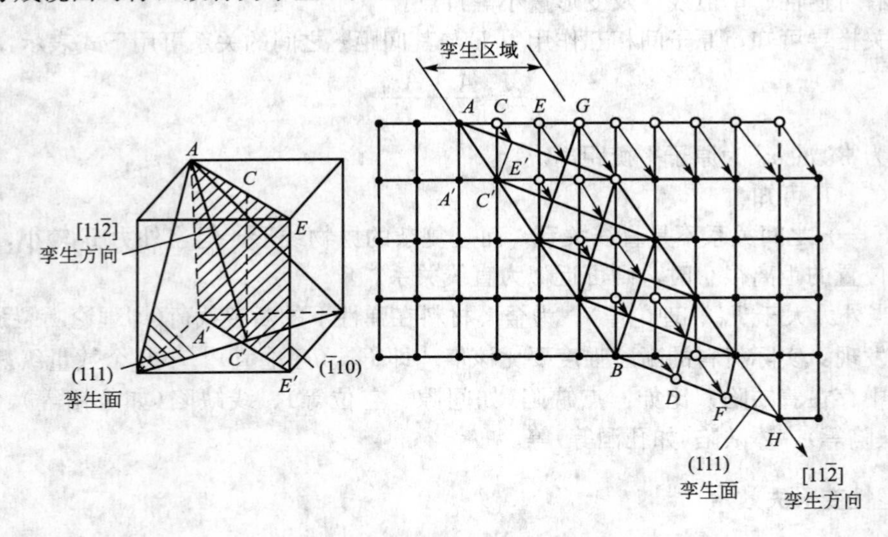

图 5.26 材料的孪生塑性变形

孪生式塑性变形的特点是：①也是在切变应力作用下发生的；②孪生时，晶格取向发生变化；③孪生时，相邻原子面间的原子相对位移均小于一个原子间距；④孪生所需的临界切应力要比滑移大得多，且变形速度极快。

3. 影响塑性变形的主要因素

(1) 应力超出屈服极限或是超出弹性变形的循环次数：此时，使应力与应变呈非线性关系，应力消失后，有一部分应变被保留下来。例如：压缩弹簧在经历一定次数的弹性变形后，在宏观上会出现缩短的现象，这就是一种类型的塑性畸变。

(2) 材质缺陷：材质缺陷主要指热处理不良造成的组织缺陷。例如：作弹簧用的冷拉弹簧钢丝经淬火后应为细珠光体，如淬火后出现少量的共析铁素体，则当温度高于150℃时，弹簧工作圈出现塑性畸变失效；对于合金钢来说，淬火温度过高或过低，都不能获得期望的力学性能；此外，加热不均匀，也会造成铁素体组织与马氏体组织共存现象。

(3) 设计不当：设计精度过低，对载荷估计不足，会造成接触副的干涉，偏载或过载现象；对工作温度估计过低，也会影响合理选材。

(4) 加工缺陷：加工前，对毛坯进行有效的热处理以消除内应力，在加工过程中，应通过工艺措施避免变形量过大。例如，在加工过程中穿插相应的热处理，避免形成新的内应力。

(5) 使用维护不当：因使用维护不当而造成的塑性变形失效属于另一种常见失效形式。操作失误的常见形式有：载荷过大或速度过高，从而引起主要零件严重过载；检修过程中不合理的拆装，零件位置安装错误都可能导致零件塑性变形失效。

5.4.3 蠕变失效

它是指材料在一定载荷(恒应力)和较高温度的共同作用下，随时间延长，变形量不断逐渐增加的现象。蠕变变形失效是由于蠕变过程的不断发生，产生的蠕变变形量或蠕变速度超过金属材料蠕变极限而导致的失效。有人也把蠕变失效称为另一种形式的塑性变形失效。

这里所说的温度一般是指约比温度，即：$T:T_m$(T为实验温度，T_m为熔点温度)。若$T:T_m>0.5$，则为高温；若$T:T_m<0.5$，则为低温。

蠕变在较低温度下也可以产生，但只有当约比温度大于0.3时蠕变现象才比较明显。比如，当碳钢温度超过300℃，合金钢温度超过400℃时，就必须考虑蠕变问题。

1. 典型蠕变曲线

典型的蠕变曲线如图5.27所示，随着时间的延续，其蠕变过程可大致分为以下3个部分。

(1) 过度(也称减速)蠕变阶段——ab段：在该阶段内，开始时蠕变速率很大，随着时间的延长，蠕变速率逐渐减小，到达b点时，蠕变速率到达最小值；

(2) 恒速蠕变阶段——bc段：该阶段内的蠕变速率几乎保持不变。我们通常所说的金属的蠕变速率，就是指该段的蠕变速率；

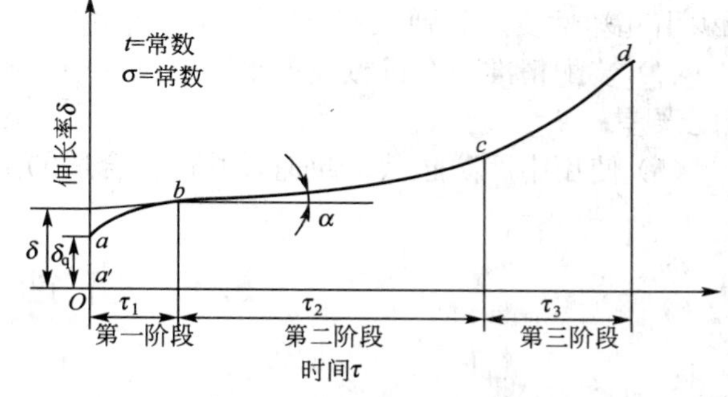

图5.27 典型蠕变曲线示意图

(3) 加速蠕变阶段——cd段：该阶段内，蠕变速率逐渐增大，直至d点断裂。

2. 蠕变的类型

按约比温度来看，蠕变大致可分为以下3种形式。

(1) 对数蠕变：在再结晶温度以下发生的蠕变，随着蠕变的发生，内部出现加工硬化现象，在恒定应力作用下，变形速率直线下降，变形量逐渐减小；

(2) 回复蠕变：在再结晶温度区域内发生的蠕变，无加工硬化效应，但材料内部同时出现再结晶过程，在恒应力作用下，塑性变形速率恒稳，变形过程不断进行，直至断裂。

(3) 扩散蠕变：在接近熔点温度时发生的蠕变，因温度高，发生分子扩散现象，即使在低载荷作用下，也很易断裂，这种失效形式在工程上并不常见。

3. 蠕变机理

金属的蠕变是一种比较复杂的过程，而且与温度和应力关系密切，但大致可分为以下几种。

(1) 位错滑移式蠕变：在常温下，当滑移面上的位错运动受到塞阻或“淤积”时，滑移便不能继续进行，此时需要更大的应力作用才能使位错重新运动或增殖；在高温下，位错可借助于外界的“热激活能”或“空位扩散”来克服某些短程障碍，从而使蠕变不断进行。

(2) 扩散式蠕变：是指在约比温度远大于0.5的情况下，由于大量的原子和空位的定向移动所造成的蠕变。在没有外界载荷作用的情况下，原子和空位的移动无方向性，因此宏观上不能显示出蠕变状况；但当受到外力的作用时，多晶内便产生不均匀的应力场，在拉、压应力的作用下，空位浓度增加或减小，因而晶体内空位将从受拉晶界向受压晶界迁移，而原子则向相反分析运动，使晶体逐渐产生蠕变。

(3) 晶界滑动式蠕变：在高温条件下由于晶界上的原子容易扩散，因此受力后晶界易产生滑动，从而也能够引起蠕变，但其对蠕变的贡献率较小，一般不超过10%。

5.4.4 预防变形失效的措施

(1) 合理的运动学和动力学设计：在零部件的设计中要注意防止各机构和系统的运动干涉，使受力合理均匀，并尽量采取减小运动惯性等措施；

(2) 选用合适的材料：选用刚度、强度的材料并密切注意金相组织结构，防止出现内部缺陷；

(3) 保证加工精密并有相应的热处理：以便于提高加高精度，降低制造误差，降低和减少引起塑性变形和弹性变形的因素；

(4) 装配精准：在机械设备组装的过程中，必须严格执行操作规程，最大限度地减小装配误差；

(5) 使用中严防超载、超速，并保持合适的工作温度。

5.5 腐蚀失效

金属零件在特定环境工作时，会发生化学反应或电化学反应，造成金属表面的损耗。主要表现形式是表面破坏、内部晶体结构损伤等。

表面的化学(或电化学)反应逐渐侵入，表层脱落出现斑点、凹坑，介质继续侵入，可造成孔洞性腐蚀失效。

据估计，全球每年因腐蚀而造成的零件与设备的损失占钢材年产量的30%。即使是其中的2/3能够回炉，仍有10%的净损失。工程机械金属零件中约有20%由腐蚀失效所引起。

腐蚀损失不但是经济上的，还会对人的生命财产造成不可估量的损失。其原因在于，金属遭到腐蚀后，材料组织会变脆，进而易于形成断裂。因而，研究腐蚀失效并采取有效的应对措施，在工程机械领域有着非常重要的意义。

5.5.1 化学腐蚀

金属材料与周围的干燥气体或非电解质液体中的有害成分直接发生化学反应，形成腐蚀层，称其为化学腐蚀。

干燥空气中的有害物质主要有：O_2、Cl_2、H_2S、SO_2 等，以及润滑油中的某些有害腐蚀性产物。而铁与氧的化学反应是最普遍的化学腐蚀，其过程为：

$$4Fe + 3O_2 \rightarrow 2Fe_2O_3$$

$$3Fe + 2O_2 \rightarrow Fe_3O_4$$

其腐蚀产物为 Fe_2O_3，或 Fe_3O_4。

许多化学腐蚀的表现形式是在材料表面形成一层膜。如果该膜致密，则金属表面钝化，使化学反应逐渐减弱并终止。如果该膜疏松，化学反应或腐蚀就会持续进行。

5.5.2 电化学腐蚀

通常，单一的化学腐蚀是少见的，这是因为在零件的工作环境中，不可避免地有水分存在。水本身是电解质溶液，使得不可避免地存在电化学腐蚀。金属发生电化学腐蚀的基本条件是：有电解质溶液的存在，腐蚀区有电位差，腐蚀区电荷可以自由流动。

1. 电解质溶液

电解质溶液是存在于金属表面的电化学腐蚀介质，包括水与酸、碱、盐等物质的水溶液，融化状态的盐液等。这可以由空气中的水分吸附在金属表面而形成。

电解质溶液中的分子有极性之分，这些极性分子在电场力的作用下，可以分解成阳离子与阴离子。例如：

$$H_2O \rightarrow H^+ + OH^-$$

$$HCl \rightarrow H^+ + Cl^-$$

这里，H_2O 和 HCl 都是极性分子，但 HCl 的离子化趋势比 H_2O 强得多。其离子对金属的腐蚀也要更强。

2. 腐蚀电池

当具有电位差的两个金属极和电解质溶液相处一体时，由于离子交换，产生电流形成原电池。引起电化学腐蚀的原因是金属与电解质相接触，由于电流无法利用，使阳极金属受到腐蚀，所以称为腐蚀电池。其原理如图5.28所示。

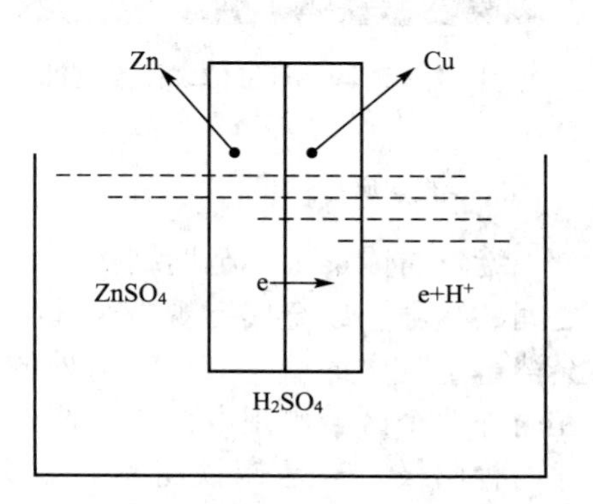

图5.28 锌-铁-酸腐蚀电池原理

在 H_2SO_4 电解液中，插入两个并在一起的金属锌、铜板。由于锌板表面的锌离子活跃，易于溢出与硫酸根结合。导致锌板内出现富余的电子而成为低电位的一极。铜板表面的铜离子没有锌离子活跃，使得铜板表面的电位较高。锌板内的自由电子会迅速流向电位较高的铜板，再由铜板释放到电解液中。

由于低电位的一极在电解液中释放出来的是金属阳离子，故将该极称为阳极。而高电位的一极在电解液中释放电子，称之为阴极。

$$Zn \rightarrow Zn^{-} + 2e$$

$$Zn^{+} + SO_4 \rightarrow ZnSO_4$$

在阳极(锌)表面，发生腐蚀反应：

在阴极(铜)表面的Cu，因得到锌板上的自由电子，不易形成铜离子而受到保护。同时，铜板向介质释放电子，使电解液中的 H^+ 还原。

如果将图上的两级移开，接上外电路就可测出其电流值。电流越大，说明腐蚀越强，电流形成的原因与原电池完全一致。以电池形态进行腐蚀是电化学腐蚀的最大特点，两级电荷的流动是腐蚀得以进行的条件。

$$2H^{+} + 2e \rightarrow H_2 \uparrow$$

5.5.3 腐蚀失效的主要形态

1. 均匀腐蚀

当金属零件或构件表面出现均匀的腐蚀组织时，称为均匀腐蚀。均匀腐蚀可在液体、大气、土壤中产生。其中最常见的是大气腐蚀，大气中含有较多的 CO_2、SO_2、H_2S、NO_2，以及 Cl_2 等。这些有害物质在金属表面吸附形成电解液膜，产生强烈的电化学腐蚀。

2. 点腐蚀(穴点腐蚀)

当零件表面的腐蚀集中在局部并呈尖锐小孔形态时，称为点腐蚀，如图 5.29 所示。

图 5.29　气缸的表面点腐蚀

当金属表面因局部凝聚电解液或金属表面防腐层局部遭到破坏时，就会受到点腐蚀。点腐蚀是最危险的腐蚀形态之一，主要原因在于腐蚀在发展的过程中不易被发觉。另一方面，当点腐蚀与均匀腐蚀共同发生时，点腐蚀孔洞易被均匀腐蚀所产生的疏松组织所掩盖。此外，由于点腐蚀穴的直径虽然很小，但其深度却可较深，甚至贯穿整个零件，直到发生事故时才发现。

3. 缝隙腐蚀

缝隙腐蚀发生在金属结构表面的缝隙处，如金属板之间的缝隙、金属板与非金属板之间的缝隙、或金属宏观裂纹缝隙、螺纹连接缝和铆接处等。如果腐蚀介质是水，则水会溶解空气中的氧。而在缝隙外的水氧浓度较高，使得缝隙内外电解液的浓度不一样，在内外两个区域出现电位差，这就形成了所谓浓差电池。缝隙外为阴极，溢出电子；缝隙内为阳极，若是钢铁材料，则会出现铁离子，并在水中腐蚀，其腐蚀的产物即为铁锈。

4. 晶间腐蚀

晶间腐蚀是晶界或靠近晶界的组织与晶体之间通过微电池的形式发生的电化学腐蚀。晶间腐蚀发生后，金属的力学性能下降，当晶间腐蚀较严重时，机件可能突然脆断。金属结晶时，晶界处的原子排列疏松且紊乱，因而在晶界处易于积聚杂质原子，并在晶界处沉淀，如图5.30所示。如腐蚀物为可溶性金属盐，晶界腐蚀就会不断向纵深发展，削弱金属机件的强度，导致腐蚀性脆断。而当金属机件本身存在拉应力时，断裂的速度就会大大加快，称为腐蚀开裂。

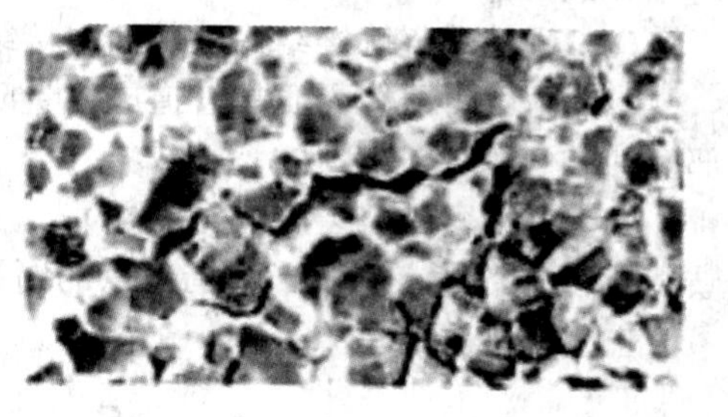

图5.30 晶间腐蚀显微图片

5. 氢损伤

大多电化学腐蚀都会电离出氢离子，析出氢分子。氢的渗透与扩散能力极强，当它沿晶界进入金属内部以后，会产生氢腐蚀，这就是所谓的氢脆效应。

6. 腐蚀疲劳

承受低交变应力的金属零件，在腐蚀环境下发生的断裂破坏称为腐蚀疲劳或腐蚀疲劳断裂。不具备抗腐蚀性的材料都有可能发生腐蚀疲劳。当零件在表面交变应力作用下出现挤出峰与挤入槽时，腐蚀介质就会乘虚而入。在这些微观部位出现化学腐蚀与电化学腐蚀。而腐蚀又加剧了裂纹源的形成，破坏了金属组织，最终导致零件瞬间断裂。

在这一过程中，介质的腐蚀性越强，腐蚀疲劳的寿命越短，温度越高，腐蚀作用越强。在断口上，可以看到严重的腐蚀锈斑，在疲劳裂纹扩展区，因腐蚀而失去了光泽，而中心区的腐蚀比较轻微。

5.5.4 减少和防止腐蚀失效的措施

1. 表面涂层防腐

在需要保护的零件表面涂敷金属层、非金属层、化学或电化学钝化层等，使金属表面与周围介质隔开。表面覆盖层的效果取决于覆盖层的完整性、致密性、牢固性，以及覆盖层本身的抗蚀性。

2. 缓蚀剂防腐

如在腐蚀介质中，添加少量物质，就能消除或降低介质对金属的腐蚀作用，那么这种物质就叫缓蚀剂。在静态或循环介质系统中(如发动机循环冷却系统、锅炉系统、大型发电设备等)，可以应用缓蚀剂防腐。

3. 防腐蚀结构

从防腐蚀的结构看，有时把零件结构稍作修改，就可能取得明显的防腐蚀效果。具体有以下几个方面。

(1) 防止电位差很大的金属零件相互接触——电位差相差很大的零件相互接触时，容易产生电化学腐蚀。

(2) 钢结构中不应有积液和集尘结构——对不可避免的沟槽应有排泄孔，以利于随时清除腐蚀性介质。

(3) 尽量避免铆接结构、单面焊接结构和断续焊接结构——可避免缝隙腐蚀。

(4) 输送腐蚀性介质的管道应尽量防止压力、流速的突变，防止产生涡流，以避免局部腐蚀和气蚀。

(5) 对于容易破裂的防腐涂层——可采取不涂敷保护层的措施，这是因为在防腐涂层破裂处容易产生点腐蚀，而局部点的腐蚀危害甚于均匀而缓慢的全面腐蚀。

5.6 零件的老化

人类、其他生命、天体、机械产品、电气设备等都会随着时间的推移一步一步老化，而逐渐失去其应有或规定功能。对于工程机械而言，其中一些零部件，不管使用与否，也都会出现老化现象。

而机械零部件的老化是指随着时间的推移，某些零部件(主要是一些高分子化合物)的原有设计性能逐渐下降的现象。

1. 工程机械零件老化后的现象

逐渐失去弹性、失去光泽；出现收缩、膨胀、翘曲、裂纹；质地变硬、变脆或软化、发粘等。

有时老化还会引起重大事故，如，由于密封件老化引起泄漏，由于电瓶线老而化引起火灾伤亡事故等。

2. 工程机械相关零件老化的机理

在热、氧、力、水、射线、微生物等因素的作用下，随着时间的推移，会使相关零件发生如下变化—— 大分子逐渐交联起来，从线性状态变成网状或立体结构，使变脆、开裂、弹性下降；大分子在高温下裂解，分子量下降，刚性、硬度下降、发粘；在温度、力等因素的作用下，O_2 分子与双键物质发生反应，生成过氧化物，褪色、变色、变质等。

3. 影响老化的主要因素

除了时间这个不可抗拒的因素之外，还有以下两个主要因素。一是内部因素：材料结构或组分内部具有易引起老化的弱点，如具有不饱和双键、支链、羰基、末端上的羟基等；二是外部因素：阳光、氧气、臭氧、热、水、机械应力、高能辐射、电、工业气体(如二氧化碳、硫化氢等)、海水、烟雾、霉菌、细菌、昆虫，等等。

4. 减轻和预防老化的措施

针对工程机械相关零件老化的影响因素和机理，可以从以下几个方面采取措施，以延缓和减轻老化进程。

1) 改进分子结构

例如，将聚乙烯经氯化取代反应后变为聚氯乙烯，以增加其耐热老化、耐氧老化、抗臭氧老化、耐酸碱、耐化学药品等性能；再如，用乙烯和丙烯两种单体经共聚反应后制成弹性体，合成二元乙丙橡胶，乙丙橡胶区别于其他合成橡胶在结构上的一大特点就是主链中不含双键，完全饱和，使它成为最耐臭氧、耐化学品、耐高温的耐老化橡胶。

2）覆层保护

在易老化的零部件表面喷涂油漆和金属涂层，表面涂蜡，电镀抗老化金属，浸涂防老化剂溶液等。

3）使用多效添加剂

在构成易老化失效零部件的材料中添加抗氧化剂、紫外光稳定剂、热稳定剂、防霉剂、增塑剂等。

4）合理使用与保养

避免强光直射，避免油污、潮湿环境，避免酸、碱、盐环境，涂蜡保护、通风干燥储存等。

本章小结

本章简要介绍了什么是零件的失效，如何对零件的失效进行合理分析以及零件失效的基本原因；比较系统地论述了最常见的几种失效形式，其中，对在工程机械零件的失效中，占据75%份额的失效形式——磨损，做了重点和详细的说明，而在磨损中，又着重突出了磨料磨损、粘着磨损和疲劳磨损等几种情况；分析了疲劳断裂的现象、原因以及防止和减少断裂危害的主要方法；用比较少的篇幅阐述了变形、腐蚀、老化等其他失效的现象、原因以及减缓或防止方法。

1. 什么是失效，工程机械零件最常见的失效形式有哪些？
2. 试分析疲劳磨损的机理并举例说明其在工程机械运行中的危害。
3. 试分析影响磨料磨损的主要因素和减轻磨料磨损的措施。
4. 如何分别从宏观和微观上区分韧性断裂和脆性断裂？
5. 什么是氢脆断裂，有何特征？
6. 你认为在减少工程机械零件腐蚀的措施中哪几类措施最为有效实用？

第6章 工程机械零件的检验

★ 了解工程机械零件检验的作用、内容、基本步骤和检验方法；
★ 了解工程机械零件的测量检验法、无损探伤检验法；
★ 了解工程机械典型零件的检验方法。

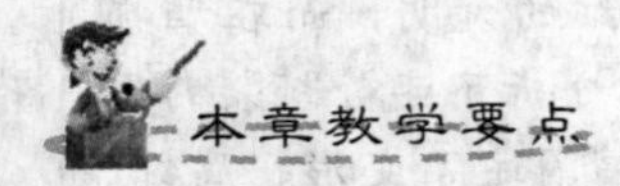

知识要点	能力要求	相关知识
工程机械零件的检验的目的、内容和方法步骤	了解零件检验的目的、作用、主要内容和方法步骤	零件堪用性划分、提高检验质量的措施
工程机械零件的测量检验法	了解零件测量检验的工具、使用方法、检验方法	各类测量工具的特点和使用要求
工程机械零件的无损探伤	了解零件无损探伤的类型和各自特点、应用场合	磁力探伤、渗透探伤、超声波探伤、射线探伤等概念
工程机械典型零件的检验方法	了解典型零件检验方法和注意事项	箱体、轴类、齿轮、弹簧、轴承等零件的检验

上一章介绍了零件的失效形式，那么本章将讨论在伴有特定现象的故障发生后，究竟是由于哪种零件的哪种失效形式引起的。

检测包括测量与测试两项内容。对于测量来说，就是以确定被测对象属性量值为目的的全部操作。对于测试来说，是具有试验性质的测量，是测量和试验的综合。

6.1 概 述

为确定工程机械零件的技术状态、工作性能或故障原因，按一定的要求对零件进行的技术检查，称为工程机械零件的检验。

6.1.1 工程机械零件检验的作用

1. 对零件进行堪用性划分

通过对零件材料的力学性能与热处理条件的检查，零件缺陷(如裂纹等)对使用性能的影响的检查，零件表面的腐蚀、划伤等情况的检查，对照易损零件的极限磨损标准及允许磨损标准，对照配合件的极限配合间隙及允许配合间隙标准，可将零件划分为堪用零件、待修零件和报废零件3类。

2. 确定零件失效形式和失效程度

检查零件属于磨损失效、断裂失效还是属于腐蚀失效，失效程度如何，是否超出国家规定的标准，能否继续使用等。

3. 确定修理工艺、措施、方法、深度

对于失效程度已经超出国家标准或行业标准的可维修零件，依据检验结果，采取必要的管理措施，确定科学的维修程序，选择合理的维修深度，利用先进的修理方法，对零件进行修复。

4. 保证维修质量，降低维修成本

只有明确机件失效的方式，才能“对症下药”，才能提出科学合理的维修和改进建议，才能保证维修质量，才能“药到病除”，也因而节约维修费用，降低维修成本。

6.1.2 工程机械零件检验的主要内容

检测技术的主要内容是测量原理、测量方法、测量系统和数据处理4方面。不同的测量目标要用不同的测量手段，即使是统一性质的测量目标也可以采用不同的原理与方法。测量系统由测量目标、传感器件、信号处理系统、检测结果显示系统等组成。

(1) 表面损伤类型和损伤程度的检验：标牌状况、表面掉漆、磨损、裂纹、腐蚀、划伤的程度等。

(2) 形状、尺寸、位置精度的检验：零件变形状况、尺寸变化情况、断面及径向跳动量的变化情况、各配合件的位置精度等。

(3) 隐蔽缺陷的检验：内部裂纹、夹渣、气孔等。

（4）动平衡性检验：检查旋转件的动平衡性是否在允许的范围内（质径积是否偏离规定值）。

（5）密封性检验：包括发动机气缸的密封性，液压系统的密封性，制动系统的密封性等。

（6）物理力学特性检查：包括垫片的弹性，弹簧的刚度及自由长度，重要机件的硬度和强度，液体的工作温度，油料的凝点，冷却液的冰点以及润滑油的杂质和腐蚀性等。

6.1.3 工程机械零件检验的基本步骤

1. 检测前的准备

检验人员应首先深入地了解机械设备的运行状况，包括：阅读设备使用说明书，了解动力性及动作精确性；向使用单位的技术人员、操作人员了解情况；对于一些重要设备，还可通过空载盘车、空载试车、负荷试车检测。通过这样的调查，可以初步掌握设备状况与可能的故障部位，为后期的拆解检测做好准备。

此外，还应了解设备的检修与出厂记录、历次修理的内容。而后就可基本判断出本次检修的任务性质以及修理所需的检测工具。

2. 预检

以自行式工程机械为例，预检内容如下。

（1）外观检测：有无掉漆，标牌是否清晰，操纵手柄是否损伤。

（2）工作装置的磨损与损伤：判断损伤程度，并决定是否需要进行更换。

（3）行走机构磨损及变形程度：并决定是否更换。

（4）整车运行情况：各运动件是否达到规定速度，运行是否平稳，有无振动及噪声；低速时有无爬行，操作系统是否灵敏可靠。

（5）其他如照明、安全、防护等是否正常。

3. 零件检测

零件检验分为修前检测、修后检测以及装配检测，修前检测在零件拆下来以后进行。对已拆下的零件，首先要判断能否进行修复，对于能够进行修复的零件，要依据生产条件确定适当的修复工艺。对于报废的零件，需要提出外购名称与型号，无法购买的，可通过测绘再生产来补充。

6.1.4 保证工程机械零件检验质量的措施

（1）严格控制相关技术标准。对于不同类型的零件，在检验时都应遵照相关的技术标准，对修理企业而言，尤其要更加重视许用标准的控制和应用。

（2）检验对象与检验设备相适应。对于不同机型、不同技术状况的机械设备，要根据不同的指标，采用不同的衡量尺度；对于精密程度不同的部件，要采用不同类型的工具进行检测，例如，喷油泵柱塞的直径测量必须千分尺，而车架的长度测量用卷尺即可。

（3）提高检验操作技能。零件检测具有很强的技术性，操作人员必须经过勤奋刻苦的锻炼，掌握正确的检测方法，具备必要的操作技能，才能保证检测的准确性。

（4）合理校正检验误差。包括检测仪器的调零、挡位的适应性调整，定位基准的合理确定，尺寸链的正确换算，测量单位的准确转化等。

(5) 完善规章、加强管理。对工作人员进行培训，教育他们一定要有责任心，一定要严格遵守规章制度，以严密的管理，诚实的员工，得出准确可靠的检测结果。

6.2 感官检验法

凭借人的手、眼、耳、鼻等感官的感觉，或仅仅借助于一些极其简单的工具、标准块等对零部件进行检验判断的一种手段。这种方法具有不受条件限制、方便灵活、省工省时、直观快捷、节约资金等优点，但这种检验只能对零件做定性分析和粗略判断，而不能得出定量、确切的结果。而且要求检验人员必须具有一定的实际工作经验。

1. 视觉检查

用肉眼直接对零件进行观察，以判断其是否失效。视觉检查是感官检查的主要内容，例如零件的断裂和宏观裂纹、明显的弯曲和扭曲变形、零件表面的烧损和擦伤、严重的磨损等，通常都是可以用肉眼直接鉴别出来的。为了提高视觉检查的精度，在某些情况下还可借助放大镜来进行。为了弥补视觉对某些腔体内部检查的不足，还可借助于光导纤维作为光传导的内窥镜来检查。

2. 听觉检查

凭借人耳的听觉能力，或借助于简易的听诊器来判断机械零件有无缺陷的方法，这也是一种由来已久的检查方法。例如，铁路车辆的日常检查，几十年来就沿用这种方法。检查时对被检工件进行敲击，当零件无缺损时，声音清脆，而当有内部缩孔时，声音就低沉，如果内部出现裂纹，则声音嘶哑，因此，根据不同的声响，可以判断零件有无缺陷。

再如，工程车辆的发电机或水泵轴承的损坏，也可以通过简易听诊器进行听觉检测与故障部位的判断。

3. 触觉检查

用手触摸零件的表面，可以感觉到它的表面状况。对配合件进行相对摇动、滑动或转动，可以感觉到它的配合状况。运转中的机械，通过对其零件的触摸，可以感受其发热状况，从而判断其机构状况。例如轮胎的胎温，蓄电池的工作温度，变速杆的振动，离合器的抖动，ABS制动系统的工作，转向盘与离合器的自由行程等，都可以通过触觉觉察到。

4. 嗅觉检查

通过工作人员的嗅觉来判断故障或失效状况。例如，电线烧毁的胶皮味儿，局部泄漏时的液体异味儿，润滑油的焦煳味儿，制动蹄片过度磨损时的烟煳味儿等。

5. 对比检查

将待检零件与同类、同型号的功能状况良好零件摆放在一起，进行对比观察，找出区别，以判断被检件的缺陷。

6.3 测量检验法

测量：是指以确定被测对象的量值为目的的全部操作。在这种操作过程中，将被测对象与复现测量单位的标准量进行比较，并以被测量与单位量的比值及其准确度来表达测量结果。

检验：是指判断被测物理量是否合格(在规定范围内)的过程，一般来说就是确定产品是否满足设计要求的过程，即判断产品合格性的过程，通常不一定要求测出具体值。因此检验也可理解为不要求知道具体值的测量。

测量检验：是指使用仪器、仪表、量具直接对工程机械零件的尺寸精度、形状精度和配合精度进行测绘和量度的方法，叫做测量检验法。该方法广泛用于工程机械的检测，是最基本的检测方法。

6.3.1 测量检验的特点

可以在一定精度范围内得到零件较为准确的真实形状、尺寸、公差与配合状况，但是需要一定的资金投入，需具备必要的量具、仪器或仪表。

6.3.2 常用测量工具

1. 尺类量具

(1) 平尺(工字平尺、桥形平尺、角形平尺、三棱平尺等)：平尺的用途较广，即可用作测量基准，用于检测零件的直线度和平面度误差，还可以用作零部件相互位置检验基准等。平尺精度分为0、1、2、3四个等级，0级最高。

其中平行平尺，常与垫铁配合用于检测导轨间的平行度、平板平面度、直线度等，在工程机械零件检测中，应用较为广泛。

(2) 平板：平板的用途非常广泛，即可用于工件直线度、平行度的检测基准，又可用于与被检测的零件对研，通过显点数确定响应精度等级。平板通常由优质铸铁铸造并经时效处理，工作面需要刮研精制成形。

(3) 方尺与角尺：方尺与角尺是用来检查零部件之间垂直度的工具，常用的有方尺、平角尺、宽底座角尺、直角平尺。与平尺及平板不同的是，其材料选用的是合金工具钢或碳素工具钢，并经过淬火处理。

(4) 直尺和卷尺：直尺和卷尺在测量大件时应用较多。

(5) 游标卡尺：游标卡尺是工业上常用的进行长度测量的仪器，它由尺身及能在尺身上滑动的游标组成。主要用于测量槽、筒的深度，以及厚度、外径和内径。其刻度不同，测量精度等级不同。

(6) 外径千分尺：外径千分尺简称千分尺，又称螺旋测微器，是一种比游标卡尺更精密的长度、外径测量器具，它是利用螺旋副原理对弧形尺架上两测量面间分隔的距离，进行读数的通用长度和外径测量工具。分机械式、电子式、固定式和可调式等几种类型。

(7) 内径百分表：内径百分表是一种将活动测头的直线位移通过机械传动转变为百分表指针的角位移并由百分表进行读数的内尺寸测量工具。它用比较测量法完成测量，用于不同孔径的尺寸及其形状误差的测量。

(8) 高度规：顾名思义，高度规是用来测定高度的器具，此外，它还可以用来测量深度、平面度、垂直度和孔位等。

高度规有游标高度规、量表高度规、液晶高度规、电磁高度规、测量块高度规和线性高度规等几种类型。

(9) 内径千分尺：内径千分尺是利用螺旋副原理对主体两端球形测量面间分隔的距离进行读数的通用内尺寸测量工具。

2. 标准量具

标准量具是指用作测量或检定标准的量具，如量块、多面棱体、表面粗糙度比较样块等。

(1) 检验棒：检验棒是工程机械检验的常用工具(图 6.1)，主要用来检测主轴、套筒类零件的径向跳动、轴向窜动、相互间同轴度、平行度等。

检验棒一般由工具钢淬火后经磨削加工制成，有锥柄检验棒和圆柱检验棒两种。检验棒尾部有吊挂螺孔，用于使用后的吊挂，以防止变形。

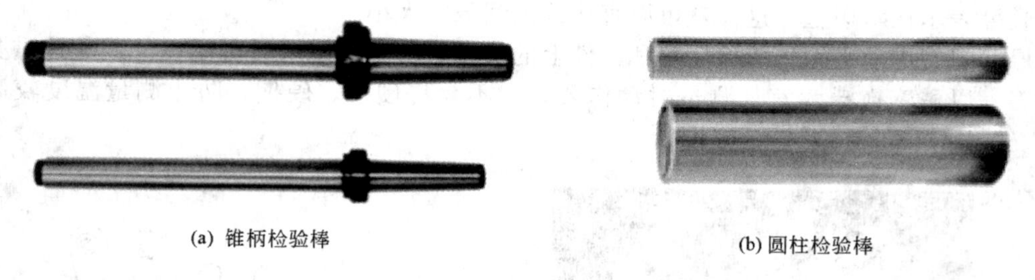

(a) 锥柄检验棒　(b) 圆柱检验棒

图 6.1　检验棒(芯棒)

(2) 量块：量块是以两端平面间的距离来复现或提供给定的已知长度量值的量具。又称块规。

它是保证长度量值统一的重要常用实物量具。除了作为工作基准之外，量块还可以用来调整仪器、机床或直接测量零件。

不同形状的量块如图 6.2 所示。

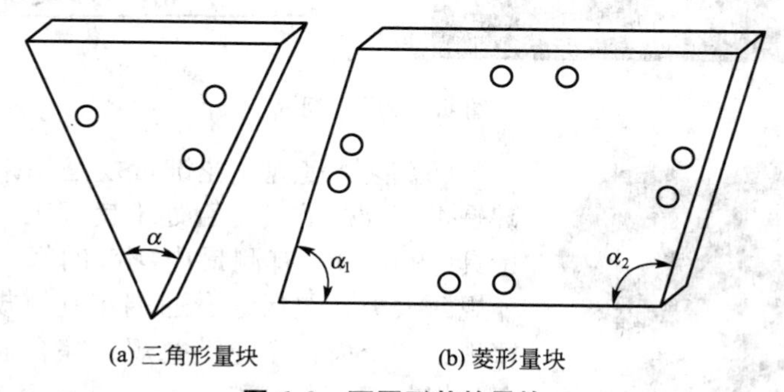

(a) 三角形量块　(b) 菱形量块

图 6.2　不同形状的量块

量块通常都用铬锰钢、铬钢和轴承钢制成，绝大多数量块制成直角平行六面体，也有制成 $\phi 20$ 的圆柱体。每块量块都有两个表面非常光洁、平面度精度很高的平行平面，称为量块的测量面(或称工作面)。

(3) 螺纹量具：螺纹量具是检验螺纹是否符合规定的量规。螺纹量规是一种重要的、常用的测量工具，主要用于结构联结、密封联结、传动、读数和承载等场合螺纹的测量。螺纹量规应用广泛，无论一般条件还是高温、高压、严重腐蚀等恶劣条件都有普遍使用，而且不会影响螺纹量规的使用质量。

螺纹量具主要分为两大类，一是螺纹塞规，用于检验内螺纹；二是螺纹环规，用于检验外螺纹。主要包括：光滑塞规、光面塞规、锥度塞规、锥度螺纹环规、公制螺纹塞规、正弦规、校对光滑专用环规、机床检验有机棒、圆柱角尺

(4) 多面棱体：多面棱体由一个具有多个面的棱体组成的、可通过各个面之间夹角来复现量值的高精度角度分度的检查工具。

多面棱体是具有准确夹角的正棱柱形量规。它的测量面具有良好的光学反射性能。测量面数一般为 8、12、24 和 36 等，最多可达 62 面。它常用于检定角度测量工具，例如光学分度头、回转工作台、多尺分度台等，检定时，利用自准直仪读数。

(5) 厚薄规：厚薄规(又叫塞尺或间隙片)是用来检验两个相结合面之间间隙大小的片状量规，如图 6.3 所示。横截面为直角三角形，在斜边上有刻度，利用锐角正弦直接将短边的长度表示在斜边上，这样就可以直接读出间隙的大小。

厚薄规使用前必须先清除尺片和工件上的污垢与灰尘。使用时可用一片或数片重叠插入间隙，以稍感拖滞为宜。测量时动作要轻，不允许硬插、硬拽，防止测量温度较高的零件。

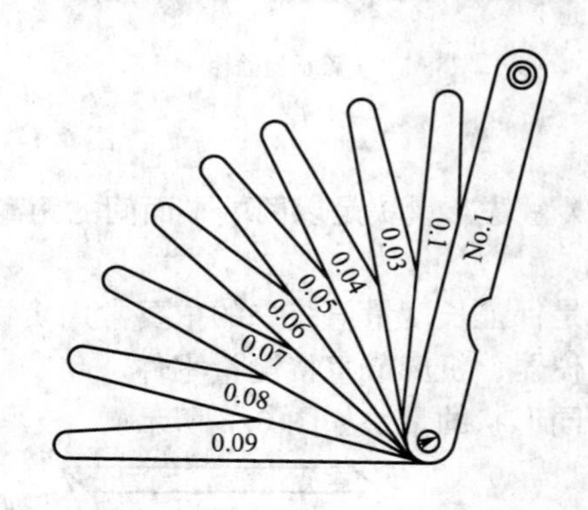

图 6.3 厚薄规

(6) 花键量规：花键量规是用来检测各种内外花键是否符合标准或是否处于良好工作状态的固定标准量具(图 6.4)，有测量内花键的塞规和测量外花键的环规两大类，包括综合通端花键塞规、综合止端花键塞规、非全齿止端花键塞规、综合通端花键环规、综合止规花键环规、综合止规花键环规用的校对塞规、圆柱渐开线花键塞规、圆柱渐开线花键环规、矩形花键塞规和环规等。

图 6.4 花键塞规和环规

3. 水平仪

水平仪是一种测量小角度的常用量具。在机械行业和仪表制造中，用于测量相对于水平位置的倾斜角、机械类设备导轨的平面度和直线度、设备安装的水平位置和垂直位置等。

水平仪是测量偏离水平面的倾斜角的角度测量仪。

水平仪有很多类型。常用的有：框式水平仪、条式水平仪、红外水平仪、激光水平仪、电子水平仪、合像水平仪等。

4. 电气(光学)仪表

电气(电器)、光学仪表是将温度、压力、位移、位置、速度、加速度、电流强度、电压大小、形状、噪声、浓度、振动、磁通密度、辐射强度、厚度、长度、粗糙度等物理量或其他量，通过检测、捡拾、信号处理、输出和显示等环节，转化成可识别相应物理值的仪器仪表，种类繁多，型号复杂。

在工程机械维修行业常用的仪器仪表有：万用表、电子水平仪、光学平直仪、发动机异响分析仪、噪级计、发动机测功仪、发动机转速表、数字转向测力仪、四轮定位仪、五轮仪、侧滑试验台、头灯检测仪、尾气分析仪、履带张紧度检测仪、密度计、放电叉、电子粗糙度测量仪、万能测齿仪、齿轮螺旋线测量仪、便携式齿轮齿距测量仪、齿轮双面啮合综合测量仪、齿轮单面啮合整体误差测量仪、点火正时灯、喷油提前角检测仪、三坐标测量仪等。

5. 液(气)压仪表

液(气)压仪表是用于检测气压、液压、冷却、润滑、液力传动系统中的气体或液体压力、温度、流量、流速、洁净度等物理和化学量的仪器仪表。常用的有：压力表、温度表、流量表、油样分析仪、真空表、氦质谱分析仪、液压试验台等。

6. 垫铁

垫铁主要用于水平仪及百分表架等测量工具的基座，其工作面及角度均为精加工面。材料多为铸铁，依据用途不同，而有多种形状。

7. 检验桥板

检验桥板用于检测导轨间相互位置精度，常与水平仪、光学平直仪等配合使用。按形状分，主要有：V-平面型、山-平面型、V-V型、山-山型等，以及可依据跨距大小进行调整的可调型等。

6.3.3 测量检验注意事项

1. 合理选择测量基准

测量检验时作为标准的原点、线、面称为测量基准。选择测量基准的一般原则是根据设计基准选择测量基准，并要遵循设计基准、工艺基准和测量基准相统一的原则，以提高零件的测量精度，减小检测误差。

2. 坚持阿贝尔原则

要求在测量过程中被测长度与基准长度应安置在同一直线上的原则。若被测长度与基准长度并排放置，在测量比较过程中由于制造误差的存在，移动方向的偏移，两长度之间出现夹角而产生较大的误差。误差的大小除与两长度之间夹角大小有关外，还与其之间距离大小有关，距离越大，误差也越大。

3. 精确计算尺寸链

尺寸链是指在零件测量过程中，由相互联系且按一定顺序连接的封闭尺寸组合。

对于不同的尺寸链，可视具体情况分别采用正计算、反计算和中间计算等方法。但一般可遵循“最短链原则”：在间接测量中，与被测量具有函数关系的其他量与被测量形成测量链。形成测量链的环节越多，被测量的不确定度越大。因此，应尽可能减少测量链的环节数，以保证测量精度，称之为最短链原则。当然，按此原则最好不采用间接测量，而采用直接测量。所以，只有在不可能采用直接测量，或直接测量的精度不能保证时，才采用间接测量。

4. 遵照最小变形原则

测量器具与被测零件都会因实际温度偏离标准温度或因受力(重力和测量力)而产生变形，形成测量误差。在测量过程中，控制测量温度及其变动、保证测量器具与被测零件有足够的等温时间、选用与被测零件线胀系数相近的测量器具、选用适当的测量力并保持其稳定、选择适当的支承点等，都是实现最小变形原则的有效措施。

5. 保证被测零件表面清洁

对于不同精度的零件，可分别采用相应的方法对其检测面进行清洗，以保证检测精度。

6. 正确操作仪器仪表

注意仪器、仪表、量具的量程、工作环境、使用方法，校准基础，正确调零，严格操作规程，准确把握读数。

6.4 无损探伤

无损探伤是在不损坏工件或原材料工作状态的前提下，对被检验部件的表面和内部质量进行检查的一种测试手段。也可以说是对机械零件内部存在的隐蔽性缺陷或特征不明显的表面损伤进行非破坏鉴定和检验的一种检测方法。

无损探伤的优点是，在对零部件无损伤的情况下，探测缺陷、预防隐患、分析故障根源和损伤机理、改进制造和维修工艺、降低制造维修成本、提高产品的可能性、保证设备的安全运行，是实现预防性维修的主要措施和主要手段；其缺点是，需要相应仪器设备投入。

无损探伤的主要类型有：磁力探伤、X光射线探伤、超声波探伤、渗透探伤、涡流探伤、γ射线探伤、荧光探伤、着色探伤等。

6.4.1 磁力探伤

利用磁场效应对铁磁性材料的表面或近表面缺陷进行检验的一种方法，又称磁粉探伤，或磁粉检验。其特点是：探伤设备简单、操作容易、检验迅速、具有较高的探伤灵敏度，可用来发现铁磁材料、镍、钴及其合金、碳素钢及某些合金钢的表面或近表面的缺陷；它适于薄壁件或焊缝表面裂纹的检验，也能显露出一定深度和大小的未焊透缺陷；但对于气孔、夹渣及隐藏在焊缝深处的体积型缺陷的探测不是十分精准，而对面积型缺陷更灵敏，更适于检查因淬火、轧制、锻造、铸造、焊接、电镀、磨削、疲劳等引起的裂纹。

1. *磁力探伤的原理*

由于铁磁性材料的磁导率远大于非铁磁材料的磁导率，根据工件被磁化后的磁通密度 $B=\mu H$ 来分析，在工件的单位面积上穿过 B 根磁线，而在缺陷区域的单位面积上不能容许 B 根磁力线通过，就迫使一部分磁力线挤到缺陷下面的材料里，其他磁力线被迫逸出工件表面以外形成漏磁，磁粉将被这样的漏磁所吸引，也就是说，铁磁零件被磁化后，裂纹处的磁力线不能连续，而且当其中断、偏散后形成小磁极，表面磁粉被磁化并被吸附成与缺陷相吻合的形状(图 6.5)，由于缺陷的漏磁场有比实际缺陷本身大数倍乃至数十倍的宽度，故而磁粉被吸附后形成的磁痕能够放大缺陷。通过分析磁痕评价缺陷，即是磁粉检测的基本原理。

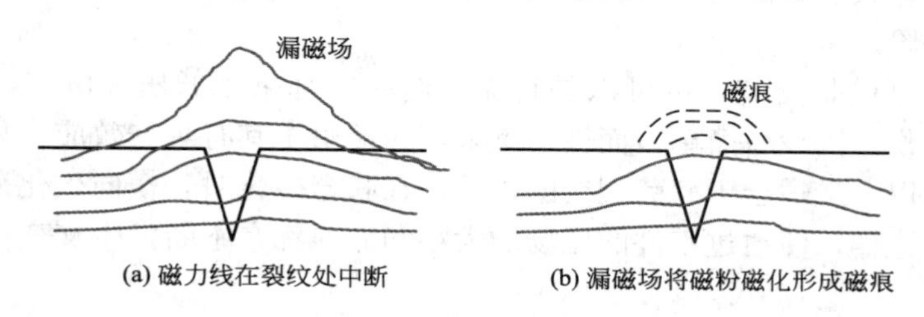

(a) 磁力线在裂纹处中断　　(b) 漏磁场将磁粉磁化形成磁痕

图 6.5　磁力探伤原理

2. *磁化的基本方法*

磁力探伤时，因为裂纹平行于磁场时，磁力线偏散很小，难以发现裂纹，因此，必须使磁力线垂直通过裂纹，才会比较明显地显现裂纹特征，为此，根据裂纹可能产生的位置和方向，可采用如下方法来对零件进行磁化。

(1) 周向磁化：对于纵向裂纹和圆柱面上的夹渣、空洞，一般采用周向磁场的方法进行磁化。根据构件形状和大小，周向磁化又可分为直接通电法(如图 6.6(a)所示，用于小型构件)、中心导体法(穿管法)(图 6.6(b)，用于管型构件)、触头法(应用于大型构件的局部磁化)和平行电缆法(用于焊缝的检测)等几种类型。

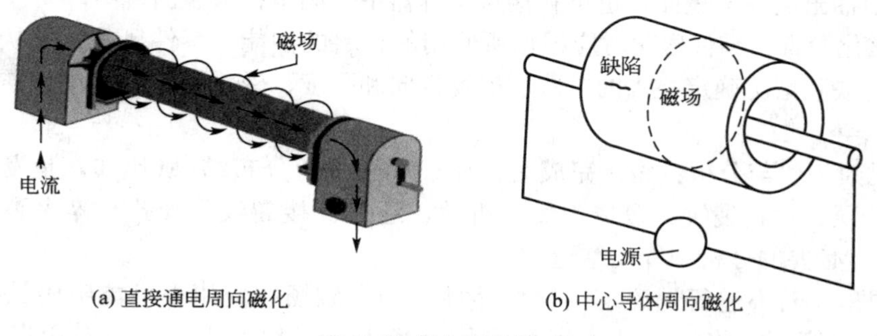

(a) 直接通电周向磁化　　(b) 中心导体周向磁化

图 6.6　周向磁化法

(2) 纵向磁化：对于构件上的横向裂纹一般采用纵向磁化。根据不同场合，纵向磁化又可分为整体磁轭磁化(图 6.7(a)，用于小型构件)、局部磁轭磁化(用于大型构件)和线圈磁化(图 6.7(b)，用于管道检测)等几种方法。

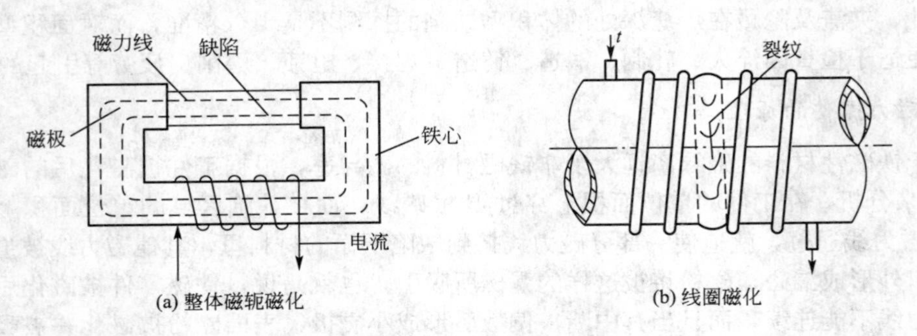

图 6.7　纵向磁化法

(3) 联合磁化：对于复杂裂纹和复合型缺陷，同时在被检工件上施加两个或两个以上不同方向的磁场，其合成磁场的方向在被检区城内随着时间变化，经一次磁化就能检出各种不同取向的缺陷。

磁化电流既可以是交流，也可以是直流，但一般都采用低压大电流，以获得强力磁场。交流磁力探伤，因设备简单，而被广泛采用；但由于其有集肤效应，只能理想地检验近表面裂纹，所以，最适合于疲劳裂纹的检验。在联合磁化时，横向磁化采用交流，纵向磁化采用直流，这样，使通过零件的磁场的大小和方向都在不断发生交变，有利于发现任意方向的裂纹。

3. *磁力探伤的基本步骤*

(1) 预处理：用干法探伤时零件表面应充分干燥，使用油磁悬液时零件表面不应有水分；检验前必须消除零件表面的油污、铁锈、氧化皮，毛刺、焊渣及焊接飞溅等表面附着物；必须对有非导电覆盖层的零件进行磁化检验时，应将非导电覆盖层清除干净，以避免磁化电流不足或因触点接触不良而产生电弧，烧伤被检表面。

(2) 磁粉的选择：一般，磁粉探伤中使用的磁粉有在可见光下使用的白色、黑色、红色等不同磁粉，以及利用荧光发光的荧光磁粉。另外，根据磁粉使用的场合，有粉状的干性磁粉以及在水或油中分散使用的湿性磁粉。

(3) 磁粉的施加方法：干性磁粉可直接从容器中倒至待检构件表面，而湿性可用油泵从大容器中抽出浇洒至表面，也可直接从小容器中倒洒至材料表面。

(4) 磁化检查：零件磁化时应根据所使用的材料的性能、零件尺寸、形状、表面状况以及可能的缺陷情况确定检查的方法、磁场方向和强度、磁化电流的大小、连续磁化法或剩余磁化法等。

(5) 磁痕观察与分析：磁化完成后，仔细观察磁粉分布结果(比如，是发纹、非金属夹杂物、分层、材料裂纹、锻造裂纹、折叠，还是焊接裂纹、气孔、淬火裂纹、疲劳裂纹)，并做出必要的分析和探伤结论。

(6) 退磁：若不进行退磁，则探伤零件的剩余磁场在使用中可能吸附铁磁性磨料颗粒，形成磨料磨损。将零件从逐渐减小的磁场中缓慢地抽出，或在专用退磁机上进行退磁。

用交流电磁化的零件，可用交流电退磁也可用直流电退磁；而用直流电磁化的零件，只能用直流电退磁。

(7) 后处理：零件探伤完毕后应进行后处理。磁粉检测以后，应清理掉被检表面上残留的磁粉或磁悬液：干粉可以直接用压缩空气清除；油磁悬浮液可用汽油等溶剂消除；水磁悬液应先用水进行清洗，然后干燥。如有必要，可在被检表面上涂覆防护油，做防锈处理等。

4. 磁力探伤注意事项

(1) 较长零件，分段磁化；

(2) 不规则零件，逐段磁化；

(3) 当工件直接通电磁化时，要注意防止接触点间的接触不良；

(4) 用大的磁化电流引起打弧闪光时，应戴防护眼镜，同时不应在有可能燃气体的场合使用太大的电流；

(5) 在连续使用湿法磁悬液时，皮肤上可涂防护膏；

(6) 如用于水磁悬液，设备须接地良好，以防触电；

(7) 在用荧光磁粉时，所用紫外线必须经滤光器，以保护眼睛和皮肤。

6.4.2 渗透探伤

渗透探伤是利用毛细管现象，对材料表面开口式不明显缺陷(例如，裂纹、夹渣、气孔、疏松、冷隔、折叠等)进行检测的一种无损探伤法，也叫做着色探伤。

1. 渗透探伤原理

对于表面光滑而清洁的零部件，用一种带色或带有荧光的、渗透性很强的液体，涂覆于待探零部件的表面。若表面有肉眼不能直接察知的微裂纹，由于该液体的渗透性很强，它将沿着裂纹渗透到其根部。然后将表面的渗透液洗去，再涂上对比度较大的显示液(也称吸附显像剂，常为白色)。放置片刻后，由于裂纹很窄，毛细现象作用显著，原渗透到裂纹内的渗透液将上升到表面并扩散，在白色的衬底上显出较粗的红线，从而显示出裂纹露于表面的形状，因此，也称该方法为着色探伤。

若渗透液采用的是带荧光的液体，由毛细现象上升到表面的液体，则会在紫外灯照射下发出荧光，从而更能显示出裂纹露于表面的形状，如图6.8所示，故常常又将此时的渗透探伤直接称为荧光探伤。此探伤方法也可用于金属和非金属表面探伤。其使用的探伤液剂有较大气味，常有一定毒性，而且检测的可重复性较差。

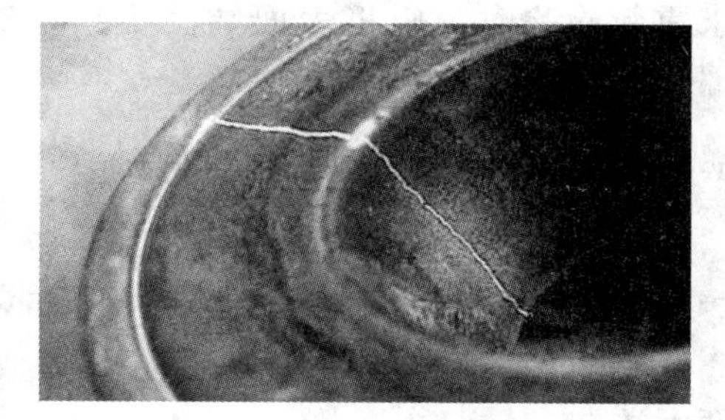

图6.8 轴承裂纹的荧光渗透检查

2. 渗透探伤剂

渗透探伤剂是渗透剂、着色剂(颜料)、乳化剂、清洗剂和显像剂的总称。由于渗透探伤的方法不同，对探伤剂的要求各不相同，因而探伤剂的成分也不相同。需要特别指出的是各种探伤剂要配套使用，不能相互交叉替代。某种渗透剂只适合于与某种乳化剂、清洗剂和显像剂配合使用。

3. 渗透探伤的基本步骤

(1) 预处理：彻底清除工件表面妨碍渗透液渗入缺陷的油脂、涂料、铁锈、氧化皮及污物等附着物。如果需要探伤的构件尺寸较大，则可清洗一段，探伤一段，以避免间隔时间太长造成二次污染。

(2) 渗透处理：首先要正确选用渗透方法：根据被检工件的数量、尺寸、形状以及渗透剂的种类，合理地选择一种渗透方法，比如，浸渍渗透、刷涂渗透、喷涂渗透等。

其次要合理确定渗透时间：渗透所需时间受渗透方法类型、被检工件的材质、缺陷本身的性质以及被检工件温度和渗透液温度等诸多因素的影响，因此应考虑具体情况确定渗透时间，一般在5～10min之内选择，而渗透温度需要控制在15～50℃。

(3) 清洗处理：去除附着在被检工件表面的多余渗透剂。在处理过程中，既要防止处理不足而造成对缺陷识别的困难，同时也要防止处理过度而使渗入缺陷中的渗透剂也被洗去；对水洗型渗透液，可以用压力不超过0.35MPa，温度不超过40℃的水压法清洗；在去除乳化型渗透液时，先用清水冲洗，在进行乳化，然后再用清水冲洗干净即可，注意在施加乳化液时可以用浸涂、浇涂、低压喷涂，切不可用刷涂。

(4) 干燥处理：干燥有自然干燥和人工干燥两种方式。对自然干燥，主要控制干燥时间不宜太长。对人工干燥，则应控制干燥温度，以免蒸发掉缺陷内的渗透液，降低检验质量。

(5) 显像处理：对于荧光探伤可直接使用经干燥后的细颗粒氧化镁粉作为显像剂喷洒在被检面上，或将工件埋入到氧化镁粉末中，保留5～6min的时间之后，将粉末吹去即可。

对于着色探伤，和渗透剂的施用方法类似。

(6) 显像观察：要求观察者视力好，非色盲，可以借助于5～10倍的放大镜来观察，并做好画影图形或照片记录。

(7) 后处理：如果残留在工件上的显像剂或渗透剂影响以后的加工、使用，或要求重新检验时，应将表面冲洗干净。对于水溶性的探伤剂用水冲洗，或用有机溶剂擦拭。

6.4.3 超声波探测

超声波是频率大于20000Hz的声波，它属于机械波。在零件探伤中使用的超声波，其频率一般为0.5～10MHz，其中以2～5MHz最为常用。

超声波探伤仪的类型很多，主要有数字便携式(较常用)和台式(主要用于专业化探伤)两大类。

1. 超声波探伤原理

利用超声波在介质中传播时，一旦遇到不同介质的界面，如内部裂纹、夹渣、缩孔等缺陷时，会产生反射、折射等特性，通过仪器处理，可以将不同的反射与折射现象以不同的波形、图形或图像显示出来，从而确定零件内部缺陷的位置、大小、形状等性质。其基本原理如图 6.9 所示。

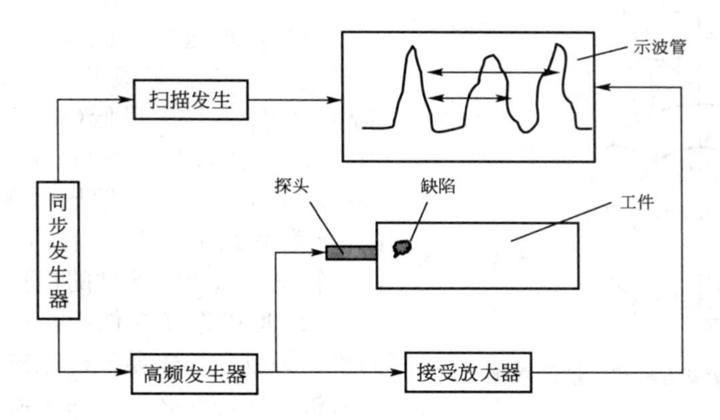

图 6.9 超声波探伤基本原理示意图

超声波探伤适用于表面缺陷，也适宜于零件内部缺陷的检测，尤其适用于焊缝质量的检测，具有穿透能力强、灵敏度高、可适用于各种类型的材料等特点，并且设备轻巧，移动灵活方便，可在现场进行在线检测。

2. 超声波探伤的基本方法

(1) 直接接触法：使探头直接接触工件进行探伤的方法称为直接接触法。使用直接接触法应在探头和被探工件表面涂有一层耦合剂，作为传声介质。常用的耦合剂有机油、变压器油、甘油、化学浆糊、水及水玻璃等。焊缝探伤多采用化学浆糊和甘油。由于耦合层很薄，因此可把探头与工件看作二者直接接触。

直接接触法又可分为垂直入射法(简称垂直法)和斜角探伤两种类型。垂直法是采用直探头将声束垂直入射工件探伤面进行探伤的方法。由于该法是利用纵波进行探伤，故又称纵波法，如图 6.10 所示。

斜角探伤法(简称斜射法)是采用斜探头将声束倾斜入射工件探伤面进行探伤的方法。由于它是利用横波进行探伤，故又称横波法，如图 6.11 所示。

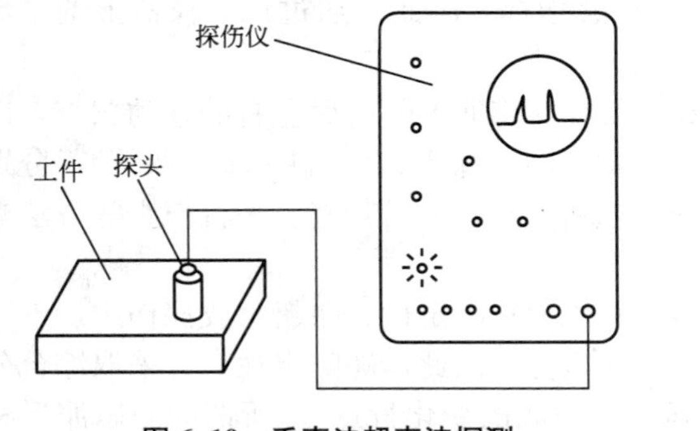

图 6.10 垂直法超声波探测

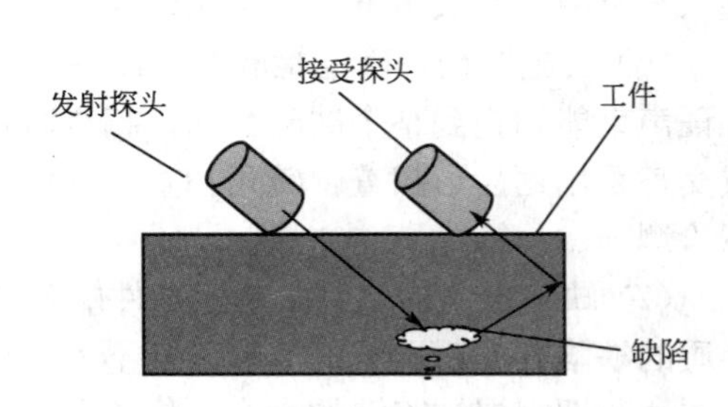

图 6.11 倾斜法超声波探伤

(2) 液浸法：液浸法是将工件和探头头部浸在耦合液中，探头不接触工件的探伤方法。根据工件和探头浸没方式，分为全没液浸法、局部液浸法和喷流式局部液浸法等。其原理如图 6.12 所示。

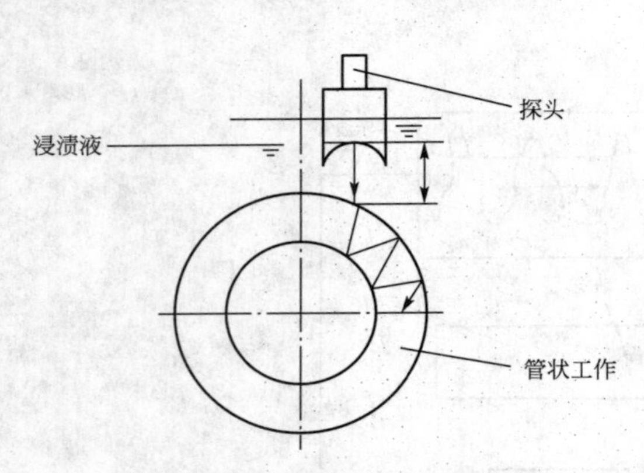

图 6.12　浸液法超声波探伤示意图

3. 超声波探伤的基本步骤(以焊缝探伤为例)

(1) 合理选择检验级别：根据质量要求，超声波探伤检验等级分为 A、B、C 三级，A 级检验的完善程度最低(难度系数 $K=1$)，适用于普通钢结构的检验；B 级一般(难度系数 $K=5\sim6$)，适用于一般压力容器检验，C 级最高(难度系数 $K=10\sim12$)，适用于反应性容器、管道等重要零部件的检验。

(2) 准确选择探伤面：探伤面应根据不同的检验等级和具体零部件来选择。对于焊缝探伤来讲，探伤前必须对探头需要接触的焊缝两侧表面修整光洁，清除焊缝飞溅、铁屑、油垢及其他外部杂质，便于探头的自由扫查，并保证有良好的声波耦合。修整后的表面粗糙度应不大于 $R_a6.3\mu m$。

(3) 正确选择探伤方法：应当考虑工件的结构特征、使用环境和最容易出现的缺陷，来选择探伤方法。对焊接而言，应该以所采用的焊接方法容易生成的缺陷为主要探测目标，再结合有关标准来选择。

(4) 科学选择探头和探测频率：探头——据工件的形状和可能出现缺陷的部位、方向等条件选择探头形式，或直探头，或斜探头。原则上应尽量使声束轴线与缺陷反射面相垂直。对于焊缝的探测，通常选用斜探头；频率——探伤频率的选择应根据工件的技术要求、材料状态及表面粗糙度等因素综合加以考虑。对于粗糙表面、粗大晶粒材料以及厚大工件的探伤，宜选用较低频率；对于表面粗糙度低、晶粒细小和薄壁工件的探伤，宜选用较高频率。

焊缝探伤时，一般选用超声波频率，以 2～5MHz 为宜，推荐采用 2～2.5MHz。

(5) 探伤仪的调整：首先要选择探伤范围：应以尽量扩大示波屏的观察视野为原则，一般要求受检工件最大探测距离的反射信号位置应不小于刻度范围的 2/3。

其次要选定探伤灵敏度：探伤灵敏度是指在确定的探测范围内的最大声程处发现规定大小缺陷的能力。它也是仪器和探头组合后的综合指标，因此可通过调节仪器上的“增益”、“衰减”等灵敏度旋钮来实现。

(6) 实施探伤：确定检验宽度以后，探头必须在探伤面上作前后左右的移动扫查，以保证声束能扫查到整个缺陷截面。扫查时，应根据不同的探头(直、斜、单、双等)，分别或交替采用锯齿形扫查、转角扫查、环绕扫查、左右扫查、前后扫查、平行扫查等方法进行检测。

(7) 缺陷性质的估判：判定工件缺陷的性质称之为缺陷定性。在超声波探伤中，不同性质的缺陷其反射回波的波形区别不大，往往难于区分。因此，缺陷定性一般采取综合分析方法，即根据缺陷波的大小、位置及探头运动时波幅的变化特点(即所谓的静态波形特征和动态波形包络线特征)，并结合焊接工艺情况对缺陷性质进行综合判断。这在很大程度上要依靠检验人员的实际经验和操作技能，因而存在着较大误差。到目前为止，超声波探伤在缺陷定性方面还没有一个成熟的方法，所以缺陷波形的分析一直是一个不小的难题。

6.4.4 射线探伤

射线探伤是利用X、γ等射线对更深层次的金属或非金属内部缺陷进行探测的一种方法，相当于人的透视检查。

1. 射线探伤基本原理

射线以直线传播，而且有穿透普通可见光不能透过的物质的能力，但射线在透过不同厚度、不同密度、不同原子的物质时，均会产生衰减，根据衰减特性就可以判断出缺陷的性质。

2. 射线探伤的特点

射线无损探伤有其独特的优越性，一是可以检查零件局部或整体的更深层次的缺陷，二是缺陷的检验更具直观性(用胶片或荧屏就可以显示和反应辐射强度大小，从而直观地判断缺陷情况)、准确性和可靠性，三是得到的射线底片可以用于缺陷凭证进行存档。但此法适宜用于体积型缺陷探伤，而不适宜于面积型缺陷探伤。

3. 射线探伤的方法

(1) 射线照相法：射线照相法是根据被检工件与其内部缺陷介质对射线能量衰减程度的不同，使得射线透过工件后的强度不同，使缺陷能在射线底片上显示出来的方法。原理如图6.13所示。

(2) 射线荧光屏观察法：荧光屏观察法是将透过被检物体后的不同强度的射线，再投射在涂有荧光物质的荧光屏上，激发出不同强度的荧光而得到物体内部的影像的方法。焊缝的射线荧光检测示意图如图6.14所示。

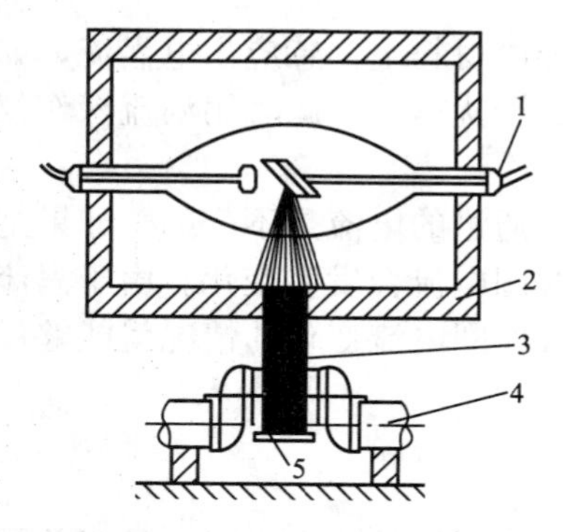

图6.13 射线检测原理图

1—射线管；2—保护箱；3—射线；4—工件；5—感光胶片

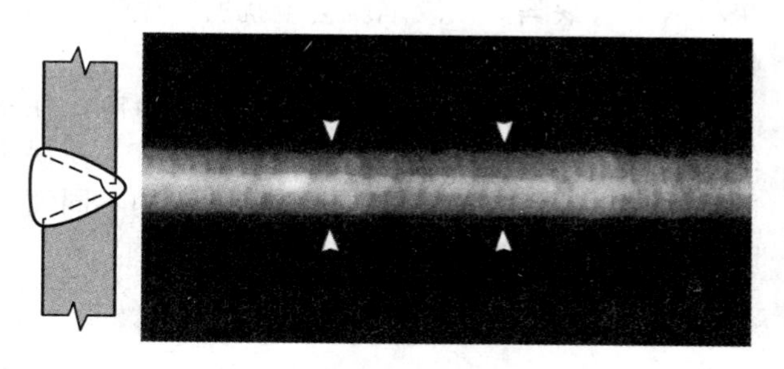

图6.14 焊缝射线荧光检测示意图

(3) 射线实时成像检验：射线实时成像检验是工业射线探伤中很有发展前途的一种新技术，与传统的射线照相法相比具有实时、高效、不用射线胶片、可记录和劳动条件好等显著优点。由于它采用X射线源，常称为X射线实时成像检验。国内外将它主要用于钢管、压力容器壳体焊缝检查；海关安全检查、医学检查等方面。其基本原理如图6.15所示。

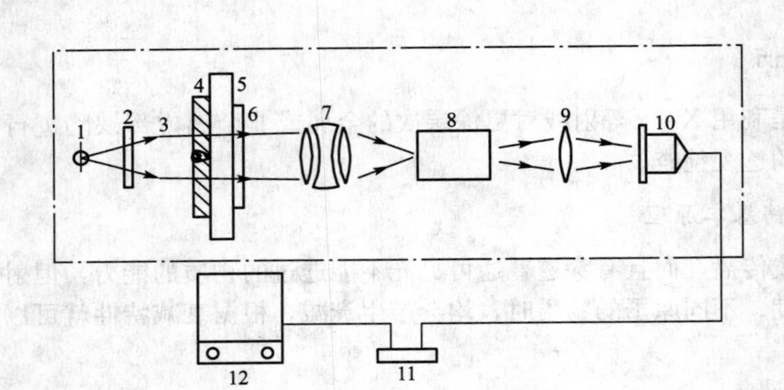

图 6.15　X 光电增强-电视成像法探伤系统

1—射线源；2、5—电动光阑；3—X 射线束；4—工件；6—图像增强器；7—耦合透镜组；8—电视摄像机；9—控制器；10—图像处理器；11—监视器；12—防护设施

4. 射线探伤作业安全注意事项

(1) 所用设备必须有良好、可靠的接地；

(2) 作业前必须检查控制区，并确保控制区内无任何人员；

(3) 作业区周围一定范围内，必须有“注意辐射”的醒目标志；

(4) 操作人员必须按要求使用个人辐射剂量检测仪，定期对自己进行辐射检测；

(5) 必须有完备的防护设备，包括屏蔽室(罩)、防护车、报警装置、机头显微装置、防护屏风、防护衣裤、防护鞋袜、防护面罩等。

6.4.5　涡流探伤

涡流探伤是将交流电产生的交变磁场作用于待探伤的导电材料上，感应出电涡流，如果材料中有缺陷，该缺陷就会干扰所产生的电涡流，而形成干扰信号，此时用涡流探伤仪检测出其干扰信号，就可知道缺陷的状况。

也可以这样说：给一个线圈通入交流电，在一定条件下通过的电流是不变的。如果把线圈接近被测工件，工件内会感应出涡流，受涡流影响，线圈电流会发生变化。由于涡流的性质随工件内有无缺陷以及缺陷性质的不同而变化，所以线圈电流变化的情况就能够反映有无缺陷或缺陷状况。

1. 涡流探伤基本原理

将通有交流电的线圈置于待测的金属板上或套在待测的金属管外(图 6.16)，这时线圈内及其附近将产生交变磁场，由于交变磁场的作用，使试件内产生呈旋涡状的感应交变电流，称为涡流。涡流的分布和大小，除与线圈的形状和尺寸、交流电流的大小和频率等有关外，还取决于试件的电导率、磁导率、形状和尺寸、与线圈的距离以及表面有无裂纹和其他缺陷等因素。因而，在保持其他因素相对不变的条件下，用一个探测线圈测量涡流所引起的磁场变化，可推知试件中涡流的大小和相位变化，进而获得有关电导率、缺陷、材质状况和其他物理量(如形状、尺寸等)的变化或缺陷存在等信息。但由于涡流是交变电流，具有集肤效应，所检测到的信息仅能反映试件表面或近表面处的情况，因此常将涡流探伤用于形状较规则、表面较光洁的铜管等非铁磁性工件的表面或近表面探伤。

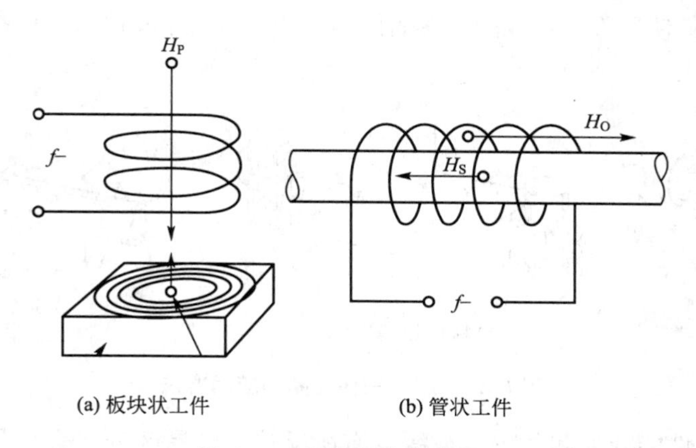

(a) 板块状工件　　(b) 管状工件

图 6.16　涡流探伤基本原理

2. 涡流探伤的特点

(1) 优点：一是检测时线圈不需要接触工件，也无需耦合介质，所以检测速度快；二是对工件表面或近表面的缺陷，有很高的检出灵敏度，且在一定的范围内具有良好的线性指示，可用作质量管理与控制的重要依据；三是可在高温状态、工件的狭窄区域或深孔壁(包括管壁)内进行检测；四是能测量金属覆盖层或非金属涂层的厚度；五是可检验能感生涡流的非金属材料，如石墨等；六是检测信号为电信号，可进行数字化处理，便于存储、再现及进行数据比较和处理。

(2) 缺点：一是被检测对象必须是导电材料；二是仅适合于材料的表面和近表面缺陷的探测；三是检测深度与检测灵敏度是相互矛盾的，对一种材料进行涡流探伤时，必须根据材质、表面状态、检验标准作综合考虑，然后才可确定检测方案与技术参数；四是采用穿过式线圈进行涡流探伤时，对缺陷所处圆周上的具体位置无法判定；五是旋转式探头涡流探伤可定位，但检测速度较慢；六是涡流中载有丰富的信号，因此分辨比较困难。

3. 涡流检测线圈

(1) 线圈类型：涡流探伤常用的线圈有外环绕式(用于棒材或较细管材，图 6.17(a))、内部穿越式(用于管材，图 6.17(b))和探头式(用于板材或块材，图 6.17(c))等几种。

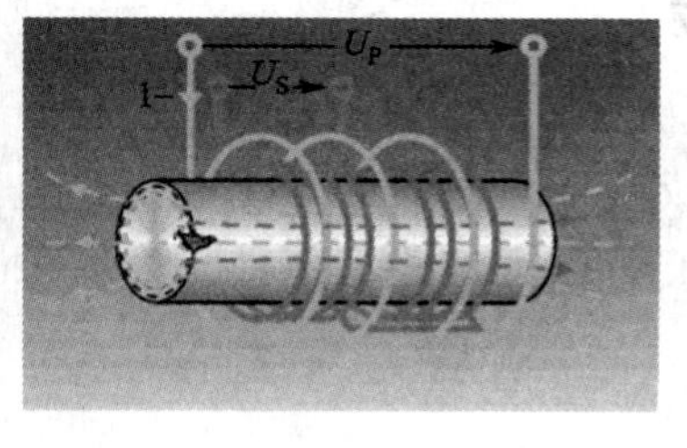

(a) 外部环绕式

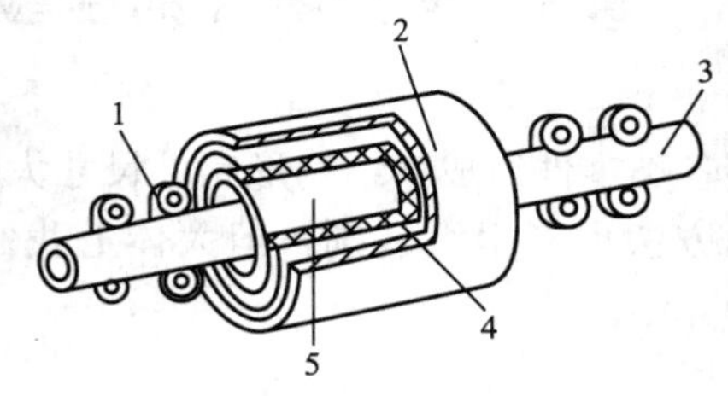

(b) 内部穿越式

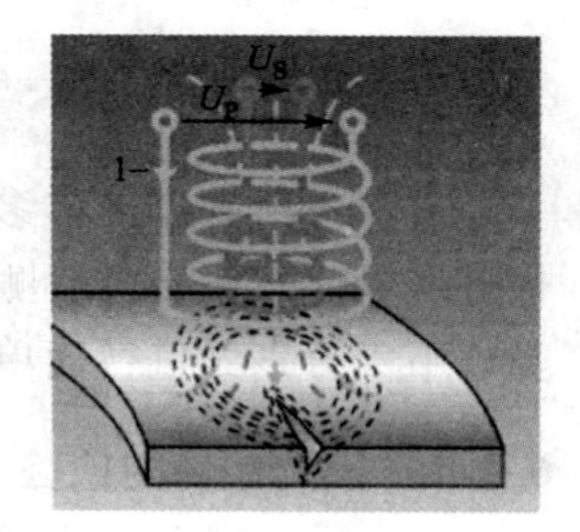

(c) 探头式

图 6.17　涡流探伤线圈的类型

(2) 检测线圈的使用方式：探测线圈的使用有绝对式(图 6.18(a))和差动式(图 6.18(b)和(c))两种基本形式。

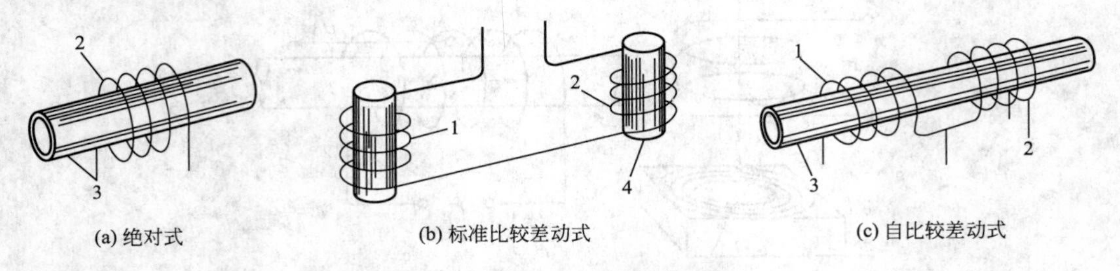

图 6.18　涡流探伤线圈的应用方法

绝对式对材料性能或形状的突变或缓变有所反映，较易区分混合信号，能显示缺陷的全长，但有温度漂移，且对探头颤动较敏感。差动式无温度漂移，对探头触动的敏感性较绝对式探头低。其缺点是，对缓变不敏感，即有可能漏检长而缓变的缺陷，只能测出长缺陷的终点和始点，有时可能会出现难以解释的信号。

4. 涡流检测系统

涡流检测系统因不同的工件、不同的缺陷、不同的检测目的等因素，有不同的模式，以常见的管、棒材的检测为例，其系统常用图 6.19 所示的方框图来组成。

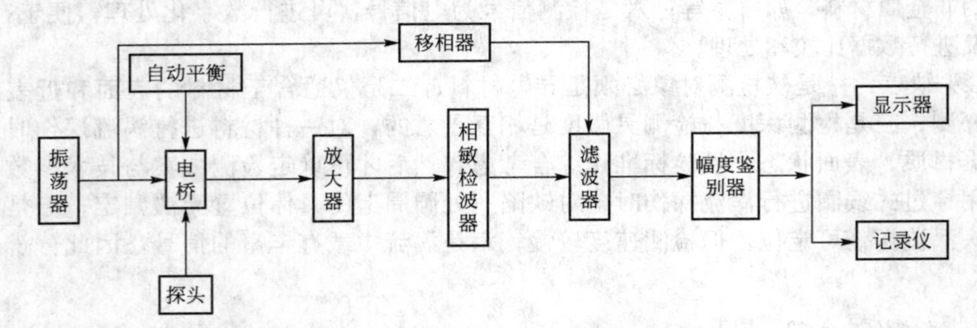

图 6.19　管、棒、线材涡流探伤系统方框图

6.5　典型零件的检验

工程机械有许许多多各类零件组成，结构形状、尺寸大小、材料性质、受力状况、工作环境各不相同，其检测方法也有很大区别，但大体上我们可以把这些零部件分为 6 大类，下面分别做进行简单介绍。

6.5.1　壳类零件的检验

壳类零部件可能出现的缺陷主要包括，变形、裂纹、轴承孔磨损、螺纹损伤、内壁磨损等。造成这些缺陷的原因有：在壳体铸造和加工过程中的外载荷和内应力、切削热和夹紧力、装配应力、间隙调整不当等；对使用来说，引起壳体缺陷的原因包括超载、超速、润滑不良、正常和非正常磨损、腐蚀等。

1. 壳体类零件变形量的检测

壳体的检测基准通常是在铸铁平台上进行的，使用的工具主要有测量工具中提到的检测平尺、方尺、方箱、检测棒、直角弯板等。该项检测的主要内容包括：同轴度、垂直度、平行度、平面度等内容。下面简要说明常规检测的方法。

1）平面度的测量

光轴塞尺法(平尺塞规法)——将光轴或平尺放置于被测面上，然后轻轻地移动光轴或平尺，在尺与被测面的间隙处，用塞规测其间隙大小，其中最大值即为平面度误差。

研点法——该方法常用于刮削表面的平面度测量。此方法是在检测表面均匀地涂一层显示剂后，用标准平板(0级或Ⅰ级)在适当的压力下平稳地做前后、左右往复运动。然后观测 $25mm^2$ 内被测表面斑点的数目，来确定精度等级。这种方法不能确定具体的误差值。

测微法——将被测零件用三点支撑在校验平台上，调整支撑使被测表面与平板平行，然后用百分表按一定的布点方法测量被测表面(图 6.20)，同时记录读数。百分表最大与最小读数的差值可近似看作平面度误差。

2）面对线的平行度误差的测量

面对线的平行度误差测量如图 6.21 所示，零件孔中插入配合精度很高的芯轴，放在等高的支承座上。调整零件，使 $L_3=L_4$，然后用百分表测量整个被测表面。百分表最大读数与最小读数之差即为零件被测表面与内孔轴线的平行度误差。

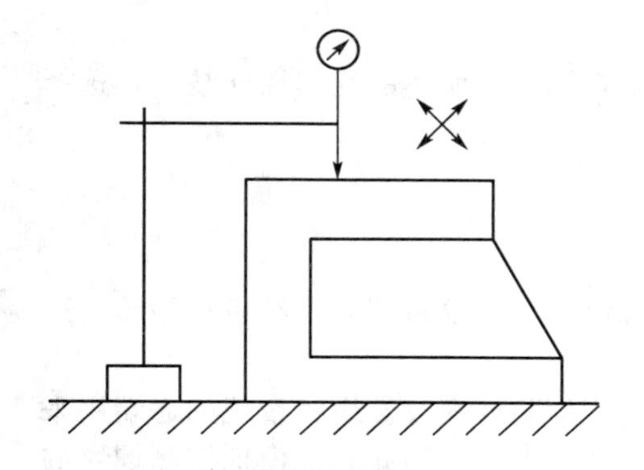

图 6.20 测微法测量平面度误差

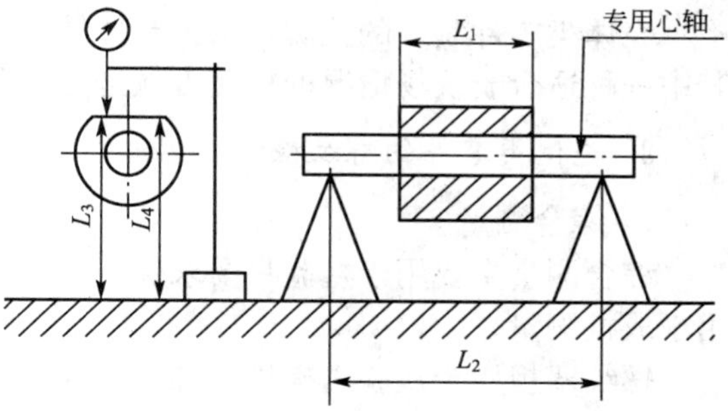

图 6.21 面对线的平行度误差测量示意图

3）线对面的平行度误差测量

如图 6.22 所示，可将被测零件放在检验平板上，孔中插入精度很高的专用芯轴，用百分表在测量距离为 L_2 的两个位置上测得的读数为 M_1 和 M_2，则内孔轴线与底平面的平行度误差为：

$$f=L_1/L_2(M_1-M_2) \qquad (6-1)$$

式中，L_1 为被测轴线的实际长度。

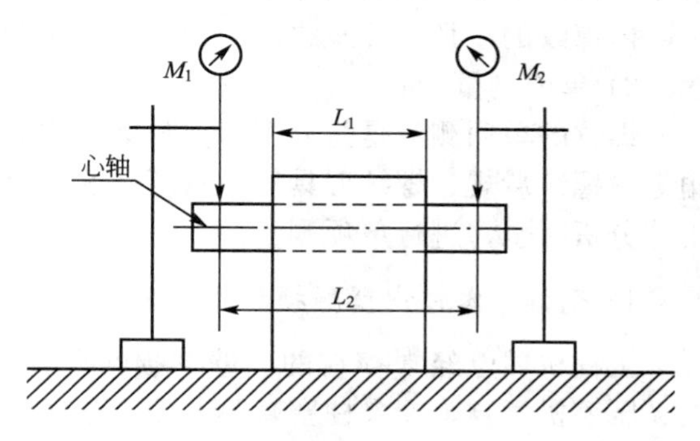

图 6.22 线对面的平行度误差测量示意图

4）面对面垂直度误差的测量

面对面垂直度误差的测量如图 6.23 所

示，将零件固定在直角弯板上，直角弯板放在检验平板上，用百分表在被测面按一定的测量线进行测量。取百分表最大读数差，即为零件的垂直度误差。

5）同轴度误差的测量

孔对孔或轴对轴的同轴度误差测量，如图 6.24 所示，百分表旋转一周得到的最大读数即为同轴度误差值。

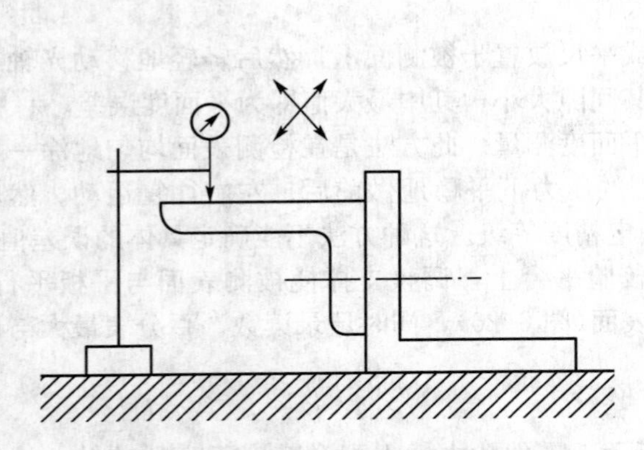

图 6.23　面对面的垂直度误差测量示意图

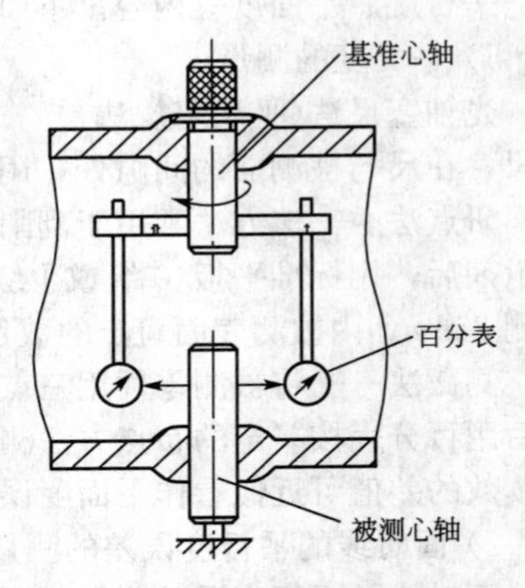

图 6.24　同轴度误差测量示意图

壳体(箱体)类零件的其他检测目标与上述方法类似，可根据情况做相应的测量。

2. 壳体类零件裂纹的检测

壳体类零件裂纹的检测，可视具体情况，按照本章第 4 节所述的无损探伤技术，选择其中一种适合于现场情况的检测方法进行检测。

3. 壳体类零件的螺纹检测

1）综合测量

综合测量主要用于检验只要求保证可旋合性的螺纹，用螺纹量规对螺纹进行检验，适用于成批测量。

螺纹塞规用于检验内螺纹，螺纹环规(或卡规)用于检验外螺纹。螺纹量规的通端用来检验被测螺纹的作用中径，控制其不得超出最大实体牙型中径，因此它应模拟被测螺纹的最大实体牙型，并具有完整的牙型，其螺纹长度等于被测螺纹的旋合长度。螺纹量规的止端用来检测被测螺纹的实际中径，控制其不得超出最小实体牙型中径。

内螺纹的小径和外螺纹的大径分别用光滑极限量规检验。

2）单项测量

螺纹的单项测量是指分别单独测量螺纹的各项几何参数，主要有中径、螺距和牙型半角等。螺纹量规、螺纹刀具等高精度螺纹和丝杠螺纹均采用单项测量方法，对普通螺纹做工艺分析时也常进行单项测量。

4. 壳体类零件内壁磨损量的检测

工程机械上经常存在的内壁磨损情况，主要出现在发动机气缸、液压油缸、机油泵壳、压缩机气缸、油泵柱塞套等方面，这里以发动机气缸为例，简要介绍气缸内壁磨损量的检测方法。

根据气缸直径的大小，选择合适的内径千分尺和测头，按图6.25所示的位置和方法，分别测量上、中、下3个高度，平行和垂直于曲轴轴线2个方向的6点直径值。同一截面上的最大、最小值之差即为该截面的圆度误差；不同截面上所测得的最大值和最小值的差值之半叫做圆柱度误差。

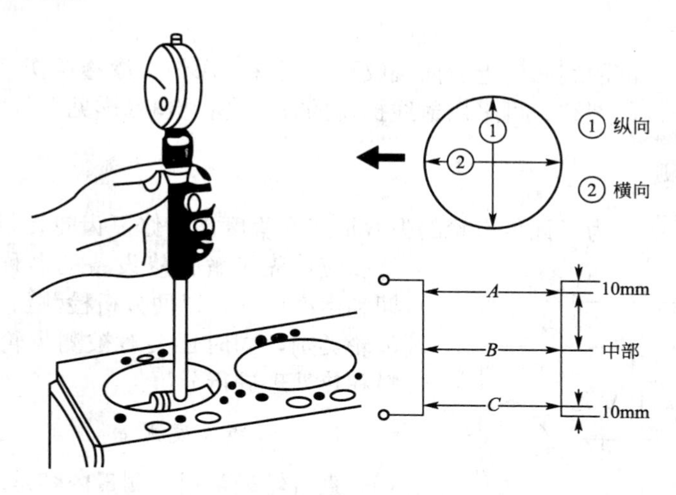

图6.25 气缸内壁磨损量测量的方法和部位

6.5.2 轴类零件的检验

轴类零件常用材料为35#、45#、50#优质碳素结构钢或合金钢，以45#钢的应用最为广泛，对于一些不太重要的或受载较小的轴，可用Q235等碳素结构钢；对一些受力较大、强度要求高、在高速、重载条件下工作的某些工程机械的轴类零件，也常常用20Cr、20CrMnTi、20Mn2B等合金结构钢或38CrMoALA高级优质合金结构钢来制造。即便如此，这些零件也会产生变形、磨损甚至断裂，常常需要各种检查。

1. 轴类零件弯曲度的检测

一般是以检测轴在某几个横断面的径向跳动量为依据，来判断轴的弯曲程度。按如图6.26所示的方法，将轴置于放置在测量平板上的两块V形铁上，再用百分表的触头抵住所需测点的轴颈，使轴均匀地旋转一周，便可测出其径向跳动量。

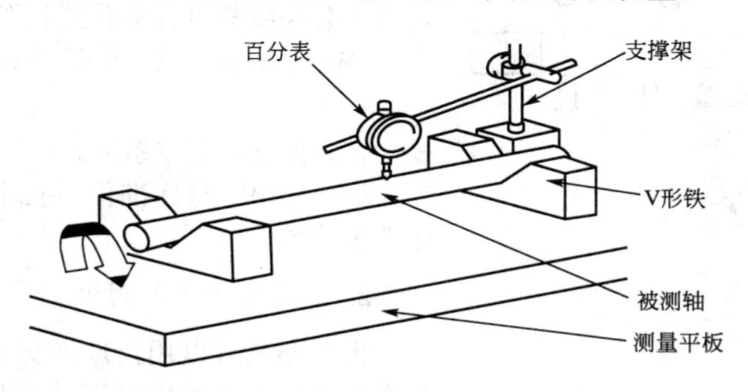

图6.26 轴类零件弯曲度的测量

2. 轴颈磨损量的检测

用外径千分尺分别沿相互垂直的两个方向，测量磨损处轴颈的直径，将所得较小值与标准值比较，即可得到磨损量。

3. 裂纹的检测

对于轴类零件外部的表面和近表面裂纹可采用磁力探伤、渗透探伤、超声波探伤等方法进行检测，对于内部裂纹，可采用射线探伤的方法进行检验(详见上节内容)。

6.5.3 齿轮的检测

齿轮检测的目的是为了评价齿轮的失效形式和程度，为修复齿轮提供依据，因此在检测前应首先了解被修设备的名称、型号、出厂日期和生产厂家，以便分析检测齿轮所选用的标准、齿轮类别，同时还要对被测齿轮的精度等级、材料和热处理进行分析。

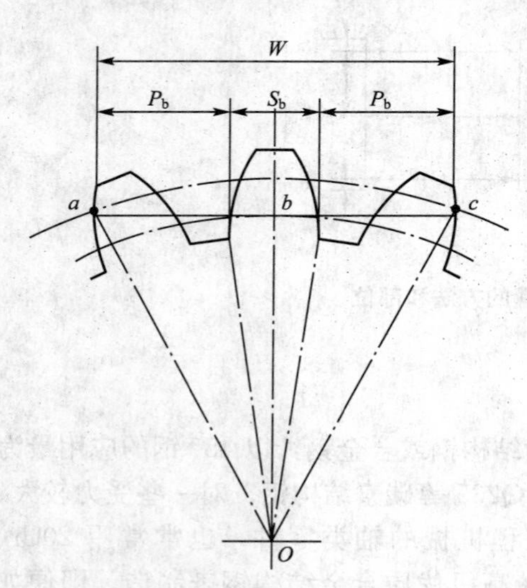

图 6.27 齿轮公法线长度的测量

1. 公法线长度测量

直齿轮最常用的测量内容是对公法线长度 W_k 的测量，测量仪器可用精密游标卡尺或公法线千分尺测量，如图 6.27 所示。

依据渐开线的性质，理论上卡尺在任何位置测得的公法线长度都相等。但实际测量时，

分度圆附近的尺寸精度最高，因此，测量时应尽可能使卡尺切于分度圆附近，避免卡尺接触齿尖或齿根圆角。测量时，如切点偏高，可减少所跨测齿数 k，如切点偏低，可增加所跨测齿数 k。所跨测齿数公式为：

$$k=z\frac{\alpha}{180^\circ}+0.5 \tag{6-2}$$

式中，α 为齿形角；z 为齿数。

k 值也可以通过查表来获取。得到 k 值后，再利用公法线长度计算公式得到 W_k：

$$W_k=m\cos\alpha[(k-0.5)+z\sin\alpha+x\tan\alpha] \tag{6-3}$$

式中，x 为齿轮变位系数。

将所得 W_k 与标准值对比后可以确定齿轮的侧隙等参数。

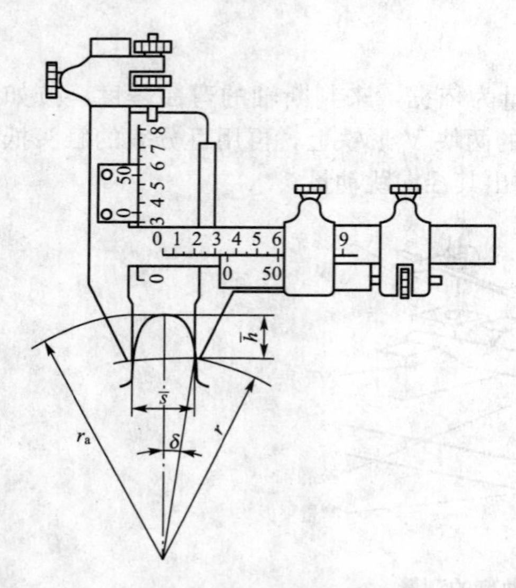

图 6.28 分度圆齿厚的测量

2. 分度圆齿厚的测量

齿厚偏差可以用齿厚游标卡尺来测量。由于分度圆柱面上的弧齿厚不便测量，所以通常都是测量分度圆弦齿厚，如图 6.28 所示。

3. 齿轮啮合印痕的检查

齿轮的啮合印痕是指安装好的齿轮副在轻微制动下，啮合运转后齿面上分布的接触擦亮痕迹。过去一般用涂抹红丹油的方法来测取：在从动齿轮一圈均布3～4处，每处1～2齿的齿面上涂以红丹油，然后转动从动齿轮，检查主动齿轮上的啮合印痕是否适当。但这种方法在实际应用中存在一些问题和困难：一是对红丹油调配要求较高，二是印油很难均匀地涂在被测齿面上，三是印痕测出后由于齿轮一般位于箱体深处，所以不易观察清楚。因此，现在常常用啮合印痕测取纸来测取。

啮合印痕测取纸是用两层白纸夹一层显印材料制成的，其尺寸、形状与被测齿轮的工作面相吻合，其厚度小于齿侧间隙最小值。测量时，将测取纸均布地粘贴在从动齿轮的6～8个轮齿的啮合面上，转动齿轮1～2圈，揭下测取纸，观察主动齿轮侧的显印情况。啮合印痕应达到齿长的50%甚至60%以上，位置控制在轮齿齿长方向的中部，齿高方向的啮合印痕应大于有效齿高的50%以上，而且应当离齿顶较近(图6.29)。

图6.29 齿轮的啮合印痕

4. 径向跳动量的检查

使齿轮旋转一周，分别将球形测头(也可以用圆锥形、砧形测头，如图6.30(a)、(b))逐个放置在被测齿轮的齿槽内，在齿高中部双面接触(如图6.30(c))，测头相对于齿轮轴线的最大和最小径向距离之差，即为齿轮的径向跳动量。

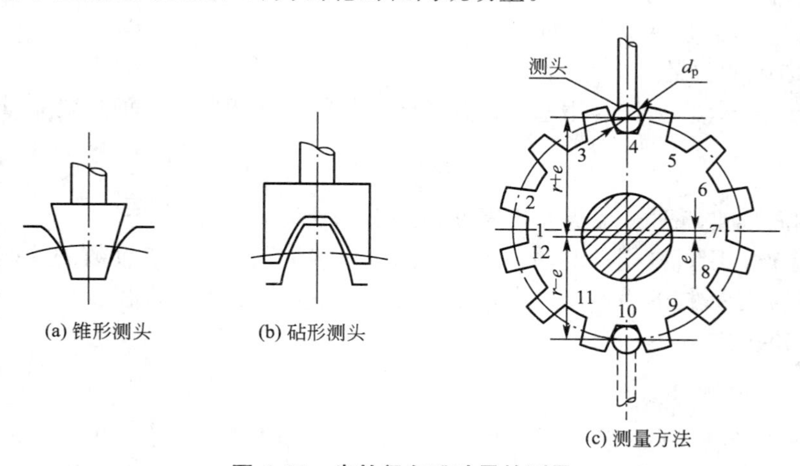

图6.30 齿轮径向跳动量的测量

5. 齿侧间隙的测量

检查齿轮副啮合间隙的目的，在于准确地反映两轴(或两孔)的垂直度、平行度及中心

距等精度。常用的方法有两种。

(1) 压铅法：用一根细铅丝放在两齿轮的啮合处，转动齿轮后，铅条被啮合轮齿压扁，然后用卡尺或千分尺测量铅条被压扁的部位尺寸，即为该点齿轮副的啮合间隙。压扁面的平行度表明齿轮的啮合质量。

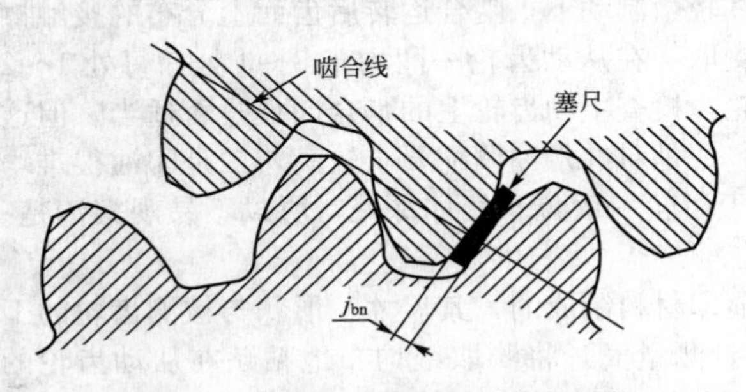

图 6.31　用塞规检查齿轮的齿侧间隙

(2) 塞规法：用以合适规格的塞规，选取合适厚度的规片，直接塞入被测齿轮的一对啮合轮齿之间(如图 6.31)，感到松紧度合适的规片厚度即为齿侧间隙。

6.5.4　轴承的检测

1. 滚动轴承游隙的测量

滚动轴承的游隙分为两种，一是径向游隙：是指将一个座圈固定，另一座圈沿径向的最大活动量；二是轴向游隙：是指将一个座圈固定，另一座圈沿轴向的最大活动量。

游隙过小，滚动轴承温度升高，无法正常工作，以至滚动体卡死；游隙过大，设备振动大，滚动轴承噪声大。

1) 径向游隙的检查

感觉法——用手转动轴承，轴承应平稳灵活无卡涩现象；用手晃动轴承外圈，轴承最上面一点的轴向移动量，应有 0.10～0.15mm(这种方法专用于单列向心球轴承)。

测量法——用塞尺检查：确认滚动轴承最大负荷部位，在与其成 180°的滚动体与外(内)圈之间塞入塞尺，松紧相宜的塞尺厚度即为轴承径向游隙。这种方法广泛应用于调心轴承和圆柱滚子轴承；用千分表检查：将内圈固定，把千分表调零，然后顶起滚动轴承外圈，千分表的读数就是轴承的径向游隙。

2) 轴向游隙的测量

塞尺检查——操作方法与用塞尺检查径向游隙的方法相同，但轴向游隙应为：

$$c=\frac{\lambda}{2\sin\beta} \tag{6-4}$$

式中，c 为轴向游隙，mm；λ 为塞尺厚度，mm；β 为轴承锥角，(°)。

千分表检查，用撬杠撬动动轴，当轴在两个极端位置时千分表读数的差值即为轴承的轴向游隙。但加于撬杠的力不能过大，否则壳体发生弹性变形，即使变形很小，也影响所测轴向游隙的准确性。

2. 轴承温度的测量

轴承在正常负荷、良好润滑等条件下，允许的工作温度范围是-30℃～150℃，但不同类型、不同用途、不同环境下的轴承允许的运行温度是不尽相同的，及时检测轴承的温度，有利于及早掌握轴承运行的基本信息，了解故障发生和发展的趋势。

目前常用的轴承温度测量方法有以下几种。

(1) 间接测量：从油孔中测量润滑油的温度，来推知轴承的温度。

(2) 在轴承上安装热传感器，进行实时检测。

(3) 使用手枪式红外测温仪进行测量。

3. 轴承振动和噪声的测量

即使轴承零部件滚动表面加工十分理想，清洁度和润滑油或油脂也无可挑剔，但轴承在运转时，由于滚道和滚动体间弹性接触构成的振动，仍会产生一种连续轻柔的声音，这种声音就称为轴承的基础噪声。基础噪声是轴承固有的，不能消除。当正常发生故障时，叠加在基础噪声内的其他噪音就称为异音或故障噪声。

振动是噪声的根源，二者的检测有着共同的特征，其区别就是，在测量噪声时必须在声学性能良好的消声室内进行，或者对环境的背景噪声进行修正。

一般是在轴承外圈加装振动传感器或拾音器进行测量，其基本原理如图 6.32 所示。

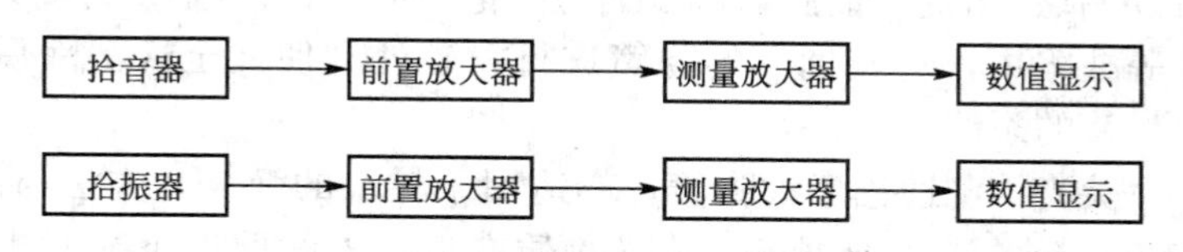

图 6.32 轴承振动和噪声测量方框图

4. 滑动轴承磨损量的检查

滑动轴承易出现的失效形式有，工作面点蚀、腐蚀、磨损、裂纹等，其中裂纹的检测同前所述，而对磨损的检测一般采用下述方法。

选择直径为间隙的 1.5～2 倍的柔软铅丝，把轴承盖打开，选用适当直径的铅丝，将其截成 15～40mm 长的小段，放在轴颈上及上下轴承分界面处，盖上轴承盖，按规定扭矩拧紧固定螺栓，然后再拧松螺栓，取下轴承盖，用千分尺检测压扁的铅丝厚度，其中最大厚度与标准间隙之差就是最大磨损量。

滑动轴承除了要了解径向间隙以外，还应该保证轴向间隙。检测轴向间隙时，将轴移至一个极端位置，然后用塞尺或百分表测量轴从一个极端位置至另一个极端位置的窜动量即轴向间隙。

6.5.5 弹簧的检验

弹簧表面的一些缺陷，如裂缝、折叠、分层、麻点、凹坑、划痕及拔丝等，有的是原材料本身的缺陷，有的是弹簧加工过程中造成的。这些缺陷一般可以目视检测，或以低倍的放大镜检测。目视检测可靠性较差，尤其是裂缝，较难发现，所以可以用无损探伤的方法进行检验。

而弹簧在使用过程中，其刚度、螺距、自由长度也会发生某种程度的变化，有时也会产生扭曲变形，也需要进行检测，以判断其使用性能。

1. 弹簧的无损探伤

1）弹簧的超声波检测

弹簧检测使用的超声波频率为 2.5～5MHz。进行超声波检测时，将探头置于弹簧的端圈，为保证良好的耦合，在探头和弹簧端圈间加一层机油。启动探测仪，在示波器上找到弹簧的顶波和底波，并使顶波和底波在示波器标尺上的位置恰好等于弹簧的总圈数。当弹簧有缺陷时，在顶波和底波之间会出现异常反射波。根据反射波在示波器上的位置，便可以判断缺陷的部位。例如弹簧的总圈数为 10 圈，顶波位置在标尺刻度零，底波在标尺刻度 10，缺陷反射波在标尺刻度 6 处，则表明弹簧在第 6 圈附近有缺陷存在。

超声波检测要求弹簧的表面要光洁，最好能将弹簧滚光后检测。而当弹簧抛丸后再检测时，由于弹丸抛射后留下的弹痕对声波的反射，在示波器上会出现很多反射杂波，难以区别缺陷反射波。

2）弹簧的渗透法检测

浸油检测——对于钢丝直径大于 8mm 的弹簧，可以采用浸油方法。将表面已经清洗过的弹簧浸在煤油中，或浸在 50%(质量分数)煤油和 50%(质量分数)20 号机油的混合油中，浸泡 20min 左右(适当提高油温，可以缩短浸泡时间，但油温以 80℃为限)。浸泡时，油就会渗入裂缝等缺陷中，将浸油后的弹簧进行喷砂处理使油全部清除后，检查弹簧表面，就能鉴别出弹簧的裂纹。

荧光检测——荧光检测适用于大弹簧，亦适用于较小的弹簧，方法与浸油检测相似，仅将油改为含有荧光粉的渗透剂即可。荧光物质在近紫外线照射下显示出明亮的色彩痕迹，因此很易发现裂纹或其他开口缺陷。由于渗透剂苯有毒，应加以防护。

着色法检测——它是由清洗液、渗透液和显示液 3 种溶液所组成。使用时先将被测表面用清洗液洗净，然后将渗透液喷射到弹簧的检测部位，稍等片刻，待渗透液渗入缺陷，然后再用清洗液清理表面，最后把显示剂喷射到弹簧表面，缺陷就可显示出来，为了使缺陷醒目显示，一般渗透液为红色。

2. 弹簧的测量

1）螺旋弹簧自由长度的测量

将螺旋弹簧放置在三级检测平板上，用游标卡尺进行水平测量，或用游标高度尺进行垂直测量均可。若测得的长度与标称长度差距较大，则应更换。

2）螺旋弹簧直线度(垂直度)的测量

螺旋弹簧在使用过程中，会出现偏磨或受力不均，因此常常出现歪斜。此时就需要检测其垂直度，所示，用二级精度平板直角靠尺对其直线度或垂直度进行测量，超标后应予以更换。

现代批量检测中，弹簧垂直度和弯曲度的测量开始使用先进的弹簧测量仪，它采用 CCD 图像处理技术，可以在弹簧被压缩到指定高度时再进行 360°自动旋转测量以计算弹簧的弯曲度。它可以在 2 秒内自动完成对弹簧的 360°旋转测量，大大提高测量的精度和速度，提高工厂生产效率和产品出厂合格率。

3）螺旋弹簧弹力的测量

弹簧在温度、交变载荷、外界环境的作用下，其劲度系数会发生变化，也就是说其弹力会减低，为此，需要对其进行检测，将被测弹簧置于合适的弹簧弹力测试仪上，用手柄逐渐增加载荷，观察弹簧的变形量，若在额定载荷下，其变形量超出规定的范围，则需更换。

6.5.6 旋转零件平衡状况的检验

零件的静不平衡是由于零件的质心偏离了其旋转轴线而引起的；一般是针对径向尺寸较大

而轴向尺寸较小的盘形零件(如发动机飞轮、离合器压盘、制动盘、皮带轮等零部件)而言的。

而动不平衡是指，一个旋转体的质量轴线与旋转轴线不重合，而且既不平行也不相交，因此不平衡将发生在两个平面上(图6.33)，可以认为动力不平衡是静力不平衡和力偶不平衡的组合，不平衡所产生的离心力作用于两端支承，既不相等且向量角度也不相同。

工程机械上存在许多旋转的零部件，这些零部件的大小、质量、速度各不相同，但其平衡性能必须满足一般原则：当转子外径D与长度L满足$D/L \geqslant 5$时，一般都只需进行静平衡检测，但对于离合器这样高速旋转的构建，也必须进行动平衡；当$L \geqslant D$时，只要工作转速大于1000转/分，都要进行动平衡检测。

1. 零件静不平衡的检测

重力式平衡机一般称为静平衡机。它是依赖转子自身的重力作用来测量静不平衡的。如图6.34所示，置于两根水平导轨上的转子如有不平衡量，则它对轴线的重力矩使转子在导轨上滚动，直至这个不平衡量处于最低位置时才静止。

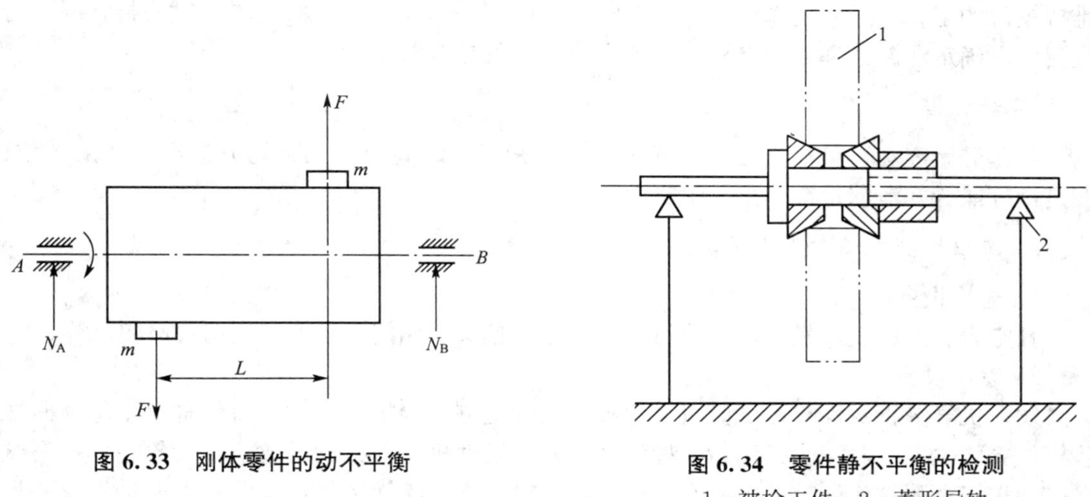

图6.33 刚体零件的动不平衡

图6.34 零件静不平衡的检测

1—被检工件；2—菱形导轨

当转子不存在不平衡量时，静不平衡机上的光源所投射的光束投在极坐标指示器上的光点便会离开原点。根据这个光点偏转的坐标位置，可以得到不平衡量的大小和位置。

2. 零件的动不平衡检测

对于动不平衡的转子，无论其具有多少个偏心质量以及分布在多少个回转平面内，都只要在两个选定的平衡基面内加上或去掉平衡质量，即可获得完全平衡。故动平衡又称为双面平衡。

双面平衡机能测量动不平衡，也能分别测量静不平衡和偶不平衡，一般称为动平衡机。

动平衡机的主要性能用最小可达剩余不平衡量和不平衡量减少率两项综合指标来表示。前者是平衡机能使转子达到的剩余不平衡量的最小值，它是衡量动平衡机最高平衡能力的指标；后者是经过一次校正后所减少的不平衡量与初始不平衡量之比，它是衡量平衡效率的指标，一般用百分数表示。

动平衡机一般都是由驱动系统(电动机、联轴器、圈带系统)、电气测量系统(振动信号采集系统、信号放大和预处理系统、计算机和软件系统)、显示装置(显示器、打印机、示波器)和平衡机械系统(钻孔机、铣床、电焊设备)等组成，其基本原理是，在原动机的驱动下，被测转子按额定的转速旋转，当转子存在不平衡质径积时，便会产生某种形式的振动，传感设备就会感知到这种振动的存在，并将这种信号传给电气检测系统，然后显示出不平衡的位置和质径积的大小，检测人员就能够根据显示结果，采取加、减平衡重块的方法，对该被测件进行平衡。

6.6 探　　漏

对于工程机械而言，密封是个相对的概念，不存在绝对不泄漏的工件。但是，对于不同的应用场合，有不同程度的密封性要求，一旦泄漏率超出一定的范围，机械设备就不能维持正常的工作，或使工作性能大大下降，因此，必须采取一定的措施，对密封状况进行检测，以确定泄漏速率是否在允许的范围内，这就是探漏。

1. 对工程机械探漏的一般要求

一是灵敏度高，可探出微量渗漏；二是探漏所需时间短；三是能方便显示泄漏部位；四是最好能探知泄漏量或指出危险程度。

2. 工程机械探漏常用仪器设备

1) 通用设备

真空表、液压表、气压表、流量表、管道、接头、阀门、试纸、便携式检测仪等。

2) 专用设备

发动机气缸密封性检测试验机、轮毂密闭性检测试验机、发动机机体缸盖水套泄漏试验机、壳体检漏试验机、机油口盖检测试验机、发动机缸盖检漏试验机、齿轮箱体检漏试验机、水箱密闭性检测试验机、水泵检漏试验机、进气歧管密封性检测仪、曲轴箱窜气量检测仪、液压系统检漏试验机、马达(油泵)泄漏检测仪、油缸检漏试验机等。

3. 工程机械基本探漏方法

1) 加压探漏(正压探漏)

所谓加压探漏，就是给所要检测的系统进行气体(或液体)加压(压力大小要根据实际场合而定)，然后，通过某种方式，判断泄漏状况。

(1) 保压法——在被检系统进行气体加压后，使压力保持一定的时间，通过加装在系统的气压表，来观察压力下降的速度，若压降过快说明泄漏严重，若压降在允许范围内，则属正常。该方法只能检测压降速率，而不确定泄漏部位。

(2) 气泡法——给被检系统进行气体加压后，在可能存在泄漏的部位涂抹上肥皂水(或专用探漏液)，观察是否有气泡冒出，以及观察气泡冒出的速率，从而判断泄漏状况(图 6.35)。该方法可以查出泄漏部位，但只能大致判断泄漏率。

(3) 超声波法——给被检系统充上一定压力的气体后，用超声波检测仪，在可能出现泄漏的部位进行探测，根据显示结果判断泄漏状况，如图 6.36 所示。

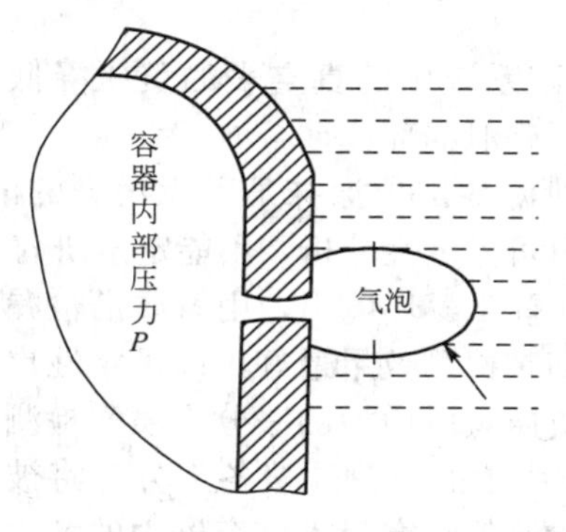

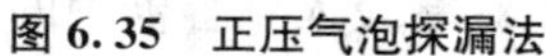
图 6.35 正压气泡探漏法

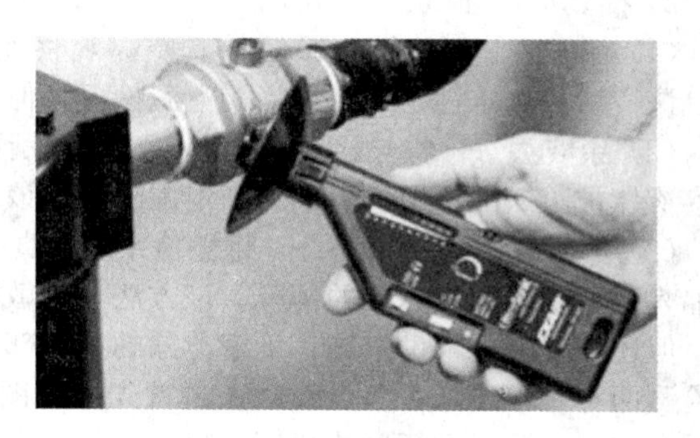
图 6.36 超声波探漏

(4) 水压法——给被检系统充上一定压力的水，观察各处密闭情况。以发动机为例，设法使发动机水套内的水压力达到 343～441kPa，并保持 5min，不见气缸体、气缸盖上、下水套等部位有水珠渗出即通过了水压试验。

(5) 变色法——给被检系统充上一定压力的、带有其他某种化学成分的水，用专用的试纸在可能出现泄漏的部位擦拭，如果发现试纸的颜色发生变化，则说明此处有泄漏。

(6) 充氦法——给被检系统充入一定压力的氦气(或一定压力和浓度的氦气和空气的混合气)，用氦质谱检测仪在可能出现的部位进行检漏。其装置如图 6.37 所示。

氦质谱检测是以氦气作为探索气体对各种需要密封的容器、设备进行快速检测的一种方法。其利用氦气的渗透性强(氦分子量小、分子直径小，即便是极其微小的渗漏孔也能方便地通过，流动和扩散性强)、不易受干扰(惰性气体且空气中含量极少)的特性，具有灵敏度高、不易误判、反应快、便携、自动化程度高、无油污染的特点，与当今诸多检测法(气泡法、超声检漏法、卤素检漏法等)相比优势明显。氦质谱检漏的原理是：在特殊磁场作用下，将气体分子离子化，质量相同的离子在磁场中聚集在一起形成同步离子，而氦质谱检测仪能够使氦离子形成同步离子，这些同步离子被收集和接收后，经过 A/D 转换和放大处理，显示泄漏状况。较常用的氦质谱检测仪的实物如图 6.38 所示。

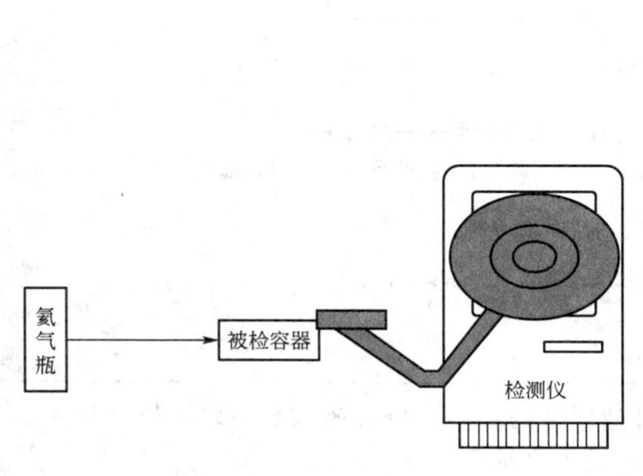

图 6.37 充氦法检漏示意图

图6.38 959 型氦质谱检漏仪

2）抽真空探漏（负压探漏）

（1）保压法——将被检系统抽真空，观察连接在该系统中的真空表的负压降低的速度，该方法只可定性、定量地说明泄漏情况，但不能明确泄漏部位。

（2）涂液法——将被检系统抽真空，在怀疑可能泄漏的部位涂抹某种无污染的液体，观察液体被吸入的情况，以期判断泄漏部位，该方法只可做定性分析，不能定量研究。

（3）负压氦质谱检测法——将被检系统抽真空，并置于氦环境中，用氦质谱检漏仪检测漏入到系统内部氦分子的情况。该方法，灵敏度最高，检测效果最好，即可定性也可定量，但还需要其他辅助措施，确定泄漏的精确部位。负压氦质谱检测法分为喷吹检测和钟罩检测两种基本形式，一是喷吹法：首先按如图 6.39 所示的方法连接各部分并将被检容器抽真空，然后对准怀疑泄漏部位喷吹氦气，再通过检测仪观察吸入到容器中的氦原子的情况，以判断泄漏状况。

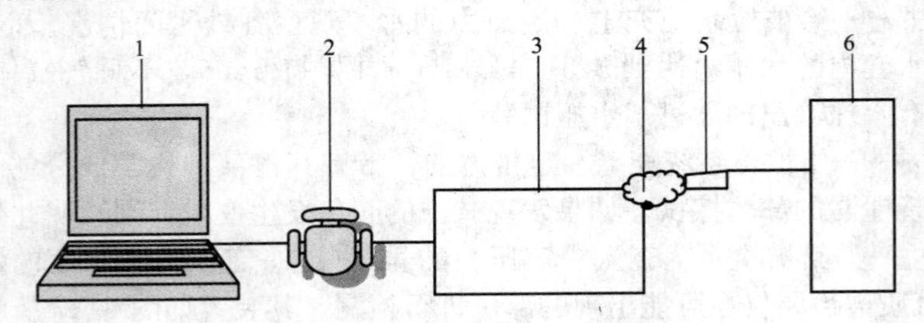

图 6.39　负压氦质谱检测——喷吹法

1—氦质谱检测仪；2—阀门；3—被检系统；4—氦气；5—喷枪；6—氦气瓶

二是钟罩法：首先按图 6.40 所示的方法连接各部分，并将被检容器抽真空，然后使氦气充满整个包容被检容器的钟罩，再通过观察检漏仪的显示判断泄漏状况。

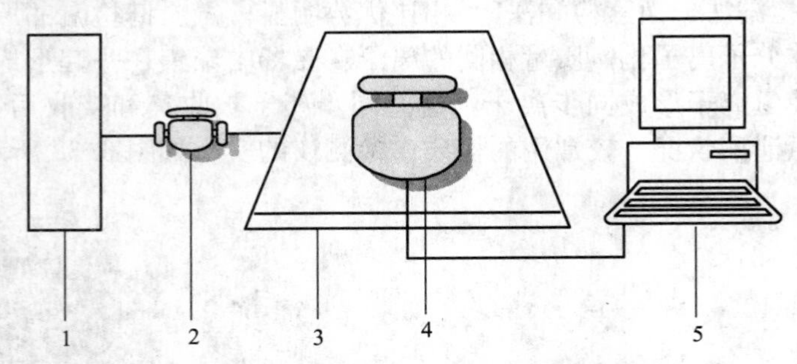

图 6.40　负压氦质谱检测——钟罩法

1—氦气罐；2—阀门；3—氦罩；4—被检系统；5—检漏仪

本章小结

本章简要介绍了什么是工程机械零件的检验、检验的基本内容、检验的基本方法、基本步骤以及保证零件检验质量的主要措施。

在感官检验法中，着重强调的是经验；在测量检验法中，着重阐述了各类测量器具和它们的正确使用和操作方法。

本章的重点是无损探伤，包括磁力探伤、超声波探伤、渗透探伤、射线探伤和涡流探伤等方法，对这些方法各自的原理、特点、探伤步骤做了较为详尽的说明。

在典型零件的检验中，主要介绍了壳类零件、轴类零件、齿轮、导轨类零件、轴承及螺旋弹簧的检验，最后介绍了工程机械探漏方面的一些基本知识。

习 题

1. 为什么要对机械零件进行检验，工程机械零件检验的内容主要有哪些？
2. 举例说明感官检验法在某一场合的应用。
3. 试详细说明如何用测量检验法对发动机气缸体的平面度、同轴度进行测量。
4. 试述怎样测量气缸的磨损量。
5. 磁力探伤有何特点，其探伤过程中应注意什么事项？
6. 试说明用渗透法对螺旋弹簧进行探伤的具体步骤。
7. 假设要对一长3000mm的振动堆焊的焊缝进行超声波检查，试述其基本步骤。
8. 什么是氦质谱探漏，其原理、特点如何？

第7章 工程机械故障诊断

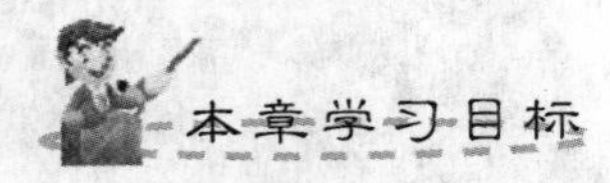

★ 了解工程机械故障诊断的作用、内容、方法和发展趋势；
★ 了解工程机械故障诊断的相关参数和参数标准；
★ 了解工程机械典型重要参数的诊断方法。

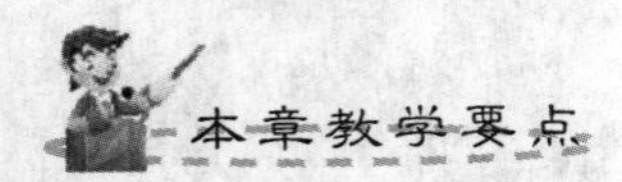

知识要点	能力要求	相关知识
工程机械故障诊断的目的、内容、方法	了解工程机械故障诊断的主要方法和发展趋势	故障树诊断、磨损物残留诊断、参数诊断等概念
工程机械故障诊断的常见参数及其诊断标准	了解常见故障与相关参数之间的关系，参数及其标准	各类参数、参数的选择原则
工程机械故障常见重要参数的诊断方法	了解各种常见参数的诊断过程与方法	噪声测量、油样分析、液压系统的参数诊断、功率测定等

机械设备故障诊断是一门近二三十年来发展起来的新学科，是现代化机械设备维修技术的重要组成部分，正日益成为设备维修管理工作现代化的一个重要标志。此项技术的应用能确保机械设备安全运行，提高产品质量，节约维修费用以及防止环境污染。

在机械设备的状态监测和故障诊断技术中有多种方法可使用。例如振动监测技术、油液分析技术、红外测温技术、声发射技术、无损检测技术等。本章我们只就一些故障诊断方面的基础知识进行说明。

7.1 概　述

设法获取有限相关信息，以判断机械设备技术状态的过程或技术措施称为故障诊断。也可以说，诊断就是通过故障现象，判断产生故障的原因及部位的过程，称为故障诊断。

7.1.1 故障诊断的作用

(1) 判断和确定故障部位、原因。例如，发动机出现冒黑烟现象时，通过被动检测和诊断，可以确定究竟是气缸磨损所致，还是喷油压力过低等原因所致。

(2) 预防重大故障的发生。通过主动诊断，即工程机械未发生故障时的诊断，了解工程机械的过去和现在的技术状况，并能推测未来有可能发生的情况变化，及时采取措施，以避免由于诸如刹车突然失灵、转向盘突然松脱，而造成的机毁人亡等重大事故的发生。

(3) 节约维修成本。通过故障诊断，准确地判断故障原因、部位和深度，以避免误诊、误判，避免二次损坏，有效消除故障停机，做到“对症下药，药到病除”，从而达到缩短维修时间、减少工时消耗、节约维修费用之目的。

(4) 提高可靠性，延长使用寿命。通过主动诊断和准确预判，提前做好准备，杜绝故障的发生；通过事后诊断，准确判明故障部位和成因，及时排除故障。这些措施都有助于提高机械设备的可靠性，增加其有效寿命。

(5) 适应机械的精密复杂性。现代工程机械构造越来越精密、复杂，不允许频繁、无序、冒失地拆卸，而必须进行科学的检测与诊断。

(6) 适应先进的机械制造技术与工艺。机械制造行业先进技术、工艺、材料的应用必然会淘汰机械检修行业单凭经验的、陈旧的检诊方式，而必须进行依赖于科学技术的、基于先进仪器设备之上的检测与诊断。

7.1.2 故障诊断的内容

1. 诊断系统的设计

(1) 选择检查与诊断参数。选择检查与诊断参数目的是：建立诊断参数与状态参数之间的联系；找到反映状态参数或诊断参数随时间的变化而变化的规律；最终确定诊断手段。

(2) 选择诊断部位。根据故障现象，确定必要、合适的检测点。

(3) 确定诊断时间间隔。对于未实施状态检测的设备，要根据故障概率密度函数，确定诊断的合理时机。

(4) 选择诊断工况。根据故障现象，选择最能反映故障特点的工况(怠速、提升、额定等)进行检测和诊断。

(5) 确定检诊程序(描绘故障检诊树)。就是指把诊断过程以框图的方式表达和陈列出来，其特点是直观、明了、有层次感，令人一目了然，以滚动轴承的故障诊断为例，其故障诊断树如图 7.1 所示。

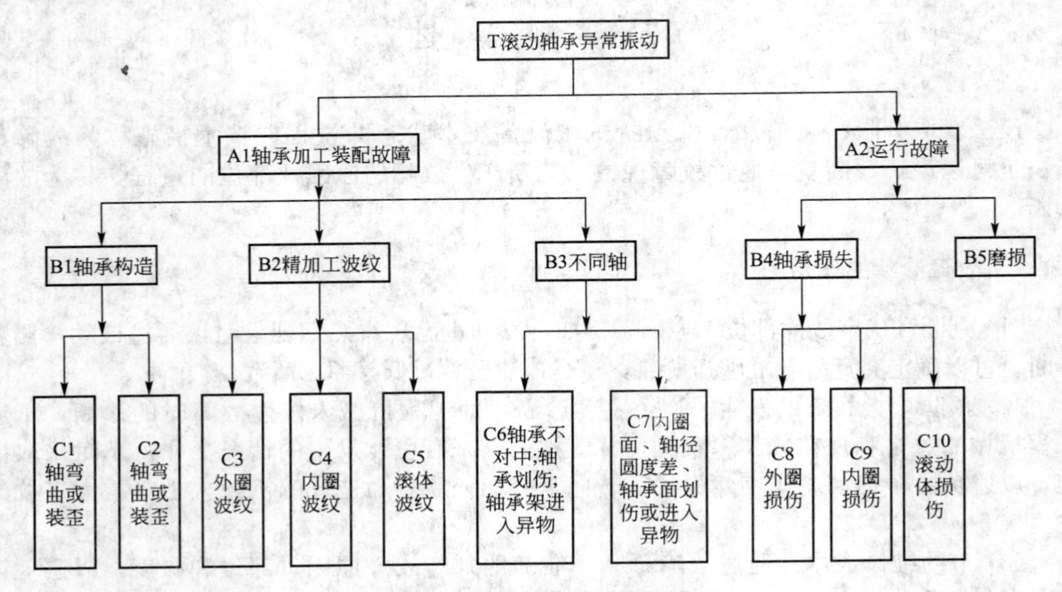

图 7.1　滚动轴承故障诊断树

2. 诊断设备的选择

(1) 选择诊断所需仪器设备的类型。是选择常规器具还是无损探伤，选择诊断仪器合适的量程、精度及其动态指标，以适应所检测与诊断的故障类型、发生部位和零部件或系统的特点。

(2) 确定诊断设备的运行方式。确定采用纯人工方式，还是半人工化半自动化、电算化、智能化网络化的方式进行诊断。

3. 机械设备工作过程的状态监测

根据前述两点所选取的检测与诊断参数和设备对机械设备在工作过程中所释放的有关信号进行监测，根据监测结果判断其运行是否正常，以便在故障初期察觉其苗头。

4. 机械工作情况的趋向预测

在机械工作过程检视之条件下，再根据可靠性理论，参阅统计资料，对机械工作情况的发展趋势做出判断，以便预知和了解工程机械设备的失效程度和劣化的速率，从而为工程机械的设备调度和维护保养预先做好准备。

5．故障原由、类别、深度、方位的判断

故障类别的确定在其中占有特殊重要的地位，它是在对工作过程检视的基础上，当已知机械处于非正常情况时，必须通过特定方式，进一步判明故障原因、故障位置和失效形式，以避免“三误”、“三乱”。

7.1.3 故障诊断的方法

对于工程机械来讲，站在不同的视角，其故障诊断可分为下面几种目前比较流行的基本方法，一是按机械故障诊断方法的难易程度分类，二是按诊断原理分，三是按机械故障诊断所采用技术手段来分类。

1．按难易程度分

(1) 简易诊断法：指采用简易的、便携式的、操作灵活简单的检诊仪器对工程机械实施人工性的巡回监测，然后再根据预先设定的故障诊断与检测标准(尤其是许用标准)以及丰富的人工经验进行分析，了解设备是否处于正常状态。若发现异常，则通过检测数据进一步了解其发展的趋势。因此，简易诊断法主要解决的是人工状态监测和一般的趋势预报问题。

(2) 精密诊断法：精密诊断法是对已产生异常状态的原因采用精密的检测仪器和诊断设备，利用各种方法和手段进行综合分析，以期了解故障的类型、程度、部位和产生的原因及故障发展的趋势等问题。由此可见，精密诊断法主要解决的问题是分析故障原因和较准确地确定故障发展趋势。

2．按诊断原理分

(1) 人工直观诊断：通过技术人员的经验或借助于简单工具、仪器，以听、看、闻、试、摸、测、问等方法来检查和判断故障所在的方法。这种方法是在科学诊断方法建立前，主要依靠人类在长期的实践中积累的大量经验，根据故障现象，进行对比与形式逻辑推理，以寻求故障的成因，即使在现代的机械故障诊断中，仍具有一定的现实意义。

(2) 统计诊断法：从统计学角度出发，利用大量科学合理的统计数据，采取数学式的模式识别手段，对机械故障进行分析或预测的方法。主要包括以下几种类型：

一是贝叶斯统计法——由英国学者 T. Bayesian 提出的一种归纳推理的理论，后来被一些统计学者发展成为一种系统的统计推断方法，称为贝叶斯方法。这种方法主要利用贝叶斯理论，把故障模式的特征向量空间划分为若干区域，观察被辨认的特征向量，并以贝叶斯准则确定模式类别和从属问题，它主要应用于独立实践的判断。

二是时间序列法——根据观测数据和建模方法建立动态参数模型，利用该模型进行动态系统及过程的模拟、分析、预测和控制，从中进行主要特征提取，依据模型参数和特征构造函数进行识别和分类，以区分正常状态或异常状态以及异常状态下故障的类型。该方法又可分为时域分析和频域分析两种类型。

三是灰色系统法——由我国著名学者邓聚龙首先提出的灰色系统理论是运用控制论观点和方法研究灰色系统的建模、预测、决策和控制的科学。该方法通过分析各种因素的关联性及其量的测度，用“灰数据映射”方法来处理随机量和发现规律，使系统的发展由不知到知，知之不多到知之较多，使系统的灰度逐渐减小，白度逐渐增加，直至认识系统的变化规律。

(3) 模糊诊断法：利用从属函数与模糊子集、模糊矩阵与λ截矩阵、概率统计与模糊统计等数学知识，对一些故障征兆群和故障模糊起因之间的关系进行判别和诊断的方法。

(4) 故障树诊断法：首先把所要分析的故障现象作为第一级事件，即顶事件；再把导致该事件发生的直接原因并列地作为第二级事件，即中间事件，并用适当的逻辑门把这些中间事件与顶事件联系起来；然后再把导致第二级事件发生的原因再分别并列在第二级故障事件的下面，作为第三级事件，也用适当的逻辑门把它们与第二级事件联系起来；如此逐级展开，直到把最基本的原因，即底事件查清楚为止。

(5) 智能诊断法：智能诊断是人工智能与人工诊断、知识工程、计算机与通信技术、软件工程、传感与检测技术等学科的相互交叉、相互渗透而产生的新的学科和技术。智能诊断是在状态监测系统、故障简易诊断系统、故障精确诊断系统、故障专家诊断决策系统的功能集成基础上，应用人工智能专家系统、知识工程、模式识别、人工神经网络、模糊推理等现代科学方法和技术，进行集成化、智能化、自动化诊断的方法。

该方法又可分为专家诊断、人工神经网络诊断、模糊逻辑诊断、基于范例的推理诊断、模式识别诊断、集成智能诊断等多种方法。

3. 按技术手段分

(1) 感官诊断。

听——根据响声的特征来判断故障。辨别故障时应注意到异响与转速、温度、载荷以及发出响声位置的关系，同时也应注意异响与伴随现象。这样判断故障准确率较高。例如，发动机连杆轴承响(俗称小瓦响)，它与听诊位置、转速、负荷有关，伴随有机油压力下降，但与温度变化关系不大；又如，发动机活塞敲缸与转速、负荷、温度有关。转速、温度均低时，响声清晰；负荷大时，响声明显。

看——直接观察工程机械的异常现象。例如，漏油、漏水、发动机排出的烟色，以及机件松脱或断裂等，均可通过察看来判别故障。

闻——通过用鼻子闻气味判断故障。例如，电线烧坏时会发出一种焦煳臭味，从而根据闻到不同的异常气味判别故障。

试——试乃为试验，有两个含义：一是通过试验使故障再现，以便判别故障；二是通过置换怀疑有故障的零部件(将怀疑有故障的零部件拆下换上同型号好的零部件)，再进行试验，检查故障是否消除，若故障消除说明被置换的零部件有故障。

摸——用手触摸怀疑有故障或与故障相关的部位，以便找出故障所在。例如，用手触摸制动鼓，查看温度是否过高，如果温度过高，烫手难忍，便证明车轮制动器有制动拖滞故障；又如，通过用手摸柴油机燃料供给系的高压油管脉动情况，以判别喷油泵或喷油器故障。

测——是用简单仪器测量，根据测得结果来判别故障。例如，用万用表测量电路中的电阻、电压值等，以此来判断电路或电气元件的故障。又如，用气缸表测量气缸压力来判断气缸的故障等。

问——通过访问机手来了解工程机械使用条件和时间，以及故障发生时的现象和病史等，以便判断故障或为判断故障提供参考资料。例如，发动机机油压力过低，判断此类故障时应先了解出现机油压力过低是渐变还是突变，同时还应了解发动机的使用时间、维护情况以及机油压力随温度变化情况等。如果维护正常，但发动机使用过久，并伴随有异响，说明是曲柄连杆机构磨损过甚，各部配合间隙过大而使机油的泄漏量增大，引起机油压力过低。如果平时维护不善，说明机油滤清器堵塞的可能性很大。如果机油压力突然降低，说明发动机润滑系统油路出现了大量的漏油现象。

（2）形式逻辑判断：首先进行调查研究，全面了解故障现象和获得相关信息；其次根据相关信息提出故障模式、原因和部位假设；继而根据假设的条件，进行逻辑推理，推断出应该出现的结果；然后再将推断出的结果与实际观察到的现象进行比较与对照；最后由对照结果分析原先提出的假设是否成立。如果假设不成立，则需提出新的假设。

（3）振动诊断法：机械设备在动态下(包括正常和异常状态)都会产生某种振动。机械设备的振动的振幅大小、频率成分，与机械设备故障的类别、故障部位和原因等之间有着密切的内在联系和外在表现。机械系统发生异常故障时，其振动信号的频率成分和能量分布会发生不同程度的变化，所以，利用这种变化信息对机械设备的故障进行简单、有效地诊断是一种比较理想和成熟的措施和方法。由于该方法不受背景噪声干扰的影响，使信号处理比较容易，因此应用更加普遍。

振动诊断法一般包括时域简易诊断和频域精密诊断，频域精密诊断又包括频谱分析、细化频谱分析、解调频谱分析、离线三维功率谱阵分析和 Wigner 分布时频分析等方法。

（4）噪声测定法：由于制造、装配和使用等因素，机械设备在产生异常振动的同时，向空气中辐射噪声。噪声由两部分组成：一部分是机械内部零件产生的噪声通过壳体辐射到空气中形成的空气声；另一部分是壳体受到激励而产生振动，向空气中辐射的固体声。空气声和固体声构成了机器的总噪声。机械设备在产生故障时，噪声的频率特性和能量分布会出现不同程度的变化。根据不同零件产生噪声的机理和特征，采用合适的手段对检测的噪声信号进行分析，识别噪声源，就可以对设备故障进行诊断。声学诊断技术一般包括超声探测、声发射监测和噪声监测等。超声探测和声发射监测对诊断机械设备零件的裂纹故障比较有效，但这两种方法所需专用设备价格较高。

（5）无损检验法：无损检验是一种从材料和产品的无损检验技术中发展起来的方法，它是在不破坏材料表面及内部结构的情况下检验机械零部件缺陷的方法。包括常用的铁磁材料的磁力无损探伤、非铁磁材料的渗透探伤、光学探伤、射线探伤和超声波探伤等。其局限性主要是其某些方法有时不便在动态下进行。

（6）磨损残余物测定法：机械设备的各种液体(如内燃机润滑系统的机油、工程机械液压系统的液压油等)中均会或多或少地裹挟着部分磨损残留物。这些残余物的数量、尺寸、形状、成分以及残留物的增长速度等，均会不同程度地反映出机械设备的磨损情况(比如磨损部件、磨损位置、磨损程度和大致的磨损原因等)，我们利用这些裹挟成分所携带的信息就可以简单、间接地检诊出某些机械设备的运行状态。近几年来，磨损残留物测定检诊法在工程机械及汽车发动机以及航空发动机的故障诊断与状态监测方面得到了较为广泛的应用。

(7) 性能参数测定法：机械设备的性能参数主要包括显示机器主要功能的一些数据，如泵的扬程，机床的精度，压缩机的压力、流量，内燃机的功率、耗油量，发动机和电机的转速，破碎机的破碎粒度，油路的压力和温度等。当这些参数被人们从机器的仪表上获取时，就可以基本上了解到设备的运行状况是否正常。这种性能参数测定法是机械系统故障诊断和状态监测的辅助措施之一。

7.1.4 工程机械故障诊断技术发展趋势

工程机械技术检测与故障诊断理论及其技术的研究是一个随着工程机械技术不断进步而逐步完善的过程。工程机械由过去单一的以机械结构为主体的产品到目前的以机、电、液、气相结合的复杂产品，使工程机械故障诊断问题发生了质的变化。产品结构的复杂化、系统功能的多样化、控制过程的自动化以及显示信息的智能化都成为工程机械故障诊断过程中值得注意而且必须考虑的关键问题。

以卡特彼勒、利勃海尔、三菱重工、JBC为代表的工程机械领航企业也都有自己独立的产品研发中心，其中机载故障自诊系统的开发和研究占有重要地位。

随着人工智能技术的迅速发展，特别是知识工程、专家系统、人工神经网络以及信息融合技术在诊断领域中的进一步应用，迫使人们对智能诊断问题进行更深入的研究。一个完备的智能诊断系统应该由人(尤其是领域专家)、计算机硬件及其必要的外部设备和配套的软件所组成，它以对诊断对象进行状态识别与预测为目的。智能诊断系统中最重要的部分是知识处理，包括知识获取、知识存储及知识推理。据此，智能诊断可分为基于符号推理如传统人工智能和基于数值计算如人工神经网络、信息融合技术等方法。

以现代机械系统状况监测技术和故障诊断理论为基础，以传感设备、微处理器、机载CPU、ECU、动态扫描记录仪、高速摄影仪等为硬件支撑，以Windows、Pro/E、Ansys、Adams、UG等计算机程序为软件支持，以神经网络系统、人工智能系统、虚拟与仿真系统、灰色系统和诊断专家系统为技术手段，以小波分析、贝叶斯算法等非平稳信号分析和非线性理论为数理依托，利用状态实时监测、故障代码正确提取、基于经验的专家数据库等方法，明确故障类型、分析故障原因，确定故障部位，提出保养和修复措施，是工程机械故障诊断技术的发展趋势。

7.2 工程机械故障诊断的主要参数及其参数标准

诊断参数是指直接或间接反映工程机械技术状况的各种指标，是确定工程机械工作性能的主要依据。尽管在不解体条件下，可以用一些便携式或机载故障诊断仪对某些参数进行直接测量和检验，但是这种检测对象的结构参数常常会受到限制。例如，气缸磨损程度、曲轴轴承间隙大小的确切数据、齿轮啮合的具体情况等。因此，在确定工程机械技术状况时，必须采用某些与结构参数有联系的、能够充分表达结构或技术状况、直接或间接诊断参数来判断。工程机械常见故障症状、相应诊断参数及其诊断对象之间的对应关系，见表7-1。

表 7-1 工程机械主要故障与诊断参数之间的对应关系

故障征兆	诊断参数	诊断对象
性能变化	功率、转速、各缸功率平衡、实际输出扭矩、加速时间、制动距离、制动力、制动减速度	发动机总成；制动系统
工作尺寸变化	线性间隙、角度间隙、自由行程、工作行程	前桥、后桥、转向机构、离合器操纵机构
密封性变化	气缸压缩力、曲轴箱窜气量、轮胎压力	发动机气缸、增压器、轮胎
循环过程参数变化	起动时间、起动电压、起动电流、离合器滑转率	发动机气缸、起动系、蓄电池、发电机、离合器
声学参数变化	敲缸噪声、变速箱振动噪声	发动机、变速箱
振动参数变化	振动幅值、振动频率、振动相位、幅频特性、噪声级	发动机、传动系、柴油机供给装置
工作介质成分变化	粘度、酸值、碱度、含水量、添加剂含量、磨损颗粒组成及浓度	冷却系、液压系、润滑系、变速器、主减速器、液力变矩器
排气成分变化	一氧化碳、非甲烷有机气体、氮氧化物、烟度、颗粒排放度	增压系、燃料供给系、排放净化装置、电控装置
热状态变化	温度及其变化速度	冷却系、润滑系、传动系、前后桥轴承、离合器
机械效率变化	工作部件无负荷运行阻力、传动系阻力矩、转向阻力矩	工作装置、传动系、转向系
表面形态变化	可见变形、油漆脱落、渗漏、划痕、轮胎磨损、链轨磨损	机身、工程机械各总成

7.2.1 诊断参数的类型

每种诊断参数都有不同的含义，通常决定一个复杂系统的技术状态需要进行综合诊断。根据不同的需求，采用不同的诊断参数，并进行从整机性能的总体诊断到总成或零件的深入诊断。从它们与工作工程之间的关系考虑，诊断参数可以分为以下3种：

1. 工作过程参数

在整机工作过程中检测到的、能表征被诊断对象总体状况并显示被诊断对象主要功能的参数。这些参数(如制动距离、发动机功率、离合器滑转率、实际燃油消耗率、提升速度等)是表征总成或系统技术状况的总体信息，这些参数是对故障进一步深入诊断的基础。

2. 伴随过程参数

普遍应用于工程机械复杂系统深入诊断的、提供信息范围较窄的、伴随主要故障出现的参数。如发热、噪声、振动、油压、排放等，是表征有关诊断对象的技术状态的局部信息，适应于对复杂系统的深入诊断。

3. 几何尺寸参数

零部件尺寸(如长度、外径、内径、高度、厚度等)以及零部件、机构、总成之间最起码的相对位置关系(如同心度、平面度、锥度、平行度、间隙、工作行程、自由行程等)，是表征机械机构或运动副之间的相对几何尺寸关系的参数，是诊断对象实体状态的直接信息。

此外，为了获得更加精确的信息，对工程机械技术状况进行更加深入的诊断，从而提高诊断精度，根据诊断条件还可以采用派生参数，如求被测物理量对时间的一阶、二阶导数，以及采用各种数学公式所推导和计算出来的结果等。

值得注意的是，在进行故障诊断时，工作时间是影响这些诊断参数的重要因素，在分析故障产生原因时所须加以考虑。

7.2.2 工程机械常用诊断参数

为确定工程机械的技术状态，分析故障产生原因及其预测工程机械技术状态变化趋势，对整体总成或机构进行诊断时，常用的诊断参数，见表7-2。

表7-2 工程机械故障诊断常用参数

序号	诊断对象	诊断目的	诊断参数	备注
1	发动机总成	发动机总体性能	功率，kW 曲轴角加速度，rad/s^2 单缸断火时功率下降率，% 单缸断火时转速下降率，% 耗油率，kg/kW×h CO、CH和NOx排放量，ppm	对于电喷发动机可以采用单缸断油的方式检测功率或转速下降率
2	气缸活塞组	气缸与活塞磨损，活塞环安装状态	曲轴箱窜气量，L/min 曲轴箱气体压力，kPa 气缸间隙，mm 气缸压力，MPa	气缸间隙可采用检测振动信号参数的方法测量
3	曲柄连杆机构	主轴径与轴承磨损 连杆轴径与轴承磨损	主油道机油压力，MPa 主轴承间隙，mm 连杆轴承间隙，mm	主轴或连杆轴承间隙采用检测振动信号参数的方法测量
4	配气机构	气门间隙	气门热间隙，mm 气门行程，mm 配气相位，(°)	在热车、气门完全关闭时检测间隙
5	传统柴油机机供给系	输油泵、喷油泵供油状况、柴油滤清器状况、空气滤清器状况、涡轮增压器状况	输油、供油压力，MPa 清洗前后的压差、空气滤清器后进气管的压力，MPa 涡轮增压器的增压度，% 涡轮增压器润滑系的油压，MPa	可在油泵试验台上对输油泵、喷油泵进行检测

（续）

序号	诊断对象	诊断目的	诊断参数	备注
6	电控发动机供给系	喷油泵供油状况、喷油器喷油状况、油压调节器状况、柴油滤清器状况、空气滤清器状况、涡轮增压器状况、供油时刻、各缸供油均匀性、供油量、喷油泵柱塞与套筒间隙、喷油器喷油状况、滤清器状况	供油系清洗前后的压差，MPa 高压喷油泵压力，MPa， 喷油器喷油量，mL/min 喷油器喷油均匀性误差，% 有无真空作用的燃油压差，MPa 进气歧管的压力，MPa 涡轮增压器的压力，MPa 涡轮增压器润滑系的油压，MPa 喷油提前角，(°) 单缸柱塞供油延续时间，(°) 各缸供油均匀度，% 每工作循环供油量，mL 高压油管压力波增长时间，(℃A) 喷油提前角的不均匀度，曲轴转角，(℃A) 喷油器初始喷射压力，MPa 燃油细滤器出口压力，MPa	对于就车测量喷油器的喷油量，还应考虑相应传感器信号的检测结果及喷油量控制方式等因素
7	润滑系	机油泵工作状况、机油散热器状况	机油压力，MPa 曲轴箱机油温度，℃ 机油中磨损残留物含量，ppm 机油的污染程度	根据机油中金属元素含量可以诊断发动机主要摩擦副的磨损状况
8	冷却系	散热器工作状况、节温器工作状况、风扇工作状况	冷却液温度，℃ 散热器进出口温度差，℃ 风扇皮带张力，kN/mm 风扇转速，r/min	根据热车时间可以大致判断节温器的功能
9	排放控制装置	燃油电控喷射系统、三元催化转换器、废气再循环、活性炭罐	一氧化碳(CO)，% 碳化氢(CH)，10^{-6}/vol 氮氧化物(NOx)，% 二氧化碳(CO_2)，% 氧气(O_2)，% 空燃比(A/F)	用烟度计检测额定转速下的排放状况，检测氧传感器的性能
10	起动系	起动机工作状况、蓄电池工作状况	起动机工作电流，A 起动时蓄电池电压降，V	用钳形电流表检测起动电流，用放电叉测压降
11	供电系统	发电机及其调节器蓄电池工作状况	发电机输出电压，V 发电机输出电流，A 变速时发电机输出电压，V 蓄电池电压，V	用万用表检测
12	传动系	传动效率与磨损状况	底盘测功，kw 滑行距离，m 传动系噪声，dB	用底盘测功机、振动检测装置和噪级计检测

（续）

序号	诊断对象	诊断目的	诊断参数	备注
13	制动系	制动系统工作效能 制动系统工作状况	制动距离，m 制动力，kN 制动减速度，m/s^2 左、右轮制动力差值，kN 制动滞后时间，s 制动释放时间，s	包括行车制动、驻车制动、工作台制动
14	转向系	转向轮定位状况	主销内倾，(°) 主销后倾，(°) 车轮外倾，(°) 车轮前束，mm 侧滑量，mm/km	电脑四轮定位
15	行驶系	车轮平衡状况、链轨张紧度、减振器状态	车轮静平衡 车轮动平衡，gcm 减振器阻尼	动平衡实验
16	灯光	前照灯、工作灯亮度	前照灯照度，1ux 前照灯发光强度，cd 光轴偏斜量，mm	头灯检测仪
17	液压系	油泵压力、液压油缸、马达效率、 先导阀、分配阀状况 系统泄漏状况 系统振动及噪声 系统温升	油泵输出压力，MPa 液压马达效率，% 液压油缸的效率。% 液压阀的灵敏度及效率 系统的内漏和外漏，mL/h 系统的振动、爬行、噪声 工作油温，℃	在液压试验台进行检测
18	工作装置	下降和提升速度、 与物料接触零部件的磨损状况、 工作装置的振动及噪声、回转机构的工作状况	液压提升机构的效率、到位情况， 工作装置零件磨损量，mm 振动幅度、频率，mm，kHz 回转机构灵活性、制动性	考察实际工作过程中的压降、提升高度、速度，用振动检测仪及噪级计检测振动和噪声
19	电控装置	各种传感器性能、 继电器的工作状况、 电控单元温升、可靠性	传感器的阻值，Ω、 传感器的灵敏度，mv/x 继电器间隙，mm 继电器工作电压，V ECU 工作温度，℃ ECU 的工作稳定性	在电工试验台进行

7.2.3 工程机械诊断参数的选择原则

工程机械在使用过程中，诊断参数值的变化规律与工程机械技术状况变化规律之间有一定的关系。为保证对工程机械故障诊断的准确性、方便性和经济性，在选择诊断参数时要遵循以下原则：

1. 灵敏性原则

在工程机械从正常状态进入到故障状态之前，诊断参数的相对变化率应较大，诊断参数的灵敏度为：

$$K_{\tau}=\mathrm{d}p/\mathrm{d}u \tag{7-1}$$

式中，$\mathrm{d}p$ 为工程机械技术状况参数变化增量；$\mathrm{d}u$ 为工程机械诊断参数变化增量。

2. 单值性原则

在诊断范围内，诊断参数呈单调递增(或递增)变化，诊断参数没有极值，即 $K_{\tau}\neq 0$。

3. 稳定性原则

诊断参数的稳定性主要是指对同一对象进行多次测量，其测量值具有良好的一致性，即所谓的良好重复性。诊断参数的稳定性可用均方差来衡量，即：

$$\sigma=\sqrt{\frac{\sum[u_i-p(u)]^2}{n-1}} \tag{7-2}$$

式中，u_i 为诊断参数的测量值；$\mathrm{P}(u)$为—诊断参数测量的平均值；n 为诊断参数的测量次数。

4. 可靠性原则

诊断参数信息的可靠性主要是指应用诊断参数对工程机械技术状态诊断或进行故障判断时，其诊断结论与真实结果之间的差异程度。诊断参数测量结果的离散程度大，误判的可能性就越大。诊断参数信息可信度的大小可表示为：

$$I(u)=\frac{|u_i-u_j|}{(\sigma_i-\sigma_j)} \tag{7-3}$$

式中，$I(u)$为诊断参数 u 的信息性；u_i、u_j 分别为第 i 个和第 j 个诊断参数值；σ_i、σ_j 分别为第 i 个和第 j 个诊断参数均方差。

5. 方便性原则

主要是指进行诊断参数测量时，检测方法的简便程度。它与测量时所采用的技术手段有关，取决于所用检测设备或仪器的检测能力、检测条件以及检测要求等因素。一般可以用检测所需时间来衡量，时间越长，便利性就越差；时间越短，便利性越好。

6. 经济性原则

主要是指进行诊断参数测量时，检测所需的各种费用。在能够满足检测与诊断需要的情况下，尽量降低诊断成本，减少财物消耗，以提高其维修经济性。

7. 规范性原则

规范性原则主要是指在选择、使用各种参数时，要遵循相关制度和标准；诊断过程要符合相关操作规范。例如，在进行液压马达测试时，液压油的牌号、油温都要符合国家规定；检测制动性能时，必须考虑轴重影响；检测功率时，必须知道规定的转速等。

7.2.4 诊断标准

为了实现对工程机械整机、各总成以及各机构和系统的技术状态进行定量评价，并达到确定工程机械的维修周期、工艺方法和预测工作时间等目的，只有诊断参数还不够，还必须建立相应的诊断标准及其规则体系。

1. 工程机械诊断标准的类型

工程机械诊断标准是表征工程机械整机、总成或机构工作能力状态的一系列诊断参数的界限值。诊断标准是工程机械诊断研究中的关键而复杂的问题。根据不同的分类方法，有不同类型的标准。

1）按使用范围分

国际标准：是指由国际标准化组织制定的世界范围内都应该遵循的标准。尽管目前国际上还没有一套完整的、关于工程机械维修与故障诊断方面的国际通用标准，但是，目前已经存在一些各国公认的或国际上约定俗成的标准。例如，机油牌号的标注标准、轮胎标注标准、排放标准、制动蹄片的耐温标准等。

国家标准：是指由国务院、国家各部委或某专门委员会制定的，由国务院颁发实施的，针对涉及施工安全和环境保护等公众利益问题而制定的标准，主要涉及工程机械作业的安全性和排放性，如制动距离、工作噪声、发动机排放等标准。这类标准通常是对整车、相关总成的技术状态的基本要求，其执行具有强制性。国家标准可以换算成相应的诊断参数，如制动距离可以换算成制动力或制动减速度等。

行业标准(制造企业标准)：由制造企业、制造厂家在设计制造过程中使用的，既与工程机械结构类型有关，又与工程机械最佳寿命、最大可靠性、最好经济性有关的标准。这类标准主要是考虑到工程机械的可靠性、耐久性和经济性等因素，一方面考虑制造工艺水平，另一方面也考虑到工程机械、总成或机构的基本性能要求。行业标准是进行工程机械故障诊断的主要依据。

企业标准(使用单位标准)：由使用部门、施工单位、厂矿、企业、建设工地根据工程机械实际应用条件或工作环境状况指定的，能够反映工程机械具体使用工况的标准。主要是指在保证工程机械良好的技术性能的条件下，以工程机械为主要技术装备的企业为提高车辆的完好率、延长零部件的使用寿命和降低运行成本，根据实际使用状况而制定的标准。显然，在不同的使用条件下，车辆不可能完全达到厂商提供的技术标准，例如，工程机械在海拔高度相差 4km 的地方，其燃油消耗率会有很大差别；在环境温度相差 50℃的不同地区作业，其性能参数也会有差异等。其主要原因是厂商标准对于这些技术指标只考虑了常规的使用条件，而且是在限定的运行条件下进行试验后确定的，它与实际的使用条件存在着很大差距。

2）按维修工艺要求分

随着使用时间的增长，工程机械技术性能将发生不同程度的变化。但是，当诊断参数在一定范围内发生变化时，对技术状况的影响可能不大。所以，不能只根据某些参数的出厂标准对车辆的技术状态进行判断，而不考虑维护和修理对诊断参数变化的补偿作用。因此，为延长工程机械的有效使用寿命和降低使用费用，在制定诊断标准时，应将诊断参数分成以下类型。

初始标准：应用于新机或刚刚经过正规大修，且无技术故障的工程机械的诊断参数标准。对于工程机械的某些总成或机构，如点火系、供油系等，初始标准是按照最大经济性或最大动力性原则来确定的。初始标准可以是一个固定的参数值，也可以是一定的变化范围。例如，点火提前角偏离范围≤3°～7°；各缸曲柄的质径积之差≤3.5g等。

许用标准：企业在定期检诊、维护、修理中使用的，判断工程机械在规定使用时间间隔内是否会出现故障的界限性标准，工程机械在使用过程中，如果所诊断参数在此标准之内，则其技术经济指标处于正常状况，若超出了许用标准，即使能够运行，但也坚持不到原来的维修时间间隔，例如气缸磨损达到0.25mm时，就要考虑提前进行相应的维护和修理，否则，工程机械的经济能将降低，故障率将升高，使用寿命将缩短。

极限标准：由国家机关或技术部门制定的、保障工程机械正常技术性能的、强制遵守的检诊标准。相当于工程机械不能继续正常使用的诊断参数值，是强制遵守的保障性指标。当诊断参数值超出规定的极限值时，其技术性能和经济指标将得不到保证。工程机械在使用过程中，通过技术检测可以将诊断结果与极限标准进行比较(例如胎花与行驶里程)，从而预测工程机械的使用寿命。当诊断对象的参数值达到极限标准时，必须立即进行维修或更换。

2. 各种诊断参数标准的确定

诊断标准的制定是一个复杂的过程，但是可以通过对相当数量的同种类型工程机械、总成、部件、零件在正常状态下诊断参数的统计分布规律，再结合考虑技术、经济、安全等各方面的因素来确定出适合大多数工程机械的诊断标准。

通常情况下，在运用统计规律确定工程机械诊断标准时，首先要随机选择相当数量的有运行能力的同种类型机型，然后对其诊断参数进行全部测量，进而在对检测结果进行统计分析的基础上，确定理论分布规律，最后，以分布规律和其他相关条件来确定诊断标准。

例如，随机选择n台工程机械，通过对某诊断参数的测量，可获得x_1，x_2，x_3，…，x_n，等若干个测量值。将这n个数值分成m个区间，并绘制成直方图。然后可采用下列3种方式，确定相应的诊断标准。

(1) 平均参数标准：取机车正常状态的概率为0.95～0.75的参数范围为诊断标准。即，以此范围为诊断标准，将有95%～75%的车辆处于有工作能力状态。

(2) 限制上限参数标准：即检测参数必须小于这个标准数值才为正常。

(3) 限制下限参数标准：即检测参数必须大于这个标准数值才为正常。

3. 各种参数标准使用注意事项

(1) 选用标准应该与被检诊对象具体情况相适应。例如，针对卡特彼勒和国产的推土机的检测和诊断就不宜采用同一标准；检测车架变形和喷油泵柱塞直径就不能用同一种标准等。

(2) 特别注意与工程机械安全性有关的参数。(例如，制动油压、转向间隙、共轨压力、纵向和横向稳定性等)。

(3) 极限标准的使用应当比其他标准更严格。因为这些标准不但直接反映工程机械能否正常工作的各种基本性能，与维修企业的维修理念和维修质量有关，而且也与用户使用的安全性、经济性密切相关。

7.3 工程机械重要参数的检测与诊断

工程机械在故障诊断过程中所需要检测的参数很多，这里我们只就几种最常见的重要参数的检测与诊断进行讨论。

7.3.1 噪声的测量

伴随着人类对实现可持续发展、环境保护和劳动保护意识的不断加强，人们对于工程机械的舒适性和振动噪声控制的要求越来越严格。噪声的控制，不仅关系到驾乘舒适性，而且还关系到环境保护。过高的噪声既能损害驾驶员的听力，还会使驾驶员迅速疲惫，从而对工程机械行驶和作业安全性构成了极大的威胁。噪声控制也关系到工程机械产品的工作的平顺性、耐久性和安全性。

1. 工程机械的噪声来源

工程机械噪声主要来源是空气动力、机械传动、液压 3 部分。从结构上可分为发动机空气动力方面的噪声(如，燃烧噪声、排气噪声、冷却风扇噪声、发电机噪声、增压器噪声、压缩机噪声等)；发动机本体噪声(如发动机振动，配气轴的转动，进、排气门开关等引起的噪声)；传动系噪声、底盘各部件的连接配合引起的噪声；车身噪声(发动机引起车身结构的振动、附件的安装不合理引起的噪声)；液压系统的噪声(齿轮泵，液压阀及管路振动引起的噪声)；工作部件在作业中的冲击、振动、摩擦等噪声等。

2. 噪声的物理量度

1) 声压及声压级

声压：所谓声压是指声波传播造成空气质点振动所产生的波动压力 P(Pa)，也可以说是声音在媒质中引起的附加压强。一般人类的听阈声压$=20\times10^{-6}$ Pa；痛域声压$\geqslant$20Pa。刚刚能够被听到的声压同震耳欲聋的声压相差约 1 百万倍，但人的听觉与此并不成比例，大概只觉得相差百余倍。所以直接用声压来描述声音的强弱，与感觉不符。

声压级：用与人类的对声压的分辨力相适应的、20 倍于某声压与基准声压之比的、以 10 为底的对数来描述的声压水平等级，称为声压级，其单位为分贝(dB)。即：

$$L_p=20\lg(P/P_0) \tag{7-4}$$

式中，P_0 为基准声压，$P_0=2\times10^{-5}\text{Pa}=20\mu\text{Pa}$；$P$ 为所测声压(Pa)。

所以，刚刚能够听到的声压级为：

$L_{p1}=20\lg(20\times10^{-6}/P_0)=20\lg(20\times10^{-6}/20\times10^{-6})=0\text{dB}$；

而痛阈声压级为：

$L_{p2}=L=20\lg(20/P_0)=20\lg(20/20\times10^{-6})=120\text{dB}$。

2) 声强和声强级

声强：单位时间内，通过与声波射线垂直的单位面积内的声能量称为声强，即在传播方向上通过单位面积上的声功率。单位：W/m^2。用 I 表示。基准声强为：$I_0=1\times10^{-12}\,\text{W/m}^2$。

声强级：用10倍于某声强与基准声强之比的、以10为底的对数来描述的声强水平等级，其单位为dB，即：

$$L_i = 10\lg(I/I_0) \tag{7-5}$$

式中，I_0 为基准声强，单位为 W/m^2；I 为所测声强，单位亦为 W/m^2。

3）声功率和声功率级

声功率：声功率就是指声源在单位时间内辐射出来的总声能量。单位：W。基准声功率为：$W_0 = 10^{-12}\,w = 1pW$

声功率级：用10倍于某声功率与基准声功率之比的、以10为底的对数来描述的声功率的水平等级，其单位为dB，即：

$$L_w = 10\lg(W/W_0) \tag{7-6}$$

式中，W_0 为基准声功率，W；W 为所测声功率，W。

4）计权声级

计权网络：在既考虑声压级又考虑频率的基础上，模拟人的耳朵对不同频率有不同的灵敏性的听觉特性，在计量声级设备中设置一种滤波装置，以滤去人的耳朵听不到的那部分频率，从而增加人们对所测量到的声音大小的真实感，这种声音计量系统就叫做计权网络。

计权声级：用计权网络所测得的噪声级别叫做计权声级。其中，A计权声级是模拟人耳对55分贝以下低强度噪声的频率特性而设计，使用较多；B计权声级是模拟55分贝到75分贝的中等强度噪声的频率特性而设计；C计权声级是模拟高强度噪声的频率特性而设计；D计权声级是对噪声参量的模拟，专用于飞机噪声的测量。计权网络的频率响应如图7.2所示。

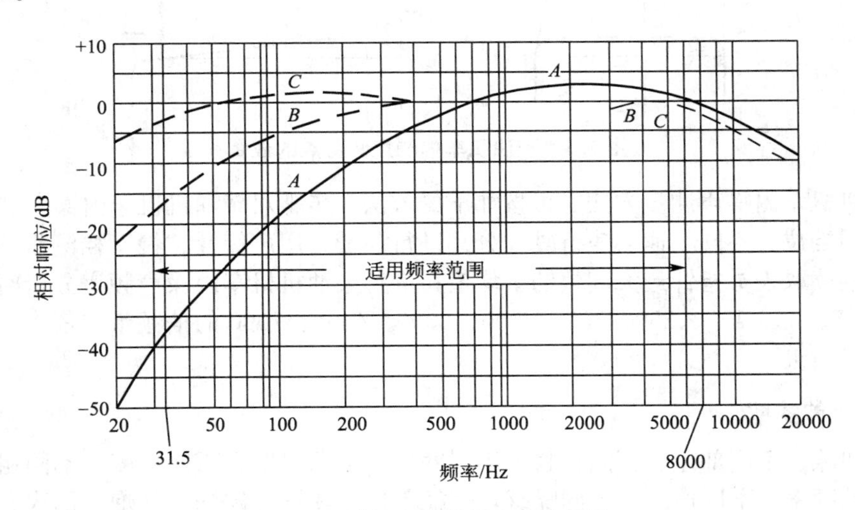

图7.2 计权网络的频率响应曲线

3. 噪声的测量

1)噪声测量装置——声级计

声级计是用来检测机械设备噪声最常用的仪器，它由话筒、听觉修正线路(网络)、放大器、指示仪表和校准装置等组成。检测噪声时听觉修正线路可根据工作需要(被测声音的频率范围)选择适当的修正(计权)网络，测得与人耳感觉相适应的噪声值。常用的声级计有 3 类：普通声级计、精密声级计和脉冲噪声精密声声级计。

2）声级计的使用(以柴油机车噪声检测为例)

测试准备：由于声级计的品种、型号等不同，因此使用时必须根据使用说明书的要求进行如下的准备：接通电源，使声级计预热 5min 以上，并检查电源电压是否符合要求；将听觉校正开关(计权挡)拨到所要测量的位置；根据对被测噪声级的估计值，预先选定量程；测定环境噪声。

柴油机车车内噪声的测量条件：为了保证柴油机噪声测量的准确性，测量时应使工程建设机械及其柴油机符合实际使用工况；轮式工程建设机械的测量跑道应有足够测试需要的长度，并应是平直、干燥的沥青混凝土路或水泥混凝土路面；测试时自然风速应不大于 3m/s；测试时机械的门窗应关闭，车内带有的其他辅助设备是噪声源的，应按正常使用情况进行运转；车内本底噪声应比所测量车内噪声至少低 10dB，并保证机械在测试过程中不被其他声源所干扰；车内除驾驶员和测试人员外，不应有其他人员。

柴油机车的噪声测点位置：测点位置按如下要点确定，车内噪声测试通常在人耳附近布置测点；话筒朝向机械前进方向；驾驶室内噪声测点位置按图 7.3 的要求确定。

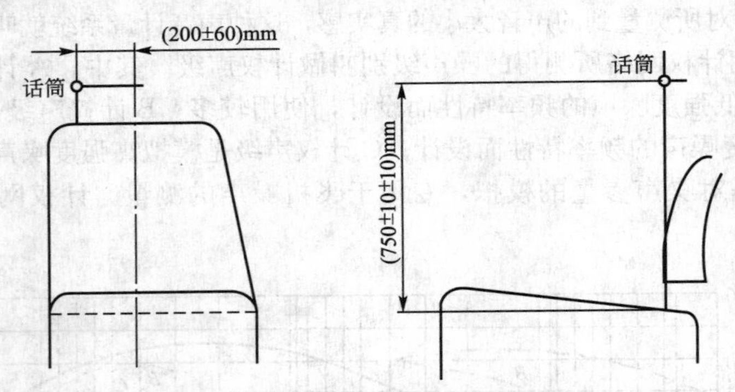

图 7.3　柴油机车内噪声测量点的位置

柴油机机车内噪声测量方法。可按如下的方法、步骤对柴油机机车内噪声进行测量：机械以常用挡位、不同车速匀速行驶，分别进行测量；用声级计“慢”档测量 A、C 计权声级，分别读取表头指针最大读数的平均值；进行柴油机机车内噪声频谱分析时应按中心频率为 31.5、63、125、250、500、1000、2000、4000、7000 的信频带，依次测量各中心频率下的噪声级。

4. 噪声的诊断

不同间隙、不同部位、不同材料、不同磨损、不同温度、不同速度、不同粗糙度会产生不同振动频率、不同声压、不同噪级，表征不同故障——缺腿、放炮、回火、爆震、敲缸、气门敲击、爬行提升、嗤垫、皮带打滑、轴承磨损、链轨松动、增压器喘振、机油细滤器高速旋转、高压气泡爆裂、刹车尖叫等，这些噪声可以根据经验进行人工初判，但要想做到精密诊断必须根据噪声测量进行分析断定。

7.3.2　工程机械的油样分析

在工程机械中广泛使用着两类工作油：液压油和润滑油，油料中携带有大量的关于机械设备运行状态的信息，特别是润滑油，它所涉及的各摩擦副的磨损碎屑都将落入其中并随之一起流动。这样，我们通过对工作油液(脂)的合理采样，并进行必要的分析处理后，就能取得关于该机械设备各摩擦副的磨损状况：包括磨损部位、磨损机理以及磨损程度等方面的信息，从而对设备所处工况做出科学的判断。油样分析技术有如人体健康检查中的血液化验，已成为机械故障诊断的主要技术手段之一。

1. 油液分析与诊断原理

1）油样分析可以获取的信息

通过油样分析，我们能取得如下几方面的信息：一是磨屑的浓度和颗粒大小反映了机器磨损的严重程度；二是磨屑的大小和形貌反映了磨屑产生的原因，即磨损发生的机理；三是磨屑的成分反映了磨屑产生的部位，亦即零件磨损的部位。将以上3方面的信息综合起来，即可对零件摩擦副的工况做出比较合乎实际的判断。

2）磨损产物的粒度、形状与磨损情况的关系

磨合段：磨损物颗粒较大，增速较快；正常磨损段：颗粒较小，呈不规则截面状；粘着磨损：出现条状、表面无光泽的颗粒；齿轮、滚动轴承磨损：产生屑片状、工作面光亮而另一面呈布纹状的粗糙表面。

3）磨屑形貌的识别

大量的理论分析和实验研究表明，不同的磨损发生机理，所产生的磨屑形貌是不同的，磨屑形貌的识别有助于我们针对不同的磨损机理采取不同的维修或预防措施，以下是几种常见磨屑形貌。

第一，正常滑动磨损的磨屑：对于钢材而言，通常是厚度小于1μm的剪切混合层薄片在剥落后形成的尺寸为0.5～15μm的不规则碎片，其典型形貌如图7.4所示。

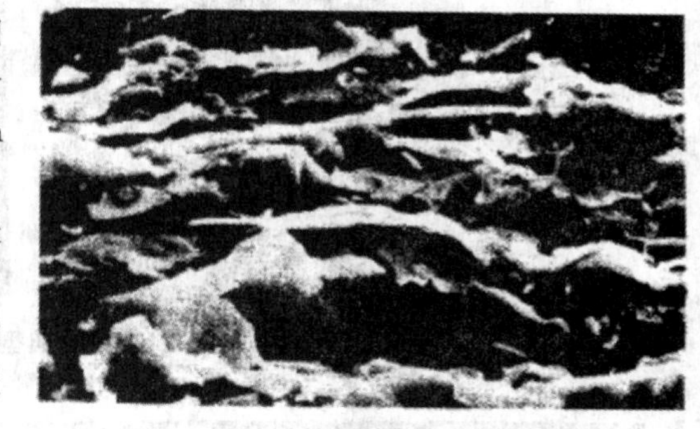

图7.4 正常滑动磨损时的典型磨屑形貌(S. E. M 2500×)

第二，磨料磨损的磨屑：一个摩擦表面硬质凸点切入另一摩擦表面形成的磨屑(二体磨料磨损)，或者是由润滑油中的杂质、砂粒及较硬的磨屑切削较软的摩擦表面形成(三体磨料磨损)的磨屑呈带状，通常宽2～5μm，长约25～100μm，其典型形貌如图7.5所示。

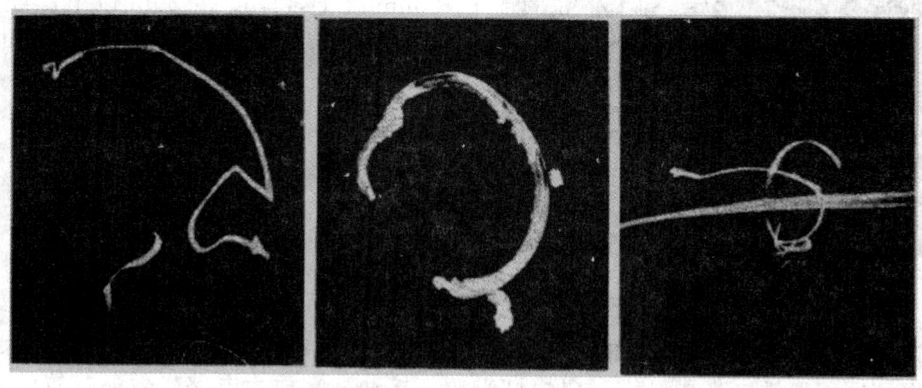

图7.5 磨粒磨损时的典型磨屑形貌(S. E. M 1000×)

第三，滚动疲劳磨损的磨屑：由滚动疲劳后剥落形成，磨屑通常呈直径为1～5μm的球状物，有时也有厚1～2μm、大小为20～50μm的片状碎片，其典型形貌如图7.6所示。

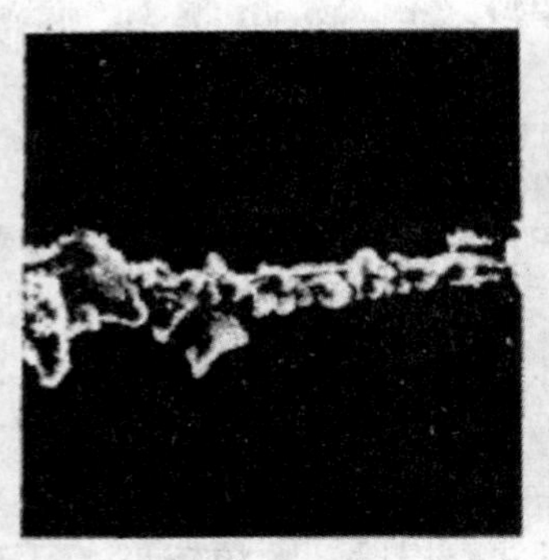
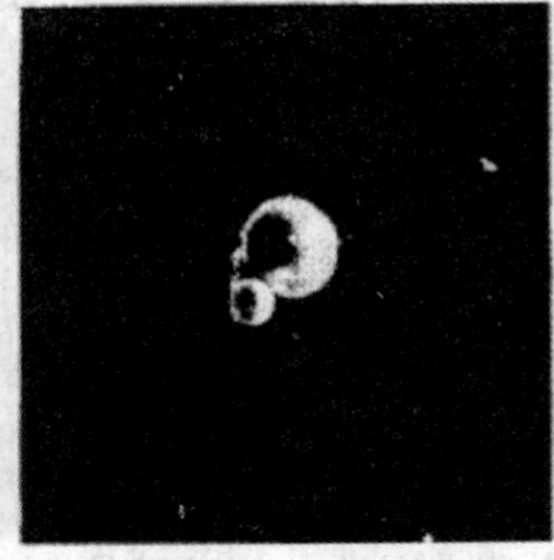

图7.6　滚动疲劳磨损典型磨屑形貌(S.E.M　1000×)

第四，滚动疲劳加滑动疲劳磨损的磨屑：主要是指齿轮节圆上的材料疲劳剥落形成的不规则磨屑，通常宽厚比为4：1～10：1；当齿轮载荷过大、速度过高时，齿面上也会出现凹凸不平的麻点和凹坑，其典型形貌如图7.7所示。

图7.7　滚动加滑动磨损的典型磨屑形貌(S.E.M　1000×)

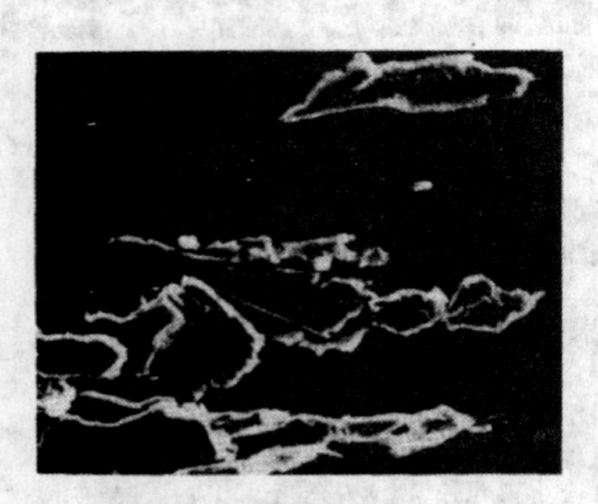

图7.8　严重滑动磨损时典型磨屑形貌(S.M.E.1000×)

第五，严重滑动磨损的磨屑：是在摩擦面的载荷过大或速度过高的情况下，由于剪切混合层不稳定形成的；磨屑尺寸在20μm以上，厚度在2μm以上，经常有锐利的直边，其典型的形貌特征如图7.8所示。

2. 油样的铁谱分析

所谓铁谱分析，就是利用铁谱仪从润滑油样(脂)试样中，分离和检测出磨屑和碎屑，从而分析和判断机器运动副表面的磨损类型、磨损程度和磨损部位的技术。

(1) 铁谱仪：虽然不同类型的铁谱仪，其结构、原理和性能有较大区别，但大多都是由光伏探测器、磁铁、光导纤维、白炽灯光源、接油杯、放大电路、数显装置、显微镜、清洗注射移液管以及其他辅助机构等组成的铁谱探测和分析装置。最常用的有直读式、分析式和旋转式3种。

(2) 铁谱分析的基本程序：铁谱分析由采样、制谱、观测分析与结论4个基本环节组成。

采样：一个合适的采样方法是保证获得正确分析结果的首要条件。由于铁谱分析技术检测的物质，是从几微米到上百微米甚至毫米级的磨损颗粒，这些磨屑极易受沉淀、破碎以及过滤器等因素的影响，因此，铁谱分析技术要求采样时应遵循以下几条基本原则。

一是应尽量选择在机器过滤器前并避免从死角、底部等处采样；二是应尽量选择在机器运转时，或刚停机时采样；三是应始终在同一位置、同一条件下(如停机则应在相同的时间后)和同一运转状态(转速、载荷相同)下采样；四是采样周期应根据机器摩擦副的特性、机器的使用情况以及用户对故障早期预报准确度的要求而定。一般而言，机器在新投入运行或刚经解体检修的时候，其采样间隔应短，通常应隔几小时采样一次，以监测分析整个磨合过程；机器进入正常运转期，摩擦副的磨损状态稳定后，可适当延长采样间隔；此后，当发现磨损发展很快时，又应缩短采样时间间隔。一般推荐的复式发动机采样间隔为(25±5)h。

制谱：制谱也是铁谱分析的关键步骤之一，对分析式铁谱仪而言，要注意提高制谱效率，更要注意提高制谱质量，要选择合适的稀释比例和流量，使得制出的谱片链状排列明显，且光密度读数在规定范围内。

观测与分析：谱片制好后，接下来的任务就是对谱片进行观测与分析，包括定性分析与定量分析两方面的内容。在定性分析方面，可用铁谱显微镜对磨屑形貌进行观测，也可用扫描电子显微镜(SEM)对磨屑进行更细微的观察；在定量分析方面，主要是进行光密度读数，也可以用计算机对金属磨屑进行图像处理。

结论：根据分析结果做出状态监测或故障诊断结论，为保证结论的可靠性，对于所监测的机器的了解是十分重要的，对机器的结构、材料、润滑及运转、保养、维修与失效历史等均应加以考虑。

(3) 铁谱的定性分析：对铁谱片进行定性分析主要有铁谱双色显微镜观察、扫描电镜检测和加热分析等几种方法。其中，对于显微镜观察法，可分别利用白色和双色光照明来观察磨屑的形状、颜色和大小(图7.9)，利用白色透射光照明来观察和判断氧化物磨屑中有无游离金属，利用双色(红、绿)照明来观察游离金属(呈红色)、氧化物或化合物(呈绿色)和厚度>5μm的氧化物，利用偏振光观察各种塑料和其他固体物质；对于SEM法，主要用来观察更加细微的磨损形状；对于加热法，主要用来通过温度的变化使物质颜色发生变化来区分各种成分。

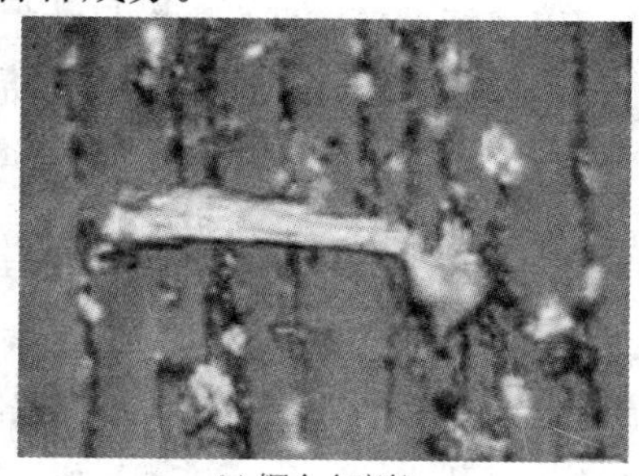

(a) 铜合金磨粒

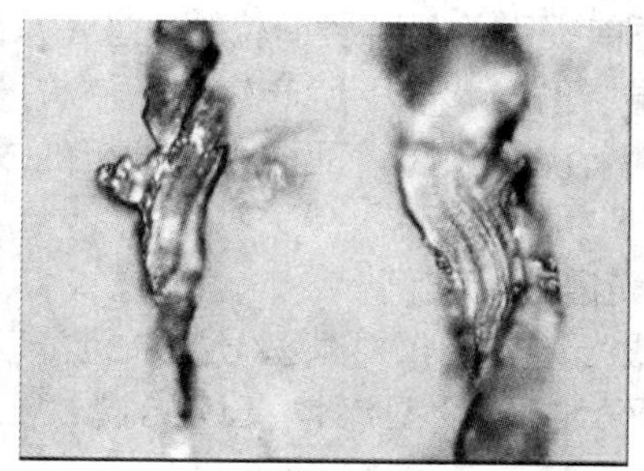

(b) 切削状钢磨粒

图7.9 铁谱的定性分析

（4）铁谱的定量分析：以一台 W613 型铲车液压系统从正常磨损至失效的光密度读数变化曲线为例，由图 7.10 可以看出，在 1000h 以后，Is（磨损烈度）、D_L（大颗粒数量）＋Ds（小颗粒数量）值都急剧增加，说明系统已处于剧烈磨损阶段。从 1147h 起，系统已处于破坏性磨损工况，油样中发现几个尺寸在 75～100 的大磨屑，这标志着系统即将损坏，必须及时进行维修。

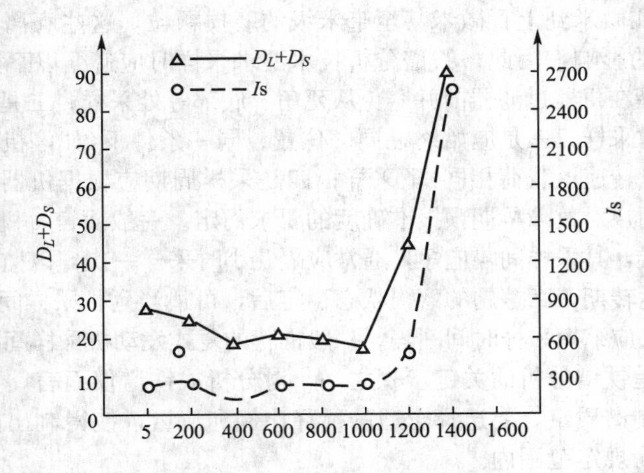

图 7.10　W613 型铲车液压系统从正常到失效的铁谱读数变化曲线

3．油样的光谱分析技术

1）基本原理

油样光谱分析，就是利用油样中所含金属元素原子的光学电子在原子内能级间跃迁产生的特征谱线来检测该种元素的存在与否，而特征谱线的强度则与该种金属元素的含量多少有关，这样，通过光谱分析，就能检测出油样中所含金属元素的种类及其浓度，以此推断产生这些元素的磨损发生部位及其严重程度，并依此对相应零部件的工况做出判断。

2）油样光谱分析的特点

优点：检出限低，灵敏度高；准确度高；分析速度快；试样用量小；应用范围广，可测定的元素达数十种，不仅可以测定金属元素，也可以用间接原子吸收法测定非金属和有机化合物。

缺点：不能提供关于磨屑形貌的信息，只能用以分析含量较低且颗粒尺寸很小（$<10\mu m$）的磨屑，而异常磨损状态下所产生的磨屑粒度一般较大，因此，油样光谱分析一般只能用于故障的早期监测与预防；油样光谱分析的成本要高得多，一台光谱仪的价格约为几万元人民币。

3）油样光谱分析实例

用直读式光谱分析仪对某型号柴油机滑动轴承磨损情况进行状态检测结果如下：取 7 个油样，在 FAS－2 C 型流体直读光谱仪上进行光谱分析，各油样中主要磨损物含量见表 7－3。

表7-3 直读式光谱仪测量结果(10^{-6})

元素＼油样	1#	2#	4#	6#	7#	10#	12#	13#
Al	009.0	011.0	011.2	012.5	010.3	010.5	010.6	037.7
Sn	004.9	003.5	006.0	004.5	005.9	004.4	005.7	014.3
Cu	003.3	003.5	003.5	003.7	004.1	003.7	003.5	004.0
Fe	004.5	006.1	005.9	006.3	006.3	005.7	005.9	013.9
Si	000.5	000.5	000.7	001.0	001.0	000.7	001.7	001.5

Al、Sn是轴承衬材料的主要元素成分，Al、Sn元素的浓度变化反映轴瓦磨损量；Fe元素的浓度变化反映了轴颈的磨损。试验后轴瓦厚度测量结果及形貌测量结果与光谱分析结果一致。Si元素含量较少，说明润滑油中灰尘极少。13#油样明显地反映试验过程已进入严重磨损阶段，如不及时停车，必然导致咬粘损坏现象的出现。试验后拆检发现轴瓦表面有严重擦伤磨损的沟槽。

7.3.3 液压系统的故障诊断

1. 液压系统常见故障现象

(1) 泄漏：包括由于松动、磨损、老化突然爆裂等原因引起的外漏、内漏、缓漏、急漏。

(2) 油料变质：包括由于氧化、高温、化学污染、老化、滤清器失效等引起的稀释、胶状沉淀、絮状悬浮、杂质过多等现象。

(3) 振动及噪声：包括由于磨损、蠕变、调整不当、变形等原因所引起的机械振动、液力波动、机械噪声和液、气噪声等。

(4) 油料温度过高：由于负荷、摩擦、环境等因素造成的液压油温度超过规定范围。

(5) 运转无力：由于定压太低、泄露过量、供油不足等所引起的不能拖动额定负载的现象。

(6) 动作缓慢：由于泄露、定压过低、流量不够等所造成的运动速度低于正常值的现象。

2. 液压系统故障诊断的基本方法

故障诊断的最基本方法有观察法、逻辑分析法及仪器检测法。观察法、逻辑分析法属于定性分析方法，仪器检测法具有定量分析的性质。

1) 观察诊断法

把利用眼、鼻、耳、手的观察、嗅觉、听觉及触觉所感觉到的情况作为第一手资料，再与日常经验结合起来，同时参考有关图表、资料和相关数据信息，以分析液压设备是否存在故障、故障部位及故障原因的一种最初的直观诊断方法。

2) 逻辑分析法

逻辑分析法主要根据液压系统工作基本原理进行的逻辑推理方法，也是掌握故障判断技术及排除故障的最主要方法之一。它是根据液压系统组成中各回路内的所有液压元件有

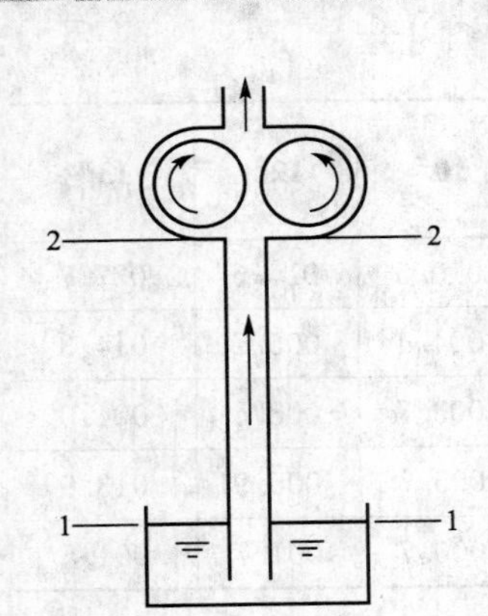

图 7.11　液压系统故障诊断——叙述法

1—1—液面高度；
2—2—油泵入口高度

可能出现的问题导致执行元件(液压缸或液压马达)故障发生的一种逼近的推理查出法。这种方法有叙述法、列表法及框图法3种基本类型。

叙述法：对于一种故障现象中的基本元器件逐个进行表述性分析，直至查出真正故障原因。例如：对于图7.11所示的油泵，若油泵本身性能良好，但故障现象为自吸性差，则可进行如下分析。

一是吸油管路太细太长，应加大直径、减小长度；二是泵的转速过高，管内能量损失太大，应减小泵的转速；三是油箱内压力过低，可以改开式油箱为闭式油箱，使其内压力提高；四是管道拐弯太多，或其内堵塞，应尽量使管道内部平滑通畅。

列表法：列表法是利用表格将系统中发生的故障、故障原因及故障排除方法简明地列出的一种常用方法，见表7-4。

表7-4　用列表法进行液压系统故障诊断逻辑分析

故障	故障原因	排除方法
油温上升过高	1. 使用了粘度高的工作油，粘性阻力增加，油温升高 2. 使用了消泡性差的油，由于气泡的绝热压缩，工作油变质使油温上升 3. 在高温暴晒下工作，工作油劣化加剧，使油温上升 4. 其他原因如过猛操作换向阀、经常处于系统溢流状态等也会使油温加速上升	更换合格合适的液压油，平稳操作，防止冲击尽可能减少系统溢流损失等
工作油中气泡增多	1. 工作油中混入空气，停机时气泡积存于配管，执行元件排气不良时，同样会出现更多的气泡 2. 振动剧烈 3. 油温上升	检查工作油量是否过少，尤其要注意工作油在倾斜厉害的状况下长时间使用时，油面应比油泵进油口高 检查泵密封性，管夹松动情况

框图法：框图法是利用矩形框、菱形框(或左右两端是半圆的圆边框)、指向线和文字组成的描述故障及故障判断过程的一种图式方法，如图7.12所示。

3）参数诊断法

使用仪器、仪表对液压系统进行故障诊断的办法。这些仪器、仪表是在不拆卸液压设备的情况下进行参数测量后与正常值相比较从而断定是否有故障。常用的液压检测设备有：油压表、油温表、流量计、手提箱式液压诊断仪、手推车式液压诊断仪、万能液压诊断仪、其他便携式不拆卸液压诊断仪、液压试验台、铁谱分析仪、光谱分析仪、计算机化的智能诊断仪等。

参数诊断基本原理：任何液压系统工作正常时，系统参数都工作在设计和设定值附近，工作中如果这些参数偏离了预定值，则系统就会出现故障或有可能出现故障。即液压系统产生故障的实质就是系统工作参数的异常变化。因此当液压系统发生故障时，必然是

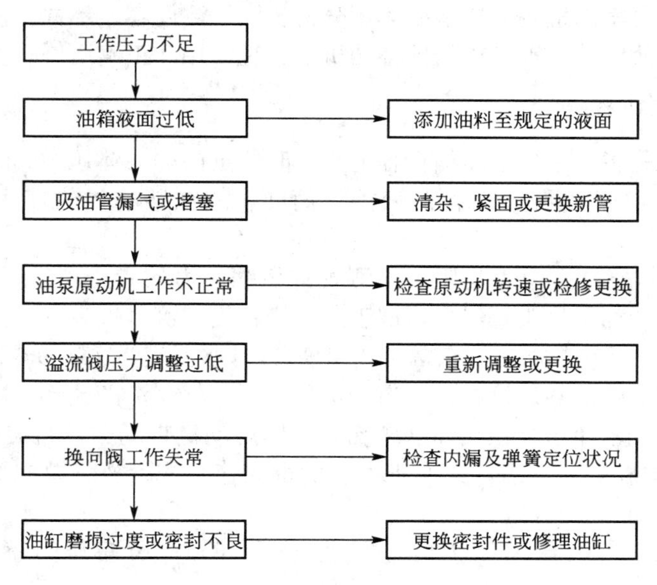

图 7.12 液压系统故障诊断——框图法

系统中某个元件或某些元件有故障，在检测出系统中某一点或某几点的参数状况的基础上，结合逻辑分析法，即可快速准确地找出故障之所在。参数测量法不仅可以诊断系统故障，而且还能预报可能发生的故障(即液压系统状态的监测)，并且这种预报和诊断都是定量的，将诊断工作参数与正常值进行比较，即可判断是否需要调整或维修。

参数诊断的优点：参数法诊断过程的参数测量为直接测量，检测速度快，误差小，设备简单，便于在现场推广使用，适合于任何液压系统的检测。测量时既不需停机，又不会损坏液压系统，几乎可以对系统的任何部件进行检测，不但可以诊断出已有的故障，而且还可以进行在线监测，预报潜在故障，具有很好的应用前景。

参数诊断的基本内容：压力、流量、温度是主要诊断参数，转速、功率、效率是次要诊断参数，振动、噪声、污染程度是参考诊断参数。

参数测量法诊断液压系统故障的步骤：利用参数法诊断液压系统故障，首先要根据故障现象，调查了解现场情况，对照实物仔细分析该机的液压系统原理图，弄清其工作原理及各检测点的位置和相应标准数据。在此基础上，对照故障现象进行分析，初步确定故障范围，撰写检查诊断的逻辑程序，然后借助仪器对可疑故障点进行检测，将实测数据和标准数据进行比较分析，最后确定故障原因与故障点。

7.3.4 柴油机几项主要指标的诊断

工程机械柴油机技术状况因使用条件(转速、负荷等)、运转环境(海拔、气候等)、操作水平、维修质量的不同而发生变化。柴油机技术状况可通过其功率、扭矩的大小，燃油消耗率的高低，振动、异响的强弱，冷却、润滑和启动、加速性能的好坏，以及气缸密封状况和排气烟色等反映出来。柴油机技术状况与其零件的质量情况，装配、调整正确与否，以及保养、修理水平密切相关。在检测与诊断柴油机技术状况变化的原因时，常因一种故障现象伴随多种原因而给故障识别与分析带来困难。研究柴油机技术状况的检测与诊断的目的，是利用科学的检测方法和手段，分析相同检测内容、不同检测方法的差异和特点，通过分析找出故障的原因，以指导柴油机的合理使用和正确维修。

1. 气缸压缩压力检测

气缸压缩压力是指活塞到达压缩行程上止点时气缸内的气体压力，它是表示气缸密封性最直接的参数。由于测量方法和仪表操作简便，故被柴油机的使用和维修单位广泛应用。

(1) 使用工具：气缸压力表是用于检测气缸压缩压力的专用仪表，一般由压力表头、连接软管、单向阀和测量接头等组成，属于1.5级精度的测量仪表。

(2) 测量方法：预热柴油机至正常工作温度(冷却水温度为75～95℃)，清洁喷油器座孔处积物，拆除各缸喷油器。检查进气道，不得阻碍进气气流的流动，如拆除空气滤清器等。将气缸压力表严密地压装在喷油器座孔上，用启动机带动柴油机旋转3～5s，使被检测气缸进行5～7次以上的压缩，读取压力表的最大值。按下放气单向阀，压力表指针恢复“0”位。依次检测其他气缸。

(3) 检测标准：各缸压缩压力之差不得超过10%；压缩压力不得低于原厂标准的75%。

(4) 结果分析如下。

① 某一气缸压缩压力较低时，可向该气缸注入10～15mL的润滑油，片刻后用起动机带动曲轴旋转3～5s，再重新测定该气缸的压缩压力。若此时的气缸压缩压力明显提高，则说明该气缸的气缸及活塞环漏气严重；若气缸压缩压力变化不明显，则应查明气缸压缩压力低的另外原因。

② 相邻两气缸的压缩压力均偏低，说明两气缸之间相互窜气。窜气最常见的原因是气缸垫损坏。

③ 如果所有气缸的压缩压力均明显低于规定值，则说明该柴油机的活塞及活塞环磨损过大，或进、排气门因严重积炭等原因而密封不严。

④ 气缸压缩压力检测值与原规定值比较，虽然变化不明显，但柴油机动力不足，曲轴箱有大量排烟，这主要是由于活塞及活塞环、气门等因窜油、漏油使燃烧室内积炭严重，使燃烧室容积缩小，改变了柴油机的压缩比。此时测定的气缸压缩压力值虽没有明显降低，但柴油机做功冲程时的严重漏气，导致曲轴箱排烟严重，并因此引起柴油机功率明显下降。

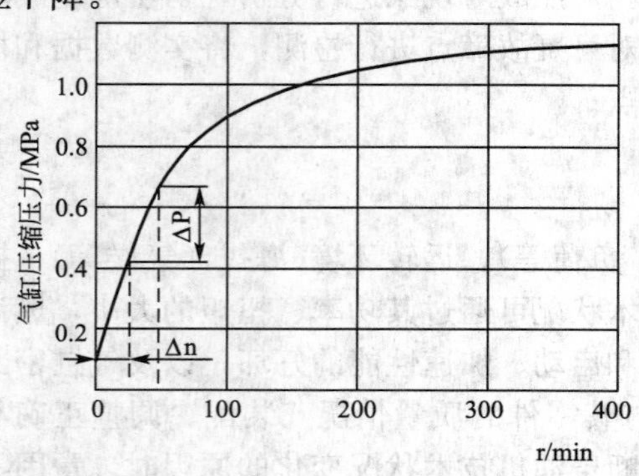

图7.13　曲轴转速与气缸压缩压力之间的关系

⑤ 虽然气缸压缩压力不能准确地反映气缸的密封状况，但可以方便地识别柴油机故障的原因。若需要分析引起某气缸工作不良的具体原因是供油、喷油不良，还是气缸压缩压力不足时，特别是工作不良的气缸出现气缸垫损坏和气门烧损或关闭不严时，利用气缸压缩压力检查、判断更是方便简捷。

⑥ 当然在该项检查中不能忽视发动机转速的影响。曲轴转速与气缸压缩压力之间的关系如图7.13所示。

2. 供油提前角的检测与诊断

供油提前角的大小，对柴油机的工作过程影响很大。因此，柴油发动机具有一个最佳供油提前角是非常重要的。但供油提前角随着磨损、振动、松动的加剧会发生变化，因此常需要检调。

(1) 供油提前角的静态测定(溢流法测定)步骤如下。

第一步，用手摇把摇转柴油机曲轴，使第1缸活塞处于压缩行程中。当固定标记对准飞轮或曲轴传动带轮上的供油提前角记号或规定角度时(此时高压油应当从第1缸高压油管溢出)，停止摇转。

第二步，检查喷油泵联轴器从动盘上刻线记号是否与泵壳前端面上的刻线记号对正。若两刻线记号正好对正，说明喷油泵第1缸柱塞开始供油时间是准确的；若联轴器从动盘刻线记号还未到达泵壳前端面上的刻线记号，说明第1缸柱塞开始供油时间过早；反之，若联轴器从动盘上的刻线记号已越过泵壳前端面上的刻线记号，说明第1缸柱塞开始供油时间过晚。若喷油泵第1缸柱塞开始供油时间过早或过晚，应松开联轴器固定螺钉，在前对儿刻线记号对正的情况下紧固。

第三步，进行路试。选择平坦、坚硬的直线道路或专用跑道，热车后以最高档、最低稳定车速行驶，然后将加速踏板猛踩到底，使机车急加速运行。此时，若能听到柴油机有轻微的敲击声，且随着车速提高逐渐消失，则为供油正时正确；如果听到的敲击声强烈，且车速提高后长时间不消失，则为供油时间过早；如果听不到着火敲击声，且加速无力，动力不足，则为供油时间过晚。当供油时间过早或过晚时，只要停车松开喷油泵联轴器，使喷油泵凸轮轴逆转动方向或顺转动方向转动少许，反复调试几次就可使供油正时变得准确。

(2) 供油提前角的动态测定：选用一合适的供油正时灯，将其油压传感器串接在第1缸高压油管与喷油器之间或外卡在高压油管上，可使油压变为电信号，并触发频闪灯(正时灯)闪烁。正时灯每闪光1次表示第1缸供油1次，因此闪光与第1缸供油同步。当用正时灯对准柴油机第1缸压缩终了上止点标记，并按实际供油时间闪光时，可以看到运转中的柴油机在闪光的照耀下，其转动部分(飞轮或曲轴传动带轮)上的供油提前角记号或规定角度还未到达固定标记，即第1缸活塞还未到达上止点，如图7.14所示。

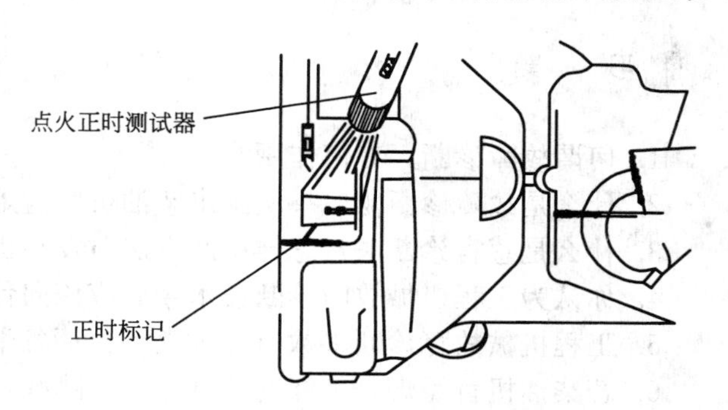

图7.14 用供油正时灯检测供油时刻

此时，若调整正时灯上的电位器，使闪光逐渐延迟至转动部分上的供油提前角标记或规定角度正好对准固定标记时，那么延迟闪光的时间就是供油提前的时间，经过变换将其显示到指示装置上，便可读出要测的供油提前角。

3. 柴油机有效功率的测定

发动机的有效功率是指指示功率减去消耗于内部零件的摩擦损失、泵气损失和驱动附件等机械损失后，从发动机曲轴输出的功率，有效功率一般用 Pe 表示。多种原因都可以导致有效功率的下降，一般当其实际有效功率低于额定功率的75%时，就要进行相应的检测、诊断与维修。

发动机的有效功率可以在发动机试验台架上测定。起动发动机，运转至温度上升到75～95℃，用转速表(或角速度计)测定其某一油门下的转速 n，再从测功仪仪表盘上读出额定扭矩值，然后用下式计算出 n 转速下有效功率 P_e：

$$P_e = T_e \cdot \frac{2\pi \cdot n}{60} \times 10^{-3} = \frac{T_e \cdot n}{9550}(\mathrm{kW}) \tag{7-7}$$

式中，P_e 为有效功率，kW；T_e 为有效扭矩，N·M；n 为发动机转速，r/min；

若将 n 调整为额定转速 n_e，则测得的功率为额定功率。

工程机械故障诊断的内容十分繁杂，限于篇幅，本章只能简介其基本方法并略举几个案例，其他具体案例在第9章中也有叙述。

本章小结

本章分为3节，第1节简述了工程机械故障诊断的目的、基本步骤、主要内容以及故障诊断技术的发展趋势，比较详细地介绍了按不同方式分类的各种故障诊断方法。第2节论述了工程机械故障诊断参数的类型、诊断参数与故障之间的关系、诊断参数标准以及选取这些参数所应遵循的原则。第3节以噪声诊断、油样分析、液压系统常见故障诊断和柴油发动机几个重要参数的诊断为例，阐述了工程机械故障诊断的基本流程和方法。

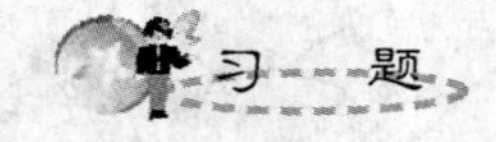

1. 何谓故障诊断，有何作用？
2. 什么是故障诊断树？举例画出柴油机冒蓝烟的故障诊断树。
3. 什么是感官诊断法？怎样用此方法对发动机敲缸故障进行诊断？
4. 你认为工程机械故障诊断技术今后应该向什么方向发展？
5. 工程机械故障诊断参数有几种类型？请各举一二例。
6. 若柴油机冒黑烟，可能的故障原因有哪些，应当分别检测哪些参数？
7. 一柴油机冬季使用时，水温显示老是在60℃左右，试问大概什么原因，如何诊断？
8. 什么是计权声级？
9. 如果连杆小端的青铜轴承严重磨损，是否可以用油样分析的方法进行故障诊断？
10. 试用框图法说明润滑系机油压力过低的故障诊断流程。
11. 一台柴油机的供油提前角过大，试问怎样用静态诊断法对其进行检测和调整？

第8章 工程机械零件基本修复方法

★ 了解工程机械零件的机加工修复法及焊接修复法；

★ 了解工程机械零件的热喷涂修复法、电镀修复法、粘接修复法、矫正修复法和研磨修复法；

★ 了解工程机械零件的表面强化技术和修复工艺的确定。

知识要点	能力要求	相关知识
工程机械零件的机加工修复法和焊接修复法	合理确定修复尺寸，掌握手工焊接基本方法	尺寸修复、附加零件修复、堆焊、氩弧焊、埋弧焊等
工程机械零件的喷涂、电镀、矫正及研磨等修复法	了解气体火焰喷涂、等离子喷涂、镀铁、压力矫正等方法	等离子喷涂、超音速喷涂、镀铬、镀铁等知识
工程机械零件的表面强化，零件修复工艺的确定	了解常见表面强化技术，学会合理确定零件修复工艺	喷丸、渗碳、激光表面处理、确定修理工艺的20字原则等

8.1 概　　述

零件修复的任务就是恢复已经损伤的、有修理价值零件的尺寸、形状、力学特性和其他性能。而零件修理是工程机械维修的一个重要组成部分，是修理工作的基础。

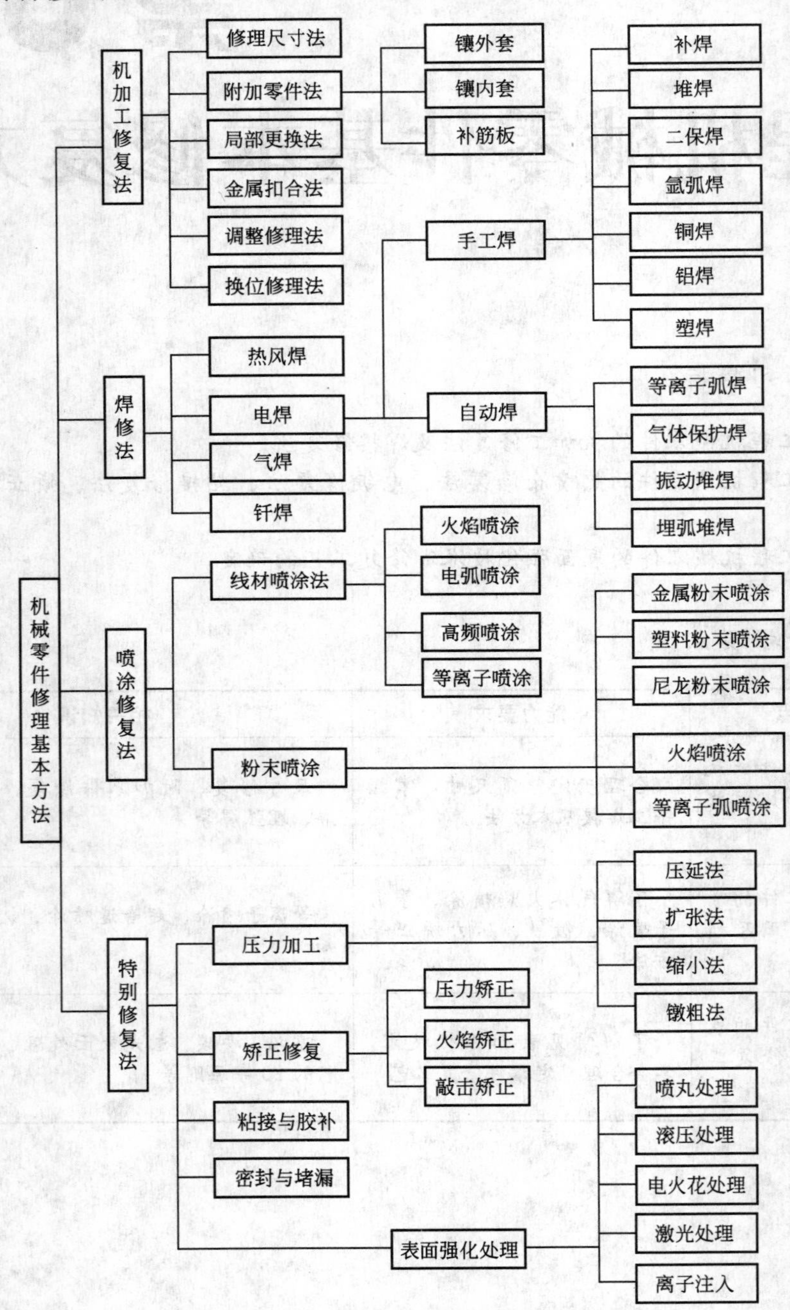

图 8.1　工程机械零件常用修复方法

零件修复的目的就是在经济合理的原则下恢复零件的配合性质和工作能力。

科学技术的发展为机械零件的修复提供了多种可供选择的修复方法，这些修复方法各自具有一定的特点和适用范围，这些修复方法的选择，既要根据零件的缺陷特性来进行，也要根据修理企业自身的技术状况和硬件条件来决定。

1. 工程机械零件修理的意义

尽管在工程机械的整个寿命周期内，维护和零件更换的比例越来越大，尽管再制造技术的应用越来越广，但零件维修仍具有重要意义。零件修复是保证工程机械经济效益和社会效益的主要手段；而修复零件一般可以节约材料，节约拆装、加工、调整、运输等费用，减少新备件的消耗量；零件修复一般不需要精密、特大型设备、稀有零件修理可节约人力和物质资源，创造社会财富；适度地进行工程机械零件修理是降低工程机械寿命周期费用的有效手段。

有的机械设备，可以通过“抢时间、保工时”的快速维修，以利于生产组织的连贯性，从而增加了总收益。

2. 工程机械零件维修的基本方法

根据工程机械零件的缺陷特征，其修复方法一般可以分别按照磨损件、变形件、破损件等进行分类。

磨损零件的修复方法基本上可分为两类：一是对已磨损零件进行机械加工，使其恢复正确的几何形状和配合特性，并获得新的几何尺寸；二是利用堆焊、喷涂电镀和化学镀等方法，对零件的磨损部位进行增补，或采用胀大(缩小)、镦粗等压力加工方法增大(或缩小)磨损部位的尺寸，然后再进行机械加工，恢复其名义尺寸、几何形状及规定的表面粗糙度。

变形零件的修复可采用压力校正法、火焰校正法和敲击矫正法进行修复。

零件的断裂、裂纹、破损等损伤缺陷采用焊接、粘接、钳工或机械加工法进行修复。

零件的修复方法可归纳为由图 8.1 所示的几种基本类型。

8.2 机械加工修复法

机械加工修理就是利用各种机加工设备，采用车、铣、刨、钻、镗等手段，对机械零部件进行修复的方法。机械加工修复法是机械零件修复中最基本、最重要、最常用、最见效和最直接的修复方法，机械上许多重要零件都是利用机械加工的方法修复的，它包括修理尺寸法、附加零件修理法、局部更换修理法和转向翻转修理法等。

由于工程机械零件种类繁多、类型复杂，而维修设备一般不是专用设备，被维修的工程机械零件的硬度往往高于制造中的零部件，所以在选用机加工修理时，应注意以下几点。

一是正确选择定位基准。其原则是：首先选择原制造基准为定位基准；其次选精度高、变形小的端面或轴线作为基准；最后才选用容易测量的加工面为基准。一般情况下建议以轴类零件的两端中心孔和壳(箱体)类零件不变形时的大平面为基准，若有变形时则以

主轴孔轴线为基准 。二是轴类零件的过度圆角修复时，必须注意防止应力集中，防止过度削弱，必要时辅以堆焊处理。三是尽量保留原设计要求的表面粗糙度和加工精度。四是务必保持零件原有的静平衡和动平衡，特别是质量大、速度高的零件。五是要尽量保持原有配合间隙。

8.2.1 修理尺寸法

修理尺寸法是修复配合副零件磨损的一种方法，它是将待修配合副中的一个零件利用机械加工的方法恢复其正确几何形状并获得新的尺寸(修理尺寸)，然后选配具有相应尺寸的另一配合件与之相配，在不改变原配合性质的基础上，恢复配合性质的一种修理方法。

采用修理尺寸法应遵循的基本原则，一是要选精度高、成本高、价格高的零件作为修复件；二是要选简单、易耗、便宜件作为更换件；三是不得改变原配合性质和运动规律；四是一定要注意国家标准中的修理尺寸变更等级与限度。

1. 修理尺寸法的类型

(1) 标准级差修复法：对于某些常用的、同一系列的零件，国家标准对其修理尺寸的级差做出了明确的规定，修理时一定要遵守这些标准，否则，无法选用配合件。例如，我国汽车和工程机械机械零件修理中，一般级差取 0.25mm，也有部分汽车和进口工程机械取 0.1mm。

(2) 非标准级差修复法：对于某些非标零件，国家标准中没有明确的规定，企业可根据实际情况自行确定修理尺寸。

2. 修理尺寸的确定

修理尺寸的大小与级别，取决于修理间隔期中零件的磨损量、加工余量和安全系数等因素。

1) 轴的修理尺寸的确定

图 8.2 中，d_m 为轴的基本尺寸，d_r 为磨损后的尺寸，d_{r1} 为轴的第一级修理尺寸，δ 为在修理间隔期内零件直径的磨损量，δ_{max} 为单侧最大磨损量，C 为单侧加工余量，其数值大小取决于设备精度、磨损情况及工人的技术水平，精车与精磨取 0.05～0.1mm，磨削和研磨取 0.03～0.05mm，修理中一般取 0. 03～0. 10mm。

轴的第一级修理尺寸可按下式计算：

$$d_{r1}=d_m-2(\sigma_{max}+C)=d_m-2(\rho\delta+C) \tag{8-1}$$

式中，ρ 为磨损不均匀系数，一般为 0.5～1；$\delta_{max}=\rho\times\delta$。

令 $r=2(\rho\delta+C)$，则

$d_{r1}=d_m-1r$ ，$d_{r2}=d_m-2r$ ，$d_{r3}=d_m-3r$……，推广到一般：

$$d_{rn}=d_m-nr \tag{8-2}$$

式中，n 为轴修理尺寸的序级号(1，2，3，4……)；d_{rn} 为轴的第 n 级修理尺寸；r 为修理级差值，一般取 0.25mm，一些精密度高的进口设备也可取 0.1mm.

2) 孔的修理尺寸的确定

图 8.3 中，D_m 为孔的基本尺寸，D_r 为孔磨损后的尺寸，D_{r1} 为孔的第一级修理尺寸，δ为在修理间隔期内零件孔径的磨损量，δ_{max}为单侧最大磨损量，C 为单侧加工余量。

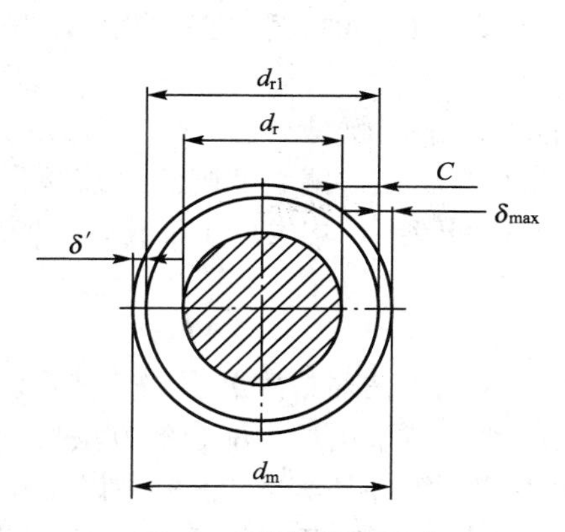

图 8.2 轴的修理尺寸

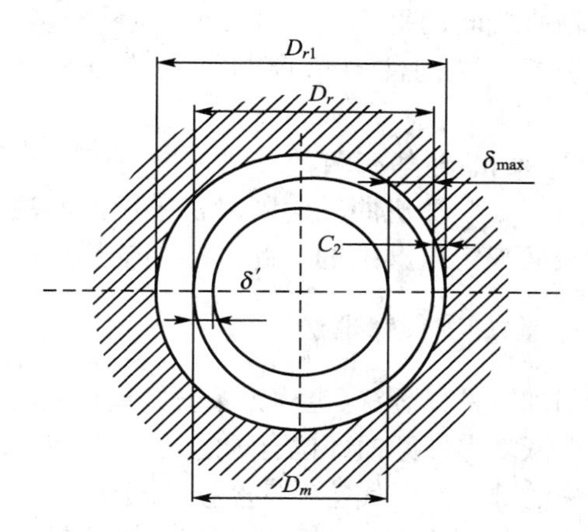

图 8.3 孔的修理尺寸的确定

孔的第一级修理尺寸可按下式计算：

$$D_{r1}=D_m+2(\delta_{max}+C)=D_m+2(\rho\delta+C) \tag{8-3}$$

式中，ρ 和 δ_{max} 与式(8-1)中的含义相同。

同理，令 $r=2(\rho\delta+C)$，则

$D_{r1}=D_m-1r$，$D_{r2}=D_m-2r$，$D_{r3}=D_m-3r$……，推广到一般：

$$D_{rn}=D_m+nr \tag{8-4}$$

式中，n 为孔修理尺寸的序级号(1，2，3，4……)；D_{rn} 为轴的第 n 级修理尺寸；r 为修理间隔的级差值，各级级差不尽相同，但以 0.25mm 为最多，为便于配件供应，通常使修理尺寸标准化。

3) 修理尺寸法的应用

修理尺寸法可适用于工程机械上的许多主要零件，如曲轴、凸轮轴、气缸、转向节主销孔等，由于零件强度及结构的限制，采用修理尺寸法到最后一级时，即，超过国家规定的修理极限标准时，零件就应采用其他方法进行修理。

【例 8-1】 已知：一喷油泵凸轮轴的基本尺寸 $d_m=22$mm，测得各磨损点的磨损量分别是 0.40 、0.42、0.25、0.44 、0.45 、0.41mm。

试确定：其修理级别和修理尺寸。

解：由式(8-2)知

$$d_{rn}=d_m-n\times r=22-2\times 0.25=21.5\text{mm}$$

【例 8-2】 已知：EQ－1080E 发动机的原缸径为 100mm，磨损后测得的最大值是 100.58mm 。

求： 其修理级别和修理尺寸。

解： 由式(8-4)知

$$D_{rn}=D_m+n\times r=100+3\times 0.25=100.75\text{mm}$$

4) 修理尺寸法应用注意事项

(1) 对具有弯曲变形的轴，在对磨损损伤进行修理之前，必须先进行校正。

(2) 轴的磨削通常在磨床上进行，磨削时除了轴颈表面尺寸精度和表面粗糙度符合技术要求外，还必须达到形位公差的要求：磨削轴时必须保证各轴颈和各轴心线的同轴度以

及两轴心线间的平行度，并限制半径误差，以保证配合件的配合精度。孔的修复一般在镗床上进行，镗削注意事项与轴的修复相似，也可参照 9.1 节中“汽缸套的修理”进行修复。

(3) 轴的磨削有两种方法，一是同心磨削法，同心磨削法就是磨削后保持轴颈的轴线位置不变，柴油机曲轴磨削时常采用同心法；二是偏心磨削法，偏心磨削法是按磨损后的轴颈表面来定位磨削的，此法磨削轴颈的中心线位置和回转半径均发生了变化。

8.2.2 附加零件修理法

附加零件修理法(也称为镶套修理法)是通过机械加工的方法对过度磨损部分进行切削加工，在恢复零件磨损部位合理的几何形状后，再加工一个套，采用过盈配合的方法将其镶在被切去的部位，以代替零件磨损或损伤的部分，从而恢复到零件基本尺寸的一种修复方法。

工程机械上的很多零件都可以用这种方法修理，如气缸套、气门座套、飞轮齿圈、变速器轴承孔、后桥和轮毂壳体中滚动轴承的配合孔以及壳体零件上的磨损螺纹孔和各种类型的端轴轴颈等。

1. 附加零件修理法的特点

(1) 该方法可修复尺寸较大的基础件的局部磨损，延长使用寿命。

(2) 修理过程中零件不需要高温加热，零件不易变形和退火。

2. 附加零件修理法的类型

(1) 镶外套：对于过度磨损的轴，可采用此方法，如图 8.4 所示。

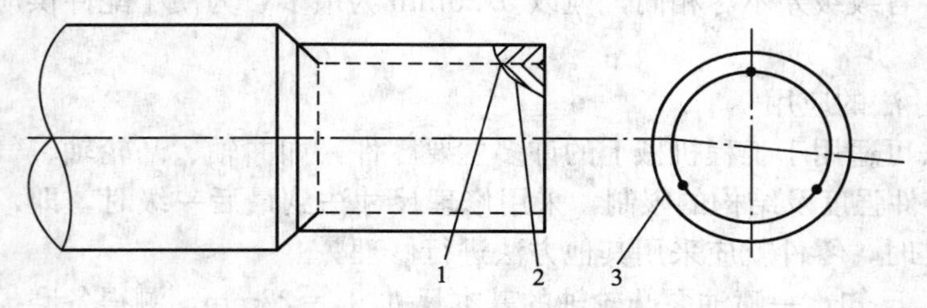

图 8.4 附加零件修理法——镶外套

1—外套；2—基体；3—附加焊点

(2) 镶内套：对于过度磨损的孔，可采用此方法，如图 8.5 所示。

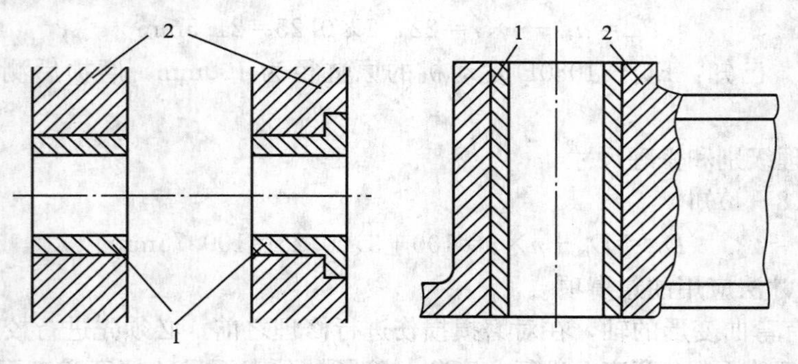

图 8.5 附加零件修理法——镶内套

1—内套；2—基体

(3) 附加零件修理法的注意事项如下。

① 镶套材料应与基体材料一致或相近。修理铸铁零件时应采用铸铁套，也可采用钢套。套的厚度应根据选用的材料和零件的磨损量确定。钢套的厚度不应小于2～2.5mm，铸铁套厚度不得小于4～5mm。根据零件表面的硬度要求，套在加工后可以进行热处理。配合部位的粗糙度应达到规定要求。

② 过盈量应当准确合理。为防止套的松动，套与承孔的配合应为过盈配合，轴套与轴颈应采用过盈配合。根据承载状况(轻级、中级、重级)、两镶套件的表面粗糙度、直径大小、工作表面长度、壁厚、表面的硬度等因素不同，其配合发热过盈量亦有所不同。一般来说，表面粗糙度越小、直径越大、壁厚越厚、长度越长、材料硬度越高，两者过盈量可相对下降一些，但这些影响一般不应超过0.01～0.02mm变化量。

有时为防止松动，也可在套的配合端面点焊或沿整个截面焊接。

③ 特殊部位的镶套修理。形状复杂的易损部位，有些在结构上已预先镶有附加零件(如气缸套、气门座圈、气门导管和座圈等)，这样在修理时只需更换附加零件，因而可简化修理作业，保证修理质量。

④ 镶套的操作工艺要求。必须使用高精度量具；娴熟的钳工操作技术；准确检查配合件尺寸、圆度、圆柱度、导角(15°～30°)、粗糙度及除油除锈情况，两配合件椭圆度长短轴方向一致；镶嵌时对套件可适当加热，但必须注意温度的控制。

8.2.3 零件的局部更换修理法

局部更换法就是将零件需要修理部分去除，重制这部分零件，再用焊接、铆接或螺纹连接方法将新换上的部分与零件基体连在一起，经最后加工恢复零件的原有性能的方法。

零件的局部更换修理法常用于修复具有多个工作面的零件，这些零件由于各工作表面在使用中磨损不一致，当某些部位损坏时，其他部位尚可使用，为防止浪费，可采用局部更换法。例如，个别铲齿折断或过度磨损后，可以重焊一个新铲齿；大齿轮的单齿损伤，可以进行齿轮轮齿重制。另外对于修复半轴、修复收割机或秸秆粉碎机的个别刀片、修复变速器第一轴或第二轴齿轮以及变速器盖及轮毂修复、消声灭火器局部损坏的修复等，都可以采用此方法。

零件的局部更换法可获得较高的修理质量，节约贵重金属，但修复工艺较复杂。

8.2.4 转向和翻转修理法

转向和翻转修理法是将零件的磨损或损坏部分旋转一定角度，或将其翻面，利用零件未磨损(或损坏)部位的完好状态，来恢复零件的工作能力的一种修复方法。

转向和翻转修理法常用来修复磨损的键槽、螺栓孔、飞轮齿圈等，例如，键槽换位(图8.6)，轮胎换位，链条、链齿换向，铲齿翻转，法兰盘螺孔换位(图8.7)等。

翻转修理法修复的另一个典型实例是飞轮齿圈的修理。飞轮齿圈啮入部位磨损严重时，将齿圈压出，将齿圈适度加热，然后再翻转180°压入飞轮，以利用其未磨损部位工作。

转向和翻转修理法方便易行，修理成本较低，具有局部再制造的特点，但其应用在结构条件方面有一定的局限性。

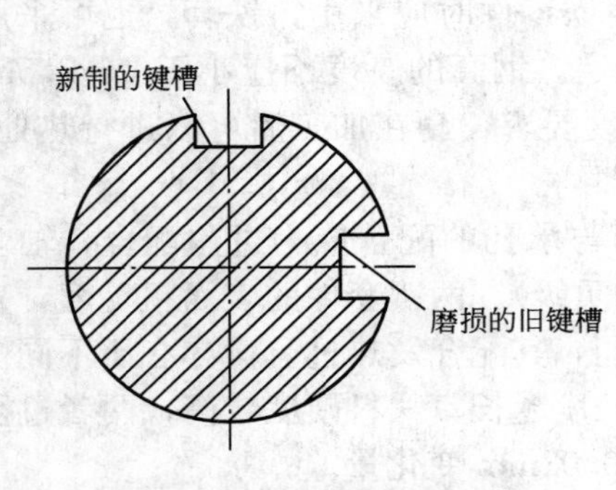

图 8.6 零件的转向或翻转修理法——磨损键槽的修理

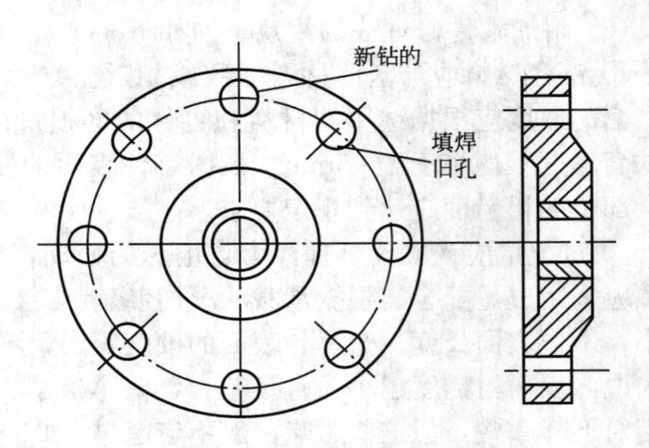

图 8.7 零件的转向或翻转修理法——磨损法兰盘螺栓孔的修理

8.2.5 调整法

用增减垫片或调整螺钉等来弥补零件的磨损。例如，用增减垫片法来调整已磨损的锥形滚子轴承的间隙；用拧进或旋出调节螺钉的方法，撑紧已有磨损的链传动的张紧链轮；用螺钉来调节气门间隙；用弧形孔调整水泵风扇皮带张紧度；电脑四轮定位中对前轮前束、转向节立轴后倾、前轮外倾和转向节立轴内倾的调整等。

8.2.6 更换零件法

当零件损坏十分严重，或修理很困难，成本太高，时间紧，而又有备件供应的情况下，可以用新零件来更换，比如螺栓的更换，轴瓦的更换，以及水泵、油泵甚至是发动机总成的更换等。换件法，常用在工期比较紧张情况下，对工程机械进行抢修作业。

8.3 焊 修 法

8.3.1 概述

焊接修复法修复零件是以电弧、气体火焰、激光或热风等为能量源，借助于某种保护措施，将基体材料及焊丝材料熔化和熔合，使焊丝材料填补在零件上，以填补零件的磨损、恢复零件的完整和修复零件的开裂或破损的一种修理方法。

焊接是工程机械修理中经常使用的一种工艺，它可以修复磨损量较大的零件，能较大程度地增加零件的尺寸，能使有裂纹或折断零件的使用性能得以恢复，既可以用来修理金属零件，也可以用来修理橡胶、塑料等非金属零件，焊层厚度易控制，设备简单，修复成本低，因此它是一种应用较为广泛的零件修复方法，普遍用在修复零件的磨损、破裂、断裂等缺陷的修复上。

1. 焊修法的特点

(1) 优点：一般不受场地限制，不受工件尺寸限制，工程机械绝大多数零件都可焊修，修复强度较高，设备简单，容易操作，生产率高。

(2) 缺点：温度高，有残余应力，易变形，有热能和紫外线辐射，弧光刺眼，容易形成夹渣、气孔和再生裂纹等缺陷，易燃易爆环境不宜采用。

2. 焊修法的类型

焊接修理根据不同的方法可以分为以下几种类型。

1) 按目的分

补焊：主要用于修复裂纹或过度磨损等缺陷，又可分为普通补焊和钎焊；

堆焊：主要用于表面磨损的修复，又可分为普通堆焊和振动堆焊；

接焊：主要用于断裂的修复，又可分为手工接焊和自动接焊。

2) 按能源分

电焊：以电弧为热源的焊修，又可分为普通电弧焊、埋弧焊、蒸汽保护焊、CO_2 保护焊、氩弧焊、等离子弧焊、振动堆焊、手工焊、自动焊、机器人焊、电烙铁焊等；

气焊：以气体燃烧时所放出的热量为能源而进行的焊修，又可分为氧-乙炔焰焊修、氧-液化石油气焊修、氧-汽油焊修等；

热风焊：以热气流为热源进行的焊修，又可分为塑焊、胶焊、蜡焊等；

激光焊：以激光束为能源而进行的焊修，又可分为固体激光焊、液体激光焊和气体激光焊；

超声波焊：以高频振动的超声波为能源而进行的焊修，又可分为熔焊、铆焊、埋植焊和静压焊等；

爆炸焊：利用炸药爆炸产生的冲击力造成工件迅速碰撞而实现焊接的方法，又可分为露天爆炸焊、地下爆炸焊等。

3) 按被修理零件的材料分

钢铁焊、铜焊、铝焊、塑料焊、橡胶焊等。

3. 焊修法相关术语

(1) 电焊修复：以电弧为热能，(必要时)以焊条为填充料，辅以某种保护措施，使金属熔化并焊接而完成的修复；

(2) 气焊修复：以氧-乙炔焰、氧-液化石油气焰、氧-汽油焰等气体燃烧的火焰为热能，必要时辅以填充料，将材料熔化并焊接而完成的修复；

(3) 钎焊修复：以火焰为热能，以钎棒为填充剂的焊接修复；

(4) 焊修生产率：以熔辅率来表示，即单位时间熔辅到工件表面的金属量；

(5) 冲淡率：焊熔区内基体金属所占的比例；

(6) 冷焊：在常温或温度＜350～400℃时的焊接；

(7) 热焊：温度在 500～800℃，并有保温措施的焊接；

(8) 半热焊：温度在 400～500℃ ，不保温或少保温时的焊接；

(9) 加热减应区：为减少焊接应力的存在，在施焊前所选的某一加热区域；

(10) 埋弧焊：电弧被埋在熔剂及焊渣之下的焊接；

(11) 等离子弧焊：把在高温下气体电离而形成的等离子体进行压缩，从而形成甚高温的电弧(10000℃以上)而进行的焊接；

(12) 白口：由于冷却速度过快，使 C 的石墨化过程不能实现，而以渗碳体的形式出现，形成 FeC_3。

(13) 限制焊：对于某些不易焊接的材料，必须辅以必要的限制措施才可以进行焊接。

(14) 压焊：必须给待焊接的两构建施加一定压力的焊接。

(15) 电阻焊：压焊的一种。最常用的有点焊、缝焊及电阻对焊 3 种。前两者是将焊件加热到局部熔化状态并同时加压而达到焊接目的；电阻对焊是将焊件局部加热到高塑性状态或表面熔化状态，然后施加压力而焊接。电阻焊的特点是机械化及自动化程度高，故生产率高，但需强大的电流。

(16) 摩擦焊：压焊的一种，是指利用摩擦热使接触面加热到高塑性状态，然后施加压力的焊接，由于摩擦时能够去除焊接面上的氧化物，并且热量集中在焊接表面，因而特别适用于导热性好及易氧化的有色金属的焊接。

(17) 冷压焊：也属于压焊的范畴，这种方法的特点是不加热，只靠强大的压力来焊接，适用于熔点较低的母材，例如铅导线、铝导线、铜导线的焊接。

(18) 超声波焊接：也是一种冷压焊，借助于超声波的机械振荡作用，可以降低所需用的压力，目前只适用于点焊有色金属及其合金的薄板。

(19) 扩散焊：另一种形式的压焊，是指焊件紧密贴合，在真空或保护气氛中，在一定温度和压力下保持一段时间，使接触面之间的原子相互扩散而完成焊接的焊接方法。

8.3.2 补焊修复法

补焊是指焊修裂纹或折断时伴有补给状态或材料添加内容的焊修。

1. 灰铸铁的补焊

1) 灰铸铁的补焊有较大难度

其原因主要表现在以下几个方面：一是散热较快，易产生白口；二是对温度敏感，冷却速度快，容易打破应力平衡，易产生收缩应力裂纹；三是易产生气孔，因为铸铁焊接中所形成的熔点约为1400℃的难熔氧化物在焊缝熔池上形成一层硬壳，阻碍气体由熔化金属向外自由溢出，从而产生大量气孔；四是易产生夹渣，Si 和 O_2 形成 SiO_2，如不及时清除，则会形成夹渣。

2) 减小以上难度的措施

虽然灰铸铁的补焊有一定的难度，但只要方法得当，也可以进行比较自如的焊接。为此，一要进行焊前预热并焊后保温；二要在焊接过程中加石墨化元素、加塑性变形材料；三要采用合理的焊接工艺(见后所述)；四要使用专用焊条。

3) 灰铸铁的手工电弧冷焊工艺

(1) 焊前准备——彻底清洁，找出裂纹顶端端点，钻止裂孔，止裂孔的直径根据板厚来确定，一般为 3～5mm。对断开件并拢加固并点焊定位，在裂纹处开坡口(注意：对于裂纹较深的工件，为了保证焊条金属与基体金属很好的结合，增加焊补强度，在工件裂纹处开坡口，可以全部和部分地除去裂纹(图 8.8)；必要时拧入加强螺钉)。

(2) 施焊——为减少焊接应力和变形，并限制母材金属成分对焊缝的影响，施焊时应注意以下几点：一是在保证焊透的前提下尽量选择小电流，施焊电流对白口层的影响如图 8.9所示；

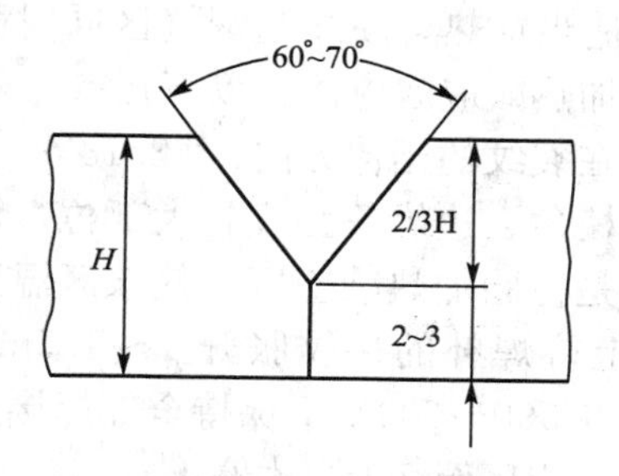

图 8.8 焊前开破口示意图

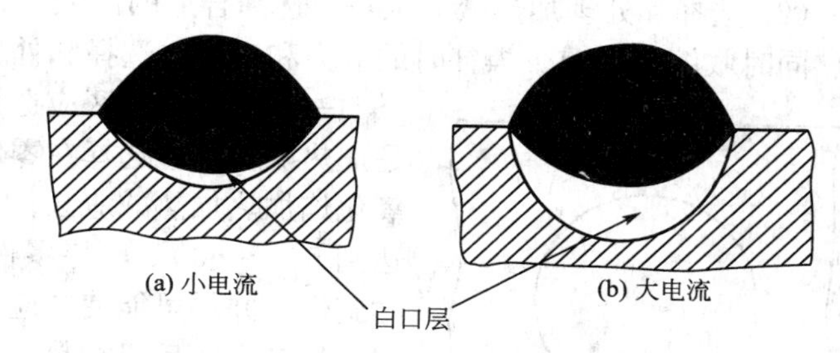

图 8.9 施焊电流对白口层的影响

二是在焊接过程中为了减小焊补区与整体之间的温差，相应减少焊接时的应力和变形，用分段施焊的方法以尽量减少热应力的产生(图 8.10)；

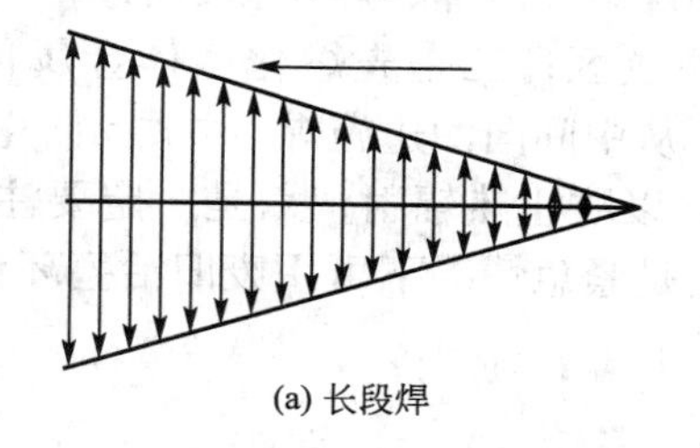

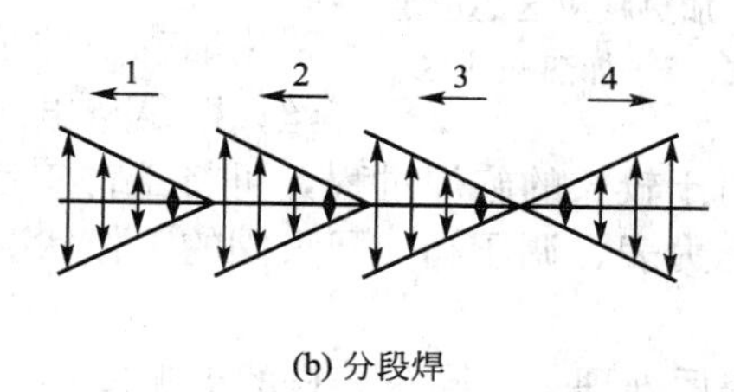

图 8.10 焊接应力的分布

三是工件较厚、裂纹较深时采用分层施焊法，即用较细的焊条、较小的电流，使后焊的一层对先焊的一层有退火软化的作用(图 8.11)；

四是每焊完一段后，应趁热开始锤击焊缝，直到温度下降到 40～60℃时为止，然后再焊下一段，目的是消除焊接应力，砸实气孔，提高焊缝的致密性。

五是正确地选择焊接走向——当工件上的裂纹如图 8.12 所示时，应从中心部位沿箭头所指方向向边缘焊补，以减小焊接应力和变形；

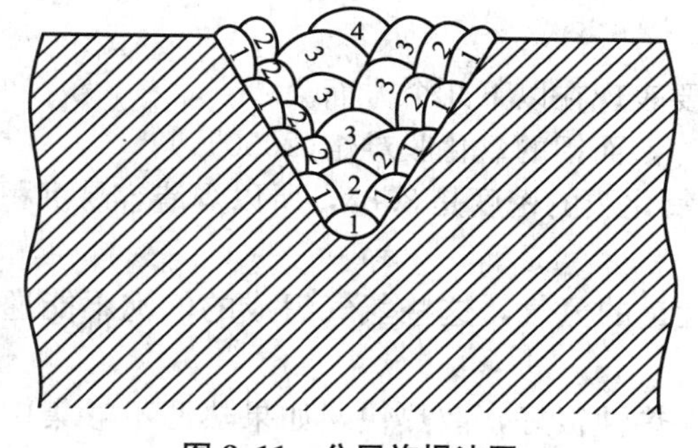

图 8.11 分层施焊法图

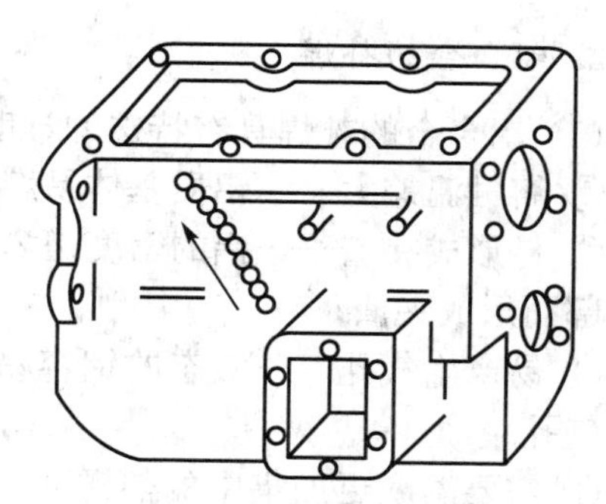

图 8.12 正确的施焊方向

六是对于多发性裂纹，应先焊小裂纹，再焊中裂纹，之后焊大裂纹，最后焊止裂孔。

(3) 焊后处理——切勿速冷，最多自然冷却；仔细清除焊渣；认真检查焊接质量(气孔、再生裂纹、致密性)；如发现质量问题，应采取必要的补救措施；全面检查后再进行后续加工和处理(车削、铣削、抛光、喷漆、烘干等)。

4) 灰铸铁的气焊工艺

(1) 焊前准备——同电弧冷焊，只是 V 形槽坡度应该稍大些。

(2) 选择和处理加热减应区——选择合适的区域，并适当加热，使之与焊缝区同时膨胀、同时收缩，以减少焊补时的应力和变形。选择和处理加热减应区应注意以下几点。

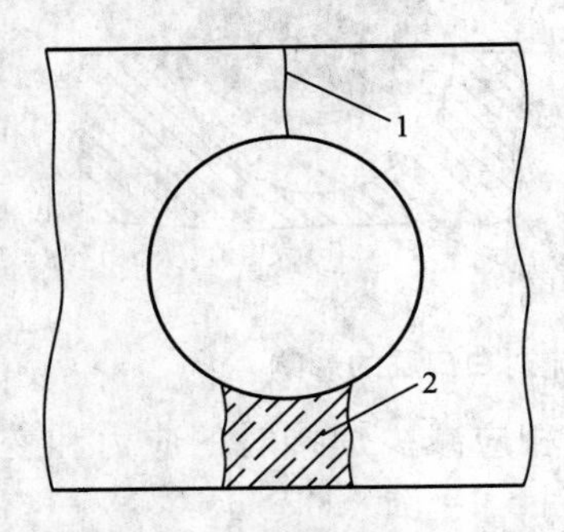

图 8.13　加热减应区的选定

1—裂纹；2—加热减应区

一是加热减应区应选择在裂纹的延伸方向(图 8.13)；二是加热减应区应选择在零件棱角、边缘等强度较大部位，用氧化焰加热加热减应区；三是检验加热减应区，使该区温度达到 500～600℃，待零件上待焊补的裂纹胀开 1～1.5mm 时施焊，并尽可能使减应区在 500～600℃下保持全部焊接过程，焊补完成后仍加热加热减应区至 700℃才停止。

(3) 施焊——焊补方向应朝向加热减应区，施焊过程尽量一次完成防止多次施焊。施焊时注意以下几点。

一是选用合适的焊炬、焊嘴、焊丝和熔剂；二是用轻微碳化焰或中性焰焊裂纹区；三是先熔化基体金属再熔入焊丝；四是从里向外、从中间向两边施焊，并尽量一次完成施焊；五是对于较长的施焊过程，可将工件罩起来，以防止热辐射；六是一定要注意安全，密切注意压力表、调压阀、回火阀的工作状况；七是紧急情况下可用废旧活塞环代替焊条使用。

(4) 焊后处理——同灰铸铁的电弧冷焊。

5) 灰铸铁气焊与电弧冷焊的比较(表 8-1)

表 8-1　灰铸铁气焊与电弧冷焊的比较

焊接方式	优点	缺点
气焊	火焰温度可控 熔池冷速可控	焊接速度慢、受热量大 变形量大
电焊	焊接速度快、变形量小	焊缝脆、机加工性差

2. 铝合金的补焊

(1) 铝合金的补焊具有特殊的难度，主要表现在以下几个方面。

① 熔融温差大——铝质基体易熔(650℃)，而铝的氧化膜难熔(2050℃)；

② 易形成夹渣——铝的密度是 2.7，而氧化膜的密度是 3.85，所以焊渣容易沉积到熔池底部而形成夹渣；

③ 易产生气孔——液态的铝容易溶解大量的氢气，这些氢气组成的气泡不能逸出而形成气孔；

④ 需要温度更加集中的热源——铝的导热性很好，散热快，如果热源不够集中则不易熔焊；

⑤ 易产生变形——铝的热胀冷缩系数较大，所以容易产生受热变形和冷却变形；

⑥ 不能根据颜色变化实施补焊和判断温度的高低——因为铝熔化时，颜色变化不像钢铁材料那样明显；

⑦ 容易塌落和焊穿——焊熔时，液态铝的强度非常低，极易造成液铝流失。

(2) 铝合金的气焊。

铝合金的气焊应注意以下几点。一是要正确进行焊前处理——清洁、开破口、打止裂孔、设计接头等；二是要选择合适的焊嘴和焊丝号码：一般情况下，1、2、3、4、5号焊嘴分别对应厚度为1～12mm铝材；焊丝的型号(直径和成分)要根据铝合金母材的成分以及焊嘴型号等因素而定；三是要合理选择火焰类型：用氧化焰外焰预热，用中性焰或轻微碳化焰施焊；第四，焊嘴倾角和焊丝倾角要合适：焊薄板时，焊嘴倾角为30°～45°，焊丝倾角为40°～50°；焊厚板时，焊嘴倾角为50°，焊丝倾角为40°～50°；第五，焊后缓冷：防止骤冷，产生变形或新的裂纹；第六，焊后彻底清理：铝及铝合金件在气焊后留在焊缝及邻近的残存熔剂和熔渣，需要及时清理干净，否则，在空气、水分的作用下，残存的熔剂和熔渣会破坏具有防腐作用的氧化铝薄膜，强烈地腐蚀焊件。常用的清理方法和步骤是：在热水中用硬毛刷仔细地洗涮焊接接头；将焊件放在温度为60～80℃、质量分数为2%～3%的铬酐水溶液或重铬酸钾溶液中浸洗约5～10min，并用硬毛刷仔细洗刷；或者将焊件放于15～20℃、体积分数为10%的硝酸溶液中浸洗10～20min；在热水中冲刷洗涤焊件；将焊件用热空气吹干或在100℃干燥箱内烘干。

(3) 铝合金(铜、不锈钢等)的氩弧焊。

气体保护焊属于明弧焊接，焊接时便于监视焊接过程，故操作方便，可实现自动焊接，焊后还不用清渣，可节省大量辅助时间，大大提高了生产率。另外，由于保护气流对电弧有冷却压缩作用，电弧热量集中，因而焊接热影响区较窄，工件变形较小，特别适合于薄板焊接。而氩弧焊是气体保护焊的一种常用形式。

氩弧焊是指在电弧焊接时，用工业钨或活性钨作不熔化电极(或用相应的焊丝作为熔化电极)，用氩气作为保护气体，将施焊点与空气(氧气)隔绝开来的焊法。

其优点是：防氧化，防溶气，热力集中，变形小；缺点是：轻微的钍放射，较强的紫外辐射，少量的臭氧污染。按焊极是否熔化分，焊丝熔化极氩气保护电弧焊(图8.14，又称MIG焊)，钍钨或铈钨不熔化极氩气保护电弧焊(图8.15，又称TIG焊)。

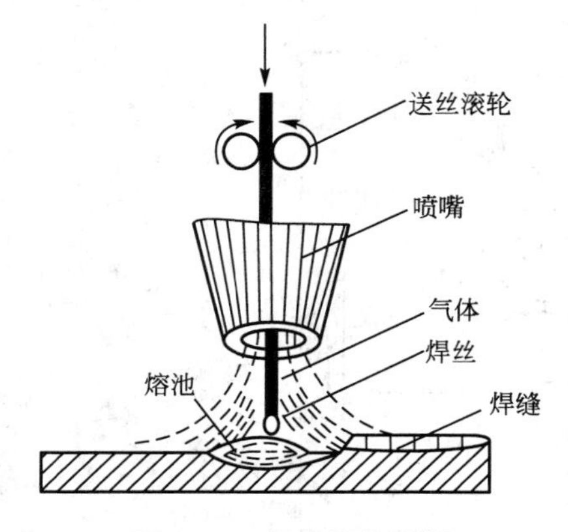

图8.14 熔化极氩弧焊

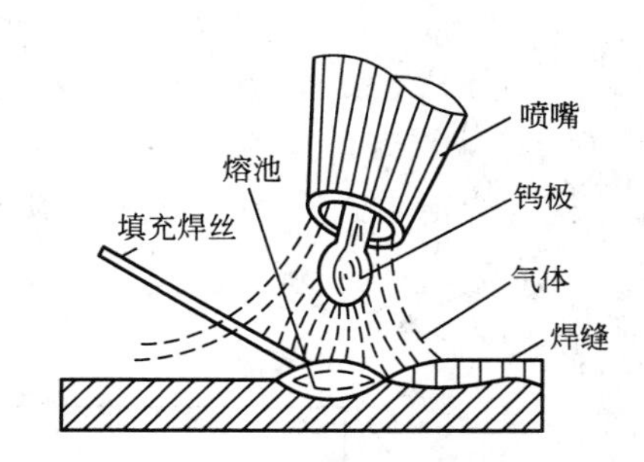

图8.15 非熔化极氩弧焊

由于钨极的载流能力有限，其电功率受到限制，所以TIG焊一般只适于焊接厚度小于6mm的工件。与TIG焊相比，MIG焊可采用高密度电流，母材熔深大，填充金属熔敷速度快，生产率高。MIG焊几乎可焊接所有的金属，尤其适合于焊接铝及铝合金、铜及铜合金以及不锈钢等材料。主要用于中、厚板的焊接。

8.3.3 堆焊修复法

在工件表面堆敷一厚层金属，以弥补基体较大损失，或赋予工作表面某一种特殊性质的焊修法称为堆焊修复。堆焊按热源不同可分为电弧堆焊、火焰堆焊；按自动化程度分为手工堆焊、自动堆焊；按是否振动分为普通堆焊、振动堆焊；按电弧类型分为埋弧堆焊、等离子弧堆焊和熔化极气体保护堆焊；按保护气体类型不同分为氩弧焊、蒸汽保护焊、CO_2 保护焊等。

1. 振动堆焊

振动堆焊是指在堆焊过程中，当自动送丝时，伴有一定频率和振幅的焊丝振动，造成焊丝与工件间周期性的短路、放电，使焊丝在12～30V 的电压下熔化并堆敷到工件表面上的脉冲电弧焊焊接。

1）振动堆焊特点

硬度及耐磨性方面，振动堆焊层的硬度是不均匀的，这是由于后一焊滴对前一焊滴，或后一圈焊波对前一圈焊波都有回火作用。这种软硬相间的组织并不影响其耐磨性，与新件相差不多。结合强度方面，由于堆焊层与基体的结合是冶金结合，堆焊层与基体的结合强度比喷涂修复层的结合强度高得多，使用中很少发生脱落、掉块现象。疲劳强度：由于振动堆焊层与基体金属间有很大的内应力，因此堆焊修复后疲劳强度降低较多，一般可高达40%，因此，受大冲击负荷的合金钢构件及球墨铸铁曲轴不应采用振动堆焊修复；另外，振动堆焊电压低，焊滴小，堆焊层质地细密；焊接温度低，受热少，应力低，变形小；振动对堆焊堆敷层厚度可由焊丝直径、焊接速度和层数控制；但在堆焊过程中，气体析出慢，易形成气孔，而且焊接参数的选择比较复杂。

2）振动堆焊原理及过程

振动堆焊原理如图 8.16 所示。

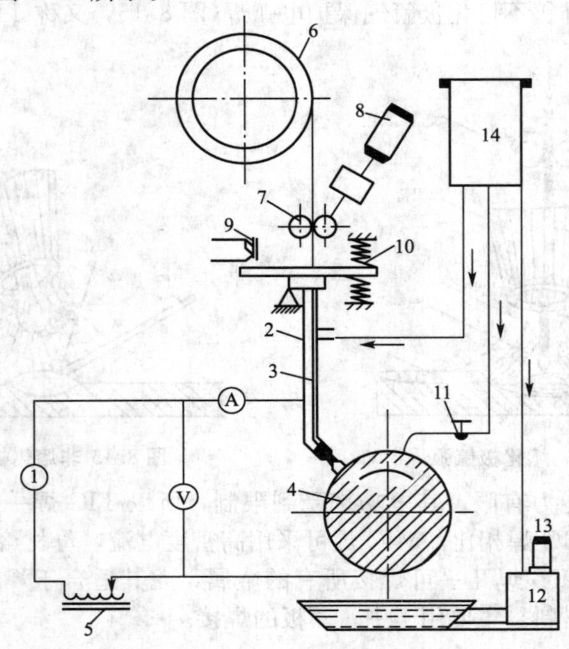

图 8.16　振动堆焊原理示意图

1—发电机；2—焊嘴；3—焊丝；4—工件；5—电感器；6—焊丝盘；7—送丝轮；8—焊丝驱动电机；9—电磁铁；10—弹簧；11—阀门；12、14—冷却液箱；13—水泵

将需堆焊的零件夹持在车床卡盘内，工件接负极，电流从直流发电机 1 的正极经焊嘴 2、焊丝 3、工件 4 及电感器 5 回到发电机负极。

焊丝由焊丝盘 6 经送丝轮 7 进入焊嘴，送丝轮由小电动机 8 驱动，焊嘴受交流电磁铁 9 和弹簧 10 的作用以 50～100Hz 的频率使焊嘴振动，在振动中焊丝尖端与堆焊表面不断地起弧(断开)和断弧(接通)，电弧丝被熔化并滴焊在工件表面上。为了防止焊丝和焊嘴熔化而被粘上，焊嘴应少量冷却。当堆焊圆柱形工件时，可一边施焊一边旋转，同时焊嘴作横向移动，焊道就或为螺旋状缠在零件上形成螺旋焊波。

堆焊过程的每一循环基本可分为 3 个阶段：

一是短路期：焊丝前进，尖端与工作表面接触，正负极短路，电流由零急剧上升到最大值，而电压几乎下降到零。此时，电流使焊丝加热熔化并使焊丝尖端与零件表面焊接，此阶段产生的热量为总热量的 10%～20%。

二是电弧期：焊丝振动离开零件表面时，离焊丝尖端一定处的截面开始缩小，焊丝截面缩小导致电流密度增大，从而加剧焊丝脱离零件，焊丝脱离后，在零件上留下一小块熔接金属，焊丝脱离零件瞬间，电压上升到 26～32V，并产生电弧放电，在电弧放电期间，高达 80%的热能使焊丝熔化在工件表面上。

三是空程期：随着焊丝远离零件，放电结束，从电弧熄灭到焊丝与工件表面再次接触期间称为空程期。空程期不产生热量。

以上过程周而复始，从而完成了堆焊过程，堆焊层质量的好坏取决于电参数的正确选择与配合。

3) 振动堆焊参数的选择

正确选择堆焊参数，是获得稳定堆焊过程和良好堆焊质量的基本条件。现将其选择原则简述如下。

电源和极性：振动堆焊应采用具有平硬外特性的直流电源，反极性接法，即工件接负极，焊丝接正极。若极性接错，堆焊过程将不稳定，金属飞溅大，基体金属熔化不良，气孔多，表面质量差。

电压：电弧电压是堆焊规范中关键的一个参数。电压高低决定电弧长短和熔滴的过渡形式。它对焊缝形成、飞溅、焊接缺陷以及焊缝机械性能都有很大影响。工作电压选择的依据是：应根据焊丝和工件材料来选择，高碳钢焊丝熔点低，工作电压可偏低；低碳钢焊丝熔点高，工作电压可偏高些。例如 $70^{\#}$ 钢、$65^{\#}$ 钢、65Mn 等高碳钢焊丝的工作电压可选用 14～17V；$45^{\#}$ 及 $50^{\#}$ 等中碳钢电压为 17～22V。直径小于 25mm 的零件和铸铁，工作电压为 14～16V；曲轴堆焊电压可采用 16～18V。

电压偏低，起动困难，堆焊过程不稳定，易产生焊不透等缺陷。电压偏高，起焊容易，但金属飞溅增大，气孔增多。

堆焊电流：堆焊电流不是一个独立参数，它取决于工作电压、送丝速度、焊丝直径与成分、电路中电阻等，焊丝直径为 1.2～1.6mm，送丝速度在 1～3.5r/min 范围内变动时，电流应在 100～200A 范围内变动，且稳定，摆差应控制在 10A 内，如摆动过大，表面堆焊过程将不稳定。

电感：振动堆焊是脉冲放电过程。实现这种过程要求电源有良好的动力特性，为此在焊接回路中串接一个可调的附加电感，其数值为 0.2～0.7mH。串接附加电感的作用有两个，一个是调节短路电流增长速度：当电感大时，短路电流上升速度小，空程期长，飞溅大；当电感小时，短路电流上升快，堆焊过程不稳定，熔化不良，不同直径的焊丝对电源动特性要求不一样。细焊丝熔化快，熔滴过渡周期短，要求短路电流增长速度快，所以电感取小值，粗焊丝则相反。另一个是调节电弧燃烧时间，控制基材熔深：加入电感，电弧燃烧时间短，熔深浅，反之熔深增加。

工件回转或直动的线速度 v：一般取 $v=0.2\sim0.6\text{m/min}$。当构件为旋转工件时，其转速 n 可用式(8－5)表示：

$$n=250\frac{\eta d^2 v_s}{shD} \tag{8-5}$$

式中，d 为焊丝直径，mm；v_s 为送丝速度，m/min；s 为螺距，mm；h 为堆焊厚度，mm；D 为工件直径，mm；η 为堆焊系数，取 0.80～0.85。

堆焊速度过快会出现焊层太薄，甚至不连续等缺陷；堆焊速度过慢，会使焊层太厚甚至焊不透。

送丝速度 v_s：送丝要稳，速度适中。送丝速度过高，飞溅大，起焊困难，堆焊金属熔化不良，焊波上出现凹坑；送丝速度过低，堆焊过程不稳，焊道不连续。在选择送丝速度时应考虑焊丝直径和堆焊厚度，焊丝直径细，应提高焊丝速度；反之，应降低送丝速度，对于直径为 0.8～1mm 的焊丝，送丝速度应选 1.5～2.0m/min。实践证明当 $v_s/v=2\sim4$ 时，焊层细密，质量好(式中 v 为堆焊速度)。

堆焊螺距 s：堆焊螺距取决于焊丝直径大小，它的选取可按 $s=(1.3\sim1.8)d$ 的经验公式选定(式中，s 为螺距，mm；d 为焊丝直径，mm)。

螺距过小，后一焊道对前一焊道有较大的退火作用，焊层硬度降低，甚至焊不透；螺距过大，焊层不平整，内应力较大，零件疲劳强度降低较多。

焊丝的振动频率与振幅：焊丝的振动频率太低，飞溅大，放电次数少，基体金属熔化差，焊丝的振动频率一般为 50～100Hz；而振幅一般可按 $A=(1.2\sim1.3)d$ 的经验公式选择(式中，A 为焊丝振幅，mm；d 为焊丝直径，mm)。振幅不足，电弧期短，短路期长，焊丝熔化不良，堆焊连续性差，振幅过大，空程期长，金属飞溅大，堆焊过程不稳定。

焊丝伸出长度 L：焊丝伸出长度可根据焊丝直径按 $L=(5\sim8)d$ 的经验公式计算(式中，L 为振幅，mm；d 为焊丝直径，mm)。

焊丝伸出过长，堆焊过程不稳，飞溅严重，焊缝性能下降；伸出过短，焊嘴易结瘤而堵塞焊嘴，发生粘接或烧毁焊嘴现象。

焊丝与工件位置：焊丝与工件位置有水平角 α 和接触角 β 两个基本参数来确定，如图 8.17所示。水平角 α 影响结合强度，一般 α 角取 75°～80°，α 过小会使基体金属熔化不良；接触角 β 影响堆焊过程的稳定性，一般取 40°～50°。

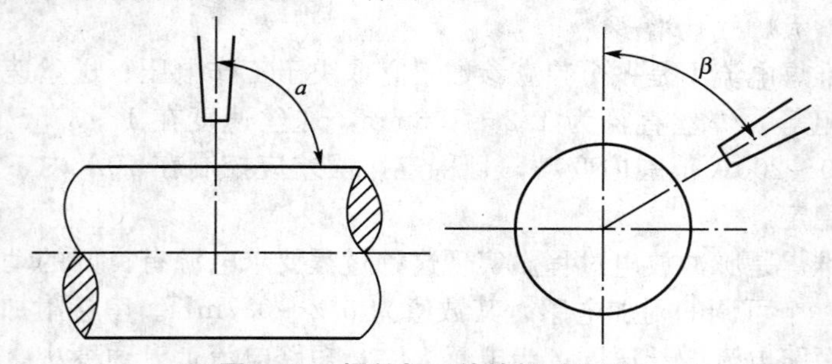

图 8.17　焊丝与工件的相对位置

焊丝牌号和直径：焊丝牌号的确定，应根据工件技术要求，如硬度、耐磨性、切削加工性等方面的要求来选定。一般要求时，选用45#、50#钢即可，如要求耐磨性好、硬度高的焊层应选优质高碳钢丝，如70#钢、65Mn等。焊丝直径大小应根据堆焊层厚度及堆焊过程稳定性来确定，厚度为1.2～2.0mm范围内，常用焊丝直径为1.2～1.6mm。

焊嘴冷却：堆焊过程为防止焊嘴过热，应用冷却液冷却。当冷却不足时，焊丝易粘在嘴上；当冷却液过多时，易冲灭电弧，一般以50～100滴/min为宜，冷却液通常为5%碳酸钠水溶液。

各机械参数的关系：堆焊过程中各机械参数相互影响，它们之间存在着一定的关系。若堆焊层每分钟堆焊的金属体积用V_R来表示，则有

$$V_R = b_{av} S v \tag{8-6}$$

式中，b_{av}为堆焊层平均厚度，mm；s为螺距，mm；v为堆焊速度，m/min。

若每分钟消耗的焊丝金属体积用V_c来表示，则有

$$V_c = \frac{\pi d^2}{4} v_s \tag{8-7}$$

式中，d为焊丝直径，mm；v_s为送丝速度，m/min。

令$V_R = kV_c$，则有

$$b_{av} S v = k\frac{\pi d^2}{4} v_s \tag{8-8}$$

式中，k为与飞溅有关的系数，通常取0.8。

所以

$$b_{av} = \frac{k\pi d^2}{4S}\left(\frac{v_s}{v}\right) \tag{8-9}$$

再令$b = b_{av} + \delta$，则有

$$b = \frac{k\pi d^2}{4S}\left(\frac{v_s}{v}\right) + \delta \tag{8-10}$$

式中，b为堆焊层最大厚度，mm；δ为不平度，mm，取0.38左右。

以上讨论振动堆焊过程中各主要参数的作用及它们之间的内在联系，也基本上适用于CO_2保护焊及埋弧和蒸气保护焊。

2. 埋弧堆焊

电弧被埋藏在焊剂保护层下的堆焊方法。埋弧焊(SAW)又称焊剂层下电弧焊，它是通过保持在焊剂棚壳内的光焊丝和工件之间的电弧将金属加热，使被焊件之间形成刚性熔接的一种堆焊方式。

1) 埋弧原理

电弧处于焊料的覆盖之中，当焊丝与工件之间引弧时，内层焊料熔化并形成渣壳，在蒸发物质和外层焊料的共同作用下，形成屏蔽棚壳，将电弧藏蔽(图8.18)。

2) 埋弧自动堆焊的焊接过程

如图8.19所示，埋弧自动焊时，焊剂由给送焊剂管流出，均匀地堆敷在装配好的焊件(母材)表面。焊丝由自动送丝机构自动送进，经导电嘴进入电弧区。焊接电源分别接在

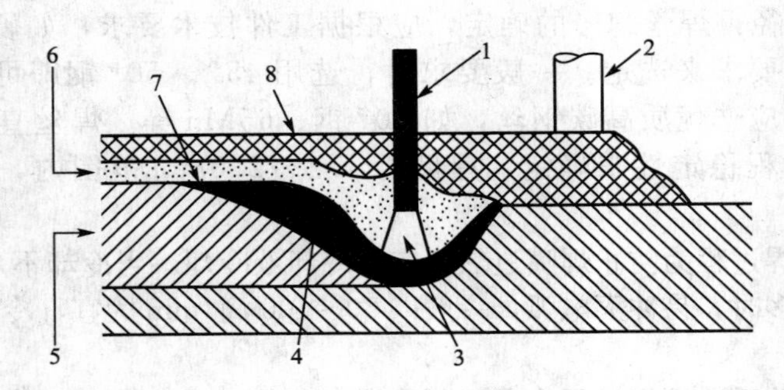

图 8.18 焊缝的形成过程及埋弧原理

1—焊丝；2—焊料输送管；3—电弧；
4—金属熔池；5—焊缝；6—焊渣；7—熔渣棚壳；8—焊剂

导电嘴和焊件上，以便产生电弧。给送焊剂管、自动送丝机构及控制盘等通常都装在一台电动小车上。小车可以按调定的速度沿着焊缝自动行走。

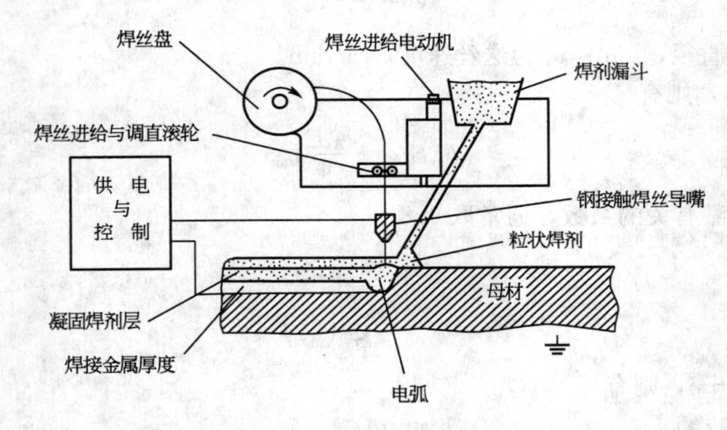

图 8.19 自动埋弧堆焊工作过程示意图

插入颗粒状焊剂层下的焊丝末端与母材之间产生电弧，电弧热使邻近的母材、焊丝和焊剂熔化，并有部分被蒸发。焊剂蒸气将熔化的焊剂(熔渣)排开，形成一个与外部空气隔绝的封闭空间，这个封闭空间不仅很好地隔绝了空气与电弧和熔池的接触，而且可完全阻挡有碍操作的电弧光的辐射。电弧在这里继续燃烧，焊丝便不断地熔化，呈滴状进入熔池与母材熔化的金属和焊剂提供的合金化元素混合。熔化的焊丝不断地被补充，送入到电弧中，同时不断地添加焊剂。随着焊接过程的进行，电弧向前移动，焊接熔池随之冷却而凝固，形成焊缝。密度较小的熔化焊剂浮在焊缝表面形成熔渣层。未熔化的焊剂可回收再用。

3）埋弧自动焊的特点及应用

优点——①能够防止氧、氮的化学作用，飞溅损失小；②电弧稳定，焊缝的化学成分比较均匀，焊缝光洁平整，有害气体难以侵入，熔池金属冶金反应充分，焊接缺陷较少；③生产率高：焊接过程能够自动控制，焊丝从导电嘴伸出长度较短，可用较大的焊接电流，而且连续施焊的时间较长，这样就能提高焊接速度，同时，焊件厚度在 14mm 以内的对接焊缝可不开坡口，不留间隙，一次焊成，故其生产率高；④劳动条件好：无弧光辐射，操作简单，易实现自动化，劳动强度低；⑤热损失少，淬火作用小，质地缜密均匀；⑥节省焊接材料：焊件可以不开坡口或开小坡口，可减少焊缝中焊丝的填充量，也可减少因加工坡口而消耗掉的焊件材料，此外，因为焊接时金属飞溅小，又没有焊条头的损失，所以可节省焊接材料；⑦堆焊层与金属基体层的结合强度高，堆焊层的抗疲劳性能较好。

缺点——①适应性差：通常只适用于水平位置焊接直缝和环缝，不能焊接空间焊缝和不规则焊缝；②对坡口的加工、清理和装配质量要求较高；③由于焊接电流较大，工件的热影响区较大，因而主要用于较大的、不易变形的零件的修复；④在修复直径较小的轴类零件时，焊料的敷撒比较困难；⑤焊料比较昂贵。

应用——埋弧自动焊通常用于碳钢、低合金结构钢、不锈钢和耐热钢等中厚板结构的长直缝、直径大于300mm环缝的平焊修复。此外，它还用于耐磨、耐腐蚀合金的堆焊修复、大型球墨铸铁曲轴以及镍合金、铜合金等材料的焊接修复。

3. 等离子弧堆焊

等离子弧堆焊是利用一种被压缩的、具有很高的能量密度、温度及电弧力的等离子钨极氩弧为热源，用合金粉末或焊丝为填充金属一种熔化焊接工艺。

1）等离子弧的类型

非转移型等离子弧：非转移型电弧燃烧在钨极与喷嘴之间，焊接时电源正极接水冷铜喷嘴，负极接钨极，不把工件接到焊接回路上；依靠高速喷出的等离子气将电弧带出，这种电弧适用于焊接或切割较薄的金属及非金属(图8.20(a))。

转移型等离子弧：转移型电弧直接燃烧在钨极与工件之间，焊接时首先引燃钨极与喷嘴间的非转移弧，然后将电弧转移到钨极与工件之间；在工作状态下，喷嘴不接入焊接回路中，如图8.20(b)。这种电弧用于焊接较厚的金属。

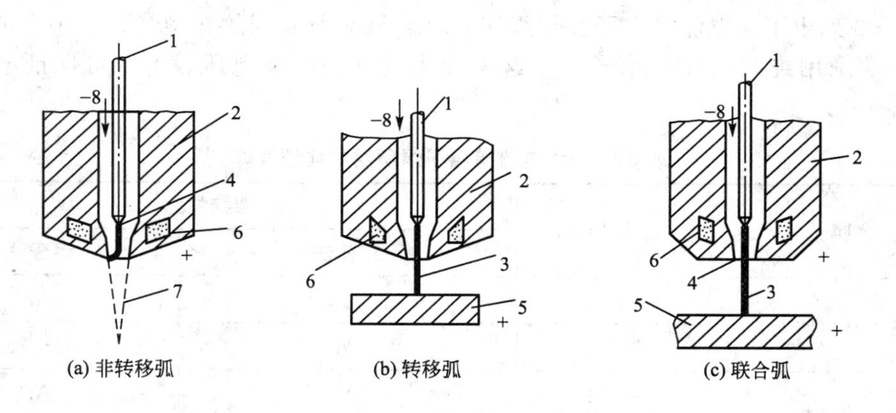

图8.20　等离子弧的3种类型

1—钨极；2—喷嘴儿；3—转移弧；4—非转移弧；
5—工件；6—冷却水；7—等离子焰；8—等离子气体

联合型等离子电弧：转移弧及非转移弧同时存在的电弧为联合型电弧(如图8.20(c))。混合型电弧在很小的电流下就能保持稳定，因此特别适合于薄板及超薄板的焊接。

2）等离子弧焊的特点及应用

优点：①熔透能力强，在不开坡口、不用填充焊丝的情况下，可一次焊透8～10mm厚的不锈钢板；②焊缝质量对弧长的变化不敏感，这是由于电弧的形态接近圆柱形，且挺

直度好，弧长变化对加热斑点面积的影响很小，易获得均匀的焊缝形状；③钨极缩在水冷铜喷嘴内部，不会与工件接触，因此可避免焊缝金属产生夹钨现象；④等离子电弧的电离度较高，电流较小时仍很稳定，可焊接微型精密零件；⑤可产生稳定的小孔效应，通过小孔效应，正面施焊时可获得良好的单面焊双面成形。

缺点：①可焊厚度有限，一般在25mm以下；②焊枪及控制线路较复杂，喷嘴的使用寿命很低；③焊接参数较多，对焊接操作人员的技术水平要求较高。

应用：可用钨极氩弧焊焊接的金属(如不锈钢、铝及铝合金、钛及钛合金、镍、铜、蒙乃尔合金等)均可用等离子弧焊焊接。

3）等离子弧焊接基本工艺及参数

按板材厚度选择焊接方式：厚度在0.05～1.6mm时，通常采用微束等离子弧进行焊接；板厚大于1.6mm而小于表8-2中的板材时，通常不开坡口，利用穿孔法进行焊接；板厚大于表8-2中的限值时，需要开V形或U形坡口，进行多层焊。

表8-2　不同钢材的等离子弧焊极限厚度

材料	不锈钢	钛及钛合金	镍及镍合金	低合金钢	低碳钢
焊接厚度限值	8mm	12mm	6mm	7mm	8mm

正确调节焊接电流：焊接电流总是根据板厚或熔透要求来选定。焊接电流增大，等离子弧穿透能力增大。但电流过大会引起双弧，损伤喷嘴并破坏焊接过程的稳定性，而且，熔池金属会因小孔直径过大而坠落。

正确选用等离子气：等离子气及保护气体通常根据被焊金属及电流大小来选择。大电流等离子弧焊接时，等离子气及保护气体通常采用相同的气体，否则电弧的稳定性将变差。表8-3列出了大电流等离子弧焊焊接各种金属时所采用的典型气体。小电流等离子弧焊接通常采用纯氩气作等离子气。这是因为氩气的电离电压较低，可保证电弧引燃容易。

表8-3　大电流等离子焊所用的典型气体

金属	厚度/mm	焊接技术	
		穿孔法	熔透法
碳钢(铝镇静钢)	<3.2	Ar	Ar
	>3.2	Ar	25%Ar+75%He
低合金钢	<3.2	Ar	Ar
	>3.2	Ar	25%Ar+75%He
不锈钢	<3.2	Ar或82.5%Ar+7.5%H2	Ar
	>3.2	Ar或85%Ar+5%H2	25%Ar+75%He
	>3.2	Ar或85%Ar+5%H2	25%Ar+75%He
活性金属	<3.2	Ar	Ar
	>3.2	Ar+(50%～70%)He	25%Ar+75%He

合适的焊接速度：焊接速度应根据等离子气流量及焊接电流来选择。其他条件一定时，如果焊速增大，焊接热输入减小，小孔直径随之减小，直至消失。如果焊速太低，母材过热，熔池金属容易坠落。因此，焊接速度、离子气流量及焊接电流等这3个工艺参数应相互匹配。

保护气体流量：保护气体流量应根据焊接电流及等离子气流量来选择。在一定的离子气流量下，保护气体流量太大会导致气流的紊乱，影响电弧稳定性和保护效果。而保护气流量太小，保护效果也不好，因此，保护气体流量应与等离子气流量保持适当的比例。小孔型焊接保护气体流量一般在15～30L/min范围内。

正确引弧及收弧：对于直缝，采用引弧板及熄弧板来引收弧，先在引弧板上形成小孔，然后再过渡到工件上去，最后将小孔闭合在熄弧板上；对于环缝，当无法使用引弧板及熄弧板，必须采用焊接电流、离子气流量递增控制法在工件上起弧，利用电流和离子气流量衰减法来闭合小孔。

8.3.4 火焰喷焊修复法

火焰喷焊是用高速气流将由氧-乙炔火焰加热熔化的自融合金粉末喷涂到准备好的零件表面上，并经再一次重熔处理形成一层薄而平整且呈焊合状态的表面层——喷焊层。它可使工件表面具有耐磨、耐蚀、耐热及抗氧化的特殊性能。

火焰喷焊修复的实质是金属粉末喷涂与普通气焊结合起来的一种修复工艺。

1. 火焰喷焊对合金粉末的要求

根据氧-乙炔火焰喷焊的工艺特点，并不是所有的合金粉末都可以用于氧-乙炔火焰喷焊焊接，同时喷焊合金粉末的性能在很大程度上决定喷焊层的质量。因此，为了满足氧-乙炔火焰喷焊工艺的需要，喷焊合金材料应满足两个基本要求：一是其熔点应低于基材，二是合金必须具有自熔性。自熔性是指合金中含有强烈的脱氧元素，这些元素在喷焊过程中能还原合金自身及基材表面的氧化物。

2. 喷焊原理

喷焊是对经预热的自溶性合金粉末涂层再加热至1000～1380℃，使颗粒熔化，造渣上浮到涂层表面，生成的硼化物和硅化物弥散在涂层中，使颗粒间和基体表面达到良好结合。最终沉积物是致密的金属结晶组织并与基体形成约0.05～0.1mm的冶金结合层，其结合强度可达400MPa以上，抗冲击性能较好、耐磨、耐腐蚀，外观呈镜面。

3. 喷焊工艺

氧-乙炔喷焊工艺一般为：工件表面准备→喷前预热→喷涂粉末→重熔处理→冷却→精加工等几道工序。

(1) 工件表面准备：工件表面准备主要包括去除油污、铁锈、氧化物及电镀、渗碳、氧化、氮化等表面层，有时为了容纳一定焊层厚度还需开槽。

(2) 预热：预热的目的是为了防止涂层脱落，预热温度应根据其材质的性质而定。通常碳钢的预热温度为250～300℃，合金钢为350～400℃，预热温度不应使零件变形。

(3) 喷涂与重熔：氧-乙炔焰喷焊有两种基本操作方法。

一步法：一步法喷焊又叫预热-送粉熔化喷焊法，即：喷一段后立即熔一段，边喷边熔，喷、熔交替进行，使用同一支喷枪完成。可选用中、小型喷焊枪。在工件预热后先喷

涂 0.2mm 的保护层，并将表面封严，以防氧化，喷熔从一端开始，喷距 10～30mm，有顺序地对保护层局部加热到熔融开始湿润(不能流淌)时再喷粉，与熔化反复进行，直至达到预定厚度，表面出现“镜面”反光，再向前扩展，达到表面全部覆盖喷焊层。如一次厚度不足，可重复加厚。一步法适用于小型零件、小面积和形状不规则的零件的喷焊。

两步法：两步喷焊法，即先喷后熔，是指先进行喷涂，形成一定厚度后，再二次熔融。喷涂与重熔均用大功率喷枪，例如 SPH－E 型喷、焊两用枪，使合金粉末充分在火焰中熔融，在工件表面上产生塑性变形的沉积层。喷铁基粉末时用弱碳化焰，喷镍基和钴基粉末时用中性或弱碳化焰。

两步法喷粉每层厚度<0.2mm，重复喷涂达到重熔厚度，一般可在 0.5～0.6mm 时重熔。如果喷焊层要求较厚，一次重熔达不到要求时，可分几次喷涂和重熔。

重熔是二步法的关键工序，在喷涂后立即进行。用中性焰或弱碳化焰的大功率柔软火焰，喷距约 20～30mm，火焰与表面夹角为 60°～75°，从距涂层约 30mm 处开始，适当掌握重熔速度，将涂层加热，直至涂层出现“镜面”反光为度，然后进行下一个部位的重熔。

重熔时应防止过熔(即镜面开裂)，防止涂层金属流淌，或局部加热时间过长使表面氧化。多层重熔时，前一层降温至 700℃左右，清除表面熔渣后，再作二次喷熔。重熔不宜超过 3 次。

(4) 冷却及加工：由于焊层延展性差，线膨胀系数较大，在冷却过程易产生裂纹或工件变形，因此喷焊后可埋入石棉、草灰中缓冷；对于合金钢件、不锈钢件应在喷焊后进行等温退火。

喷焊层的加工可用车削和磨削来进行。车削加工时，应选用强度较高，耐磨性较好的刀具，切削速度可选 5～17m/min，切削宽度为 0.3～0.5mm/r，深度为 0.5mm；磨削加工时，最好采用人造金刚石或氧化硼砂轮，对于镍基或铁基粉末焊层也可选用碳化硅砂轮进行磨削。

4. 喷焊的特点

氧-乙炔焰喷焊既克服了喷涂工艺中涂层与工件之间呈机械结合、结合强度低、内应力大的缺点，也克服了堆焊时基体的熔池较深且不规则、堆焊层粗糙不平、基体冲淡率大的缺点，喷焊层薄而均匀，表面光滑，结构致密，冲淡率极小，且焊层与基材结合强度高，喷焊层组织为在奥氏体基体上分布着碳化物和硼化物的硬质相，其 HV 可达 1000～1200，这些硬质相分布在整个焊层内，正是由于这些软硬不同的硬质相赋予该焊层优良的耐磨性。因此喷焊可使工件表面具有耐磨、耐腐蚀、耐热及抗氧化的特殊性能，因而目前被广泛用于修复阀门、气门、键轴、凸轮等方面，不但可用于修复旧件，而且也可用于新件的表面强化。

8.4 金属热喷涂修复法

金属热喷涂是指用高速气流将被热源熔化的金属(丝材、棒材或粉末)雾化成细小的颗粒，以很高的速度喷敷到已准备好的零件表面上，而形成一层覆盖物的修复方法。

8.4.1 概述

1. 金属热喷涂的类型

根据熔化金属所用热源的不同，喷涂可分为电弧喷涂、气体火焰喷涂、高频电喷涂、等离子喷涂、爆炸喷涂、激光喷涂等几种类型。其具体分类如图 8.21 所示。

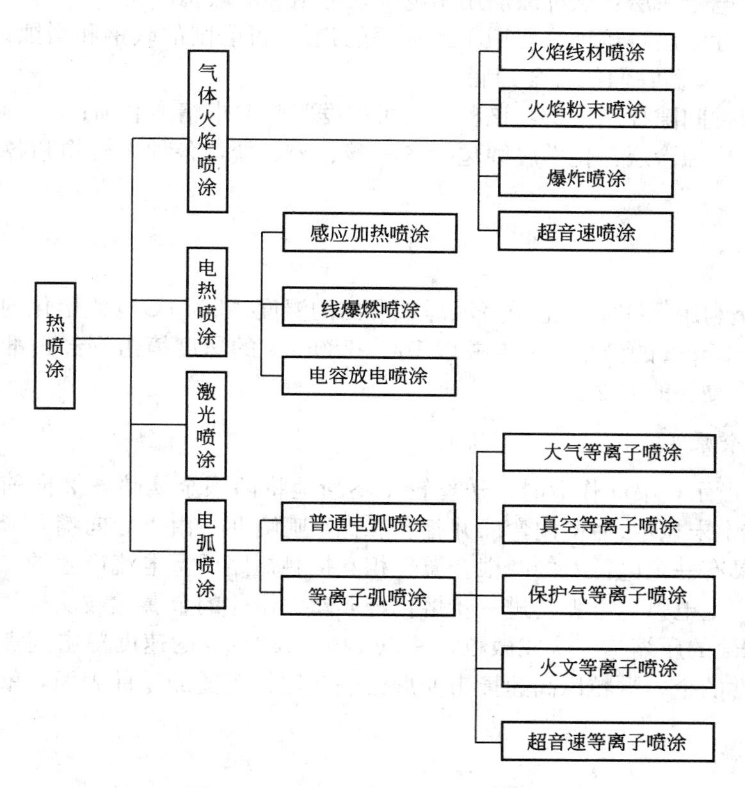

图 8.21 金属热喷涂修复法的类型

2. 金属热喷涂修复的特点

(1) 设备简单、使用方便、操作灵活；
(2) 可选用不同的喷涂材料，以达到获得不同的表面性能的目的；
(3) 修复层厚度可控；
(4) 工件温度低，热应力小，变形小；
(5) 喷涂层多孔性好、亲油性好、储油性好；
(6) 涂层与母材为机械性结合，结合强度较低；
(7) 腐蚀性介质侵入时，容易使喷涂层剥落。

3. 喷涂涂层的类型及功能

(1) 耐磨损涂层：包括抗粘着磨损、抗表面疲劳磨损涂层和耐冲蚀涂层，其中有些情况还有抗低温(<538℃)磨损和抗高温(538～843℃)磨损涂层之分；

(2) 耐热抗氧化涂层：该种涂层包括高温过程(其中有氧化气氛、腐蚀性气体、高于

843℃的冲蚀及热障)和熔融金属过程(其中有熔融锌、熔融铝、熔融铁和钢、熔融铜)所应用的涂层;

(3) 抗大气和浸渍腐蚀涂层：大气腐蚀包括工业气氛、盐性气氛、田野气氛等造成的腐蚀，浸渍腐蚀包括饮用淡水、非饮用淡水、热淡水、盐水、化学和食品加工等造成的腐蚀;

(4) 电导和电阻涂层：该种涂层用于电导、电阻和屏蔽;

(5) 恢复尺寸涂层：该种涂层用于铁基(可切削与可磨削的碳钢和耐蚀钢)和有色金属(镍、钴铜、铝、钛及它们的合金)制品;

(6) 机械部件间隙控制涂层：该种涂层可根据间隙要求精准磨削;

(7) 耐化学腐蚀涂层：化学腐蚀包括各种酸、碱、盐，各种无机物和各种有机化学介质的腐蚀。

8.4.2 电弧喷涂

电弧喷涂是利用压缩空气把用直流焊机发出的温度<5000℃电弧熔化的金属丝吹散成直径 0.01～0.015mm 的微小颗粒，并以 100～280m/s 的速度撞击到经过准备的零件表面上而形成喷涂修复层的方法。

1. 电弧喷涂原理

如图 8.22 所示，喷涂作业时，送丝轮 1 不断地将两根金属喷丝 2 向前输送，喷丝进入导向嘴儿(图中未显示)后向内弯曲并相互靠拢至喷嘴儿，由于导向嘴儿分别与电源的正负极相连，在具有一定电位差的两根金属丝相互接触短路后，电流产生的热量将尖端处的金属丝熔化并产生电弧，电弧会进一步熔化金属丝。熔化的金属丝被从空气喷嘴儿 3 喷出的 0.5～0.6MPa 的压缩空气吹成微粒，并以 140～180m/s 的速度撞击到需要喷涂的零件上，这些半塑性的金属颗粒以高速撞击变形镶嵌在比较粗糙的零件表面，就会逐渐形成覆盖层。

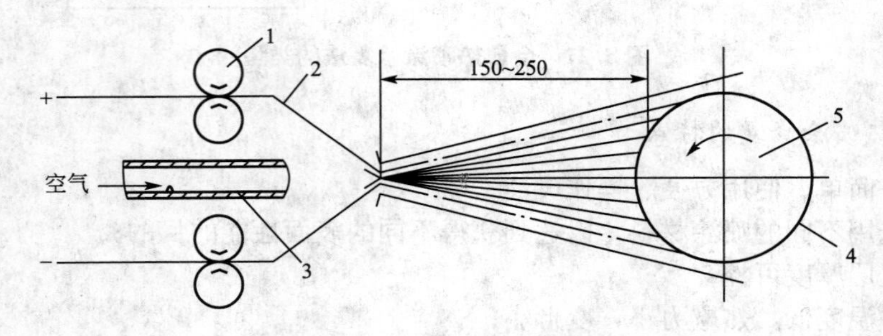

图 8.22 金属电弧喷涂示意图

1—送丝轮；2—电弧喷丝；3—喷嘴儿；4—喷涂层；5—工件

2. 电弧喷涂的 4 个循环阶段

(1) 两喷丝尖端接触、短路、熔化;

(2) 熔化的金属丝被压缩空气吹断，电流突然中断，引起自感电动势并产生电弧;

(3) 由电弧熔化的金属丝被吹散成细小的颗粒;

(4) 电弧再中断。此后重复以上 4 步。

3. 金属电弧喷涂的特点

(1) 用于钢构件的防腐时，寿命长，是其他防腐方法无法比拟的，一次防腐，一劳永逸。

(2) 设备及原材料国产化达 100%，工艺简单易行。与热浸锌相比，电弧喷涂灵活方便，一套设备能对不同形状和尺寸零件进行防腐施工，便于流动施工。而热浸锌防腐不同尺寸和形状构件将会受到熔池尺寸的限制，也不便流动施工。

(3) 环保方面，采用专门配套、价格低廉的除尘设施，使排放物均达国家环保标准。而刷漆及热浸镀的除锈酸液及热浸锌产生的锌蒸汽均无环保措施。

(4) 电弧喷涂的设备投资仅为热浸锌的 1/15～1/5，热浸锌设备投资约为 100～300 万元，电弧喷涂设备投资(包括除尘设备)，对一般生产规模来讲只有大约 20 万元，特大型构件的大规模生产约 40 万元。

(5) 煤矿井筒钢结构件在加工、起吊、运输、安装过程中，涂层易被碰损、划伤，此时无法用热浸锌方法进行修补，只能用喷涂方法修复。

(6) 与火焰喷涂相比，电弧喷涂的结合力与生产效率均为火焰喷涂的 2 倍左右，成本低廉，工艺稳定，施工方便。

8.4.3 气体火焰喷涂

气体火焰喷涂又称氧-乙炔焰喷涂，是利用氧-乙炔火焰为热源，将金属丝或金属粉末熔化并被高速气流吹散成细小颗粒冲击到准备好的工件表面上的喷涂修复工艺。

1. 气体火焰喷涂的特点和应用

(1) 优点——设备简单、操作方便、应用灵活、噪声小、金属氧化少、金属飞溅少，涂层结合强度比电弧喷涂高等。

(2) 缺点——适应的温度范围较窄(低于 3000℃)，个别材料不能熔化，生产率较低。

(3) 应用——主要用于修复曲轴、凸轮轴轴颈、传动轴、气缸等。

2. 气体火焰线材喷涂

气体火焰喷涂有两种主要方式，一是线材喷涂，二是粉末喷涂，前者效率较低，后者生产率较高。

线材喷涂如图 8.23 所示，喷涂时，氧-乙炔气体从混合气嘴儿喷出并燃烧，与此同时金属丝不断地被送丝机构输送到喷枪头的中央，当其进入火焰中时便被熔化，熔化的金属立即被压缩空气吹散成很细小的微粒，这些微粒随气流一起冲击至准备好的工件表面上，并粘附和嵌合到表面上而形成涂层。

3. 气体火焰粉末喷涂

1) 气体火焰粉末喷涂的原理

气体火焰粉末喷涂原理如图 8.24 所示，粉末材料受到高速气体的带动，在喷口附近受到燃烧气体的加热而呈熔化或接近熔化的高塑性状态，此后被高速喷射到至工件，撞击到经预处理的工件表面，沉积称为涂层。

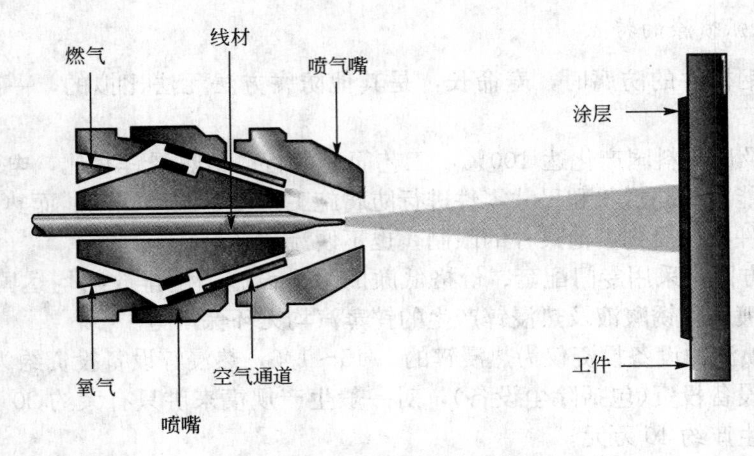

图 8.23　火焰线材喷涂示意图

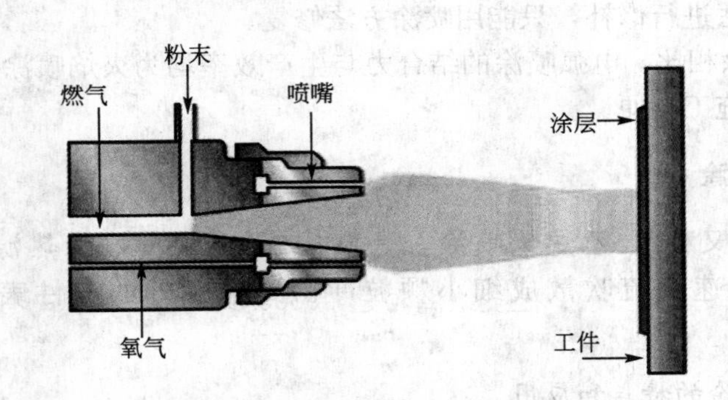

图 8.24　气体火焰粉末喷涂示意图

2）气体火焰粉末喷涂的类型

在喷涂粉末中，可分为打底粉末(或称过渡层)和打工作粉末两类。打底粉末是以某一种(或多种)材料为核心，在核心外面包覆一层(或多层)另一种材料的复合粉末。目前应用最广的复合粉末是镍包铝复合粉末，工作粉末采用的是自熔性合金粉末。

打底层粉末：根据喷涂粉末的不同，喷涂层可具有耐磨、耐腐蚀、耐热等多种性能，但由于涂层与基体的结合强度较低(20MPa)，从而限制了它的使用。为了提高喷涂层的结合强度，研制了打底层粉末。目前常见的镍包铝粉末有 80Ni20Al，80Ni10Al，85Ni5Al 三种，它们的结合强度最高可达 35～50MPa。从而保证了涂层与基体材料的良好结合。

工作粉末：基层表面喷以打底粉末后，形成一个适性的表面层，然后再喷以工作粉末，就可获得一定的结合强度。为了适应工件不同工作的要求，设计了具有不同性能的工作粉末，按合金粉中粉末基本元素的组成及合金含量分，合金粉末主要有镍基合金粉、铁基合金粉、钴基合金粉等。

3）气体火焰粉末喷涂工艺

工件表面的准备：喷涂前工件表面准备是喷涂成败的关键，通过表面准备使待喷涂表面绝对干净，并形成一定的粗糙度，才能保证涂层与工件的机械结合。此外还要进行预热，可以去掉待喷表面的水分，降低涂层与工件的温差，从而减少涂层的应力积累。

喷涂：首先喷打底层。在已经过特殊处理并预热好的工件表面上，均匀地喷上一层镍包铝粉末，作为打底层，厚约 0.1mm，即可。根据经验只需将原工件上金属光泽盖上即可。

喷涂火焰以采用中性焰为宜，喷涂距离要根据火焰功率大小来决定，一般以火焰喷向工件末端受压变弯 20～30mm 为合适，此时距离约为 180～200mm，这个距离可获得粉末温度、飞行速度及沉积效率间的较好配合。

其次喷工作层。工作层应满足工件使用要求，轴类零件一般应在车床上喷涂，这样可保证涂层厚度均匀，并减轻劳动强度。工件线速度应控制在 20～30mm/s。火焰应选用中性焰。

注意为达到一定涂层厚度，喷工作粉束时应来回多次喷涂，且总厚度不应超过 2mm，太厚则结合强度会降低。

喷后处理及加工：由于涂层性质脆硬，结合强度较低，又需保持涂层表面的多孔性，因此在选择加工方法、切削工具及加工规范时必须考虑此特点，以防止涂层加工时崩落、脱层和表面孔隙被堵塞。目前车削常采用 YG6 或 YG8 硬质合金刀头，车削速度约为 20～40mm/min。对于精度及粗糙度要求高的零件，如曲轴等，需采用磨削加工时，一般用粒度 46 或 60 的碳化硅砂轮进行磨削，磨削量约为 0.01～0.05mm。

8.4.4 等离子喷涂

等离子喷涂是指利用上一节“等离子弧堆焊”中所述的非转移型电弧(该电弧在特殊磁场作用下，使电弧弧柱变细、温度最高可达 16000℃，可以熔化所有已知的工程机械材料)，使气体电离成完全导电的等离子体，从而将金属粉末熔化通过气体将其高速喷射(喷速最高可达 400～500m/s)到预先准备好的工件表面上形成涂层。

等离子喷涂分为气体等离子喷涂(应用最广)、真空等离子喷涂(适合于对氧化高度敏感的材料)和水稳等离子喷涂(以水为工作介质，适宜于喷涂高熔点材料，特别是氧化物陶瓷，喷涂效率非常高)等几种类型。

1. 气体等离子喷涂基本原理

图 8.25 所示，是气体等离子喷枪结构和工作原理示意图，根据实际需要通入工作气体(氮气、氩气等)，工作气体在进入弧柱区后，将发生电离并形成等离子体。由于阴极与

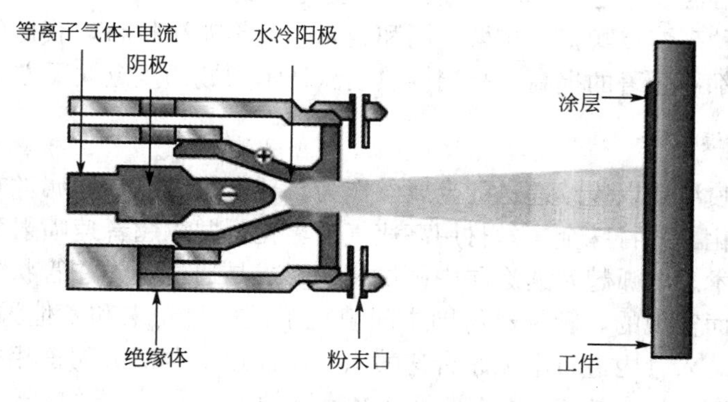

图 8.25 气体等离子喷涂原理示意图

前枪体有一定距离，故只靠电源的空载电压不能够立即产生电弧，所以还需在前后枪体之间加一个引弧高频电压，高频电压使通往阴极端部与前枪体之间产生火花放电，于是电弧便被引燃。电弧引燃后的电弧在孔道中受到3种压缩效应，温度升高，射速加快，此时从送粉管输送、从粉末口喷出的金属粉末在等离子焰中被加热到熔融状态，并高速喷射到零件表面，这些熔融状态的球形粉末发生塑性变形后粘附到工件表面，粉末之间也因塑性变形而结合起来。如此持续喷射，便会获得一定厚度的涂层。

2. 等离子喷涂的特点

(1) 由于等离子焰具有超高温特性，所以便于进行高熔点材料的喷涂；

(2) 喷射粒子的速度高，涂层致密，粘接强度高，可达30～70MPa；

(3) 由于使用惰性气体作为工作气体，所以喷涂材料不易氧化。

8.4.5 超音速喷涂

超音速喷涂是由美国Browning Engineering公司于20世纪60年代发明、目前较为成熟且应用较广的一种热喷涂技术。

该技术可分为火焰超音速喷涂、等离子超音速喷涂和电弧超音速喷涂等几种类型。

1. 火焰超音速喷涂

HVOFFS(High Velocity Oxygen Fuel Flame Spray)，即高速氧燃料火焰喷涂。超音速火焰喷涂是一种新兴的先进热喷涂工艺，利用高纯度丙烷、丙烯、乙炔或煤油为燃料，以高压氧气为助燃剂，控制系统将丙烷和氧气以一定的压力和流量输送到喷枪，经过电火花点燃后形成高温高压燃气，通过拉伐尔喷嘴将其加速到6倍音速以上。送粉系统将喷涂粉末从拉伐尔喷嘴的低压区送入焰流，经焰流加温熔融雾化后以超音速喷向工件表面，沉积形成致密、均匀、低氧化物含量的高硬度高结合力涂层。

2. 等离子超音速喷涂

所谓超音速等离子喷涂是利用非转移型等离子弧与高速气流混合时出现的“扩展弧”，得到稳定聚集的超音速等离子焰流进行喷涂的方法。与普通等离子喷涂、爆炸喷涂、高速火焰喷涂等其他喷涂技术相比，超音速等离子喷涂兼有焰流温度高和粒子飞行速度快的优点，等离子弧中心温度可达32000K，粒子速度能达到400～800m/s。超音速等离子喷涂特别适合喷涂各种高熔点陶瓷、难熔金属和金属陶瓷等喷涂材料，获得的涂层致密性、强韧性和结合强度都有显著的提高，是当今热喷涂技术领域的重点发展方向之一。

3. 电弧超音速喷涂

电弧超音速喷涂是以连续递送的金属丝作为自耗电极，以在金属丝端部产生的高温电弧为热源，将熔化了的特殊金属丝材用高速气流雾化，并以超音速喷射到工件表面形成涂层的一种喷涂技术。电弧超音速涂层中硬质相的形成是通过预先在管状丝材中加入一定数量的硬质相粉末而实现的。管状丝材即中间填充了硬质相粉末和其他添加剂的金属丝材，把复合陶瓷材料装入管内进行电弧超音速喷涂，从而得到含部分陶瓷相的涂层。这种喷涂技术具有热效率高、生产效率高(是普通火焰喷涂的8倍)、涂层结合强度高、孔隙率低、表面粗糙度低等特点，广泛应用在材料防腐、抗磨、修旧利废以及电力生产等领域。

8.5 电镀修复法

电镀是零件修复工艺的重要方法之一，由于电镀过程温度不高，不致使零件受损、变形，也不影响基体组织结构，且可以提高机械零件表面的硬度，改善零件表面性能，同时还可恢复零件的尺寸。因此在修理行业得到广泛应用。例如各种铜套镀铜修复，不但可修复零件，延长零件寿命，还可节约大量贵重金属铜；活塞环多孔镀铬，它的磨损可降低2/3等。特别是机械上许多重要零件，在使用过程中，只磨损0.01～0.05mm就不能使用了。这种情况用电镀修复最为方便。

8.5.1 概述

1. 基本概念

(1) 阴极反应：将工件浸入电解液，以工件为阴极，以其他金属或石墨为阳极，通以直流电，在电场的作用下，电解液中带正电荷的金属离子向阴极运动，在阴极得到电子还原成金属原子，呈金属析出，沉积到工件表面上的化学过程。

(2) 阳极反应：

不溶性阳极：对不溶解的阳极而言，电解液中带负电荷的离子在电场作用下移向正极，失去电子而还原成原子析出，析出物质多为气体冒出。

可溶性阳极：对于可溶性阳极而言，阳极金属失去电子，变成阳离子，游离到电解液中以弥补阳离子的损失。

(3) 电极电位：在无外接电源时，电极与电解液之间存在一个电位差，即阴极电位 V_n 和阳极电位 V_p。

(4) 电极极化：在外电源作用下，两极电位偏离原值的现象。

(5) 过电压：两极极化后的电压与电极电位之差。

(6) 电流效率 η：在实际电镀中，在阴极上并不是所有的电流都是用来析出金属的，还有氢气析出和其他过程，实际上沉积的金属量 M_r 比理论上沉积的金属 M_t 量要少，它们的比值称为电流效率。

即：

$$\eta = M_r / M_t \tag{8-11}$$

(7) 理论镀积量：电镀过程金属的理论镀积量可由法拉第电解定律求得：

$$M_t = CIt \tag{8-12}$$

式中，C 为金属的电化当量，g/(A·h)；I 为电流强度，A；t 为电镀时间，h。

2. 电镀的类型

(1) 按镀层的材料分：镀铁、镀铝、镀铬、镀锌、镀金、镀铜、镀银、镀镍、镀塑等。

(2) 按电镀方式分：槽镀、刷镀等。

3. 金属的电镀沉积过程

电镀过程是镀液中的金属离子在外电场的作用下，经电极反应还原成金属原子并在阴极上进行金属沉积的过程。完成电沉积过程必须经过以下3个步骤：

一是液相传递：镀液中的水化金属离子或络离子从溶液内部向极界面迁移，到达阴极的双电层溶液一侧。

二是电化学反应：水化金属离子或络离子通过双电层，并去掉它周围的水化分子或配位体层，从阴极上得电子生成金属原子。有3种方式：电迁移、对流和扩散。

三是电结晶：金属原子沿金属表面扩散到结晶生长点，以金属原子态排列在晶格内，形成镀层。

电镀时，以上3个步骤是同时进行的，但进行的速度不同，速度最慢的一个被称为整个沉积过程的控制性环节。不同步骤作为控制性环节，最后的电沉积结果不同。

4. 影响电镀镀层性能的主要因素

影响电镀质量的因素很多，包括镀液的各种成分以及各种电镀工艺参数。这里只对其中一些主要因素进行讨论。

(1) pH值的影响：镀液中的pH值不但可以影响氢的放电电位、碱性夹杂物的沉淀，还可以影响络合物或水化物的组成以及添加剂的吸附程度。但是，其对各因素的影响的程度一般是不可预见的。不同电镀工艺中，最佳的pH值往往要通过试验来确定。

(2) 添加剂的影响：镀液中的光亮剂、整平剂、润湿剂等有机或无机添加剂可以提高阴极极化作用，明显改善镀层组织。

(3) 电流密度的影响：任何电镀都必须有一个能产生正常镀层的电流密度范围。当电流密度过低时，阴极极化作用较小，镀层沉积过慢，甚至没有镀层。随着电流密度的增加，阴极极化作用随之增加，镀层沉积速度越来越快，当电流密度过高，超过极限电流密度时，镀层质量开始恶化，甚至出现海绵体、烧焦及发黑等现象。

(4) 电流波形的影响：电流波形是通过阴极电位和电流密度的变化来影响阴极沉积过程的，它进而影响镀层的组织结构乃至镀层成分，使镀层性能和外观发生变化。

(5) 温度的影响：镀液温度的升高能使扩散加快，降低浓差极化。此外，温升还能使离子的脱水过程加快，离子和阴极表面活性增强，也降低了电化学极化，导致结晶变粗。另一方面，温度升高能增加盐类的溶解度，从而增加导电和分散能力，还可以提高电流密度上限，从而提高生产效率。

(6) 搅拌的影响：搅拌可降低阴极极化，使晶粒变粗，但可提高电流密度，从而提高生产率。此外搅拌还可提高镀液的均匀度，从而增强镀层均匀性。

(7) 镀前处理：电镀之前，拟镀工件表面的清洗、吸附膜的清除、活性化处理等环节的工作是否到位，电镀前工件表面是否能露出金属新组织，对电镀镀层的影响很大。

5. 电镀镀前处理和镀后处理

(1) 镀前预处理：镀前预处理的目的是为了得到干净新鲜的金属表面，即露出金属新茬，以便为最后获得高质量镀层作准备。其内容有：通过表面磨光、抛光等工艺方法，使表面粗糙度达到一定要求；采用溶剂溶解以及化学、电化学等方法来去除油脂；采用机械、酸洗以及电化学方法进行除锈；在弱酸中侵蚀一定时间进行工件表面的镀前活化处理。

(2) 镀后处理：包括钝化处理和除氢处理：所谓钝化处理是指在一定的溶液中进行化学处理，在镀层上形成一层坚实致密、稳定性高的薄膜的一种表面处理方法。钝化使镀层耐蚀性大大提高并能增加表面光泽和抗污染能力。这种方法用途很广，镀 Zn、镀 Cu 等后，都可进行钝化处理。而除氢处理是指有些金属，比如锌，在电沉积过程中，除自身沉积出来外，还会析出一部分氢，这部分氢渗入镀层中，使镀件产生脆性，甚至断裂，称为“氢脆”。为了消除氢脆，往往在电镀后，使镀件在一定的温度下热处理数小时，称为除氢处理。

8.5.2 镀铬

铬是一种微带天蓝色的银白色金属。电极电位虽然很低，但它有很强的钝化性能，大气中很快钝化，显示出具有贵金属的性质，所以铁零件镀铬层是阴极镀层。

1. 镀铬的特点

1）优点

铬层在大气中很稳定，能长期保持其光泽，在碱、硝酸、硫化物、碳酸盐以及有机酸等腐蚀介质中非常稳定；

铬层硬度高，耐磨性好，反光能力强，有较好的耐热性。在 500℃以下光泽和硬度均无明显变化，温度大于 500℃开始氧化变色，大于 700℃才开始变软；

由于镀铬层的性能优良和外表美观，因而广泛地被用作防护——装饰镀层体系的外表层和机能镀层。

2）缺点

铬镀层可溶于盐酸、氢卤酸和热的浓硫酸中，氯环境中易腐蚀；铬镀层亲油性能差；铬镀层的力学性能随着镀层厚度的增加而变差；镀铬过程会造成环境污染。

2. 镀铬层的种类

（1）装饰性镀铬。其特点是：要求镀层光亮；镀液的覆盖能力要好，零件的主要表面上应覆盖上铬；镀层厚度薄。防护-装饰性镀铬广泛用于汽车、自行车、日用五金制品，家用电器、仪器仪表、机械、船舶舱内的外露零件等。经抛光的铬层有很高的反射系数，可作反光镜。

（2）镀硬铬。在一定条件下沉积的铬镀层具有很高硬度和耐磨损性能，硬铬的维氏硬度可达到 800～1200kg/mm^2，铬是常用镀层中硬度最高的镀层，可提高零件的耐磨性，延长使用寿命。

（3）乳白铬镀层。在较高温度(65～75℃)和较低电流密度((20±5)A/dm^2)下获得的乳白色的无光泽的铬称为乳白铬。该镀层韧性好、硬度较低、孔隙少、裂纹小、色泽柔和、消旋光性能好，常用于量具、分度盘、仪器面板等镀铬。

（4）松孔镀铬。通常在镀硬铬之后，用化学或电化学方法将铬层的粗裂纹进一步扩宽加深，以便吸藏更多的润滑油脂，提高其耐磨性，这就叫松孔铬。松孔铬镀层应用于受重压的滑动摩擦件及耐热、抗蚀、耐磨的零件，如内燃机气缸内腔、活塞环等。

（5）镀黑铬。在不含硫酸根而含有催化剂的镀铬中，可镀取纯黑色的铬层。以氧化铬为主成分，故耐蚀性和消旋光性能优良。镀黑铬主要应用于航空、光学仪器、太阳能吸收板及日用品的防护与装饰。

3. 镀铬原理

如图 8.26 所示，镀铬时用铅和铅合金等不溶性阳极，镀铬的镀液中铬酸一般以重铬酸形式存在($H_2Cr_2O_7$)，浓度很高的镀铬液可呈三铬酸($H_2Cr_3O_{10}$)和四铬酸($H_2Cr_4O_{13}$)形式存在。当镀液中只有铬酸而无硫酸等催化剂存在时，通入直流电，阴极上只有氢气析出，没有铬层沉积。相当于电解水。加入适当的硫酸催化剂后(CrO_3 ∶ H_2SO_4＝100 ∶ 1)，在阴极上依次发生下列反应：

$$H_2Cr_2O_7 + 8H^+ + 6e \rightarrow 2Cr_2O_3 + 4H_2O \text{①}$$

$$2H^+ + 2e \rightarrow H_2 \uparrow \text{②}$$

$$+ H_2O \rightarrow \ + 2H^+ \text{③}$$

$$H_2Cr_2O_7 + 8H^+ + 6e \rightarrow Cr \downarrow + 4H_2O \text{④}$$

由式④可以看出，镀铬是六价铬直接还原而沉积到阴极工件表面上的结果。

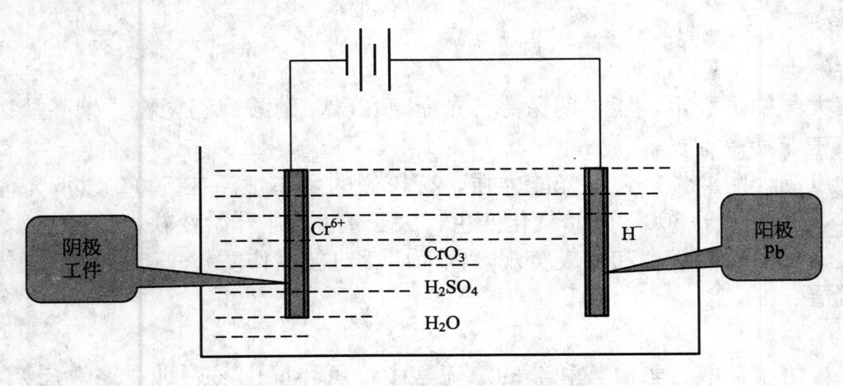

图 8.26　槽镀铬示意图

4. 镀铬工艺

根据不同镀铬的目的和类型，应选用不同浓度的铬酐、不同电流密度、不同温度控制、不同硫酸浓度、不同添加剂，但一般都需要镀前准备、电镀、镀后处理 3 个步骤。

国内常规镀铬工艺规范见表 8－4。

表 8－4　国内普通镀铬工艺规范

规范＼类型	普通镀铬液					复合镀铬液	自调镀铬液	快速镀铬液	四铬酸盐镀液
	低浓度		中浓度		高浓度				
	1	2	1	2 标准					
Cr_2O_3	80～120	80～120	150～180	250	320～360	250	250～300	180～250	350～400
H_2SO_4	0.45～0.6	0.8～1.2	1.5～1.8	2.5	3.2～3.6	1.25	—	1.8～2.5	1.5～2
H_2SiF_6	—	1～1.5	—	—	—	4～6	—	—	—
KBF_4	0.6～0.8	—	—	—	—	—	20	—	—
$SrSO_4$	—	—	—	—	—	—	6～8	—	—
NaOH	—	—	—	—	—	—	—	—	52
H_3BO_3	—	—	—	—	—	—	—	8～10	—
MgO	—	—	—	—	—	—	—	4～5	—

（续）

规范 \ 类型		普通镀铬液					复合镀铬液	自调镀铬液	快速镀铬液	四铬酸盐镀液
		低浓度		中浓度		高浓度				
		1	2	1	2 标准					
NaF		—	—	—	—	—	—	—	—	2～4
柠檬酸钠		—	—	—	—	—	—	—	—	3～5
装饰铬	T	55±2	55±2	—	48～53	48～56	45～55	50～60	55～60	20～45
	Dc	30～40	30～40	—	15～30	15～35	25～40	30～45	30～45	20～40
松孔铬	T	—	—	58～62	58～62	58～62	55～60	55～62	55～60	20～45
	Dc	—	—	30～45	30～45	30～45	40～60	40～60	40～60	30～50
硬铬	T	55±2	55±2	55～60	55～60	—	55～60	55～62	55～60	—
	Dc	40～60	40～60	30～45	55～60	—	50～80	40～80	40～80	—
乳白铬	T	—	—	74～78	70～72	—	—	70～72	70～72	—
	Dc	—	—	25～30	25～30	—	—	25～30	25～30	—

注：表中铬酐与各种添加剂的浓度单位为g/L，温度T的单位为℃，电流密度Dc的单位为A/dm^2，表8-5、8-6亦同。

8.5.3 镀铁

1. 镀铁的优点

(1) 对于一些复杂的、内腔面磨损而需要修复的工程机械零部件，采用镀铁的方法修复方便且有效；

(2) 镀铁镀层结合强度能够满足一般零件要求；

(3) 镀铁速度快；

(4) 电流利用率高；

(5) 原材料丰富，成本低；

(6) 环境污染小。

2. 镀铁的电解液

(1) 单盐电解液：其成分为$FeCl_2+H_2O$，浓度为450g/L，pH值等于1.3左右，该电解液成本低，但易氧化，镀层强度较小；

(2) 合金电镀液：在$FeCl_2$中加入氯化锰、氯化镍、磷酸钠等物质，形成合金镀铁电镀液，使镀层中含有镍、锰、磷等成分，以提高强度、硬度和耐磨性；

(3) 镀铁最佳电解液成分：氯化亚铁400g/L＋HCl 2g/L＋$MnCl_4H_2O$ 10g/L，这种电解液经济性好，镀层强度高、硬度适中，电流效率高；

(4) 无刻蚀低温电镀液：三氯化铁300～400g/L，氯化镍50～80g/L，氯化钛20～30g/L，锰铁粉40～60g/L，盐酸10～20g/L，净化水800g/L，氯化钠0.8～1g/L，氯化钾2～3g/L，氯化铝1.5～3g/L，硼酸0.5～0.8g/L，五氧化二钒0.86～8g/L，碘化钾

0.3～0.5g/L，其特征在于每升电解液加 50～80g/L 氯化镍，20～30g/L 氯化钛。

各种常见镀铁电解液成分及电解规范见表 8-5。

表 8-5 镀铁电解液成分及电解规范

成分及规范 \ 镀层性质	镀层硬度 HRC50～52	镀层硬度 HRC60～62	镀层硬度 HRC30～35
$FeCl_2+H_2O$	400～600	250	400～460
$MnCl_2+H_2O$	60	—	60
$NiCl_2+H_2O$	—	50	—
NaH_2PO_2	—	1.5～2.0	—
HCl	1.2～3	1.2～3	1.2～3
T	65～80	65～80	80～85
Dc	10～40	20～30	10～15

3. 镀铁电源

1）直流电镀

一般电镀车间的可调直流电源均可应用，但应注意，为获得一个低应力、细结晶的底镀层，许用 $Dc=1～2A/dm^2$ 的电流密度起镀，持续 0.5h 后，逐渐增大电流，直至最后加大到正常电流，进行正常施镀。

直流电镀设备简单，成本低廉，但施镀温度高，电镀速度慢，镀层质量差，现在基本上已不再采用。

2）不对称交流转直流电镀

目前生产中广泛采用不对称交直流低温镀铁工艺。它是依次通过不对称交流电起镀、不对称交流电过渡镀和直流镀，使零件表面上牢固地沉积一层高硬度镀铁层的工艺。

一般工业用交流电为正弦波交流电，是由两个相等相反的半波组成。电镀时采用此种交流电，一个半波使零件呈阴极极性沉积镀层，另一半波则使零件呈阳极极性把镀层(甚至基体)电解除掉。因此对称交流电不能进行电镀。不对称交流电是使两个半波不等，较大半波进行电镀获得镀层，较小半波电解镀层，沉积的镀层总比电解掉的多。所以，在开始镀前 10～20min 内，采用不对称交流电起镀，可以使镀层晶粒细小均匀，表面较平滑，内应力较相同电流密度下的直流电镀层小，结合强度也较直流电镀层高得多。结合强度可达 450MPa，镀层不易脱落。

正、负半波电流密度之差，称为有效电流密度。即

$$J_e=J_P-J_n \tag{8-13}$$

式中，J_e 为有效电流密度；J_p 为正半波电流密度；J_n 为负半波电流密度。

正、负半波电流密度之比称为不对称比，不对称比用 β 来表示：

$$\beta=J_p/J_n \tag{8-14}$$

当 $1<\beta\leqslant1.3$ 时，可获得较小内应力的镀层；当 β 增加达至 6～8 时，镀层的内应力和硬度均增大；当 $\beta>8$ 时，镀层的硬度不再增加。

3）交直流叠加电镀

交直流叠加电镀亦称特殊波形电镀，它是在直流电的基础上施加一个交流正弦波，这样可以周期性地改变电压，使电积表面实现能量重排，正向电压时主要发生电沉积，即还原反应，而反向电压时则发生氧化反应，将劣质镀层溶解掉。这样在电流正向时间内由于电沉积使得浓度迅速下降的金属离子，在反向电流期间又迅速得以补充和恢复，消除浓差极化，起到整平作用，而且使得施镀时采用的电流强度比直流镀时有所提高。

采用该电镀方法时，镀层的性能可控，是今后电镀的发展趋势。

4. 不对称交流转直流镀铁工艺过程

(1) 镀前准备：选择能够满足 J_e 和 β 值且可控可调的电源设备，选用合适的镀具、夹具，做好绝缘；

(2) 工件清理：初清，表面活性化——细沙喷射、硫酸阳极刻蚀、盐酸浸蚀、氧化膜去除，露出新的金属组织；

(3) 起镀：起镀时，令 $\beta=1.3$，采用规范电流强度，在 $T=35$℃的情况下，持续电镀3～5min 左右；

(4) 过渡镀：均匀改变 β 值，将 β 逐渐提升到 6～8，持续 6～8min，使应力与硬度均匀增加，以防内应力骤然增加造成镀层内脱层；

(5) 直流镀：在过渡镀完成后，再逐渐在 8～10min 内，在不断电的情况下，将 β 提高到∞，把交流电转为直流电，并在 35～80℃下进行电镀，直至镀至预定厚度；

(6) 镀后处理：镀铁后的零件必须清洗干净，还要在 5%～10%的碱液中浸泡 20～30min，中和孔隙中的酸液，然后再用水洗、烘干并擦拭干净，之后进行涂油保护，或切削、磨削加工。

5. 无刻蚀低温镀铁

在低温镀铁工艺中需要进行阳极刻蚀处理，目的是采用电解方法除去零件表面的氧化膜并生成钝化膜，保护纯净的零件表面在空气中不被氧化。刻蚀处理后应该立即将零件表面残酸冲洗干净，这不仅污染环境，而且若残酸带入电镀液中还会降低镀铁质量。近年来，为了克服阳极刻蚀处理的缺点和简化工艺，出现了无刻蚀镀铁新工艺，使镀铁工艺有了新发展。

(1) 无刻蚀低温镀铁：在温度＜50℃的情况下，以 Fe^+ 为主，辅以其他合金粒子，在经过电化学活化处理呈现微融活化态的钢铁零件表面上沉积，形成金属键结合与微晶结构的高强度的镀铁层。

(2) 无刻蚀镀铁工艺过程：零件在镀铁前的表面活化处理是采用盐酸水浸洗的方法，腐蚀除去零件待镀表面的氧化膜，中和去除碱性水膜，形成酸性水膜。然后将零件放入电镀槽中，先进行对称交流活化处理，再进行不对称交流起镀、过渡镀和直流镀等。

(3) 特点：与刻蚀镀铁相比较，无刻蚀镀铁工艺省去了硫酸阳极刻蚀处理，减少了工序，简化了工艺，减省了设备和降低了污染，从而保证了镀铁的质量和降低了成本。无刻蚀镀铁的镀层结合强度高、耐磨性更好，质量稳定可靠，成品率高。

(4) 应用：目前无刻蚀镀铁已广泛应用，尤其在修复磨损失效的柴油机曲轴方面成果显著，修复曲轴长度可达 4m 以上，使大批报废曲轴新生，节省经费可观。此外，镀铁还用于修复其他要求镀层厚度大的场合，如缸套等。

6. 低温镀铁工艺规范

为缓解镀层内应力对结合强度的影响，保证镀层质量，在各种镀铁工艺中必须严格遵守相关工艺规范，见表8-6。

表8-6 低温镀铁工艺规范

		直流镀	不对称交流转直流镀	特殊波形镀
起镀	电解液密度	450±50	400±50	首先在≤45℃万能镀液中，以 D_c=40的交流调制电流进行交流活化1～2min；再用 D_c=40调制交流电微镀3～5min；最后用 D_c=1～2的直流镀3～5min
	pH值	1.5～2.5	1.5～2.0	
	D_c	1.0～3.0	1.5～2.5	
	T	30～34	25～35	
	时间/min	5	3～5	
过渡镀		在15～25min之内将 D_c 均匀连续地提升到选定值	在10～20min之内，使 J_p 保持不变，使 J_n 均匀缓慢地降至 β=8，随后转入直流镀	在15～25min之内将 D_c 均匀连续地提升到选定值
正常镀	D_c	正常镀20～35	直流镀20～35	D_c=10～20 调制交流 D_c=30～50 调制交流：直流=1～3
	T_{max}	50	50	

8.5.4 镀镍

镍是银白色微黄的金属，具有铁磁性，密度8.8g/cm^3，熔点为1453℃，金属镍易溶于稀硝酸，难溶于盐酸和硫酸，镍的标准电极电位为－0.25V，镀镍的应用很广，可分为防护装饰性和功能性两方面。

1. 电镀镍的特点、性能和用途

(1) 电镀镍层在空气中的稳定性很高，由于金属镍具有很强的钝化能力，在表面能迅速生成一层极薄的钝化膜，能抵抗大气、碱和某些酸的腐蚀；

(2) 电镀镍结晶极其细小，并且具有优良的抛光性能。经抛光的镍镀层可得到镜面般的光泽外表，同时在大气中可长期保持其光泽。所以，电镀层常用于装饰；

(3) 镍镀层的硬度比较高，可以提高制品表面的耐磨性，在机械工业中常用镀镍层来提高铅表面的硬度。由于金属镍具有较高的化学稳定性，有些化工设备也常用较厚的镍镀层，以防止被介质腐蚀。

(4) 镀镍层可作为防护装饰性镀层，在钢铁、铸件、铝合金及铜合金表面上，保护基体材料不受腐蚀或起光亮装饰作用，也常作为其他镀层的中间镀层，在其上再镀一薄层铬，或镀一层仿金层，其抗蚀性更好，外观更美；

(5) 在功能性应用方面，在特殊行业的零件上镀镍约1～3mm厚，可达到修复目的。特别是近年来在连续铸造模具、合金的压铸模具、形状复杂的机械部件和微型电子元件的制造等方面应用越来越广泛。如修复被磨损、被腐蚀的零件，采用刷镀技术进行局部电镀。厚的镀镍层具有良好的耐磨性，可作为耐磨镀层。尤其是采用复合电镀，可沉积出夹有耐磨微粒的复合镍镀层，其硬度和耐磨性比镀镍层更高。若以石墨或氟化石墨作为分散微粒，则获得的镍-石墨或镍-氟化石墨复合镀层就具有很好的自润滑性，可用作润滑镀层。

2. 普通镀镍(暗镀)

1）镀液的配制方法

根据质量或容积计算好所需要的化学药品(镍盐或主盐、导电盐、pH值缓冲剂、润湿剂组成的电解液)，分别用热水溶解、混合在一个容器中，按比例加蒸馏水稀释到所需体积，静置一定时间后澄清，用虹汲法或过滤法把镀液引入镀槽，再加入已经溶解的十二基硫酸钠溶液，搅拌均匀，取样分析，经调整试镀合格后，即可批量生产。

2）镀镍用阳极

镀镍用阳极材料的纯度是电镀中最重要的条件，镍的含量纯度要＞88％，不纯的阳极导致镀液污染，使镀层的物理性能变坏。

在镀镍中比较适宜的镍阳极有以下几种：一是含碳镍阳极，二是含氧镍阳极，三是含硫镍阳极。

3. 镀光亮镍

镀光亮镍有很多优点，不仅可以省去繁重的抛光工序，改善操作条件，节约电镀和抛光材料，还能提高镀层的硬度，便于实现自动化生产，但是光亮镀镍层中含硫，内应力和脆性较大，耐蚀性不如镀暗镍层，为了克服这些缺点，可采用多层镀镍工艺，使镀层的机械性能和耐蚀性得到显著改善。

8.5.5 电刷镀

刷镀又称涂镀、擦镀或选择镀，是一种无槽快速电镀工艺，始于20世纪50年代，1884年国际上定名为电刷镀(Brush Electroplating)。其特点是设备简单，不需镀槽，可以在不解体或半解体的条件下快速修复零件，可用于对轴、壳体、孔类、花键槽、轴瓦瓦背、平面类及盲孔、深孔等各类零件的修复。

刷镀机动灵活，可用于零件的局部修复，且镀层均匀、光滑、致密，尺寸精度容易控制，修理成本低，因此在修理行业得到广泛的推广和应用。

1. 电刷镀基本原理

电刷镀，顾名思义就是利用刷子似的镀笔在被镀工件上来回摩擦而进行电镀的方法，其原理如图8.27所示。零件作为阴极装在机床的卡盘上，石墨镀笔接阳极，刷镀时用外包吸液纤维的镀笔吸满镀液在工件上相对运动，这时镀液中的金属离子在电场力作用下，向工件表面扩散，镀在工件表面形成镀层，刷笔刷到哪里，哪里就形成镀层，直至达到所需厚度。

2. 电刷镀设备

电刷镀设备主要包括刷镀电源、刷镀笔及辅助工具等。

① 刷镀电源：刷镀电源用直流电源，要求其输出的外特性是平直的，输出的电压多在0～25V，并能无级调节。目前国内刷镀电源种类繁多，但是其基本结构形式可分为两大类：硅整流电源和可控硅电源。

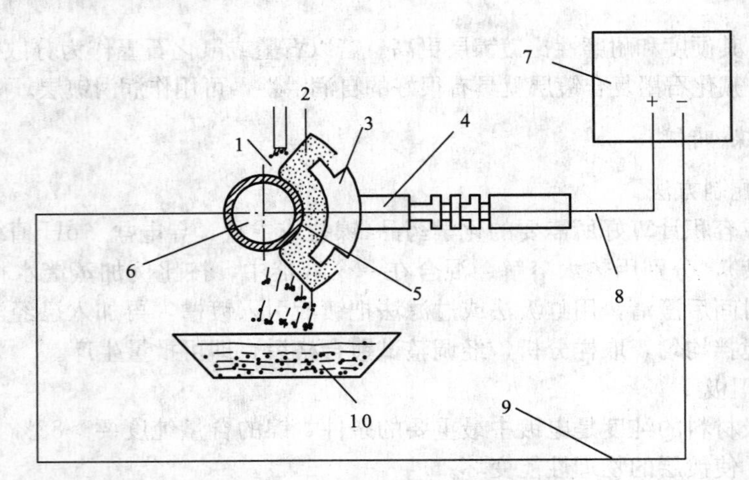

图 8.27　电刷镀工作原理示意图

1—刷镀液；2—阳极包套；3—石磨阳极；4—刷镀笔；
5—刷镀层；6—工件；7—电源；8—阳极电缆；9—阴极电缆；10—储液箱

② 刷镀笔：刷镀笔是电刷镀主要工作部件，由导电手柄和阳极两部分组成，阳极和导电手柄用螺纹相连或压紧。导电手柄的作用是连接电源和阳极，使操作者可以移动阳极作需要的动作，以实现金属的刷镀，其构造如图 8.28 所示。阳极是镀笔的工作部分，石墨和铂合金是理想的不溶性阳极材料，但由于成本问题，石墨应用最多，只在阳极尺寸极小无法用石墨时才用铂铱合金。在石墨阳极上包扎脱脂棉包套，其作用是储存电镀液，防止两极接触产生电弧烧伤零件表面和防止阳极石墨粒子脱落污染电镀液。石墨阳极的形状依被镀零件表面形状而定。一般为了适应零件不同形状刷镀的需要，阳极可做成圆柱形、平板形、瓦片形、圆饼形、半圆形、板条形等。③刷镀辅助工具：主要有转台和镀液循环泵，作用是夹持工件和泵送镀液。

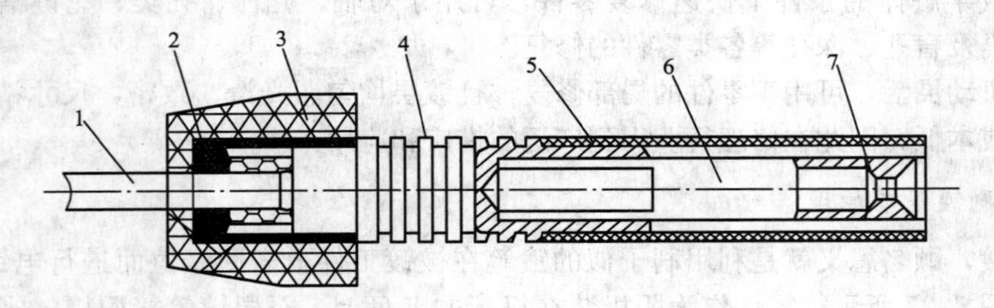

图 8.28　导电手柄的构造

1—阳极；2—0 型密封圈；3—锁紧螺母；4—手柄套；5—绝缘套；6—链接螺栓；7—电缆插座

3. 电刷镀溶液

刷镀溶液按其作用不同可分为表面准备液、电镀溶液、退镀溶液和钝化溶液 4 大类。

(1) 表面准备液：表面准备液又称预处理液，它的主要作用是除去被镀零件表面的油污和氧化物，以获得洁净的待镀表面，表面准备液有电净液和活化液两种。电净液用于镀前工件除油；活化液的作用是除去待镀工件表面的氧化膜、杂质和残留物，从而使基体金属露出其纯净的显微组织，以利于金属的沉积。活化处理有阳极活化和阴极活化，但以阳极活化居多。

(2) 刷镀溶液：也称沉积金属溶液。电刷镀溶液一般分为酸性和碱性两大类。酸性溶液比碱性溶液沉积速度快1.5～3倍，但绝大部分酸性溶液不适用于材质疏松的金属材料，如铸铁，也不适用于不耐酸腐蚀的金属材料，如锡、锌等。碱性和中性电镀溶液有很好的使用性能，可获得晶粒细小的镀层，在边角、狭缝和盲孔等处有很好的均镀能力，无腐蚀性，适于在各种材质的零件上镀覆。

根据刷镀目的不同，刷镀溶液有很多种，但常见的有镍、铜、铬、镉、钴、锌、铟、银、金等镀液以及合金镀液等数十种，以满足被镀件不同的需要。

(3) 退镀溶液：用于除去不需镀覆表面上的镀层，主要退除铬、铜、铁、钴、镍、锌等镀层。

(4) 钝化溶液：能使金属表面呈钝态的溶液。一般用于镀锌、镀镉和其他镀层的镀后处理。目的是在镀层表面形成能阻止金属正常反应的表面状态，提高其抗蚀性，并增加产品美观度。常用的钝化液主要成分是铬酸、硝酸、硫酸。在某些场合，产品要求银白色或蓝白色，则经三酸钝化处理后生成的彩虹色钝化膜，减低指纹效应，还可以再经过碱液漂白处理(白色钝化)，但镀层的耐蚀性能下降。

4. 电刷镀工艺

(1) 零件表面的准备：零件表面的预处理是保证镀层与零件表面结合强度的关键工序。零件表面应光滑平整，无油污、无锈斑和氧化膜等。为此先用钢丝刷、丙酮清洁，然后进行电净处理和活化处理。

(2) 打底层(过渡层)：为了进一步提高工作镀层与零件金属基体的结合力，选用特殊镍、碱铜等作为底层，厚度一般为2～5μm。然后再于其上镀覆要求的金属镀层，即工作镀层。

(3) 镀工作层：电刷镀工作镀层的厚度(半径方向上)为0.3～0.5mm，镀层厚度增加内应力加大，容易引起裂纹和使结合强度下降，乃至镀层脱落。但用于补偿零件磨损尺寸时，需要较大厚度，则应采用组合镀层，在零件表面上先镀打底层，再镀补偿尺寸的尺寸镀层。为避免因厚度过大使应力增加、晶粒粗大和沉积速度下降，在尺寸镀层间镀夹心镀层(不超过0.05mm)，最后再镀上工作镀层。

5. 电刷镀的特点

(1) 无需电镀槽，设备简单，不受零件尺寸的限制；

(2) 电镀工艺简化，如：不需要吊装、包扎绝缘等工艺；

(3) 镀层种类多，例如：可获得均匀镀层、不均匀镀层，可获得各局部区域不同性质的镀层等，且镀层厚度容易控制；

(4) 沉积速度快，是有槽电镀的10～15倍，由此而得快速电镀之名，而且能够节约能源与工时；

(5) 镀层与基体结合强度高。结合强度是衡量刷镀层质量好坏的重要指标之一，镍、铁等刷镀层的结合强度大于镀层本身结合强度，并且远高于喷涂，也比槽镀高；

(6) 电刷镀镀层硬度比槽镀镀层硬度高，一般硬度可达HRC50以上；

(7) 刷镀层的耐磨性较好。刷镀的耐磨性比45号淬火钢好，其中镀铁层是45号淬火钢耐磨性的1.8倍；

(8) 刷镀层对基体疲劳强度的影响：刷镀层由于内应力较大，所以对金属疲劳强度影响较大，一般下降30%～40%，但镀后若进行200～300℃低温回火，可降低对疲劳强度的影响。

6. 电刷镀的应用

目前我国机械修理行业已普遍使用电刷镀修复机械零件。可修复磨损和机械加工超差的工程机械零件，如活塞杆、轴颈磨损的修复(增压器转子轴、电机转子轴、水泵轴等)以及孔类零件的修理、滚动轴承的修理等。

8.5.6 各类电镀层的特性及作用

镀层按其用途可分为3类，一是防护性镀层，二是装饰性镀层，三是工作保护镀层，各类镀层的特性和选择见表8－7。

表8－7 各类镀层的特性及其作用

镀层系列	镀层类别	特性和用途	备注
防护装饰性镀层	铜、镍、铬及铜-镍-铬复合镀层	镀铜层结构细密，结合力好，性质柔软，容易抛光，在大气中易受腐蚀介质的侵蚀； 镀镍层外观好；机械性能和耐蚀性能均优良；但镀层多孔；容易产生针孔腐蚀。不同含硫量的双层镍、三层镍能有效地提高防护性能； 在铜-镍底层上镀一层0.5μm(超过此厚度易产生裂纹)的铬，可获得美丽的装饰外观。采用微裂纹镀铬或微孔镀铬工艺，可提高整个组合镀层的防护性； 镀铜可用作铜-镍-铬组合镀层的底层，也可防止钢铁局部渗碳和渗氮，还可以镀覆电器灭弧栅片、印刷电路和电铸模等； 镀镍常用铜-镍-铬组合镀层中的中间层，也可单独用作防护-装饰性镀层，其厚度要足以防止有针孔，一般用作机械、电器、医疗器械和日用五金的防护-装饰	在室外大气腐蚀试验表明：铜-镍-铬组合镀层达45μm以上时，可使基体金属保持三年而不产生锈蚀
	铜-锡合金镀层	含锡10%～15%的低锡青铜，具有良好的抛旋光性能，镀层孔隙小，耐蚀性好。低锡青铜因大气中容易氧化变色，必须套铬； 含锡40%～50%的高锡青铜，外观呈银白色，硬度介于镍与铬之间，经抛光后，其反射率仅次于银，在大气中不易失去光泽，能耐弱酸、弱碱和食品中有机酸的腐蚀，同时具有良好的导电性和焊接性，但是镀层性脆，不能承受敲打或变形； 低锡青套铬后，可作机械、轻工业和日用五金的防护-保护性镀层； 高锡青铜可用来代银、铬、镍，作反光镜、仪器仪表、日用五金、餐具、乐器等防护-装饰性镀层	室内环境下的应用表明，铜-锡合金镀层美观、耐蚀，但磕碰后易留痕迹

（续）

镀层系列	镀层类别	特性和用途	备注
防护装饰性镀层	锌-铜合金镀层	含铜25%左右的合金，有银白色光泽，成本低、保护性好； 对铜铁来说，属阳极性镀层。在潮湿环境下，外观不如镍稳定，容易产生白色腐蚀点； 一般在套铬后用作室内产品的防护-装饰镀层	在工业大气条件下，锌铜合金的防护-装饰性能比镀镍层好
	锌-铁-镍合金及锌-铁合金镀层	这两种合金有银白色外观，其电极电位同锌铜合金，在潮湿环境下容易产生白色腐蚀点。套铬后，用来代替锌-铜合金镀层，作一般户内产品防护-装饰用	
	金、金合金镀层	镀金层，或含金75%～80%的合金镀层(其余为银、镍或铜等)，色泽美观、持久，可作首饰等贵重产品装饰用	镀金不宜用银作底层
	黑镍镀层	是一种黑亮耀目的镀层，镀层很脆，弯曲时容易起皮或剥落，厚度不能超过1.5μm，作机械、光学仪器装饰用	
	锡-镍合金镀层	含锡65%的合金，外表像光亮的镍或铬，微带玫瑰色，有极高的耐蚀性能和抗暗能力。镀层硬度介于镍、铬之间，延性好，内应力很小，可代替铜-镍-铬镀层，作防护-装饰用	
高硬度耐磨镀层、软质耐磨层	硬铬	硬铬镀层是本表所列诸镀层中硬度最高的镀层，能提高工件使用寿命； 镀覆工具、刃具，修复曲轴、齿轮、活塞环以及其他要求提高硬度和而磨的零部件	镀硬铬的基体金属必须有足够的硬度
	硬镍	硬度略低于硬铬，较容易接受机加工，沉积速度快，对于复杂零件能获得较均匀的镀层，除氢较容易，耐磨和耐腐蚀性好，镀层均匀，硬度随含磷量增加而提高，如果在400℃下，热处理1h，可提高硬度一级，一般用作耐磨、耐腐蚀的镀层	
	镀铑	耐磨、耐腐蚀，接触电阻稳定。但镀层容易产生内应力和脆性，用作电器和电子工业比较重要的触头镀层	价格昂贵
	镀铁	价格低廉，镀层软，容易机械加工。电镀后经渗碳、渗氮处理可提高硬度。镀层厚度可达1mm以上； 修复磨损零件和加工尺寸不足的零件；	
	镀锡镍合金	硬度介于铁镍层，具有容易钎焊的特点，用于印刷线路等	

（续）

镀层系列	镀层类别	特性和用途	备注
高导电、易钎焊镀层	金、金合金镀层	金导电性好、接触电阻小，镀金作焊接镀层用得很广泛，但只能用10μm以下的金箔，否则焊接时会生成金锡中间层，使连接点发脆和润滑性下降。为了克服纯金耐磨性差的缺点，通常用金合金代替纯金。但金合金比纯金接触电阻大五倍。此外金合金的钎焊和防护性不如纯金好	在低负荷，纯金接角电阻约为钯的 1/3 、铑的 1/6；高负荷时为钯、铑的 1/10
	镀银层	银导电率和反射系数很高，镀层软，耐磨差。在大气中易受硫化物作用变暗，接触电阻增加。在与塑料、陶瓷组装时，镀层会向绝缘层迁移，甚至造成短路。电气工业广泛用于导电镀层	镀银后，需进行抗暗处理
	镀锡层	锡性质柔软，钎焊性好。遇对硫化物也很稳定。存放时间较久时，钎焊变难，镀后浸入热油中进行流平，可延长存放时间。广泛用于保护铜导线和导电零件，防止氧化或硫化。也用于需要焊接的零件	
	锡镍合金镀层	锡镍合金镀液的均镀能力特别好，镀层厚度可很大，耐磨、耐腐蚀性好。如果允许采用稍强的焊剂，而其他镀层不能采用时，可用这种合金	
	锡锌合金镀层	锡锌合金有极好的钎焊性和耐蚀性。一般用于需要钎焊的钢制零件，如电讯、电子零件、线缆接头和继电器组件等	
耐磨镀层	铅基合金，锡基合金	铅基合金镀层耐疲劳性能比锡基合金好，但耐磨性和耐蚀性相反。当负荷不大，耐疲劳性能要求不高时，用锡基合金，该合金使用寿命长	用于轴承表面的镀层
	银-铅-铟合金镀层	用于高速和高负荷的轴承，其使用寿命比巴比脱轴承合金高30倍，比铜、铅合金高10倍	
	镀铟层	铟的熔点155℃，扩散能力好，选择适当的基体金属镀铟，用扩散方法可获得各种用途的含铟合金镀层。例如，在银轴承上镀铅和铟，然后加热扩散，可形成适合于做飞机发动机轴承用的银-铅-铟合金镀层	
磁性镀层	镍-钴合金镀层	磁性范围广，用作录音带和电子计算器的磁性镀层，亦可铸成磁性材料	
	镍-铁合金镀层	纯镍和含铁20%的镍铁合金，适用于低矫顽力的磁性镀层	如果加入少量磷或其他改性元素，可作高矫顽力镀层

8.6 粘接修复法

利用溶剂、胶粘剂或热熔法把相同或不同的材料或损坏的零件连接成一个牢固的整体，使损坏的零件恢复原有使用性能的方法称粘接修复技术。用胶粘剂修复破裂的工程机械零件，可以成功地解决某些用其他方法均无法修复的零件的维修问题，从而挽救了大量的零件使之恢复使用，延长了寿命。另外，利用胶粘剂还可以进行装配工作和使相互接触的零件具有密封性能，使修造工作中的某些装配工艺大大简化，劳动强度大大降低，生产率显著提高。目前，粘接修复技术在工程机械修理工作中有许多应用。

8.6.1 概述

1. 粘接修复法的应用

(1) 零部件裂纹、破碎部分的粘补。如水箱、油箱、气缸体、气缸盖、水泵壳裂纹及孔洞的粘补，塑料、橡胶构件破损的修补(如轮胎的修补)等；

(2) 铸件沙眼、气孔的填补。如气缸体、气缸盖、变速箱体、后桥壳等零部件在铸造、加工、焊接、喷涂等工艺中出现的气孔、沙眼，气缸套及水套的气蚀孔洞的填补等；

(3) 间隙、过盈配合表面磨损的尺寸恢复。如车身、驾驶室修复过程中过大间隙的弥补、异质过盈配合件配合表面磨损后的修复等；

(4) 连接表面的密封补漏、防松紧固。如水泵端盖的密封等；

(5) 代替铆接、焊接、螺栓连接等。如制动蹄片、摩擦片的粘接修复等。

2. 粘接修复的特点

(1) 优点：需用设备少，操作简单，工艺简便，成本低廉；有些胶粘剂有良好的密封性、绝缘性、防腐性；修复过程中操作温度低，零件受热少，无应力、无变形，不会引起金属组织的变化；不同的材料和场合可选用不同的胶粘剂和粘接方法，修复不受材料限制。

(2) 缺点：胶粘处易时效老化；不耐高温；结合强度低，抗冲击、抗弯扭性差；有些胶粘剂具有毒性。

3. 粘接原理

(1) 机械理论——被粘物与胶粘剂相互嵌入的销钉作用：胶粘剂必须渗入被粘物表面的空隙内，并排除其界面上吸附的空气，才能产生粘接作用。在粘接如泡沫塑料的多孔被粘物时，机械嵌合是重要因素。胶粘剂粘接经表面打磨成粗糙而致密状态的材料效果要比表面光滑的致密材料好，这是因为有以下几种作用：一是机械镶嵌(勾键、根键、榫键)作用，二是可生成反应性表面，三是作用表面积增加。由于打磨确使表面变得比较粗糙，可以认为表面层物理和化学性质发生了改变，从而提高了粘接强度。

(2) 吸附理论——分子间、极性基团间近距离的吸引作用：该理论认为，粘接是由两材料间分子接触和界面力产生所引起的。粘接力的主要来源是分子间作用力包括氢键力和范德华力。该理论认为粘附力和内聚力中所包含的化学键有 4 种类型：离子键，共价键、金属键和范德华力(取向力、诱导力、色散力)。

(3) 扩散理论——胶粘剂分子可扩散到零件表面内部：粘接是通过胶粘剂与被粘物界面上分子的扩散而产生的。当胶粘剂和被粘物都是具有能够运动的长链大分子聚合物时，扩散理论基本是适用的。热塑性塑料的溶剂粘接和热焊接可以认为是分子扩散的结果。

(4) 反应理论——表层化学反应，或产生弱边界层破坏而融接到一起。

(5) 静电理论——由于静电作用，导致双电层，而相互吸引：由于在胶粘剂与被粘物界面上形成双电层而产生了静电引力，即相互分离的阻力。当胶粘剂从被粘物上剥离时有明显的电荷存在，则是对该理论有力的证实。

4. 粘接方法

(1)热熔粘接法——主要用于热塑性塑料之间的粘接。该法利用电热、热气或摩擦热将粘合面加热熔融，然后迭合，加上足够的压力，直到凝固为止。大多数热塑性塑料表面加热到150～230℃就可进行粘接。

(2) 溶剂粘接法——热塑性塑料粘接中最普遍简单的方法。对于同类塑料即用相应的溶剂涂于胶接处，待塑料变软后，再合拢加压直到固化牢固。

(3) 胶粘剂粘接法——用专用胶粘剂涂敷到被粘工件表面，使之结合为一体。该法应用最广，可以粘接各种材料，如金属与金属、金属与非金属、非金属与非金属等。

5. 胶粘剂的分类

(1) 按主要成分分：有机胶粘剂和无机胶粘剂；

(2) 按原料来源分：天然胶粘剂，合成胶粘剂；

(3) 按固化方式分：溶剂型胶粘剂，反应型胶粘剂，热熔型胶粘剂，厌氧型胶粘剂；

(4) 按热性能分：热塑性胶粘剂，热固性胶粘剂；

(5) 按常温形态分：粉剂，糊剂，液剂，棒剂，膜剂；

(6) 按使用性能分：结构胶粘剂，通用胶粘剂，软质材料胶粘剂，密封胶粘剂，特种胶粘剂(如绝缘胶粘剂、导电胶粘剂、磁性胶粘剂、磁融胶粘剂等)

8.6.2 有机胶粘剂及其应用

1. 环氧树脂胶粘剂(Epoxy Resin)

(1) 成分——环氧树脂胶是一种人工合成的树脂状化合物，它能使多种材料表面产生较大的粘接力。其主要成分由环氧树脂＋固化剂＋稀释剂＋增韧剂等组成。

(2) 特点——环氧树脂粘接剂的优点是：粘附力强，固化收缩小，机械强度高，且耐腐蚀、耐油、电绝缘性好，适合工件工作温度在150℃以下使用；缺点是性脆，韧性较差。

(3) 类型——环氧树脂胶粘剂的品种很多，其分类的方法和分类的指标尚未统一。

按用途来讲，环氧树脂胶粘剂可分为：通用型胶粘剂，特种胶粘剂，如耐高温胶(使用温度≥150℃)、耐低温胶(可耐－50℃或更低的温度)、应变胶(粘贴应变片用)、导电胶、密封胶(真空密封、机械密封用)、光学胶(无色透明、耐光老化、折光率与光学零件相匹配)、耐腐蚀胶、结构胶等。

(4) 粘接原理——环氧树脂胶的环氧基中的-C-O(酯基)易断裂，从而容易与材料表面游离键或其他活泼基团形成化学键而结合；环氧树脂胶内羟基-OH和醚基-O-都是极性基团，易产生分子间的吸引力而相互结合。

(5) 固化原理——用胺类、酸酐类固化剂，使树脂单个线性状态的分子相互之间用短链连接起来而形成立体网状结构，从而失去长条状分子间的相互流动性，以达固化之目的。

(6) 环氧树脂的牌号——按环氧值(EV)分：E—54，E—51，E—44，E—42，E—35，E—31 等，其中环氧值(Epoxy Value)是环氧树脂的重要性能指标，指每 100 克环氧树脂中含有的环氧基的当量数，单位为［当量/100 克］。

(7) 工程机械修复常用环氧树脂配方见表 8-8。

表 8-8　工程机械零件修复采用环氧树脂配方与组分

组分＼应用	补塑壳	补缸体裂纹	修气门口	修孔	镶套	修轴颈
环氧树脂(100)	E-44	E-44	E-35	E-44	E-44	E-51
邻苯二甲酸	15	15	10	10	10	10
固化剂	乙二胺 8	间苯二胺 15	顺丁烯二胺 40	聚酰胺 80	乙二胺 7	间苯二胺 15
填料	石英粉 15 石棉 4 炭黑 30	石英粉 15 石棉 4 炭黑 30 铁粉 5	石英粉 15 石棉 4 炭黑 30 铁粉 5	石英粉 15 石棉 4 炭黑 30 铁粉 5 玻璃丝 10	玻璃丝 10	玻璃丝 10 二硫化钼 5

注：表中各成分比例均为质量分数

2. 酚醛树脂胶粘剂

(1) 酚醛树脂胶粘剂的成分——由苯酚和甲醛在碱性催化剂的催化作用下经缩合反应，生成酚醛树脂后，再添加适当的增塑剂、改性剂和填料所组成。

(2) 酚醛树脂胶粘剂的特点——强度比环氧树脂稍高，耐高温性较好；但脆性大，耐冲击性较差。

(3) 粘接作用机理——常态下呈线性结构的酚醛树脂在温度(150℃～160℃)和改性剂的作用下，发生交联反应，渗透到工件表面的树脂分子会形成网状立体结构，固化后，牢固地联结在一起。

(4) 酚醛树脂的改性——一般酚醛树脂胶粘剂有良好的耐热、耐介质等性能，但固化后胶层是脆性的。需加温加压固化，常用其他高分子化合物来改善性能，方可扩大应用。

丁腈改性：在 100 质量份数的酚醛树脂中加入 15 份的丁腈—40，改性后的酚醛树脂既有酚醛树脂的高强度，又有丁腈的高弹性，可提高粘接强度、耐油性以及抗疲劳性。

聚乙烯醇缩醛改性：将适量的聚乙烯醇缩醛加入酚醛树脂中，因为二者都有粘合力，所以，经改性后的酚醛树脂机械结合强度、韧性、耐低温性、耐老化性均得到提高。

有机硅改性：由聚有机硅氧烷＋酚醛＋缩醛树脂反应生成的改性酚醛树脂胶粘剂，可适当提高耐高温性能。

(5) 酚醛树脂的应用——改性后可以单独使用，用来修蹄片、摩擦片、轴、轴承；也可以与 60％的环氧树脂混合使用。

3. 厌氧胶

厌氧胶粘剂简称厌氧胶，又名绝氧胶、嫌气胶、螺纹胶、机械胶等，是利用氧对自由基阻聚原理制成的单组分密封粘和剂，既可用于粘接又可用于密封。当涂胶面与空气隔绝并在催化的情况下便能在室温快速聚合而固化。

(1) 厌氧胶的类型：厌氧胶粘剂由多种成分组成，单体成分千变万化，其中每种成分的变化都有可能获得新的性能，因此厌氧胶的品种甚多，其分类方法也不统一。若按其结构来说，可分为以下4类：一是醚型厌氧胶；二是醇酸酯类厌氧胶；三是环氧酯类厌氧胶；四是聚氨酯类厌氧胶。值得注意的是，实际上厌氧胶的产品很多是混合物或是复杂的组成物，是难以简单分类的。

(2) 厌氧胶的特点：大多数为单体型，粘度变化范围广，品种多，便于选择；单独包装，不需称量、调配，使用方便，容易实现自动化作业；室温固化，速度快、强度高、节省能源、收缩率小、密封性好；性能优异：耐热、耐压、耐低温、耐药品、耐冲击、减振、防腐、防雾；胶缝外溢胶不固化，易于清除；无需溶剂，毒性低，危害小，无污染；用途广泛：密封、锁紧、固持、粘接、堵漏等均可使用；容易储存且性能稳定，胶液储存期一般为3年。

(3) 厌氧胶的应用：厌氧胶因其具有独特的绝氧固化特性，可应用于锁紧、密封、固持、粘接、堵漏等诸多方面。厌氧胶已成为机械行业不可缺少的液体工具。在工程机械、电气等行业有着很广泛的应用。

第一，锁紧防松。金属螺钉受冲击振动作用很容易产生松动或脱节，传统的机械锁固方法都不够理想，而化学锁固方法廉价有效。如果将螺钉涂上厌氧胶后进行装配，固化后在螺纹间隙中形成强韧塑性胶膜，使螺钉锁紧不会松动。

第二，密封防漏。传统上用橡胶、石棉、金属等垫片形式进行防漏，但因老化或腐蚀很快就会泄漏。而以厌氧胶来代替固体垫片，固化后可实现紧密接触，使密封性更耐久。厌氧胶用于螺纹管接头和螺纹插塞的密封、法兰盘配合面的密封、机械箱体结合面的密封等，都有良好的防漏效果。

第三，固持定位。圆柱形组件，如轴承与轴承承孔、皮带轮与轴、齿轮与轴、轴承与座孔、衬套与孔等孔轴组合配件，使用厌氧胶可填满配合间隙，固化后牢固耐久，稳定可靠。以厌氧胶固持的方法使加工精度要求降低、装配操作简便、生产效率提高、节省能耗和加工费用。

第四，填充堵漏。对于有微孔的铸件、压铸件、粉末冶金件和焊接件等，可将低粘度的厌氧胶(如B－280)涂在有缺陷处，使胶液渗入微孔内，在室温隔绝氧气的情况下就能完成固化，充满孔内而起到密封效果。如果采用真空浸渗，则成功率更高，已成为铸造行业的新技术。

(4) Y－150厌氧胶。组分：甲基丙烯酸酯(或丙烯酸双酯)＋甲基丙烯酸二缩三乙二醇酯＋催化剂＋增稠剂组成。其为茶黄色液体，相对密度为(1.12±0.02)g/cm^3无溶剂，单包装，粘度低(0.15～0.3Pa·s＝150～300cP)，有较好的紧固性(M10钢制螺栓最大松出扭矩≥2500N·cm)和密封性。

固化条件：在隔绝空气时，常温下2～4h固化，若加促进剂，1h即可固化。

应用：用于油系、水系的堵裂，用于不经常拆卸的螺纹件的紧固、防松、密封防漏，也用于轴、轴承转子、滑轮、键合件的安装固定。

8.6.3 无机胶粘剂及其应用

1. 无机胶粘剂的特点及应用

无机胶粘剂是由无机的酸、碱、盐和金属氧化物、氢氧化物等构成的具有粘接性能好、应用广泛的胶粘剂，分为磷酸盐类和硅酸盐类胶粘剂。

无机胶粘剂制造成本低，不易老化，结构简单，粘接强度高，既能承受高温(达600～800℃，改进成分后达到1000℃以上)，也可承受低温的作用，曾经有人把用无机胶粘剂粘接的物品放到－186℃的液氧中浸泡，结果粘接效果没变。

无机胶粘剂用于工程机械、汽车发动机零部件的粘接，火箭、宇宙飞船零件的粘接，低温手术器械的粘接，其他零部件的粘接、修补等。

2. 磷酸-氧化铜粘接剂

(1) 成分：磷酸-氧化铜粘接剂由密度为1.7g/cm^3 正磷酸(H_3PO_4，即无水磷酸)与粒度为320目的纯氧化铜粉调和而成。

(2) 特点：耐高温达600～850℃、耐低温可达－183℃，可长时间在500℃下工作，短时间在700～800℃工作，具有较宽的温度范围，是有机胶粘剂无法相比的，并且具有较高的热稳定性、高绝缘性和耐油性，粘接工艺简单、操作方便、省设备、省工时；但质脆、耐碱性差、不耐冲击、固化过程体积略有膨胀，宜采用槽接或套接。

(3) 应用：氧化铜无机胶粘剂适用于受力不大，不需拆卸的紧固连接，用于修补高温下工作的零件，可代替焊接、铆接及过盈配合等连接方法。例如，气门座周围缸体、缸盖裂纹、各种刀具、量具的胶接，轴的修复，铸件砂眼堵漏等的修复以及许多其他场合。

(4) 粘接原理：该胶调和固化后，主要生成含有 O—Cu—O 侧链，并通过—O—Cu—O—链桥纵向和横向键合成无机磷酸盐高分子聚合物，是形成高强度粘接内聚力的主要因素。

(5) 调制方法如下。

第一步，按每100mL的磷酸(H_3PO_4)加入5g的氢氧化铝($Al(OH)_2$)的比例，将两者混合、调匀，然后加热到200℃并保温烘干，待冷却后就成为无水磷酸。

第二步，每次取CuO粉10g，最好先均匀加入5g的$Al(OH)_2$，置于铜板上围坑，而后取上述无水磷酸2.5mL倒入坑内，用竹签调和均匀并能拉出7～10mm的丝即可。因二者反应大量放热，不能一次调制过多。

(6) 使用注意事项：使用时最好的固化方法是先在室温放置2h待其初步凝固，再于60～80℃下，固化3～8h。最终干燥温度高一些，所得强度稍有提高，但高于150℃时则强度有所下降。

8.6.4 粘接工艺

大量的粘接实验和实例证明，在工程机械的粘接修复技术中，胶粘剂是基本因素，粘接工艺是关键因素，粘接接头设计是重要因素，三者密切相关，必须合理兼顾。

粘接工艺主要包括：接头设计→表面处理→配胶→涂胶→晾置→合拢→清理→初固化→固化→后固化→检查→加工等环节。

1. 接头设计

(1) 接头的设计原则：一是粘接接触面积尽量大；二是对受力有利：因为粘接处的抗压：抗剪：抗剥离：抗弯曲：抗冲击强度大致为 18：8：7：4：1，所以最好能够使接头处于抗压状态；三是合适的胶层间隙；四是防热胀冷缩脱胶；五是防外部不利环境的影响。

(2) 接头类型：套接、嵌接、扣接、搭接，必要时附以铆接、焊接、螺接等措施。常见的接头形式如图 8.29、8.30、8.31、8.32 所示。

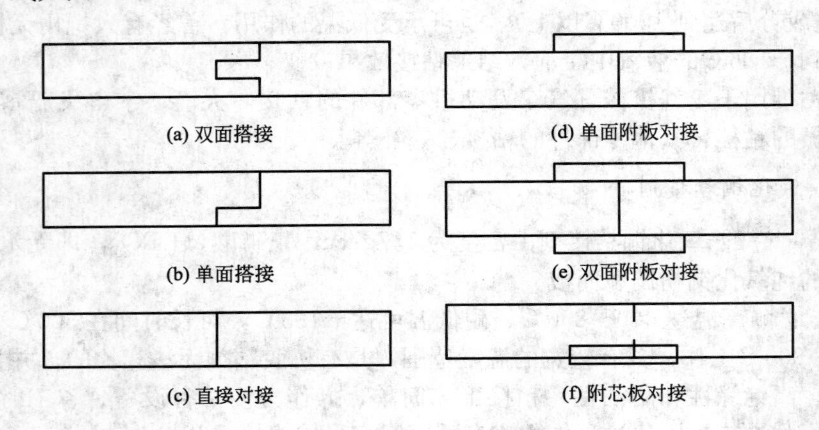

图 8.29 对接接头

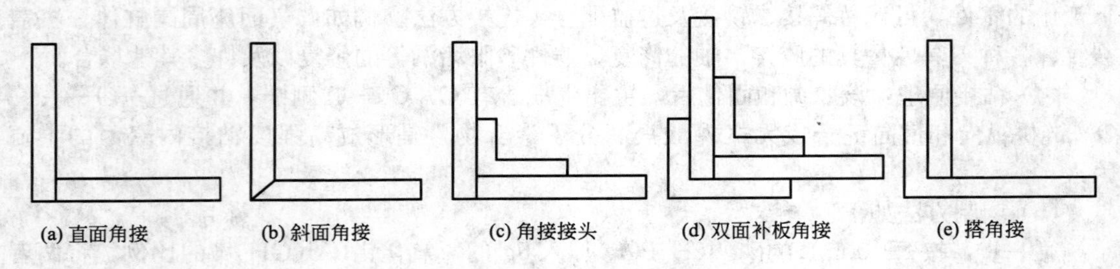

图 8.30 角接接头

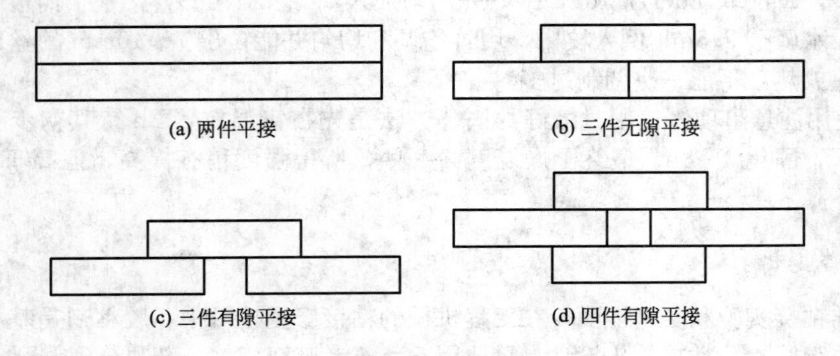

图 8.31 平接接头

2. 表面处理

(1) 目的：使被粘接表面无油、无水、无尘，去除氧化层，并力争表面较粗糙，以增大接触面积，获得牢固的粘接接头。

(2) 方法：粗清→除锈→再清→活化处理→三清→干燥→待用。

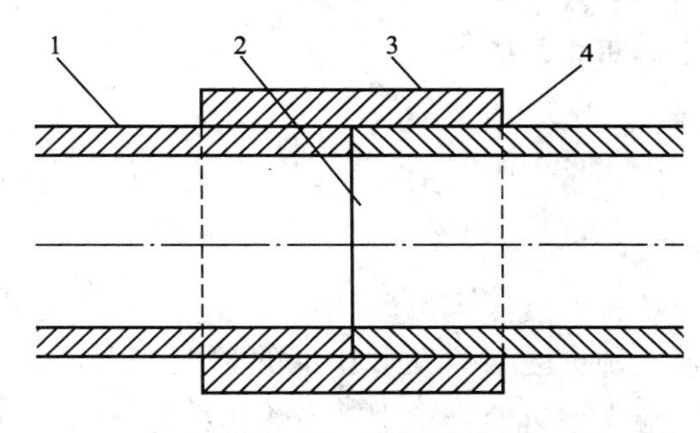

图 8.32 套接接头

1—被接件；2—接缝线；3—套管；4—胶粘剂

3. 胶粘剂的选用

由前述部分我们知道，粘接具有多种用途、能够实现多重目的，包括连接、紧固、密封、堵漏、填充、定位、绝缘、防腐、隔潮、阻燃、耐油、导电、导热、嵌缝、修补、灌注、贴片等。任何一种胶粘剂的使用都会同时达到几个目的，应以其中一个为主要目标去选用胶粘剂，例如连接就要根据胶粘剂部位是否受力、力的大小、力的种类、决定选用何种胶粘剂。受力大的应选用结构胶，如环氧胶、第二代丙烯酸酯胶等；受力较小或不受力可选用非结构胶，如氯丁胶或热熔胶等，粘接用途多种多样，要根据具体情况，切合实际地选用。

(1) 按被粘接材料选用：选择时应考虑被粘接物质的种类与性质，如钢、铁、铜、铝、塑料、橡胶等；一定要考虑胶粘剂的性能及与被粘物质的匹配性。

(2) 考虑工件的使用条件：胶粘剂应能够适应温度、受力、环境介质等因素。

(3) 考虑工件类型与胶粘剂的应用条件：例如，需要多长的固化时间，采用什么固化方式，是否需要加热、是否需要密封、能否加热、能否密封、是否需要辅助连接、是否需要加压等。

(4) 考虑特殊需求：如某些场合的需要电绝缘，某些场合需要导磁、导电，有些场合则需要密封、防潮等。

(5) 每种产品均有储存期，应根据国际标准及国内标准，选用在在常温(24℃)下储存保质期内的胶粘剂。

(6) 选用胶粘剂时不能只重视初始强度，更应考虑耐久性 ，还要考虑经济性。

4. 胶粘剂的调制

必须选用合适的容器、搅拌物、添加剂，正确掌握温度、时间、比例、顺序、速度、加热方式，必须了解胶粘剂在调配过程中的毒性影响。

5. 涂胶固化

各种涂胶方法中，刷胶用得最多。使用时应顺着一个方向刷，不要往复，速度要慢，以防产生气泡，胶层尽量均匀一致，中间多，边缘少，涂胶次数≤2～3 遍，胶层平均厚度控制在 0.05～0.25mm 为宜。

固化时，需要根据具体情况考虑固化时间、固化温度、密封条件，考虑是否需要加压、如何防毒等问题。

6. 检查与加工

固化后，应检查有无裂纹、裂缝、缺胶、泄漏等现象。在进行机械加工前应进行必要

的车倒角、打磨等加工。

8.7 矫正修复法

矫正修复法也称塑性变形修复法，它是指利用金属或合金的塑性，在外力或加热条件下使工件产生与原变形相反的塑性变形，从而使零件恢复原有几何形状和正确尺寸的方法。在工程机械维修中常需校正的零件有：轴类零件(如，曲轴、凸轮轴、传动轴等)、机架类零件(如，车架或机架纵梁、横梁、车架整体等)、杆类零件(如，连杆、拉杆、动臂等)。

机械零件常用的矫正方法有压力矫正、火焰矫正和敲击矫正等几种方法。

8.7.1 压力加工矫正

1. 压力矫正的实质

塑性是金属材料的一个重要特性，零件修复中的压力矫正，实质上就是针对金属的这一特性，利用一般的压力加工的方法对金属零件进行修复的过程。也就是说，利用金属在外力作用下产生的塑性变形，将零件非工作部分的金属转向磨损表面，以补偿磨损掉的金属，或者使变形的零件产生反向变形，从而恢复零件工作表面的原有形状和尺寸。它与零件制造中的锻压、冲击等压力加工基本相同，但压力加工修复往往是局部的加工，塑性变形量较小，加热温度也较低。

2. 压力加工矫正的特点

压力加工修复的特点是：修复质量高、省工又省料、经济性能好；但常常需要制作专用模具，有时受到零件结构和材料的限制，如形状复杂的零件不便于冲压，脆性材料(如铸铁)不能采用压力加工等。

3. 压力加工矫正的类型

根据零件的材料、损坏状况和结构特点，压力加工修复法具有多种形式。一般可按外力作用方向和零件变形方向将其归纳为：镦粗、压延、胀大、缩小、校正、滚压和拉伸等几种情况，其主要加工特性见表 8-9。

表 8-9 压力加工修复的方式及特性

形式	简要特性
镦粗	作用力 p 的方向与要求变形的方向 δ 不重合，由于减少了零件的高度，可增大空心和实心零件的外径，缩小空心零件的内径。用于修复有色金属套筒的外径或内径。
压延	作用力的方向与要求变形的方向不重合，由于压伸作用使零件的金属从非工作面转向工作面。可用来增加外表面的尺寸，如常用来修复工作锥面磨损的气门头、磨损的轮齿及花键齿等。

（续）

形式	简要特性
胀大	作用力的方向与要求变形的方向一致，可用来增大空心零件的外表面尺寸，并使零件的高度基本保持不变。一般用于修复活塞销及有色金属和钢制套筒的外圆柱面等。
缩小	作用力方向与要求变形方向一致，压缩使零件外表面尺寸和空心零件的内径缩小，可用于修复有色金属套筒的内径、齿形套合器的内齿(齿形磨损时)等。
校正	作用力或力矩的方向与要求变形的方相反，它可用来修复变形零件，如曲轴、连杆、机架等。
滚压	作用力方向与要求变形的方向相反，工具压入零件内将金属从各个工作表面的区段向外挤出，增大零件外部尺寸，在某些情况下可用于修复轴承座孔配合表面等。

4. 压力加工矫正的温度选择

压力加工修复零件可在冷态或热态下进行。在冷态下要使零件产生塑性变形需要施加较大的外力。冷态下的压力加工将使金属强化，提高金属的强度和硬度。为减少压力加工对外力的要求，也可将零件所需加工表面加热到一定温度。

用压力加工法修复机械零件，由于所要求的塑性变形量较小，并且要避免影响到零件其他未磨损的部位。因此，应尽可能采用冷压加工，如果必须要加热的话，也要选择较低的温度，因为温度较高时，氧化现象严重，晶粒迅速长大会使金属材料的性能发生变化，在低温时，应特别注意因金属材料的变形抗力大引起的破裂现象。

8.7.2 零件的校正

工程机械许多零件在使用中会产生弯曲、扭曲或翘曲，其原因是多方面的，例如：不合理的运用和装配造成的额外载荷、零件的刚度不足以及零件中未消除的残余应力等都是引起零件变形的因素。零件修复中应用的校正方法有压力校正、火焰校正和敲击校正。

1. 压力校正

压力校正分为弯曲矫正和扭曲矫正两种情况。对轴类零件产生的弯曲，在校正时，应根据轴的弯曲方向，将轴支承在两V形铁上，用压力机在轴上施加压力，压力方向应和轴的弯曲方向相反，如图8.33所示。轴受压后的变形量可从置于轴下的百分表观察。

例如，连杆的弯曲矫正，也可以用三点矫正法进行矫正，如图8.34所示。

零件的扭曲变形造成零件不同部位的相互扭转，使零件的形位公差超过规定。校正时必须给零件作用一个转矩，此转矩的方向要与零件扭曲的方向相反。最常见的如连杆的扭曲校正(如图8.35所示)。大件的扭正所需转矩很大，需用专门的设备。

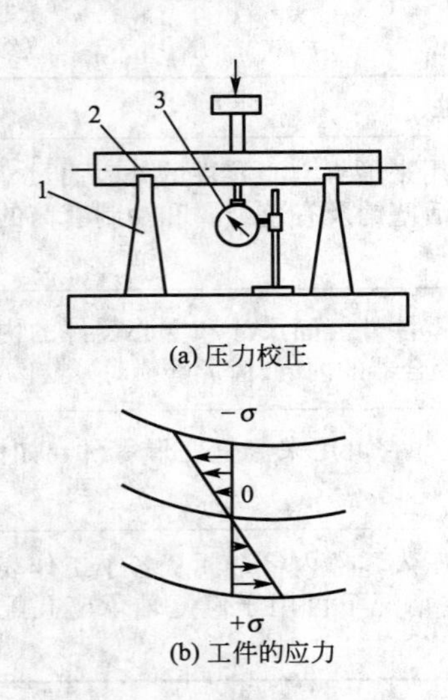

图 8.33　轴类零件的弯曲校正

1—V形块；2—轴；3—压力表

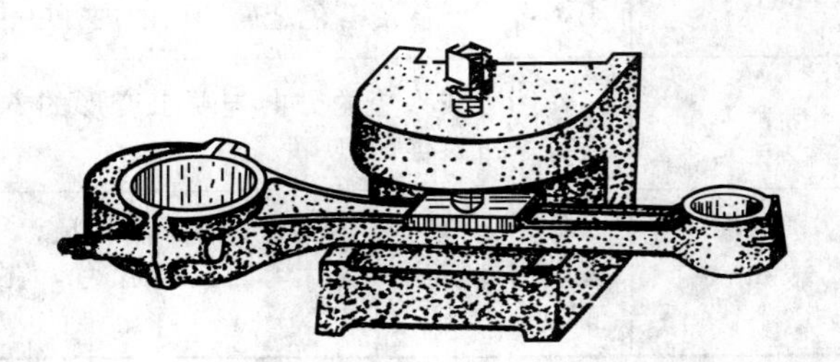

图 8.34　连杆弯曲的三点压力矫正

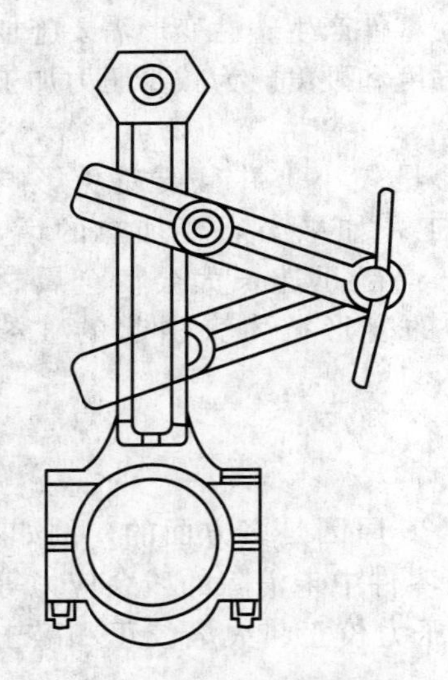

图 8.35　连杆扭曲的压力矫正

压力校正一般是在室温下进行，如果零件塑性差或零件的尺寸较大、也可适当加热。由于零件受力变形时必然包含一部分弹性变形，撤去外力后，弹性变形部分会消失，只留下塑性变形部分；所以矫枉必须过正，对凸轮轴和曲轴进行压力矫正时所需的反向压弯值是零件原弯曲值的10～15倍，只有这样，当压力除去以后，才能得到需要的塑性变形。考虑到材料的正弹性后效作用，零件在受压状态下要保持1.5～2min，有时需要加载延时到1～2天。

由于材料具有反弹性后效特性，压校后的零件常会再一次发生弯曲变形；为了使压校后的变形稳定，并提高零件的刚性，零件在压校后应进行一次消除应力、稳定变形的热处理。对于调质或正火处理的零件，可加热到略高于再结晶温度(450～500℃)保温0.5～2h。对表面淬硬的零件(如凸轮轴、曲轴)，可加热到200～250℃，保温5～6h。

冷校后的零件，疲劳强度一般约降低10%～15%，因此，切忌压力过大和反复矫正，因为反复矫正会使零件遭到疲劳破坏。

2. 火焰校正

火焰校正也是一种比较有效的校正方法，校正效果好、效率高，尤其适用于尺寸较大、形状复杂的零件。火焰校正的零件变形较稳定，对疲劳强度的影响也较小。

火焰校正是用气焊炬迅速加热工件弯曲的某一点或几点，再急剧冷却。

以如图8.36所示的工件火焰矫正为例，当工件凸起点温度迅速上升时，表面层金属膨胀，驱使工件更向下弯。由于此时加热点周围和底层的金属温度还很低，限制了加热点金属的膨胀，于是加热点的金属受到压应力，在高温下产生塑性变形。比如某工件要膨胀0.1 mm，由于受到限制只膨胀了0.05mm，在高温下产生0.05mm的塑性变形；这样，当工件冷后，加热点表面金属实际上缩短了 0.05mm，使得工件反向弯曲，从而达到校正的结果。

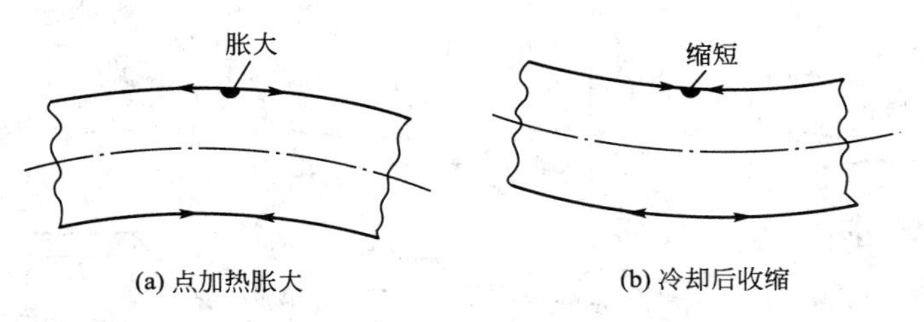

(a) 点加热胀大　　(b) 冷却后收缩

图 8.36　零件火焰矫正的应力及变形

火焰矫正加热温度一般以不超过金属相变温度为宜，通常在 200～700℃。对于低碳钢的工件，可以达到 800℃。对于塑性较差的合金钢件、球墨铸铁件以及弯曲较大的工件，宜多选几个加热点，每个加热点的加热温度可以低一些，不要在一点加热温度过高，以免应力过大导致使工件在校正的过程中断裂。

火焰矫正的关键是加热点温度要迅速上升，焊炬的热量要大，加热点面积要小。如果加热的时间拖长了，整个工件断面的温度都升高了，就减小了矫正作用。

火焰矫正中，金属加热产生变形的大小决定于加热温度、加热范围大小和零件的刚度。温度越高，范围越大，零件的刚度越小则变形越大。

火焰矫正时工件架在 V 形铁上，用百分表检查工件的弯曲情况，并用粉笔划上记号(如 *A* 点凸起 0 .5mm；*B* 点凸起 0 .2mm)，按照凸起部位向上的方向架置(图 8.37)。校直过程中仍用百分表抵在工件上，以观察工件变化的情况。将焊炬调整为热量集中的短火焰(氧化焰)，再将 *A* 点迅速加热到 700～800℃后，立即移开，同时用湿棉纱挤水冷却。当 *A* 点加热时，百分表指针顺时针方向转动，记下指针读数；当 *A* 点温度下降时，百分表指针逆时针回转，并越过未加热前的位置，表示工件已被控正。如果校直量不够，可在 *B* 点再加热一次。

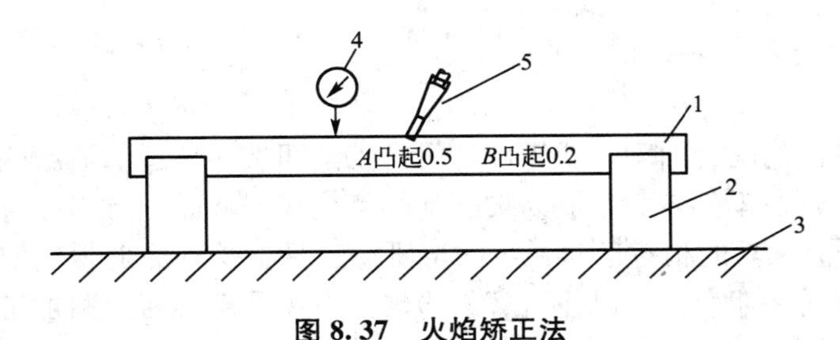

图 8.37　火焰矫正法

1—工件；2—V 形铁；3——平板；4—百分表；5—焊炬

3. 敲击矫正

所谓敲击矫正是指在冲击性载荷的作用下，使工件发生塑性变形或压伸延展，以矫正变形的方法。其特点是：不存在压力矫正的缺点，矫正的稳定性好，矫正的精度高(可达 0.02mm)，生产率高，疲劳强度不受影响；但变形量大时不易实现。

敲击矫正时应注意选择合适的敲击工具，根据零件材料、形状、尺寸及变形方式和变形程度选用木槌、铜锤或铁锤(如图 8.38 所示)；注意使用合适敲击力度，不可在一处多次敲击，而应移动地敲击，每处敲击 3～4 次；一般当变形量＞工件全长的 0.03%～0.05%时，不用此法。

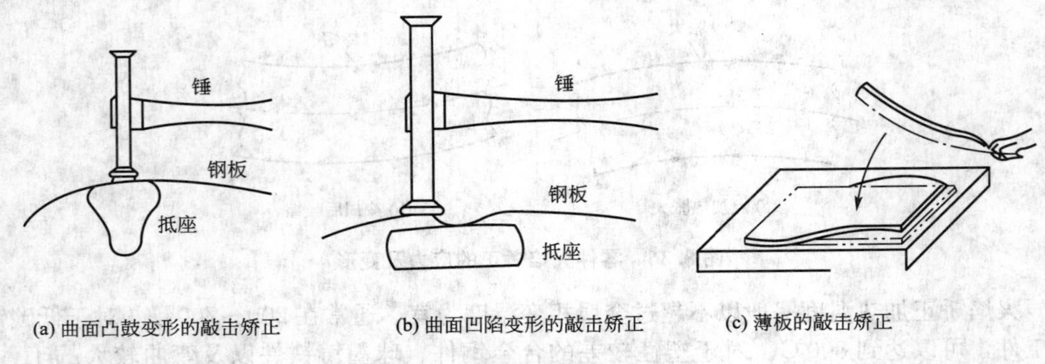

(a) 曲面凸鼓变形的敲击矫正　(b) 曲面凹陷变形的敲击矫正　(c) 薄板的敲击矫正

图 8.38　不同变形的敲击矫正

8.8　研磨修复法

研磨是精密零件修复的主要方法之一。研磨修复可使零件获得极高的尺寸精度、几何形状和位置精度、表面粗糙度等级以及提高配合精度。柴油机燃油系统中的三对精密偶件：柱塞副、出油阀副、喷油嘴的内、外圆表面、圆锥面、平面在磨损后都可采用配对研磨进行修复。同样，柴油机的进、排气门配合锥面磨损后亦可采用研磨技术进行修复，使配合面恢复密封性能。

研磨技术在工程机械修理工程中是克服精密设备短缺、延长零部件零件寿命、节省修理费用和保证工程机械不误工时的有效工艺之一。

8.8.1　概述

1. 研磨原理

研磨是指在零件的配合面间，或零件与研磨工具间加入合适的研磨剂，通过微切削和研磨液的化学作用，在零件表面生成易被磨削的氧化膜，从而进行有控磨削的过程。

(1) 零件与研磨工具的相对运动：零件与研磨工具不受外力的强制引导，以免引起误差和缺陷；运动方向周期变换，以使研磨剂均匀分布在零件表面上并加工出纵横交叉的切削痕，以达到均匀切削。

(2) 研磨压力：在实际应用的压力范围内，研磨效率随压力增加而提高。研磨压力取决于零件材料、研磨工具材料和外界压力等因素，一般通过实验确定。常用的压力范围为 0.05～0.3MPa，粗研宜用 0.1～0.2MPa，精研宜用 0.01～0.1MPa。研磨压力过大研磨剂磨粒被压碎，切削作用减小，表面划痕加深，研磨质量降低；过小则研磨效率大大降低。

(3) 研磨速度：研磨速度影响研磨效率，一定条件下，研磨速度增加将使研磨效率提高。研磨速度取决于零件加工精度、材质、重量、硬度、研磨面积等。一般研磨速度在

10～150m/min。速度过高，产生的热量较多，引起零件变形、表面加工痕迹明显等质量问题，所以精密零件研磨速度不应超过 30m/min。一般手工粗研往复次数为 30～60 次/min，精研为 20～40 次/min。

(4) 研磨进程：研磨开始阶段，因研磨剂磨粒锋利，微切削作用强，零件研磨表面的几何形状误差和粗糙度可以较快得以纠正。随着研磨时间延长，磨粒钝化，微切削作用下降，不仅加工精度不能提高，反而因热量增加质量下降。一般精研时间约为 1～3min，超过 3min 研磨效果不大。所以，粗研时选用较粗的研磨剂、较高的压力和较低的速度进行研磨，以期较快地消除几何形状误差和切去较多的加工余量；精研时选用较细的研磨剂、较小的压力和较快的速度进行研磨，以获得精确的形状、尺寸和最高的粗糙度等级。

2. 研磨剂

研磨剂是在研磨粉中加入油溶性或水溶性辅助材料制成的。研磨膏在使用时需用研磨液稀释。

(1) 磨料：常用的磨料有以 Al_2O_3 为主要成分的各种刚玉、SiC 和 Cr_2O_3 等，按磨粒的颗粒尺寸范围和粒度号，磨料可分为磨粒、磨粉、微粉和超微粉 4 种。

磨料的研磨性能与其粒度、硬度和强度有关。研磨修复就是利用磨粒与零件材料的硬度差来实现的，所以磨粒硬度越高，切削能力越强，研磨性能越好；磨料的强度是指磨粒承受外力不被压碎的能力。磨粒强度越高，切削力越强，寿命越高，研磨性也越好。

(2) 研磨膏：研磨膏是一种重要的表面光整加工材料，除工程机械和汽车行业使用外，还广泛应用于仪表、仪器、光学玻璃镜头、量具、金相试片和其他精密零件的精研磨和抛光。常用研磨膏的品种有，氧化铬、氧化铝、碳化硼、碳化硅、氧化铁等。

粗研可选用 W14～W10 的氧化铝研磨膏；半精研选用 W7～W5 的氧化铬研磨膏；精研和偶件互研时选用 W5 以下的氧化铬研磨膏。

8.8.2 工程机械零件的研磨修复

柴油机的进、排气门和燃油系统的精密偶件的配合面等可以采用研磨法进行修复。

1. 平面的研磨修复

工程机械零件工作表面或其他配合面为平面的配合件，当平面发生磨损或腐蚀时，如果零件尺寸较小和研磨要求不太高，则可以在精度高的研磨平板上手工进行研磨修复：研磨前，先将零件加工表面和平板清洗干净，将研磨剂均匀涂于零件待修表面上，并放于研磨板上；研磨时，用手按住零件，沿 8 字形轨迹运动，使磨痕交叉以提高表面粗糙度等级(如图 8.39)；研磨一段时间后，将零件转动一定角度再继续研磨。一般圆形零件转 120°，方形零件转 80°，矩形零件转 180°，目的是研磨均匀。研磨平板是带有交叉沟槽(深度为 1.5～2mm)的铸铁板。

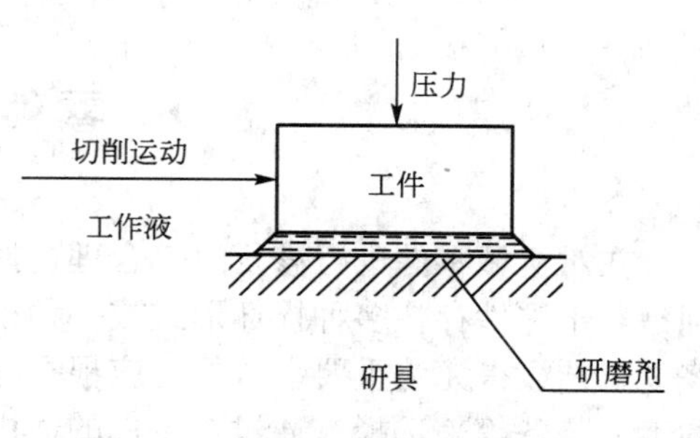

图 8.39 平面研磨修复

针阀体端面发生腐蚀，套筒端面密封不良均可以在平板上研磨修复，研磨时根据腐蚀、磨损情况，即研磨量的大小确定研磨工序和选用研磨膏。当研磨量较大时，就需要先进行粗研，再精研。一般选用氧化铝研磨膏粗研，氧化铬研磨膏精研。按 8 字形轨迹在研磨平板上滑动，直至零件端面呈均匀暗灰色为止。清洗后，再与相对应的配合平面互研，使之吻合。互研时只需加润滑油而不需研磨膏。

2. 锥面的研磨修复

喷油器针阀偶件、油泵出油阀偶件的锥面配合面和进、排气门的阀面磨损、腐蚀后，一般可采用互研方法进行修复。

喷油器针阀和出油阀偶件锥面磨损后锥面上环形密封带(正常宽度为 0.3～0.5mm)变宽或中断、模糊不清时，采用互研修复。一般选用极细的氧化铬研磨膏或润滑油进行手工互研。先在针阀锥面上放少量研磨膏，准确迅速插入到针阀体座面，严防研磨膏粘到内圆表面上以免破坏内孔精度。一手握针阀体，另一手拿针阀，适当施力使二者相对左右转动，相互研磨，直到针阀锥面上出现细窄光亮环形密封带为止。研磨中，依针阀锥面磨损情况可先用研磨膏互研再用润滑油互研，或只用油直研。

柴油机气门和气门座的磨损或腐蚀，可手工进行研磨，可用电动研磨器研磨，也可以在专用的气门研磨机上进行研磨修复。

3. 圆柱面的研磨修复

喷油泵柱塞偶件和喷油器针阀偶件的圆柱配合面磨损后偶件密封性下降，使泵油压力和喷油压力下降。一般采用镀铬修复，但在镀后需要机械加工和最后研磨，才能使之恢复偶件的配合间隙。外圆柱面的研磨如图 8.40 所示。

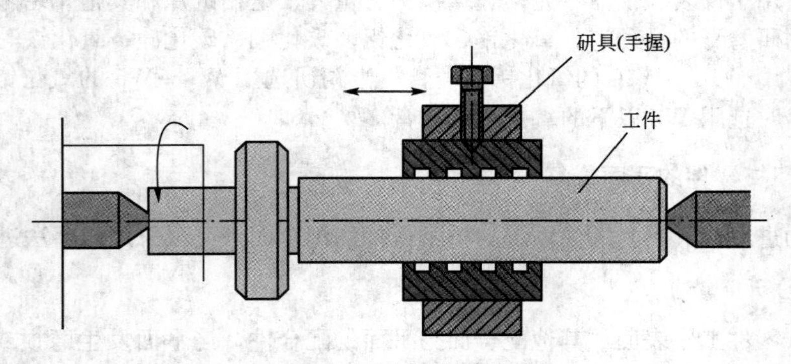

图 8.40 外圆柱面的研磨方法

8.9 零件修复工艺的选择

在对机械零件进行修复时，合理选择修复工艺是关系到维修质量的一个重要问题，特别是对于零件存在多种损坏形式或一种损坏形式可用几种修复工艺进行维修时，选择最佳修复工艺显得尤为重要。选择时应根据零件的结构、材料、损坏情况、使用要求以及企业的工艺装备等来选择，通过对零件的适用性指标、耐用性指标、技术经济指标以及维修企业生产能力等因素进行统筹分析后来确定，概括地讲，应遵循“质量可靠、工艺合理、经济性好、效率要高、生产可行”20字原则。

8.9.1 质量可靠

所谓质量上要可靠，是指修复后的零件要满足使用要求，要达到零件修理质量评价体系中的各项指标的要求。零件的修复质量可以用修复零件的工作能力来表示，而零件的工作能力是用耐用性指标来评价的。

修复零件的耐用性指标与覆盖层的物理机械性能以及其对基体金属的影响程度有关。统计资料表明修复件丧失工作能力的基本原因是由于覆盖层与基体金属结合强度不够、耐磨性不好、零件疲劳强度降低过多而引起的。因此在一般情况下，修复零件的质量取决于这三个指标，可用下式表示：

$$K_g = f(K_e K_b K_c) \tag{8-15}$$

式中，K_e 为耐磨性系数；K_b 为耐久性系数；K_c 为结合强度系数。

1. 修复层的结合强度

结合强度是评定修复层质量的重要指标，如果修复层的结合强度不够，在使用中就会出现鼓泡、针眼、脱皮、滑圈、掉块等现象，即使其他方面性能再好也没有意义。结合强度按受力情况可分为：抗拉、抗剪、抗扭、抗剥离性能等情况。其中抗拉结合强度能比较真实地反映修复层与基体金属的结合状况。

抗拉结合强度试验目前国家还没有统一标准。在生产中检验零件修复层结合强度的方法有：敲击法，车削法，磨削及凿削、喷砂法等，在各种实验方法中，在规定的界限内如果出现脱皮、剥落则为不合格。

修复层的结合强度与修复工艺规范、零件表面状态及零件的形状等有密切的关系。几种常用修复层的结合强度试验数据见表8-10。

表8-10 修复层的抗拉结合强度

修复层种类	抗拉结合强度/MPa	修复层种类	抗拉结合强度/MPa
手工电弧焊	720	镀铁	200
埋弧焊	740	爆炸喷涂	175
氧-乙炔焰喷焊	602	等离子喷涂	40
电脉冲堆焊	500	电弧喷涂	20
镀铬	480	粘接	10

喷涂及电镀层由于其结合强度较低，所以不宜用于修复轮齿的齿面、滚动轴承滚道和轴颈以及其他耐冲击的工作表面。

2. 修复层的耐磨性

修复层的耐磨性通常以一定工况下单位行程的磨损量来评价。不同修复方法所获得的覆盖层的耐磨性是不一致的，图8.41所示为几种修复层在磨损试验机上试验的磨合性与磨损曲线的试验结果。由图可见，采用普通焊条的手工电弧堆焊层的耐磨性最差，其抗粘着能力也很差；当采用含锰较多的耐磨焊条时，堆焊层的耐磨性可显著提高，但仍不如其

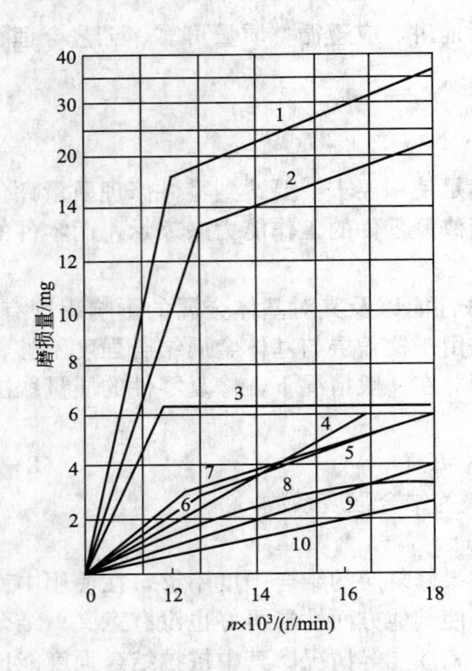

图 8.41　不同修复层的耐磨性

1—普通 45 号钢；2—普通焊条手工电弧焊；3—电弧喷涂；4—耐磨合金手工电弧焊；5—80℃以上镀铁；6—埋弧焊；7—埋弧焊后淬硬；8—45 号钢高频淬火；9—电脉冲堆焊；10—镀铬

他修复层。

镀铬层不易磨合，但耐磨性比 45 号淬火钢要好得多。电脉冲堆焊层、镀铁层的耐磨性与 45 号淬硬层差不多，但镀铁层的抗粘着能力比 45 号钢淬硬层好。这是因为在其表面上能迅速生成一层抗粘着的氧化膜。

电弧喷涂层的颗粒性结构使其磨合性能比较好，磨合期的磨损较高，但磨合后修复层的磨损曲线是水平状态，在正常工作作用条件下，其耐磨性和 45 号钢淬硬层差不多。

利用硬质合金粉末的等离子喷涂层，其耐磨性较 45 号钢淬硬层要高，实际使用表明，其耐磨性寿命比 45 号淬硬层高 3～7 倍。

采用自熔合金粉末的氧乙炔喷焊层，兼有喷涂和焊接的优点，其耐磨性很好。

3. 修复层对零件疲劳强度的影响

机械上的许多零件都是在交变载荷及冲击荷载下工作的。因此，修复层对零件疲劳强度的影响是考核零件修复质量的一个重要指标。它不仅影响零件的使用寿命，而且关系到行车安全。

例如：由于振动堆焊对疲劳强度的影响大，因而不许用这种方法修复转向节和半轴。表 8－11 为各种修复层对正常化的 45 号钢试棒的疲劳强度影响的升降百分数。

表 8－11　各种修复层对 45 号钢疲劳强度的影响

各种修复层	疲劳强度降低(%)	各种修复层	疲劳强度降低(%)
45 号钢试棒	0	镀铬层	－25
电弧喷涂层	－14	镀铁层	－28
手工电弧焊	－21	点脉冲堆焊	－38

由上表的试验结果可看出，各种修复层都会使 45 号钢(正常化)试棒的疲劳强度降低，其中电弧喷涂对疲劳强度影响最小。但是在实际修复中，修复层对零件疲劳强度的影响是相当复杂的，它与修复规范、工艺参数、零件的材料、结构有着密切的关系。以上试棒试验的结果只能表明修复层对疲劳强度影响的趋势，要获得准确的结论，只有通过零件的实际使用试验来确定。

表 8－12 是镀铁层对某工程机械曲轴疲劳强度的影响。

表 8-12 镀铁层对发动机曲轴疲劳强度的影响

零件	温度与电流规范		镀层硬/HV	疲劳强/MPa	镀铁曲轴与新曲轴疲劳强度之比
	温度/℃	电流密度/(A/cm²)			
新件	—	—	—	80	1
超细曲轴	—	—	—	40	0.5
镀铁曲轴	80	10	340～355	60	0.75
镀铁曲轴	80	4	487～510	70	0.87
镀铁曲轴	80	10	501～520	70	0.87
滚压强化镀铁	80	40	501～520	130	1.62

由该表各列数值可以看出，在不同的电镀规范下，镀铁层会使疲劳强度下降13%～15%。但是，曲轴经滚压强化后再镀铁，其疲劳强度不但未降低，而且提高了62%。

8.9.2 工艺合理

选择修复工艺要根据损坏形式有的放矢，要能够满足待修零件的修复要求，这就要求合理选择修复工艺，也就是说，采用该工艺修复时应满足待修机械零件的工况和技术要求，并能充分发挥该工艺的特点。

通常讲，零件修复工艺的适用性指标取决于零件的材料、结构复杂程度、损伤状况及可修性等因素，可用下列函数式表示：

$$K_n = f\left(M_n, \Phi_g, D_g, E_g, H_g \sum_{i=1}^{m} T_i\right) \tag{8-16}$$

式中，M_n 为修复件的材料；ϕ_g、D_g 为修复件的外形和直径；E_g 为修复件需要修复缺陷的数量及其组合；H_g 为修复件承受载荷的性质与数量；T_i 为第 i 次修复时间或工作量。

1. 修复工艺要满足机械零件的工况条件

机械零件的工况条件包括承受载荷的性质和大小、工作温度、运动速度、润滑条件、工作面间的介质和环境介质等，选择的修复工艺必须满足机械零件工作条件要求。用所选择的修复工艺进行修复时，温度高，就会使金属机械零件退火，原表面热处理性能被破坏，热变形及热应力增加，材料的力学性能就会下降；进行气焊、电焊、补焊和堆焊工艺时，机械零件会受到高温影响，其热影响区内金属组织及力学性能均会发生变化。因此，这些工艺只适于修复先焊后加工整形的机械零件、未淬火的机械零件以及先焊后热处理的机械零件。发动机气缸盖上气门座间的裂纹，因工作温度高，一般不能用有机粘接修复，往往用栽丝和打孔灌注无机胶黏剂相结合，或用补焊法进行修复；滑动配合条件下工作的机械零件两表面，其承受的接触应力较低，从这点考虑，各种修复工艺的覆盖层都可胜任，但是滚动配合条件下工作的机械零件两表面承受的接触应力较高，一般只有镀铬、喷焊、堆焊等工艺可满足承受冲击载荷的性能要求。因此，进行修复时应根据机械零件的工作条件，初步确定合适的工艺方法。

2. 修复工艺要适应零件技术要求和结构特征

零件材料成分、零件的尺寸、结构、形状、热处理和金相组织、力学和物理性能、加工精度和表面粗糙度等因素都影响着维修工艺的选择。

由于每一种修复工艺都有其适应的材质，所以，在选择修复工艺时，首先应考虑待修机械零件的材质对修复工艺的适应性。例如，热喷涂工艺在零件材质上的适用范围较宽，碳钢、合金钢、铸铁和绝大部分有色金属及其合金等几乎都能进行喷涂。金属中只有少数的有色金属及其合金(纯铜、铝合金等)喷涂比较困难，主要是由于这些材料的热导率很大，当粉末熔滴撞击表面时，接触温度迅速下降，不能形成起码的熔合，常导致喷涂的失败；再如，喷焊工艺对材质的适应性较为复杂，通常把金属材料按喷焊的难易程度分为 4 类：容易喷焊的金属，如低碳钢、含 C≥0.4%的中碳钢等；重熔后需要等温退火处理的材料，如 Cr 含量>11%的马氏体不锈钢等；不适合进行喷焊加工的材质，如铝及其合金、青铜、黄铜等，球墨铸铁曲轴的焊接性也比较差，一般用堆焊进行修复就不如用等离子喷涂或超音速电弧喷涂效果好。表 8-13 是几种修复工艺对常用材料的适用范围。

表 8-13 几种修复工艺对常用材料的适用范围

修复工艺	低碳钢	中碳钢	高碳钢	合金结构钢	不锈钢	灰铸铁	铜合金	铝
镀铬	+	+	—			+		
镀铁	+	+	+	+	—	+		
镀铜	+	+	+	+	+			
气焊	+	+		+			—	—
手工电弧堆焊	+	+		+	+		+	—
振动堆焊	+	+	+	+	+			
埋弧堆焊	+	+						
等离子弧堆焊	+	+		+	+			
电弧喷涂	+	+	+	+	+	+	+	+
氧-乙炔火焰喷涂	+	+		+				
钎焊	+	+	+	+	+	+	+	
粘接	+	+	+	+	+	+	+	+
金属扣合						+		
矫正	+	+					+	+

注：+表示修复效果良好；—表示能修复，但需要采取一些特殊措施；空白表示不适用。

零件本身尺寸结构和热处理特性往往也会限制某些修复工艺的应用。例如：较小直径的零件用埋弧堆焊修复就不合适，因为在修复过程中，零件不可避免地会破坏它的热处理状态；电动机端盖轴承孔磨损，不宜用镶套法修复。所以，我们要了解各种覆盖层的力学性能，并在充分了解待修零件的使用要求和工作条件之后，还要对各种修复工艺覆盖层的性能和特点进行综合的分析和比较，选出比较合适的修复方法。

3. 修复覆盖层必须满足力学性能的要求

所谓覆盖层的力学性能主要是指覆盖层与基体的结合强度、覆盖层的机加工性能、耐磨性、硬度、致密度、疲劳强度以及机械零件修复后表面强度的变化情况等。这些指标中，覆盖层与基体的结合强度是首要的评定指标，直接决定了修复工艺对特定工作条件下零件修复的可行性。换句话说，此项指标不符合要求，覆盖层就不能牢固地与基体结合，其他性能就无从谈起。

1）按结合强度要求选择工艺方法

一般来说，覆盖层与基体的结合方式决定了它们的结合强度。如堆焊、喷焊工艺所得覆盖层与基体之间结合属于冶金结合，有比较高的结合强度，电镀工艺所得的覆盖层与基体之间结合属于分子结合，也有较好的结合强度，而喷涂工艺所得的覆盖层与基体之间结合大多以机械结合为主，其结合强度相对较小，一般不适合修复重载和冲击负荷下工作的零件。另外被修复的形状、材质、修复前表面处理质量、覆盖层的厚度和应力状态也对覆盖层与基体的结合强度产生极大的影响，应予以全面考虑。但是随着热喷涂技术的发展，特别是超音速喷涂和等离子喷涂技术的发展，其涂层的结合强度和性能都得到了较大的提高，在修复领域中的应用范围越来越广泛。因此，在修复工艺的选择过程中要紧密结合表面工程技术的发展，进行综合评定。

2）综合考虑选择最佳工艺

修复所得覆盖层的硬度、耐磨性、耐疲劳强度、组织结构及加工性等特性相互关联、相互影响，并且与所用材料、工艺方法、使用条件密切相关，必须进行全面的分析和权衡。

就修复层而言，在一定硬度范围内，机械零件磨合面的耐磨性与表面硬度成正比关系，即硬度越高，对耐磨性越有利。但是硬度提高，会对修复后的切削加工造成困难，另外，过高的硬度，会使某些工艺的覆盖层脆性增大，引起应力集中，造成疲劳强度和结合强度下降。决定覆盖层硬度的主要因素是所用材料的成分、修复方法和金相组织结构。所用的材料含碳量越高，覆盖层硬度越高；修复中采用类似淬火、冷作硬化等表面强化措施，有利于改善覆盖层的硬度；细化晶粒组织结构，也能提高覆盖层的硬度。覆盖层的耐磨性不仅与表面硬度有关，还与其金相组织结构、表面吸附润滑油能力、两表面磨合情况等有关。如采用多孔镀铬、镀铁、金属喷涂及振动电弧堆焊等修复工艺均可以获得多孔隙的覆盖层，这些孔隙中储存润滑油使得机械零件即使在短时间内缺油也不会发生表面研伤的现象。

大部分修复工艺，如电弧焊、气焊、堆焊等，由于工艺过程中产生的高温、内应力、组织变化、析氢作用、微裂纹和粗大的晶粒结构等，均会引起覆盖层的疲劳强度降低。因此需要严格控制修复工艺参数，采取适当的保护和强化措施，尽可能地改善各种修复工艺中存在的技术缺陷。

3）工艺与材料相匹配

在选择修复工艺时，合理使用材料是形成覆盖层各种性能的决定因素。试验证明，即使采用同种修复工艺，由于采用不同材料，所得到的覆盖层性能也大不相同。因此，根据不同的使用要求，采用不同的合金材料，对于提高覆盖层的力学性能、抗氧化性、耐腐蚀性、耐热性，改善覆盖层的加工性具有明显作用。

4）修复层必须满足零件的工作条件

各种修复工艺覆盖层对零件工作载荷、工作温度和工作介质的适应性有很大的差别。如镀铁层的耐蚀性较差，不宜在腐蚀介质环境下应用；有机胶黏剂的耐热性差，不适于修复高温条件下工作的零件；部分喷涂层的结合强度较低，不适合修复冲击载荷下工作的零件等，因此，在选择工艺时，这些因素都应充分考虑。

4. 合理选择覆盖层的厚度

因为每个机械零件的损伤情况不同，所以修复时要求的覆盖层厚度也不一样。而各种修复工艺所能够达到的覆盖层厚度均有一定的限制，超过这一限度，覆盖层的力学性能和应力状态会发生不良变化，与基体结合强度会下降。因此，在选择修复工艺时，必须了解各种修复工艺所能达到的覆盖层厚度。例如，当零件的直径磨损量超过 1mm 时，用镀铬修复显然是不合适的。表 8－14 推荐几种主要修复工艺能达到的覆盖层厚度(其数据来源于专门的试验研究和长期积累的经验)。

表 8－14　几种主要修复工艺能达到的覆盖层厚度　(mm)

修复工艺	覆层厚度	修复工艺	覆层厚度
镀铬	0.05～1.0	振动堆焊	0.5～3
低温镀铁	0.1～5	等离子堆焊	0.5～5
镀铜	0.1～5	埋弧堆焊	0.5～20
电刷镀	0.001～2	手工电弧堆焊	0.1～3
氧-乙炔焰喷涂	0.05～2	氧-乙炔火焰喷焊	0.5～5
电弧喷涂	0.1～3	粘接	0.05～3
喷焊	0.5～5	等离子喷涂	0.5～20

5. 充分考虑修复工艺对基体的影响

某些修复工艺过程中的表面处理方法和加热会对零件基体产生不同程度的影响，导致零件的形状、应力状态、金相组织及力学性能发生变化。如曲轴进行堆焊修复后，其轴颈和圆角部位将产生残留拉应力，当工作载荷叠加时，会使圆角处萌生裂纹，疲劳强度下降；金属喷涂前的拉毛处理，往往会使被处理的基体表面粗糙度值上升，并形成一层薄而不均匀的淬火组织，造成应力集中，会削弱基体的疲劳强度；一些高温修复工艺，在工艺过程中零件被加热到 800℃以上，零件表面退火，并产生较大的热变形倾向，当温度继续升高，零件表面熔化形成熔池，热影响区内金属组织及力学性能会发生变化等。由此可见，各种修复工艺过程对零件基体产生的影响不容忽视，应选择适当的工艺或通过改进工艺予以补救。如喷涂前用喷砂工艺代替拉毛处理，既保证了基体与喷涂层间有足够的机械结合强度，又产生了残留压应力，使基体的疲劳强度得以增加。

6. 选择的工艺流程尽量简单

对同一机械零件不同的损伤部位所选用的修复工艺方法应尽可能地相同，以此简化修复过程，降低维修成本，提高维修效率。

7. 考虑下次修复的便利性

多数机械零件不只是修复一次，因此本次修理工艺的选择要照顾到下次修复的便利性，例如专业修理厂在修复机械零件时应采用标准尺寸修理法及其相应的工艺等。

8.9.3 经济性好

在保证机械零件修复工艺合理的前提下，应进一步对修复工艺的经济性进行分析和评定。评定单个零部件修复的经济合理性主要是用修复所花的费用与更换新件所花的费用进行比较，选择费用较低的方案。但是，单纯用修复工艺的直接消耗，即修复费用来评价，往往不太合理，因为在大多数情况下修复费用比更换新件费用低，但修复后的零部件寿命比新件短。因此，还需考虑用某工艺修复后机械零件的使用寿命，即必须两方面结合起来考虑、综合评价，同时还应注意尽量组织批量修复，这有利于降低修复成本，提高修复质量。

1. 单位寿命费用比

通常情况下，用单位寿命费用比来衡量机械零件修复的经济性，有其一定的合理性，其表达式为：

$$\frac{C_r}{T_r} \leqslant \frac{C_n}{T_n} \tag{8-17}$$

式中，C_r 为修复旧件的费用；T_r 为旧件修复后的使用期；C_n 为新件的制造费用；T_n 为新件的使用期。

上式表明，只要旧件修复后的单位使用寿命的修复费用低于新件的单位使用寿命的制造费用，即可认为修复是经济的。

2. 综合经济性

在实际生产中，还必须考虑到会出现因备品配件短缺而停机停产使经济蒙受损失的情况。这时即使所采用的修复工艺使得修复旧件的单位使用寿命费用较大，但从整体的经济效益方面考虑还是可取的，此时可不满足式(8-17)的要求。有的工艺虽然修复成本很高，但其使用寿命却高出新件很多，也可认为是经济合理的工艺。

因此，其综合经济性指标可按下式表示：

$$G_e = f(K_e, K_p, K_n) \tag{8-18}$$

式中，K_e 为单纯费用比系数；K_p 为不停机生产率系数；K_n 为修复急需性或重要性系数。

8.9.4 修复效率高

维修效率是维修企业提高竞争能力和经济效益的重要手段，维修生产效率是指维修工作的进展速度，它是实际产出与标准产出的比率。工艺流程、管理方法、技术素质、维修制度、设备条件、奖惩纪律和责任心态等因素均影响着修复工作的生产效率，其中维修方法及其工艺流程的选择，在这些影响因素中，占有举足轻重的地位。一般来讲，修复工作的生产效率可用下式表示：

$$\eta_r=\frac{Q_{wr}\times T_s}{N_r\times(8-T_d+T_a)} \tag{8-19}$$

式中，η_r 为维修工作效率；Q_{wr}为实际维修产量；T_s 为标准工时；N_r 为实际人力；T_d 为挡产工时；T_a 为加班工时。

此外，实际维修生产效率还可以简单地用自始至终各道工序时间的总和表示，即：

$$T_t=\sum_{i=1}^{n}T \tag{8-20}$$

式中，T_t 为一件产品维修工艺中各道工序所用时间的总和；T_i 为第 i 道工序所用时间。

一般可以认为，总时间愈长，工艺效率就愈低。

8.9.5 维修生产工艺切实可行

许多修复工艺需配置相应的工艺设备和一定的技术人员，而且会涉及整个维修组织管理和维修生产进度。所以选择修复工艺时，还要注意本单位现有的生产条件、修复用的装备状况、修复技术水平、协作环境等，以综合考虑修复工艺的可行性。但是，维修企业应该不断更新现有修复工艺技术，结合实际，通过开发和引进，采用较先进的修复工艺。

大力推广先进的修复技术，组织专业化机械零件修复生产，是保证修复质量、降低修复成本、提高修复效率的发展方向。

以上是选择修复工艺的基本原则，根据以上 5 原则，确定机械零件修复工艺和修理方法的步骤如下。

第一，了解待修机械零件的损伤形式、损伤部位和程度；熟悉机械零件的材质、物理力学性能和技术条件；掌握机械零件在机械设备上的功能和工作条件。为此，需查阅机械零件的鉴定单、图册或制造工艺文件、装配图及其工作原理等材料。

第二，考虑和对照本单位的修复设备条件状况、维修人员技术素质和经验水平，并估算旧件修复的数量、修复后的可靠性及使用寿命。

第三，按照以上选择修复工艺的基本原则，对待修机械零件的各个损伤部位选择相应的修复工艺。如果待修机械零件只有一个损伤部位，则到此就完成了修复工艺的选择过程。

第四，全面权衡整个机械零件各损伤部位的修复工艺方案。实际上，一个待修机械零件往往同时存在多处损伤，尽管各部位的损伤程度不一，有的部位可能处于未达到极限损伤状态，但仍应当全面加以修复。此时按照第三步，在确定机械零件各单个损伤的修复工艺之后，就应当加以综合权衡，确定其全面修复的方案。为此，必须按照下述原则合并某些部位的修复工艺。

在基本保证修复质量的前提下，力求修复方案中修复工艺种类最少；

力求避免各种修复工艺之间的相互不良影响(例如热影响)；

尽量采用简便而又能保证质量的工艺。

第五，择优确定一个修复工艺方案。当待修机械零件的全面修复工艺方案有多个时，需要再次根据修复工艺选择基本原则，择优选定其中一个方案作为最后采纳的方案。

本章小结

本章首先概述了工程机械修理的意义，用框图的形式概括了修理的基本方法。

第2节讲述了机加工修复法，重点讨论了修理尺寸法中轴和孔的修理尺寸的确定；第3节用的篇幅最长，内容最多，详细阐述了焊接修复法的基本概念、修复特点、焊修的类型，重点介绍了补焊、堆焊、喷焊的工艺规范、参数选择、注意事项和应用场合，介绍了比较先进的几种焊修方法；第4节介绍了热喷涂技术，重点是火焰喷涂、电弧喷涂、等离子喷涂等方法的各自特点、应用场合；第5节讲述了电镀修复法的基本概念、电镀的类型、电镀修复的特点，重点讨论了镀铬、镀铁等方法的工艺规范、注意事项和应用场合；第6节至第8节分别介绍了粘接修复法、矫正修复法、研磨修复法和零件的表面强化技术。

最后介绍了按照“质量可靠、工艺合理、经济性好、效率要高、生产可行”20字原则进行修理工艺选择的基本方法。

1. 用实例说明零件修理与零件更换的区别。
2. 机加工修复法中如何正确选用修理基准?
3. 已知：一曲轴主轴颈的基本尺寸 d_m=66mm，测得各磨损点的磨损量分别是0.41mm、0.45mm、0.25mm、0.47mm、0.55mm、0.57mm，试确定其修理级别和修理尺寸。
4. 已知：某柴油机的原缸径为115mm，磨损后测得的最大值是115.58mm，求：其修理级别和修理尺寸。
5. 什么叫冲淡率，什么叫加热减应区？焊修中应如何正确选择加热减应区?
6. 简述铸铁电弧冷焊的基本步骤和注意事项。
7. 简述振动堆焊的基本原理，参数选择。
8. 埋弧堆焊有何特点，主要应用在什么场合?
9. 什么是等离子弧，等离子弧堆焊有何特点？应用如何?
10. 简述二步喷焊法的基本原理和步骤。
11. 对比火焰喷涂、电弧喷涂、等离子喷涂、超音速喷涂的各自特点和应用。
12. 解释：阴极反应、阳极反应、电极极化、实际镀积量、电刷镀、析氢反应。
13. 有一过度磨损的曲轴需要用镀铁法修复，试说明其修复工艺。
14. 按主要成分分胶粘剂有哪两种？在工程机械零件的修理中各有何用途?
15. 现有一柴油机气缸盖出现裂纹，若采用磷酸-氧化铜无机胶粘剂进行修复，试说明其修复工艺和操作要领。
16. 压力矫正和火焰矫正各有何特点？压力矫正时，应如何减小对零件疲劳强度的影响?
17. 试说明手工研磨气门的方法和步骤。
18. 一台D7高驱推土机的变速箱时常脱档，试选择一合适的修理工艺。

第9章 典型零件的检修

★ 了解工程机械发动机各机构、系统的检修方法；
★ 了解工程机械零件底盘各系统的检修方法；
★ 了解工程机械电气设备及液压系统的检修方法。

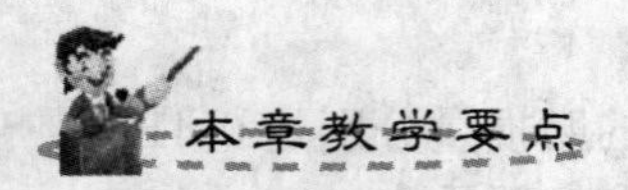

知识要点	能力要求	相关知识
工程机械柴油机零部件的检修	了解曲柄连杆机构、供给系统、配气机构等零部件的检修	缸套的磨损规律、镗缸、缸体和缸盖的检测与修复等
工程机械底盘零部件的检修	了解传动、行走、转向、制动等各系统的检修方法	离合器、变速器、驱动桥、转向桥、制动系的修复要点
工程机械电器及液压系统的检修	了解起动机、发电机、油泵、马达、油缸及阀的检修方法	蓄电池硫化、起动机扫堂、油泵流量过小等故障的检修

现代工程机械种类繁多、功能各异、结构日趋复杂，所以我们不可能对每一种机械的每一个零部件的检修都加以详细的介绍，因为那样既不现实，也不必要，因此，通过对一些具有典型代表意义的零部件的修理方法的分析，就可以使大家基本掌握工程机械零件修复的基础知识、基本思路、基本工艺和基本方法。

9.1 机体零件与曲柄连杆结构的检修

发动机是所有行走式工程机械的动力源，也是工程机械中最复杂、最重要的总成，它的工作效能如何，直接影响着机械的动力性、经济性和环保性，所以，发动机的维修在工程机械的检修中占有重要位置。

9.1.1 气缸体和气缸盖的检修

气缸体和气缸盖是发动机的基础件，它们结构复杂，工作时受热和受力情况严重，容易产生变形和裂纹，从而影响发动机的使用，并且会影响到发动机其他机构和系统的技术状态。此外，它们是整个发动机的骨架，是发动机最大、最重的零件，其上支撑、安装着发动机所有的其他零部件，但其故障存在往往被忽视。

1. 气缸体的常见故障

(1) 气缸体的裂纹和孔洞：气缸体产生裂纹的主要原因是由于发动机急剧的温度变化而形成的内应力引起的。典型的柴油机气缸体裂纹如图 9.1 所示。

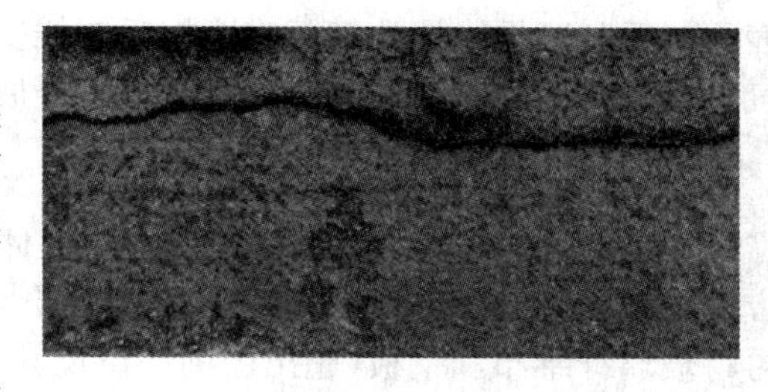

图 9.1 铸铁柴油机气缸体裂纹

气缸体孔洞多数是由于事故性原因造成的，例如，由于连杆或连杆螺栓断裂、活塞破碎等击破气缸体。

(2) 气缸体上平面的翘曲：气缸体上平面翘曲不平，将会引起漏水和气缸密封失效，其原因有：发动机过热使气缸体变形；气缸盖螺栓拧紧力不一或松动；气缸盖螺栓未按规定的顺序和扭矩拧紧或旋松等。一般要求气缸体上平面每 50mm×50mm 范围内平面度误差为 0.05mm，整个上平面的平面度误差为 0.09～0.20mm，超出此规定值时应进行修理。

(3) 气缸体轴承座孔的磨损：由于轴承与座孔配合不当，抱轴烧瓦时轴与轴承同时旋转，或机械长时间大负荷甚至超负荷运转，都会造成轴承座孔的磨损。

2. 气缸盖常见故障

气缸盖直接承受高温高压气体的作用，且内部结构复杂，故比气缸体更容易损坏。气缸盖失效形式主要有下平面翘曲、裂纹等。

(1) 气缸盖下平面翘曲：由于在高温高压气体作用下，气缸盖的材料金相组织发生了变化而使其体积变化，导致翘曲；此外，拆装气缸盖时未按一定的顺序拧紧、旋松气缸盖螺栓，使气缸盖受力不均匀，也可以造成气缸盖下平面翘曲。气缸盖拆卸应遵循的原则是：由外向内、对称交叉、用专用扳手、分 2～3 次拧下螺栓；气缸盖的安装应遵循的原则是：从里向外、对称交叉、用扭力扳手、分 2～3 次将螺栓拧到规定力矩(图 9.2)。

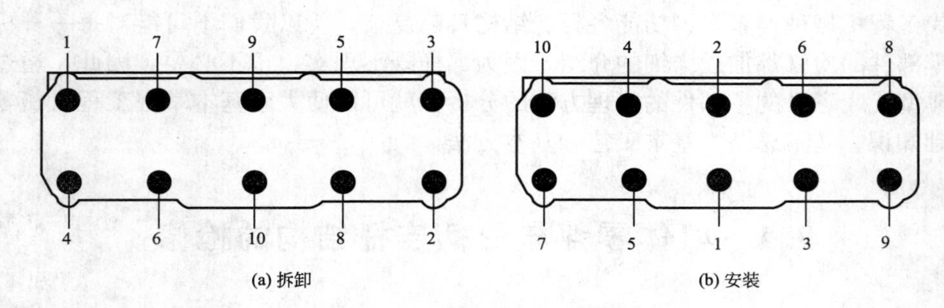

图 9.2　气缸盖的拆装

气缸盖下平面翘曲后将不能均匀地压紧气缸垫，从而造成气缸垫烧毁以及气缸漏气、漏水等故障，以致发动机无法工作。

(2) 气缸盖裂纹：气缸盖裂纹主要发生在受热表面，常见的是在两个气门座孔之间、气门座孔与喷油器座孔之间，以及气门座孔周围等处。气缸盖裂纹主要是由于过热时材料蠕变产生的残余热应力所致。发动机使用中应避免长时间的超负荷运转、缺水、水垢过多、风扇皮带打滑等现象，不让发动机过热。此外，发动机冬季带负荷运转后不要立即熄火或骤加冷却水。

(3) 气门座磨损或烧蚀：由于高温下阀座面不断受到撞击，座面金属产生塑性变形和表面拉毛和磨损，导致气门座磨损后阀线变宽、中断或模糊不清，气阀关闭不严，产生漏气。当配合面间有炭粒和金属屑等机械杂质时磨损更加严重。

3. 气缸体与气缸盖的修理

(1) 裂纹的修理：一是补板法。当缸体外部平面部位产生裂纹时，可采用此法修补。方法是：首先去污除锈，在裂纹两端打出合适的止裂孔，将裂纹部位刨去约 3mm 左右，再将玻璃纤维布和钢板(超出刨削部位尺寸 20～30mm)表面涂环氧树脂胶黏剂，依次粘贴在裂纹刨削部位，并沿补板周围攻螺纹，然后用合适的螺钉固定即可。二是补焊法。当缸体受力较大，温度较高部位出现裂损时，可采用此法修补。补焊按照第 8 章所述的方法、步骤和操作要领进行，并注意在焊前和焊后都要用氧-乙炔焰在裂纹两端“加热减应”，以免收缩变形。三是堵漏法。当缸体其他部位有裂纹、砂眼、疏松等缺陷时，可用缸体堵漏剂堵补。将 100g 堵漏剂倒入缸盖出水口中，装好节温器，加足清水，并将 0.3MPa 的高压空气导入冷却系统以增大水压，使堵漏剂充满水套各缝隙，以利粘接胶合。3～5 天后，可放出堵漏剂溶液，注入清水。

(2) 结合面翘曲的修理：如果是局部凸起，可用油石推磨或用细锉修平；稍大凹陷或翘曲，可采用磨削或铣削等加工方法修复，但加工余量不宜过大，否则将使压缩比增大而引起突爆。此外，修理时还应注意根据变形程度和部位，正确合理地选择定位基准，一般首选气缸体上的关键轴线作为加工定位基准。

(3) 气门座的修理：气门座密封锥面的轻度磨损可以通过适当研磨来修复；过度的磨损和腐蚀、烧伤的麻点、凹坑可机械加工消除，然后用专用磨床修磨，或采用堆焊、喷焊工艺修复。阀座面的腐蚀、烧伤可用机加工或手工铰削修复，大型柴油机的排气阀座面也可采用堆焊、喷焊修复。损伤严重时应更换座圈。

(4) 轴承座孔的修理：根据技术要求，主轴承座孔的圆度、圆柱度允差为 0.01mm；

同轴度误差为 0.02mm，允许值为 0.05mm，极限值为 0.9mm；内孔表面粗糙度为 0.8pm。当检查发现主轴承座孔磨损过甚或同轴度允差超限时，可用喷涂法修复。先将主轴承座孔直径镗大 2mm，用镍丝拉毛，并用石棉塞堵住润滑油孔，再用中碳钢丝进行喷涂，直至喷涂后的主轴承座孔内径比标准尺寸小 2mm 左右为止，然后将主轴承座孔镗削至标准尺寸。

9.1.2 气缸套的检修

1. 气缸常见故障形式及其分析

1) 气缸磨损

这是气缸最常见的失效形式，并且不仅一个气缸磨损很不均匀，多缸发动机的几个气缸磨损也不完全相同，其磨损的一般特征如下。

(1) 轴向上的磨损呈上大下小、近似锥形，如图 9.3 所示。磨损的部位主要是在活塞环移动的区域内，第一道活塞环位于上止点处的磨损最为严重，且形成明显的台阶。

(2) 径向上的磨损呈椭圆形，甚至是多边形(图 9.4)。椭圆的长短轴方向受多种因素的影响，其长轴可能在发动机纵向上，也可能在与之垂直方向上或其他方向上。

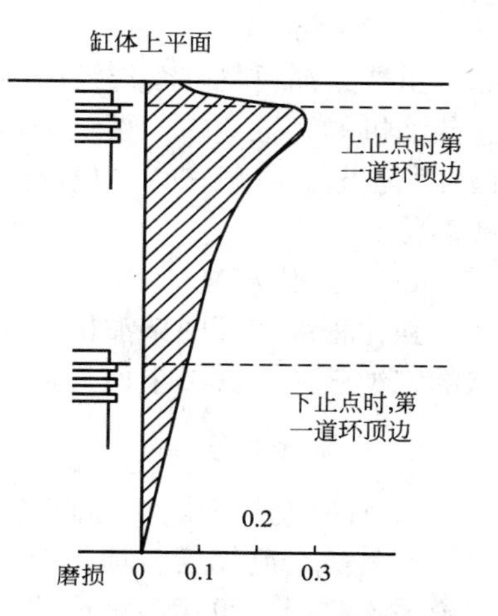

图 9.3 气缸的轴向锥形磨损

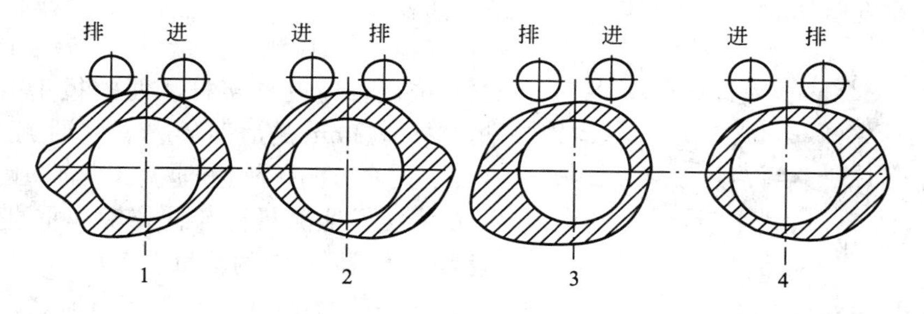

图 9.4 气缸磨损的失圆特征

(3) 多缸发动机各缸的磨损程度是不均匀的，这也是受多方面因素的影响。但一般来说，冷却强度比较大的气缸的磨损量较大，即第一缸冷却强度较大，磨损较重；而最后一缸有时冷却强度过小，也容易形成磨损较重的现象。各缸磨损不均匀还会使发动机工作不稳定、容易产生震动。

(4) 靠近排气门处磨损较重(图 9.4)。这种磨损特征主要是由于接近排气门的温度较高所致。

(5) 当磨料的尺寸在 20～30μm 时，气缸由于磨料而引起的磨损最重。试验得出，柴油机液压泵柱塞摩擦副在磨粒尺寸为 3～6μm 时磨损最大，而活塞对缸套的磨损是在磨粒尺寸为 20～30μm 左右时最大。因此，当采用过滤装置来防止杂质侵入摩擦副对偶表面间以提高相对耐磨性时，应考虑滤清装置的最佳效果。

(6) 长期低温状态下工作磨损严重。这是因为，低温下，冷凝水不易汽化蒸发随废气一起排出，而是与 S、P 等一些元素反应生成酸性物质，从而造成气缸的腐蚀磨损。

2）拉缸

拉缸发生在活塞环移动区域内，它在气缸壁上形成较大的带有颜色的熔化状条纹，其磨损量比正常磨损时大几十倍甚至几百倍以上，拉缸多发生在新组装或大修后不久的时期内，甚至在发动机装配后启动几分钟就发生，即多发生在发动机的磨合阶段，称之为“早期拉缸”。少数的在发动机使用中出现，称为“晚期拉缸”。

3）气缸裂纹

虽然柴油机气缸套裂纹损坏比气缸套过度磨损的数最少，但在大缸径、重载的中、低速柴油机的气缸套中，裂纹仍是常见的损坏形式。气缸套裂纹大多为热疲劳和机械疲劳等破坏所引起。一般来说，气缸套裂纹总是发生在结构设计不合理、强度较差和有应力集中的部位。

4）气缸套穴蚀

强化程度较高的柴油机，其气缸套外表面与冷却水接触的部位有时会产生聚集的深孔状的穴蚀破坏，其结果使气缸套形成穿透整个气缸套的针状孔洞而使气缸渗水。

2. 气缸套的修理

1）气缸套轻度磨损的修复

当气缸套磨损后各项指标均未超过说明书或标准的要求，只是气缸套内圆表面有轻微拉痕或擦伤时，可用砂纸或油石打磨，使拉痕表面光滑后继续使用。

2）气缸套重度磨损的修复

当气缸重度磨损时，应按照以下步骤进行修复。

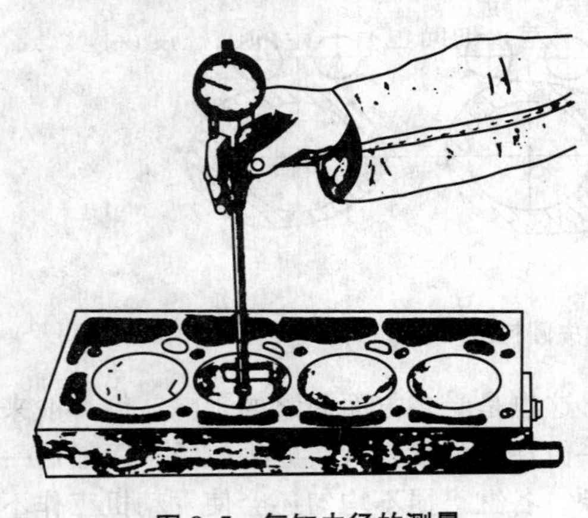
图 9.5 气缸内径的测量

(1) 正确检测磨损量(图 9.5)：首先，根据缸径选择合适的连接杆，使内径千分表的伸缩测量杆有 2mm 的活动余量；然后测上、中、下 3 点、两个方向(平行和垂直于曲轴)上的磨损量，测量中要保证测量杆与柱塞轴线垂直(注意，一般第一和最后一缸为测量重点)。

同一截面上的最大、最小值之差即为该截面的圆度误差，测后与标准对照，汽油机，不圆度<0.05mm，柴油机<0.063mm；

不同截面上所测得的最大值和最小值的差值之半叫做圆柱度误差，测后对照标准，汽油机圆柱度误差<0.175mm；柴油机<0.25mm。

(2) 正确确定修理尺寸：按照 0、0.25、0.5、0.75、1、1.25、1.50 共 6 级修理级差的要求，根据必须消除最大磨损量的原则，选择合理的修理尺寸。

(3) 合理确定镗削量：首先是镗削量的确定。镗削量=所选配活塞的最大直径−磨损后的气缸最小直径+配合间隙−磨缸余量。例如，测得某气缸的最小直径为 19.51mm，其配合间隙为 0.03mm，所选第一级修理尺寸的活塞最大直径是 19.73mm，若磨削余量取 0.04mm(一般为 0.035～0.05mm)，则镗削量=19.73−19.51+0.03−0.04=0.21mm；其次是镗削次数的确定：镗削次数=总镗削量/吃刀量。吃刀量一般取 0.03～0.05mm。

(4) 正确镗削：首先要在镗削前事先完成气缸体的维修工作，之后选用合适的镗床

(最好选用移动式镗床),并合理选择和安装定心指,确定镗头的中心位置,选择气缸的定位中心,选择刀架和镗头,选择转速、吃刀量、进给量,在各参数确定后,进行试镗和镗削检验,进一步紧固、调整后,正式镗削,最后车上口倒角。最终达到:各缸到同一尺寸,粗糙度<3.2μm,上口有合适的倒角,留有合适的磨削余量,圆柱度误差<0.01mm。

(5) 正确磨削:为了消除镗削加工中留下的螺旋形加工痕迹,必须在镗削作业后对气缸进行磨削。磨削时应注意:先粗磨后精磨,磨条压力合适,磨削时必须使用切削液,选择合适的磨床并正确操作,隔缸顺序研磨。磨削后粗糙度< 0.4μm,圆度误差<0.007mm,圆柱度误差<0.01mm;对表面进行网络条纹激光扫描处理,然后与活塞试配合。

3) 气缸体裂纹的修复

气缸套内表面产生有一定间隔的少量纵向裂纹,且没有裂穿时,可采用波浪键和密封螺丝扣合法进行修理,当裂纹较严重或已裂穿时,则应换新气缸套。

9.1.3 曲轴的检修

曲轴是发动机的重要零件,曲轴的技术状况直接影响到发动机的工作可靠性和使用寿命。曲轴受力情况复杂、负荷较重,而且本身结构复杂、刚度较差。

1. 曲轴的主要失效形式

(1) 轴颈磨损:包括主轴颈的磨损和连杆轴颈的磨损。其中连杆轴颈磨损较大。主轴颈磨损后尺寸变小,且呈椭圆形,在向着连杆轴颈的部位磨损严重。这是因为由活塞连杆组零件及连杆轴颈等产生的往复惯性力、离心力以及燃烧爆发压力等作用的结果。连杆轴颈磨损后呈现明显的不均匀性,径向有较大的圆度误差,轴向也有一定的圆柱度误差。连杆轴颈的径向磨损属“内边磨损”,即磨损的最大部位是在向着主轴颈(即内侧面)的部位上,其原因与所受的作用力有关,如图 9.6 所示。在发动机运转过程中,连杆轴颈承受的气体压力活塞连杆组零件的往复惯性力以及连杆大头的离心力等所形成的合力,始终作用在轴颈的内侧面上,因此该部位磨损最大。连杆轴颈磨损成锥形的主要原因是油道出口处结构形状不合理及润滑油中机械杂质较多。由于连杆轴承中的润滑油一般是以主轴颈经倾斜油道而来的,曲轴旋转时在离心力的作用下,机械杂质流向连杆轴颈的一端,如图 9.7 所示,因而使连杆轴颈的一端磨损加重。另外,连杆的弯曲与扭曲变形、气缸套沿曲轴轴向方向的倾斜、曲轴的弯曲变形等也会使连杆轴颈受力不均而产生圆柱度误差。

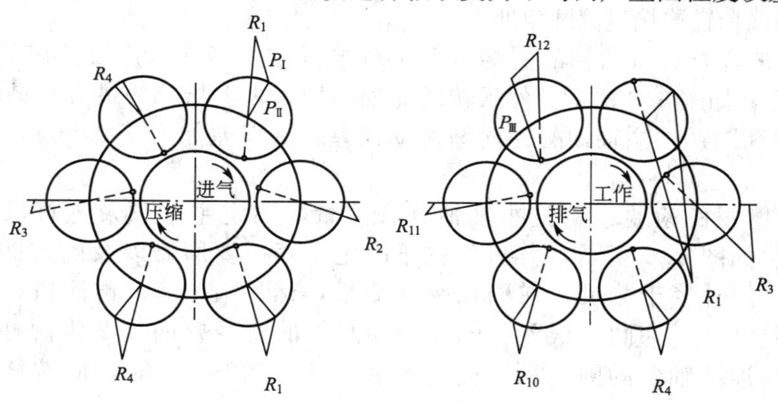

图 9.6 曲轴曲柄销的受力

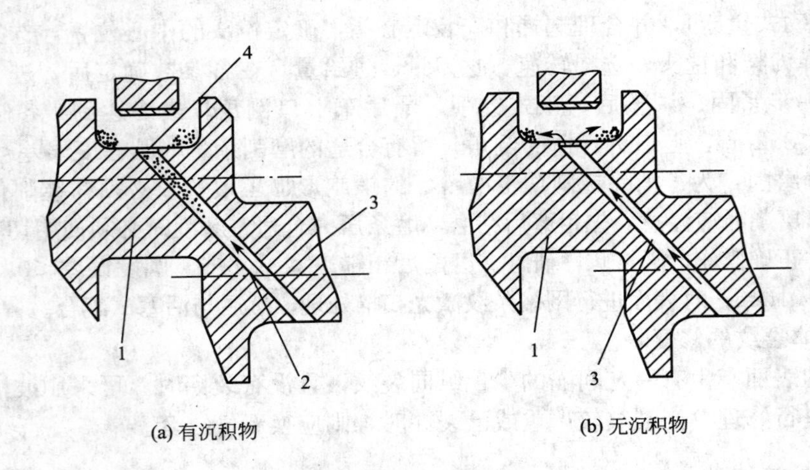

图 9.7　曲轴油道

1—曲柄销；2—油道；3—主轴颈；4—洁油腔

(2) 曲轴弯曲与扭曲：曲轴的允许弯曲程度取决于它的长度，当曲轴长度小于 1.5m 时，径向跳动允差为 0.03mm；当曲轴长度大于 1.5m 时，径向跳动允差则为 0.06mm。对于组合式曲轴，其径向跳动量一般应不大于 0.09mm。曲轴的扭曲要求是，曲柄各中心线的偏差不大于 20′，当测量在同一角度的各连杆轴颈高度时，其允许误差差一般不超过 0.15mm。

(3) 曲轴裂纹和断裂：它常发生在轴颈与曲柄相连接的拐角处，或连杆轴颈、曲柄上。曲轴断裂的主要原因是，由于曲轴在内应力及交变载荷的作用下(尤其是超负荷时)，使曲轴内部极细小的显微裂纹不断扩大而形成的疲劳裂纹。

由于轴颈与曲柄相连接的拐角处应力较集中，因此当拐角圆弧半径过小或冷作硬化处理不当(如滚压)时，即容易使曲轴在拐角处断裂。

2. 曲轴的检验

(1) 裂纹的检验：曲轴裂纹的表面或近表面裂纹可采用磁力探伤、超声波探伤、渗透探伤等方法进行检验，而内部裂纹可采用射线探伤的方法进行检验。探伤时注意要严格检查整段曲轴的主轴颈、曲柄销颈与曲柄臂连接处过渡圆角，半组合式曲轴的曲柄销颈表面、曲柄销与曲柄臂连接过渡圆角处。

(2) 弯曲的检查：将曲轴的两端用 V 型铁支承在平板上，用百分表的触头抵在中间主轴颈表面，如图 9.8 所示。然后转动曲轴一周，表上指针的最大与最小读数之差，即为中间主轴颈对两端主轴颈的径向圆跳动误差，其误差如大于 0.9mm，应修理或更换曲轴。

(3) 轴颈磨损的检验：检验曲轴轴颈磨损量，测定主轴颈及连杆轴颈的圆度和圆柱度的方法如图 9.9 所示，其目的在于决定是否需要磨修以及确定磨修的修理尺寸。测量时，用外径千分尺先在油孔两侧测量，然后旋转 90°再测量，最大直径与最小直径之差的 1/2 为圆度误差。轴颈两端测得的直径差的 1/2 为圆柱度误差。当曲轴主轴颈与连杆轴颈的圆度和圆柱度误差大于 0.025mm 时，应按修理尺寸进行磨修。

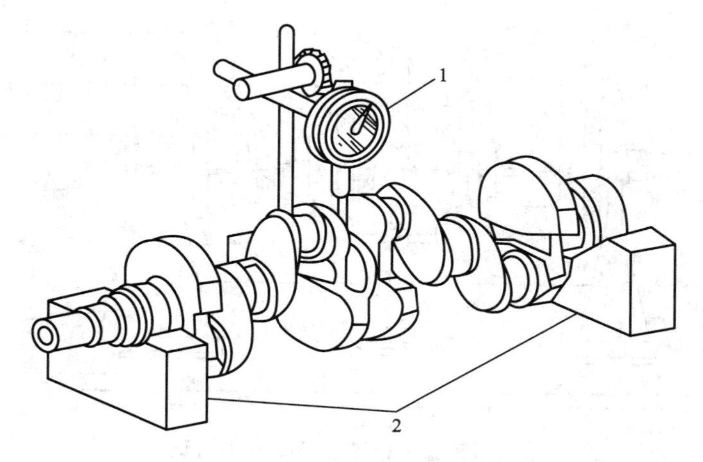

图 9.8 曲轴弯曲变形的测量

1—百分表；2—V形铁

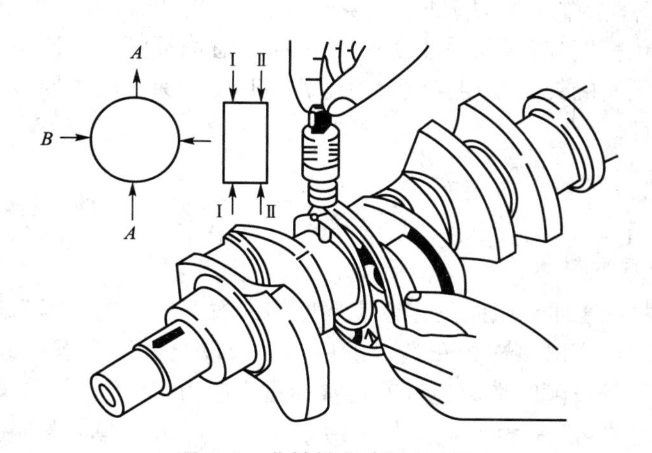

图 9.9 曲轴轴颈磨损的测量

3. 曲轴的修理

(1) 曲轴裂纹的修理：裂纹较小时采用修磨除去裂纹，并将裂纹部位修整光洁，与其他表面之间过渡圆滑，最后经着色探伤或磁粉探伤确认裂纹消失，否则应继续打磨和探伤。当打磨至规定深度仍有裂纹时，则停止打磨，依具体情况改用其他办法处理。

裂纹较深或折断时，对于整体式曲轴进行换新曲轴维修，对于组合式和半组合式曲轴可采用局部换新办法处理。

(2) 曲轴弯曲变形的修理：两端曲轴主轴颈的同轴度不得超过0.04mm，否则，必须在油压机上进行校正。校正方法(图9.10)是将左、右曲轴轴颈用V形块支起，并在油压机的压杆与曲轴之间垫上铜片或铝皮，以免压伤曲轴的接触表面。压力方向要与曲轴弯曲的方向相反，压力要缓缓增加。校正后的曲轴要产生“回弹”现象，所以在校正时的反向压弯量一般要比实际弯曲量大20～30倍。校正操作时，要在所压点的另一面放置千分表，借此观察校正时的反向压弯量。

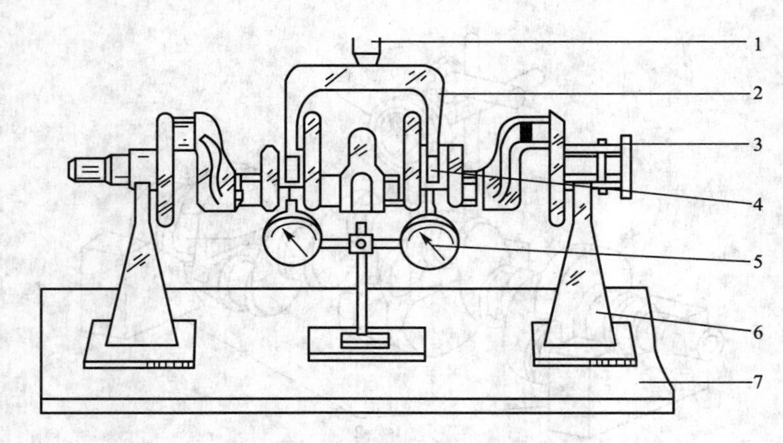

图 9.10 曲轴弯曲变形的压力矫正

1—压头；2—压块；3—曲轴；4—垫块；5—百分表；6—V形铁；7—平板

(3) 曲轴轴颈磨损的修理：曲轴轴颈磨损后应在专用曲轴磨床上进行。除了修复轴颈表面尺寸及几何形状精度(圆度及圆柱度)，还必须注意修复轴颈的同轴度、平行度、曲柄半径以及各连杆轴颈间的夹角等相互位置精度。同时还应保证曲轴原轴线位置不变，以保持曲轴原有的平衡性。

9.1.4 连杆的检修

1. 连杆的主要失效形式

(1) 弯曲和扭曲：弯曲和扭曲是连杆最常见的失效形式，这是因为连杆除了受力复杂外，还由于在制造或修理时多次校正造成的内应力，以及发生活塞环卡死或折断、拉缸、抱轴、连杆螺栓断裂等故障时造成连杆非正常的过大应力。

(2) 连杆大端的轴向磨损和径向磨损：由于受力、冲击、磨料等原因造成连杆大端的轴向和径向磨损，从而引起振动和噪声，也可引起活塞与气缸的磨损。

2. 连杆弯、扭变形的矫正

当检查连杆测得弯曲或扭曲的数值大于规定的精度要求时，应予以矫正，其矫正方法如图 8.34 和图 8.35 所示。矫正量的大小应视连杆的变形程度而定。连杆矫正时，应采用残余应力较小的往复矫正方法，即第一次的矫正量应稍大于连杆的变形量，稳定一段时间后，进行反向矫正，如此反复，可减小连杆矫正后的残余应力。

9.1.5 飞轮的检修

飞轮在运行中往往会出现烧灼、龟裂、磨损或翘曲等故障。

1. 飞轮翘曲的检修

飞轮翘曲(偏摆)对离合器的工作影响很大，所以不允许其偏摆量超过 0.1mm。轻微偏摆，可用磨削的方法将离合器侧的飞轮端面修平，并注意表面粗糙度和其动平衡性。

2. 表面划痕的检修

当飞轮后工作表面沟槽深度超过 0.5mm，或呈波浪条纹状时，应进行光磨，否则会引起离合器发抖、打滑和加速摩擦片的磨损。光磨后的工作面，只许有不多于二道的环形沟痕存在，一般划痕可通过简单的机械加工除去，但轴向减小量不得大于 2mm，损坏严重的飞轮应更换。

3. 飞轮齿圈的检修

飞轮齿圈轮齿啮合面的单面或端面磨损及个别齿损坏时，可根据情况将齿环移位或翻转使用(注意修正端面倒角)。如相邻牙齿损坏 4 个以上或有严重的损伤，或飞轮齿圈轮齿磨损严重或出现裂纹时，应更换新齿圈，此时，可将齿圈均匀加热至 90～300℃(如可浸泡到热机油中)，然后轻轻敲下，再将新齿圈加热到 300～350℃，趁热压装到飞轮上。

4. 齿圈与飞轮配合过盈量的检修

若齿圈内径与飞轮过盈量过小或无过盈量时，可采用焊接法定位。焊接时，焊点不可过多，一般在齿圈圆周均匀布置 3～4 点即可，焊点长度应在 20～30mm 范围内，焊点平滑，堆焊量应相等。

5. 飞轮的动平衡检验

飞轮在进行机械修复或更换齿圈后，必须对其进行静、动平衡试验，不平衡量不得超过 9g·cm。

9.2 配气机构的检修

配气机构是处于高温、高压、冷却及润滑不良、频繁的冲击载荷等条件下工作，其零件容易磨损、烧蚀、变形，促使发动机的动力性和燃料使用经济性下降，严重时会使发动机无法正常启动和运转。配气机构故障主要包括零件失效、异常响声和配气相位失准等。

9.2.1 气门组零件的检修

1. 气门的失效及检修

(1) 气门的磨损、弯曲和歪斜：气门头受高温高压气体的作用，机械负荷和热负荷严重，容易烧蚀和磨损。气门头与气门座圈的密封锥面，由于气门频繁的开启和关闭，相互撞击，承受着冲击载荷，容易出现密封锥面的磨损、沟槽、斑点、凹陷甚至破碎等损伤。气门杆在气门导管内运动时不停地摩擦，润滑条件差，气流携带尘土、积炭等磨料，使两者均受到磨损。

气门杆尾端与摇臂之间的相互撞击，使两者都受到磨损，并促使气门杆弯曲变形。当气门杆弯曲后的直线度误差 >0.05mm 时，应对其进行矫直，矫直后的直线度误差应 <0.02mm。

当出现下列情况之一时就需要进行更换：气门出现裂纹或掉块，气门头圆柱面的厚度 <1mm，气门杆的磨损 >0.1mm，气门杆尾端磨损 >0.6mm。

(2) 气门漏气：气门漏气是指气门头与气门座圈的密封锥面的配合不良，引起气缸密封性下降，使发动机的气缸压缩压力、爆发压力减小，起动困难，功率下降，耗油率增加，并引起排气冒烟、异常声响等故障。

当气门密封不严时，可以对其进行研磨。手工研磨时，方法如下：研磨前应清洗并打上记号；涂粗研磨砂，同时在气门杆上涂以稀机油，插入气门导管内，然后利用螺丝刀或橡皮捻子使气门作往复和旋转运动，与气门座进行研磨(图 9.11)。当气门工作面与气门座工作面磨出一条较完整且无斑痕的接触环带时，可以将粗研磨砂洗去，换用细研磨砂继续研磨。当工作面出现一条整齐的灰色环带时，再洗去细研磨砂，涂上润滑油，继续研磨几分钟即可。

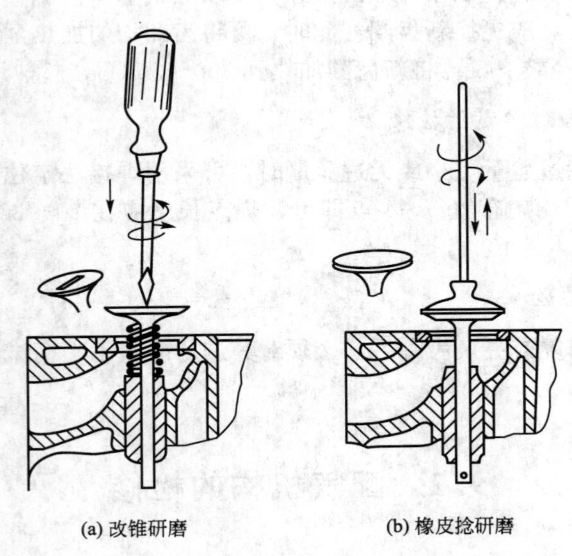

(a) 改锥研磨　　(b) 橡皮捻研磨

图 9.11　气门的手工研磨

(3) 气门积炭和结胶：气门积炭和结胶是气门头、气门座圈、气门导管处聚集有不完全燃烧形成的炭渣、胶性物质。积炭会造成气门与气门座圈的密封锥面贴合不好，引起气门漏气和传热不良、气门烧蚀等不良现象。结胶严重时会使气门运动迟滞甚至卡在气门导管内而无法运动。气门积炭过多且发动机达到一定温度后将发出尖锐的“喋、喋”声响。积炭和结胶后，要用退炭剂进行浸泡、刷洗和清理。

(4) 气门烧蚀：气门是在高温、高压条件下工作，且与气门座圈、摇臂的冲击频率较高，因此气门与气门座圈的密封锥面容易烧损、腐蚀，它将引起气门漏气、气缸密封失效等故障。进气门烧损、腐蚀后进气歧管有过热烫手现象，排气门烧损、腐蚀后在排气消声器处有冒白色或灰色的烟雾现象。气门烧蚀影响正常工作时要进行更换。

2. 气门座的失效及检修

(1) 气门座的失效：气门座的主要失效形式是磨料磨损和由于冲击载荷造成的硬化层脱落，以及由于高温燃气所导致的腐蚀和烧蚀。气门座的磨损和烧蚀，使得密封带变宽，气门与气门座关闭不严，气缸密封性降低。

(2) 气门座的铰削：当气门座有轻微磨损或烧蚀时，可以对其进行铰削，然后与气门配对研磨。铰削方法如下。

① 根据气门导管内径选择绞刀导杆，导杆插入气门导管内以不紧、不松为宜；

② 把砂布垫在绞刀下，磨除座口硬化层，以防止绞刀打滑和延长绞刀使用寿命；

③ 用与气门锥角相同的粗铰刀铰削工作锥面，直到凹陷、斑点全部去除并形成2.5mm以上的完整锥面为止，铰削时两手用力要均衡并保持顺时针方向转动；

④ 气门座和气门的选配，一般是新旧搭配。用相配的气门进行涂色试配，接触环带应在气门锥面的中部靠里位置。接触面宽度一般进气门为1.0～2.0mm，排气门为1.5～2.5mm；

⑤ 最后用与工作面角度相同的细刃铰刀进行精铰，并在铰刀下垫细砂布磨修，以降低气门座口表面粗糙度。

(3) 气门座的镶换：当气门座不能修复时，就要更换。其方法如下。

① 拉出旧气门座；

② 选择新气门座：用外径千分尺测量气门座外径，用内径量表测量气门座孔内径，根据气门座和缸盖承孔的材质选择合适的过盈量(一般在0.07～0.17mm)；

③ 气门座的镶换：将检验合格的新气门座用干冰或液氮冷却，时间不少于9min。同时将缸盖的气门座孔用汽油喷灯或在箱式炉中加热至373～423K，将气门座压入承孔中即可。

3. 气门导管的检修

气门导管最容易出现的故障就是磨损。磨损后，导致导管由于气门杆之间的配合间隙过大，燃气上窜，气门弹簧刚度降低，气门歪斜甚至卡死。

气门导管磨损后，可用经验法对其进行检查：将气门杆和气门导管擦净，在气门杆上涂一薄层机油，将气门放入气门导管中，上下拉动数次后，若气门在自重下能徐徐下落，则表示气门杆与气门导管的配合间隙适当。

若磨损严重就需更换，更换方法如下。

① 用外径略小于气门导管内孔的阶梯轴冲出气门导管；

② 选择外径尺寸符合要求的新气门导管；

③ 压装气门导管(必要时辅以冷却措施)；

④ 对气门导管进行铰削。采用成形专用气门导管铰刀铰削，进刀量不宜过大，铰刀要保持垂直，边铰边试，直至间隙合适。

9.2.2 气门传动组零件的检修

1. 挺柱的检修

在与导孔的相对运动中产生挺柱及其导孔的摩擦磨损，引起挺柱偏斜摆动，或出现敲击声响。对于普通机械挺柱，有下列情况之一时应予以更换。

① 挺柱底部出现疲劳剥落时；

② 底部出现环形光环，说明磨损不均匀，应尽早更换；

③ 底部出现擦伤划痕时，应更换新件；

④ 挺柱圆柱部分与导孔的配合间隙，一般应为0.03～0.9mm，超限时更换。

对于液压挺柱，应检查其与承孔的配合间隙，一般应为0.01～0.04mm，使用限度为

0.9mm，超限后应更换新品。

2. 推杆的检修

气门推杆一般都是空心细长杆，工作时，由于装配不当或推杆位置不正确，而形成弯曲；因为负荷过重或润滑不良，会造成其上下端的磨损。

推杆的直线度误差应不大于0.40～0.50mm，杆身应平直，不得有锈蚀和裂纹。上端凹球面和下端凸球面半径磨损应控制在0.01～0.03mm之间。

3. 摇臂及摇臂轴的检修

摇臂的损伤主要是摇臂头以及摇臂衬套的磨损。

检查时，摇臂头部应光洁无损。修理后的凹陷应不大于0.50mm。如超过规定则应修理，其方法可用堆焊修磨。

摇臂与摇臂轴的配合间隙如超过规定应更换衬套，并按轴的尺寸进行铰削或镗削修理。

9.2.3 气门驱动组(配气凸轮轴和凸轮)的检修

1. 凸轮轴及凸轮磨损和弯扭变形

由于凸轮轴细又长的结构特点和周期性地承受不均衡载荷的工作特点，促使它在工作中产生轴颈和轴承的磨损，导致失圆和整个轴线的弯曲变形；若挺杆转动不灵活，将加速挺柱和凸轮的磨损。

2. 凸轮磨损的检修

凸轮的磨损使气门的升程规律改变和最大升程减小，凸轮的最大升程减小值是凸轮检验分类的主要依据。可用测量凸轮的最大高度 H 与基圆直径 D 的差来衡量凸轮的磨损程度。凸轮和凸轮轴磨损的测量方法如图9.12所示。

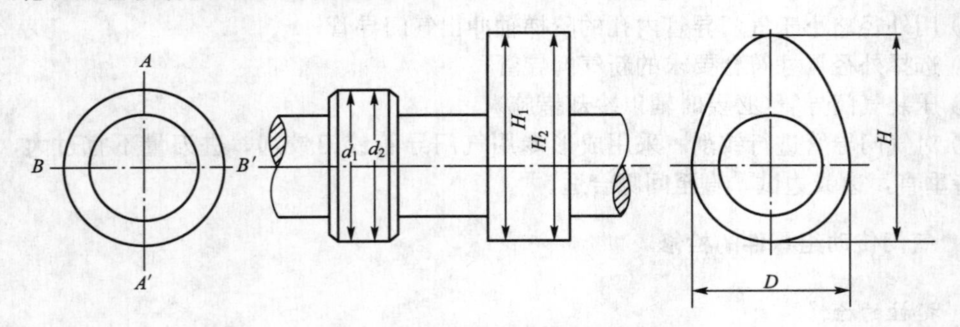

图9.12 凸轮与凸轮轴磨损量的测量

当凸轮最大升程减小值大于0.40mm或凸轮表面累积磨损量超过0.80mm时，则更换凸轮轴；当凸轮表面累积磨损量不大于0.80mm时，可在凸轮轴磨床上修磨凸轮。

3. 正时齿轮轴颈键槽的检修

正时齿轮轴颈键槽的对称平面一般应与第一缸进、排气凸轮最大升程的对称平面重合，其磨损将使配气正时改变。该键槽磨损后，可堆焊重开键槽或在新的位置上另开键槽。

4. 凸轮轴轴颈的检修

凸轮轴轴颈的圆度误差大于0.015mm，各轴颈的同轴度误差超过0.05mm时，应按修理尺寸法进行校正并磨削修复。

汽油泵驱动偏心轮和输油泵驱动偏心轮的直径极限磨损量为1mm。

9.2.4 气门间隙的调整

冷态时，发动机的气门在完全关闭状态下，气门杆末端与摇臂长端之间存在的间隙称为气门间隙。该间隙的目的是，在发动机正常工作时给配气结构各杆件留一受热膨胀的余地。

气门间隙过大，会使气门升程不足，引起进气不充分，排气不彻底，并出现异响；气门间隙过小，会使气门关闭不严，造成漏气，易使气门与气门座的工作面烧蚀。

1. 进、排气门的判别

因配气机构零件的磨损、变形等原因，气门间隙会发生变化。气门间隙变化后，会引起配气相位失准，影响发动机的正常工作，因此，必须对其进行检调。

在对气门间隙进行检查和调整之前，首先要判明，哪个是进气门，哪个是排气门，因为进、排气门的间隙是不同的。其判断可按下面的方法进行。

(1) 从对应的进排气管道判断：与进气道对应者为进气门，与排气道对应者为排气门；

(2) 从气门头直径的大小判断：大者为进，小者为排；

(3) 根据进排气门的布置规律来判断：如某种发动机气门从前至后的布置规律是：排→进→进→排→排→进→进→排；

(4) 用转动曲轴法来判断：使被检缸处于压缩上止点，按工作方向摇转曲轴，先动者为进气门；

(5) 从污染和积炭程度来判断：排气门的圆弧过渡处的污染和积炭较进气门严重。

2. 气门间隙的检查

对气门间隙进行检查的前提条件是：务必使气门处于完全关闭状态，也就是说，必须确保被检测缸的活塞处于压缩上止点。

(1) 判断被检缸是否处于压缩上止点的方法：对于单缸机，摇转曲轴使飞轮上的正时记号与机体或罩盖上的记号对正，说明活塞处于上止点。当感觉到有屏气感时且记号对正时，表面活塞处于压缩上止点。

对于多缸机而言，首先找到第一缸的压缩上止点：摇转曲轴，使飞轮上的正时记号与机体或罩盖上的正时记号对正，辅以喷油法或打火法进一步判断是否处于压缩上止点。对于柴油机，拆下第一缸高压油管，有柴油冒出且记号对正时，则为压缩上止点；对于汽油机，拆下第一缸高压线，使其离搭铁点3～5mm，当有电火花出现且记号对正时，则为压缩上止点。在找到第一缸压缩上止点后，按工作顺序依次摇转曲轴各180℃A，即可找到其余各缸的压缩上止点。也可以利用比较简单的“双-排-不-进”和“不-进-双-排”的方法找到各缸的压缩上止点。

以四缸机(工作顺序为1→3→4→2)为例，“双排不进”法的操作程序如下。

① 先将发动机的气缸按工作顺序等分为两组(表9-2)。

② 第一遍，将一缸活塞转到压缩终了上止点，按双、排、不、进检查其一半气门的间隙。

③ 第二遍，曲轴转动一周，将末缸达到压缩行程上止点，按不、进、双、排检查余下的一半气门的间隙。

3、5、6、8缸发动机“双排不进”法判断情况分别见表9-1、9-2、9-3、9-4和9-5。

表9-1 三缸发动机“双排不进”法的判断

工作顺序	1	2	3
第一遍(一缸在压缩上止点)	双	排	进
第二遍(一缸在排气上止点)	不	进	排

表9-2 四缸发动机“双排不进”法的判断

工作顺序	1	3	4	2
第一遍(一缸在压缩上止点)	双	排	不	进
第二遍(一缸在排气上止点)	不	进	双	排

表9-3 五缸发动机“双排不进”法的判断

工作顺序	1	2	4	5	3
第一遍(一缸在压缩上止点)	双	排	不		进
第二遍(一缸在排气上止点)	不	进	双		排

表9-4 六缸发动机“双排不进”法的判断

工作顺序	1	5	3	6	2	4
	1	4	2	6	3	5
第一遍(一缸在压缩上止点)	双	排		不	进	
第二遍(一缸在排气上止点)	不	进		双	排	

表9-5 八缸发动机“双排不进”法的判断

工作顺序	1	5	4	2	6	3	7	8
第一遍(一缸在压缩上止点)	双	排			不	进		
第二遍(一缸在排气上止点)	不	进			双	排		

(2) 气门间隙的检查测量：在保证所检气缸的气门完全关闭时，选择合适厚度的厚薄规叠片，塞入到间隙处，进行测量(图9.13)，以稍有阻力为合适，过松或过紧说明间隙太大或太小。

3. 气门间隙的调整

当检查到气门间隙不合适时(与厂家推荐值比较)，放松调整螺钉的锁紧螺母，用螺丝刀拧动调整螺钉(图 9.13)，使间隙合适，然后将螺母锁定。一般按此方法再重复调整一次即可。

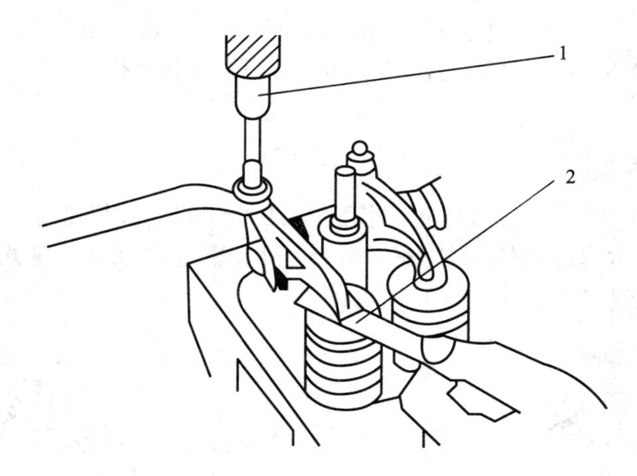

图 9.13　用塞规检查气门间隙

1—螺丝刀；2—厚薄规片

9.2.5　配气相位的检查和调整

配气相位(亦称气门正时)是指发动机在实际工作过程中，进、排气门开始开启到关闭终了时刻所对应的曲轴转角，它包含两个内容：一是配气程期，二是气门开闭时刻。

1. 配气相位检测方法

配气相失准时对发动机的动力性(功率、扭矩、转速、加速度等)和燃料使用经济性(燃油消耗量、耗油率等)均产生很大的影响。气门叠开法测量配气相误差较小，测量计算简便，不使用刻度盘，只用上止点测定仪(千分表或百分表)确定上止点即可，如图 9.14 所示。

(1) 先将发动机的各气门间隙均调整为 0，俗称气门顶死；

(2) 转动发动机的曲轴，使第一缸活塞上行到达排气行程上止点附近；

(3) 在该缸排气门弹簧座上安装百分表(注意百分表指针应与气门平行)，并将表置于“0”位；

(4) 慢慢地顺时针转动曲轴，至排气门完全关闭。检查百分表指针，顺时针读数即为该排气门在排气上止点时尚未关闭的降程；

(5) 逆时针转动曲轴至该缸进气门全闭位置，在其弹簧座上安装百分表，并将表置于“0”位；

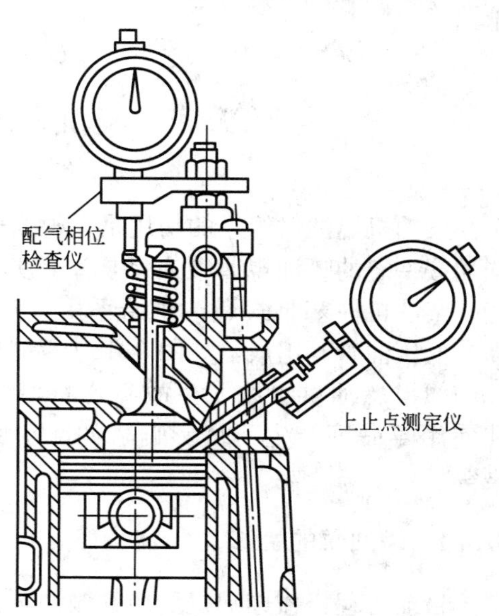

图 9.14　配气相位检测的气门叠开法

(6) 慢慢地顺时针转动曲轴至排气上止点，检查百分表指针，逆时针读数即为进气门在排气上止点的降程；

(7) 将该缸进、排气门的升、降程与标准值比较，如果进气门升程太大，排气门降程太小，则配气相位提前；反之，如进气门升程太小，排气门降程太大，则配气相位迟后。

2. 配气相位的调整

(1) 偏移凸轮轴键法：通过改变正时齿轮与凸轮轴的连接键的断面，可调整气门的配气相位。根据配气相位提前或错后的具体情况，可分别选择顺键或逆键；根据提前或错后的角度大小，选择轴键的偏移量(图 9.15)。

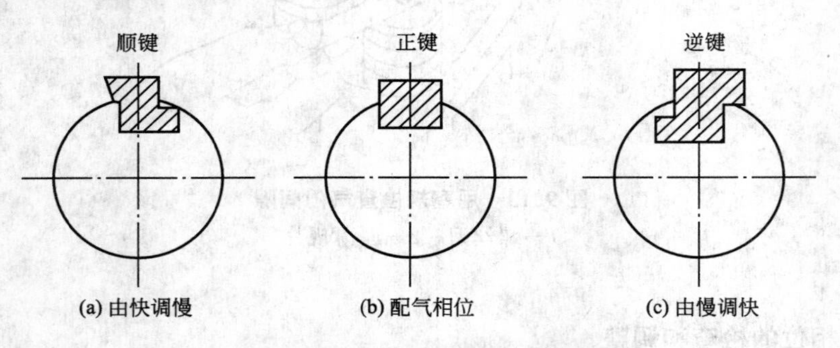

图 9.15 偏移凸轮轴键法调整配气相位

(2) 凸轮轴正时齿轮轴向移动法：此方法一般是通过改变推力凸缘(止推垫片)厚度或正时齿轮轮毂轴向厚度的方法，使正时齿轮获得轴向位移量使凸轮工作面改变而进行调整的。

(3) 更换凸轮轴：当凸轮、凸轮轴轴承或凸轮轴颈过度磨损时，必须更换配气凸轮轴。

9.3 柴油机燃料供给系统的检修

柴油机燃油供给系的功用是，根据柴油机的工作要求，定质、定时、定量、定压地将柴油按一定的喷油规律喷入燃烧室，并使它与已进入气缸的空气迅速而良好地混合和燃烧。柴油机柱塞泵式燃油供给系由柴油箱、输油泵、燃油滤清器、喷油泵、喷油器以及高、低压油管等组成，如图 9.16 所示。

如果燃油供给系发生故障，将对柴油机的动力性、燃料使用经济性、工作可靠性和使用寿命等产生不良影响，如起动困难、功率下降、油耗上升、运转不稳、排气污染等。

9.3.1 输油泵的检修

目前工程机械柴油机所用的输油泵大多数是往复活塞式结构，对其输油量的要求是大于喷油泵供油量的 4～6 倍。

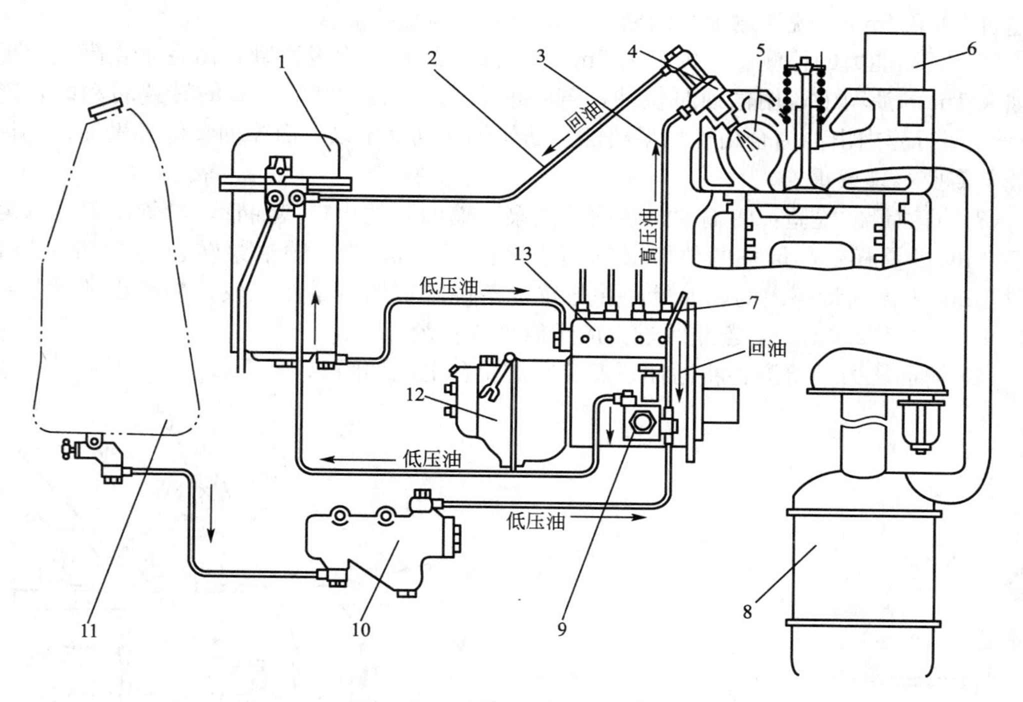

图 9.16 柴油机燃料供给系统

1—细滤器；2—回油管；3—高压油管；4—喷油器；5—燃烧室；6—排气主管；7—油门手柄；8—空滤器；9—输油泵；10—粗滤器；11—燃油箱；12—调速器；13—喷油泵

1. 输油泵的主要失效形式

(1) 阀门磨损：输油泵的阀门失效主要是出油阀偶件配合面的磨损，其次是进油阀副。虽然输油泵工作时出油阀对其阀座的冲击很轻微，但长期工作中出油阀副的密封面上仍会产生斑点、划痕甚至塌边。对于钢片式阀门还会使钢片产生变形。

(2) 活塞与泵体孔的磨损：活塞外圆表面在泵体孔内长期地往复运动，则自然地产生磨损。当柴油不清洁时，这种磨损将加剧，甚至产生拉毛现象并使配合间隙增大，从而造成输油泵的泵油能力的降低。

活塞与活塞套的标准间隙为 0.015～0.038mm，当此间隙达到 0.06mm 时，则应修理。

(3) 推杆与导向孔的磨损：输油泵的推杆与导向孔的配合很精密，其间隙仅 0.001～0.003mm，两者是分组选配，配对使用，从而不让柴油通过此间隙渗漏到喷油泵的凸轮室中去。但长期工作后此间隙会因磨损而增大，并且在配合表面上出现细小的条纹，尤其当柴油不清洁时其磨损将加剧。

2. 输油泵的检测

(1) 输油泵密封性的检测：旋紧手油泵手柄，堵住出油口，将输油泵浸没在清洁的柴油或煤油中(图 9.17)，从进油口通入 147～196kPa 的压缩空气，若输油泵密封性能良好，在顶杆与泵体的间隙中，只会有微小的气泡冒出。如气泡的直径超过 1mm，表示漏气量将超过 50mL/min，说明输油泵的密封性能过差，应更换新泵。

(2) 吸油能力的检测：以内径为 8mm、长 2m 的软管为吸油管，由在垂直高度上低于输油泵 1m 的油箱中，用输油泵供油，若喷油泵凸轮轴以 200r/min 的转速转动时，能在 30 个柱塞行程内出油为合格。如果喷油泵凸轮轴转动 90r 以上而输油泵仍不供油，则说明输油泵需要修理或更换。

(3) 输油量的检验：将输油泵装回喷油泵，输油泵的出口接油管，油管出口插入容量为 500mL 的量杯中，量杯的位置必须高于输油泵 0.3m。当喷油泵转速为 900r/min 时，测量 1min 内流入量杯内的燃油量，并与技术条件规定的流量相比较，判断出油量是否合格(一般不低于 250mL)，若差距过大应予修理或报废。

(4) 输油压力的检测：将输油泵安装在试验台上，如图 9.18 所示。

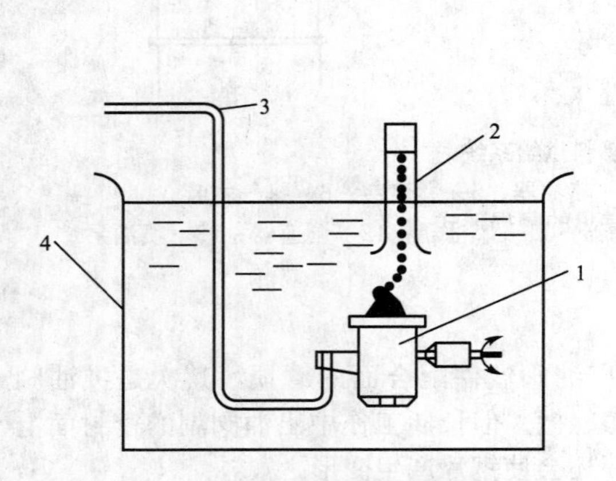

图 9.17　输油泵密封性的检测

1—输油泵；2—集气筒；3—压气管

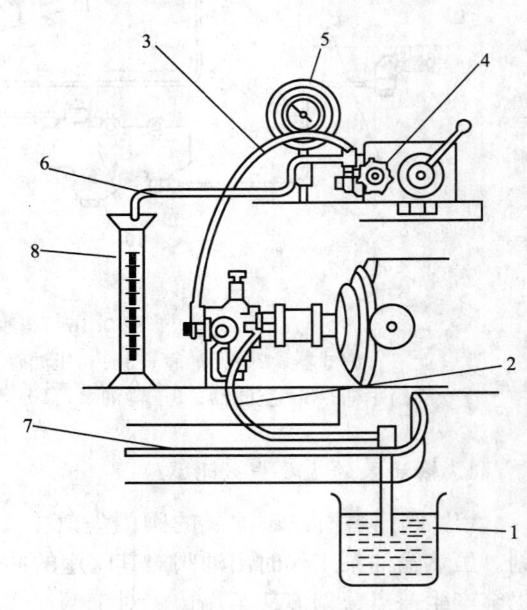

图 9.18　输油泵输油压力的检测

1—油箱；2—输油管；3—出油管；4—调压阀；5—压力表；6—回油管；7—软管；8—量杯

当喷油泵凸轮轴转速为 600r/min 时，输油压力应不低于 147kPa。当转速为 750r/min，且把输油压力调为 206kPa，时，输油泵应能继续供油，且供油量不少于 250mL/min。

(5) 手油泵性能的检测：放尽进油管内燃油，然后以 2～3t/s 的速度往复抽动手油泵手柄，记录燃油从液面低于输油泵进油口不少于 1m 的贮油箱输送到出油口的时间，此时间应在 1min 以内，否则应进行修理、重新检验。检验时应在管路密封良好的情况下进行，手油泵工作时所排出的油液不应有泡沫。

9.3.2　喷油泵的检修

喷油泵是柴油机的心脏，它负责按照发动机的工作顺序和负荷大小，定时、定量、定压和定质地向喷油器输送高压柴油。它的工作性能的优劣，特别直接和十分严重地影响着发动机的动力性、经济性和环保性。

1. 柱塞偶件的检修

(1) 柱塞偶件的主要失效形式：柱塞偶件是喷油泵中的泵油元件，制造精度很高，其圆柱度误差不大于0.001mm，配合间隙为0.001～0.0018mm。因此柱塞与柱塞套是分组选配成对使用的精密偶件，使用或修理中既不能互换也不能单件更换。

其中，柱塞失效的主要形式是磨损。柱塞磨损主要发生在控制供油的头部及尾部，其中头部磨损对柱塞使用性能起着决定性的影响。柱塞头部磨损主要发生在相对于柱塞套进、回油孔的圆柱面上以及相对于柱塞套回油孔的斜槽边缘上，如图9.19所示。磨损后柱塞头部外圆表面呈现沿轴向细微的条纹状，其深度在顶端边缘处可达0.02～0.023mm，宏观宽度为柱塞从发动机怠速到全负荷时正对进、回油孔的范围内，高度约为柱塞的泵油行程。斜槽边缘的磨损相对小一些，磨损后使锐边变钝。柱塞头部磨损情况比较容易观察，既发白又发亮。

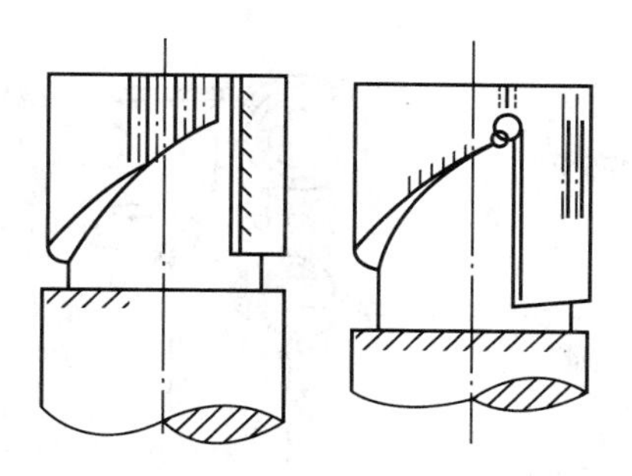
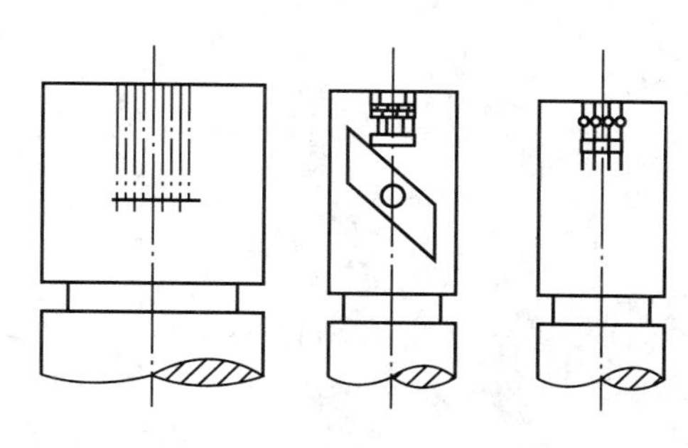

图9.19 柱塞头部常见的磨损形式

柱塞套内表面的磨损与柱塞类似，其磨损的主要部位是发生在进、回油孔的边缘处，如图9.20所示。

进油孔磨损部位在孔的上、下方，呈纵向条纹状，且孔上方磨损比下方的严重。回油孔的磨损部位与进油孔的不同，它虽然也发生在孔的上、下方，但是偏于孔的一边，这是因为柱塞上与回油孔相接触的斜槽边缘，停止供油时首先打开孔的一边所致。回油孔边缘的磨损量较小，与进油孔下边缘的磨损量相似。

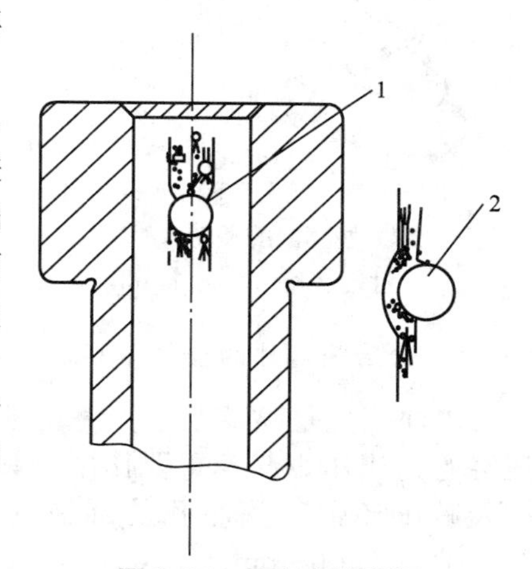

图9.20 柱塞套的磨损

1—进油孔；2—回油孔

(2) 柱塞副磨损的原因：柱塞与柱塞套高速相对运动而产生的摩擦磨损；燃油中颗粒杂质所造成的磨料磨损；燃油的冲刷等。其中，磨料磨损占主导地位。

(3) 柱塞偶件磨损对供给系的影响

① 供油时间滞后：柱塞偶件磨损严重时其供油滞后时间可相当于曲轴转角9～20℃A。

② 供油量减少：例如，柱塞偶件磨损严重时柴油机标定工况下的循环供油量减少30%～35%，而怠速时可减少70%～75%。

③ 供油压力下降：柱塞偶件磨损后由于部分高压燃油的回流使油压升高较慢，且使油压下降。

④ 供油不均匀性增加：这是因为在使用过程中喷油泵各分泵柱塞偶件的磨损程度不

同、泵油时高压燃油回流量也不同，因而造成各分泵实际循环供油量不一样，尤其在柴油机怠速时影响最大。

(4) 柱塞偶件的检测方法如下。

简易诊断法：按图 9.21 所示的方法，做柱塞副的滑动性能实验：涂上柴油，使二者与地面倾斜 60°，若柱塞能顺利且徐徐入套，说明状况良好；若有卡滞或快速下降，则应予以更换。

仪器检测法：将柱塞偶件安装在喷油泵上用喷油器试验仪检测，如图 9.22 所示。检测时将喷油泵中的出油阀芯取出，而将阀座与出油阀衬垫仍留在里面，旋上出油阀紧帽，并将高压油管接上，排除内部的空气后将柱塞调整到最大供油量的中间行程位置。用手柄泵油至 20MPa 油压时停止泵油，测量油压下降至 9MPa 时所经历的时间。对于新柱塞偶件，该时间应不少于 18s，若低于 15s，说明密封不良。

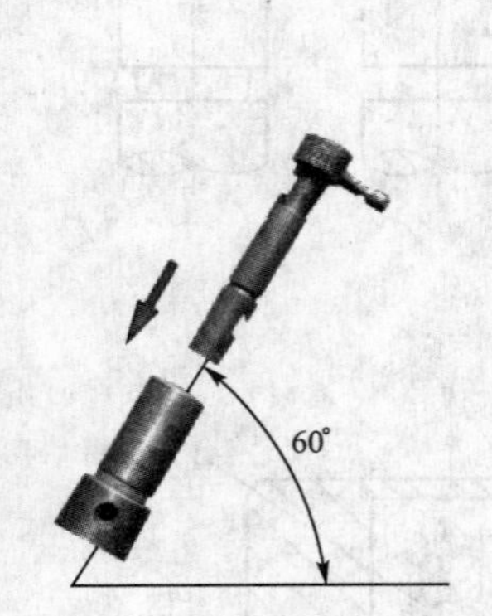

图 9.21 柱塞副的滑动性能实验

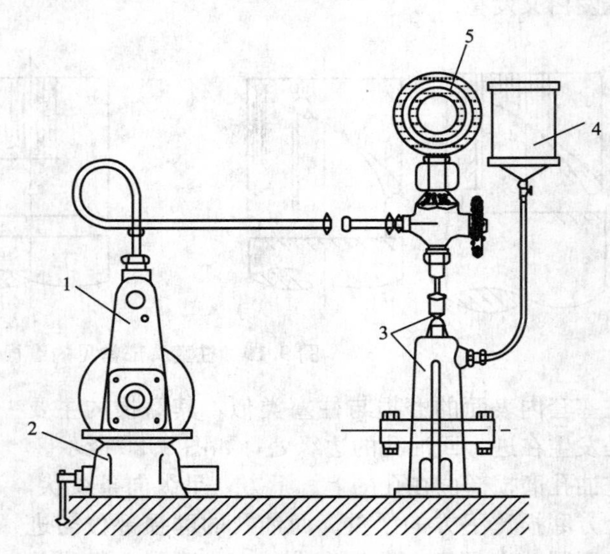

图 9.22 柱塞副密封性的仪器检测

1—喷油泵；2—台钳；3—喷油器实验仪；4—油箱；5—压力表

2. 出油阀偶件的检修

出油阀也是喷油泵中一对精密偶件，它对于保证喷油泵供油迅速、停油干脆和高压油管适当压力起着重要作用。其配合表面也是经过精密加工的，出油阀芯的导向部位及减压环带与阀座孔的圆柱度误差，皆不大于 0.001～0.0015mm，配合间隙为 0.0015～0.008mm。

(1) 出油阀的主要失效形式：出油阀偶件的主要失效形式也是磨损。对于出油阀芯而言，长期使用后会在密封锥面、减压环带、导向部等几个部位产生磨损。其中以密封锥面、减压环带的磨损较为严重，如图 9.23 所示。密封锥面磨损后一方面形成许多沿锥面母线方向的细微条纹，另一方面会产生大于 0.05mm 深度的凹痕。减压环带磨损后形成上大下小的锥形，并在整个环带上形成许多纵向沟纹。导向部位的磨损主要发生在上部，呈上小下大的锥形。

对于出油阀座而言，其磨损主要发生在密封锥面和导向孔两个部位。密封锥面磨损后宽度加大，并产生很多不规则沿锥面母线方向的划痕和显微斑点。导向孔磨损主要发生在上部，尤其是与减压环带配合的区域较为严重，且形成纵向条纹。

(2) 出油阀磨损对喷油泵性能的影响：破坏了喷油泵正常的供油规律，使喷油泵供油提前、断油不干脆，并且容易发生喷油器滴漏和二次喷射等不正常现象；使循环供油量发生变化：实验证明，当减压环带与导向孔的配合间隙增加到0.5mm时，柴油机标定转速时的循环供油量可增加约25%以上；如果减压环带和密封锥面的磨损都很严重时，会使高压油管剩余压力低于正常值，反而使循环供油量减少；各分泵供油不均匀性增加：由于各分泵出油阀偶件的磨损程度不一致，造成各分泵供油量的变化不同，使喷油泵的供油量不均匀性增加。

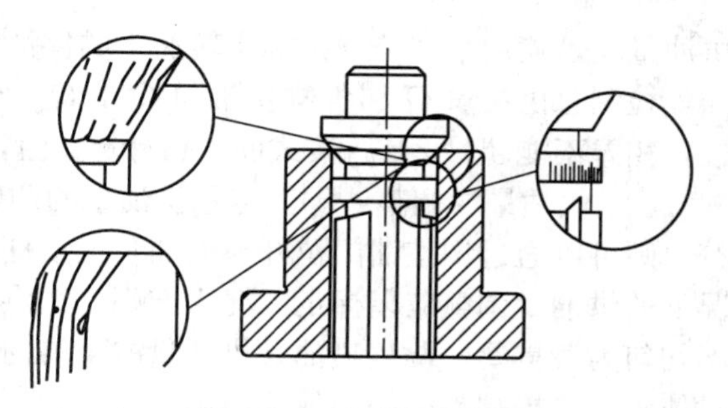

图9.23 出油阀的磨损

(3) 出油阀副的检测

如图9.24所示，将出油阀座3装入专用夹具体2中，并安上喷油器试验仪的高压油管。放松高压油管接头螺钉1使出油阀芯落在阀座上，以检测密封锥面的密封性，其检测标准为当油压从25MPa降至9MPa所经历的时间应不小于60s。然后旋进调节螺钉，使出油阀芯顶起0.3～0.5mm，以检验减压环带与导向孔之间的密封性，其检测标准为当油压从25MPa降低至9MPa所经历的时间应不小于2s。同一喷油泵的出油阀偶件的密封性应基本一致。

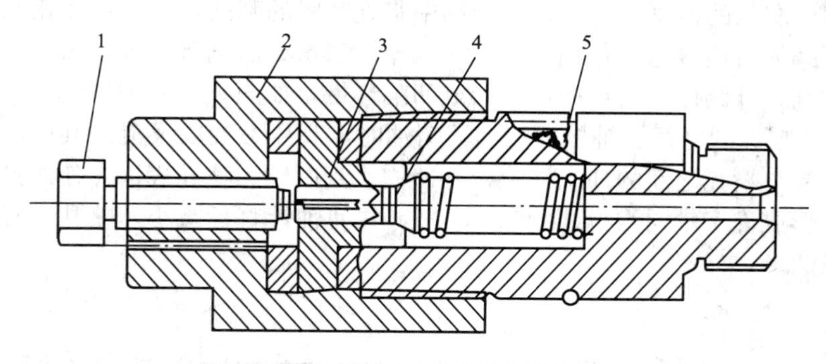

图9.24 出油阀密封性的检测

1—高压油管接头；2—夹具体；3—出油阀座；4—出油阀；5—压紧弹簧

3. 供油量均匀性的检测和调整

(1) 供油不均匀度δ的测定：各分泵的供油不均匀度δ可用下式计算。

$$\delta=\frac{Q_{max}-Q_{min}}{Q_m} \tag{9-1}$$

式中，Q_{max}、Q_{min}、Q_m分别为各分泵中最大、最小、平均供油量，一般要求$\delta<3\%$。

(2) 标定供油量的测定：由于工程建设机械柴油机经常在标定工况下运转，因此标定供油量及其不均匀度对其动力性和燃料使用经济性影响最大。将被测喷油泵安装在油泵试验台上，每个喷油器下都接上带刻度的量筒，调整器操纵手柄推至最大供油位置，此时的供油量就是喷油泵在柴油机标定转速下的供油量。

检测总供油量 Q 和各缸供油量 Q_1，Q_2，…，Q_n，拿 Q 与技术规格要求的供油量比较，相差不能超过2%；按式(9-1)计算 δ 值，应小于0.03。

(3) 供油量的调整：①额定总供油量的调整：如果标定转速下的总供油量 Q 与标准不符，则可以通过调整油门拉杆与喷油泵连接杆的相对位置来增大或减小总供油量，其他工况下的供油量调整应以标定工况为准则。②供油量不均匀度的调整：该项以额定转速供油不均匀为最重要。调整喷油泵供油量的不均匀度可以调节拉杆与拨叉(或齿杆与齿圈)的相对位置，前提是首先必须保证齿圈与控制套筒的相互安装位置要正确；对于怠速供油量不均匀度的调整，可在额定转速供油量及其不均匀度调整合适后，再进行调整。

9.3.3 喷油器的检修

喷油器是柴油机燃油供给系的关键性部件之一，其技术状况的好坏对柴油机的性能和工作可靠性有着直接的影响。喷油器的工作条件十分恶劣：喷油器的头部伸入燃烧室内，处于高温、高压和燃烧产物腐蚀的条件下；针阀芯与针阀体之间进行着相对的高速运动，以及频繁的冲击；高速流动的燃油对喷孔的冲刷作用等，使喷油器在使用中容易发生各种故障。因此在维护及修理喷油器时主要解决的是喷油嘴偶件的磨损及其他故障。

1. 喷油器的主要失效

(1) 密封锥面的磨损：喷油器在工作中由于高压燃油与弹簧的作用，针阀芯高速、频繁地往复运动，且针阀芯及针阀体的密封锥面相互冲击，产生塑性挤压变形及疲劳剥落。此外，由于高压燃油的冲刷作用，以及燃油中坚硬磨料的刮削作用，都使密封锥面产生磨损。密封锥面磨损后使接触环带由正常的0.2～0.25mm加宽到0.5～1mm，表面形成沟纹、麻点和凹坑，针阀体密封锥面还会形成凹陷环带，如图9.25(a)所示。

(2) 轴针与喷孔的磨损：轴针式喷油器喷油时，高压燃油以及混入其中的杂质以很高的速度通过轴针与喷孔之间的环状缝隙，并冲刷、刮削轴和喷孔表面，使之产生冲刷磨损和磨料磨损，形成许多轴向沟痕(图9.25(b))，并使轴针直径减小，喷孔直径增大，且破坏了喷孔的正圆形。

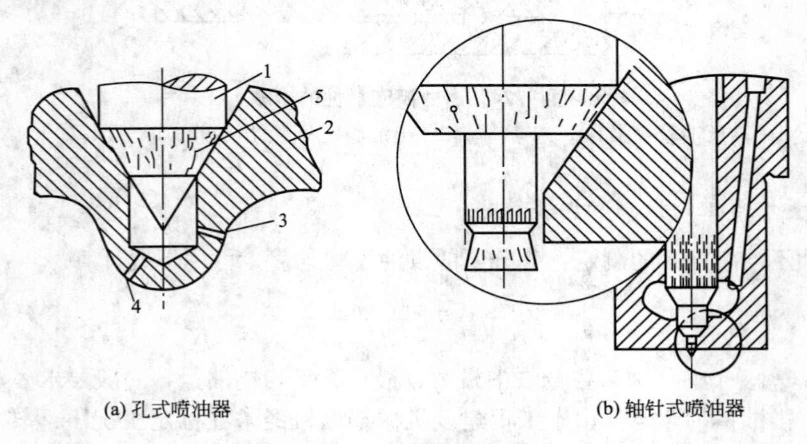

(a) 孔式喷油器　　(b) 轴针式喷油器

图9.25　针阀偶件的磨损

1—针阀；2—密封锥面；3、4—喷孔

(3) 针阀芯与针阀体的导向面磨损：针阀偶件导向面工作时主要产生摩擦磨损，如果燃油中有杂质，将使该磨损加重。磨料首先作用于导向面的下方，所以导向面下方磨损严重，使针阀芯形成下小上大的锥形，针阀体形成下大上小的锥形，并产生纵向细小条纹。

2. 喷油器的检修

(1) 喷油器的密封性检测：按照图 9.26 所示的方法将喷油器 10 安装在试验台上，均匀缓慢地用手柄 5 压油，同时旋进喷油器的调压螺钉，直至喷油器在 23～25MPa 压力下喷油时停止压油。观察压力表 6 指针的转动，记录油压自 25MPa 下降到 18MPa 所经历的时间。

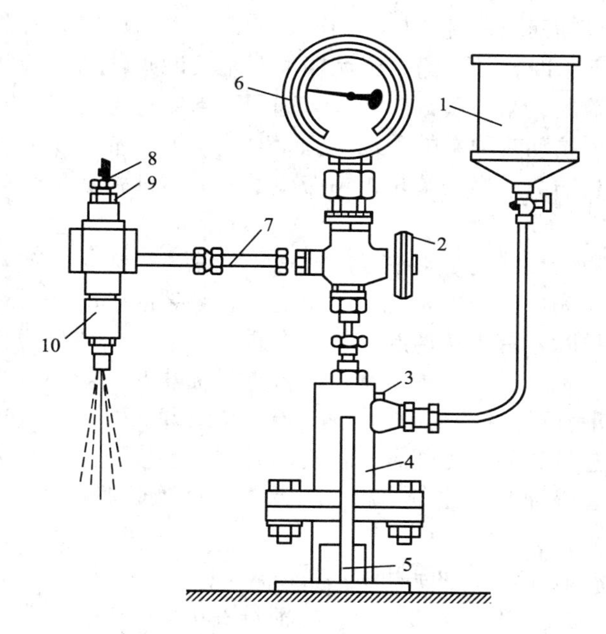

图 9.26 喷油器的检测

1—储油罐；2—开关；3—放气螺钉；4—高压泵；5—手柄；6—压力表；
7—高压油管；8—调节螺钉；9—锁止螺母；10—喷油器

如果所经历的时间少于 9s，则可能是由于油管接头处漏油、喷油器体与针阀体接触平面贴合不严、密封锥面或导向面磨损等原因而漏油。

排出油管接头处漏油和喷油器体与针阀体接触平面贴合不严的故障后，仍密封不严，则需更换喷油嘴。

(2) 喷油压力检测：检测时缓慢均匀地用手柄压油，喷油器刚开始喷油时压力表所指示的最高压力即为喷油压力。若不符合规定，应进行调整：旋入喷油器调压螺钉使喷油压力提高，反之喷油压力降低。同一台柴油机各缸喷油器的喷油压力误差不应大于 0.25MPa。

(3) 喷雾质量检测：检测时以 60～75 次/min 的速度压动手柄，使喷油器喷油，喷雾质量应符合如下要求。

喷出的燃油应呈均匀、细小的雾状，没有明显的油滴和油流；喷射时应伴有清脆的响声；喷射前后不允许有滴油现象，经多次喷油后喷孔附近应干燥或稍有湿润。

9.3.4 柴油供给系统常见故障的排除

1. 柴油机起动困难

(1) 无起动迹象且排气管不冒烟：首先判断故障是出自低压油路还是高压油路：将喷油泵放气螺钉松开，扳动输油泵上的手油泵，观察放气螺钉处是否流油。若不流油或有气泡冒出，表明低压油路有故障；如果流油正常，则说明故障出自高压油路。

低压油路故障的排除：首先检查燃油箱中存油是否足够，开关是否打开，燃油箱盖通气孔是否堵塞。若正常可扳动输油泵的手油泵作进一步检查：若拉动手油泵拉钮时明显感到有吸力、松手后又自动回位，说明燃油箱至输油泵的油路堵塞；若拉出手油泵拉钮时感觉不到有吸力，但压下去时比较费力，说明输油泵至喷油泵的油路堵塞，可检查柴油滤清器是否堵塞。在寒冷地区、季节里，柴油牌号选用不当或油中有水，容易造成析蜡或结冰而堵塞油管。如果上下拉动输油泵的手油泵拉钮时，均无正常的吸油与泵油的阻力，则说明手油泵失效，应检查输油泵出油阀是否粘滞或不密封，其弹簧是否折断或活塞、密封胶圈是否损坏。

低压油路故障的另一种情况是喷油泵放气螺栓处流出泡沫状柴油，而且长时间扳动输油泵的手油泵也不能排完，其原因是燃油箱内上油管破裂或松动，可对症排除。

高压油路故障的排除：首先接通起动机，查看喷油泵输入轴是否转动，联轴器是否连接可靠。若喷油泵输入轴不转或转得太慢，应检查联轴器有无断裂，半圆键是否完好。然后检查高压油管有无漏油(漏油会使喷油量减少)，排除漏油故障后应当旋松各缸高压油管接头进行排气。若上述均正常，可在柴油机转动时用手触摸各缸高压油管，若感到喷油有“脉动”，说明故障不在喷油泵而在喷油器；若无“脉动”或“脉动”微弱，说明故障在喷油泵。

然后按下述步骤检查排除喷油泵和喷油器故障。

第一步，接通起动机，观察喷油泵的凸轮轴是否转动，否则说明凸轮轴已断裂；

第二步，检查供油齿杆(供油拉杆)是否处于不供油位置；

第三步，检查供油调节叉或扇形齿圈的固定螺钉是否松动，调节臂有无脱出，供油齿杆(供油拉杆)是否卡滞及其行程能否达到规定值，柱塞在柱塞套内是否卡滞；

第四步，拆下高压油管，扳动输油泵的手油泵，观察出油阀是否密封。若出油阀溢油，说明出油阀密封不良或其弹簧折断；如果出油阀不溢油，则检查高压油管中有无空气；

第五步，用螺丝刀撬动柱塞弹簧座作泵油检查，若出油阀处有气泡出现，说明高压油管中有空气，否则高压油管中无渗入空气；

第六步，检查喷油器有无故障时可将喷油器从气缸上拆下并接上高压油管，然后用螺丝刀撬动柱塞弹簧座，观察其喷油情况。如果雾化良好又不滴油，说明无故障。否则应解体检查喷油器针阀是否卡滞，喷孔是否堵塞以及弹簧弹力等。

(2) 起动时排气管排出大量白烟：柴油机若在低温(特别是冬季)起动时排气管排出白烟，但在温度升高后排气正常，这是正常现象。

但是，接通起动机后柴油机不易起动，即使起动，排气管排出像水蒸气般的白色烟雾，随后柴油机便慢慢地熄火，或是即使热车后一直有白烟冒出，一般是水蒸气所致。其原因和排除方法如下：油中含水，更换规定标号和质量的燃油；气缸垫破损或气缸盖螺栓松动而使冷却水进入燃烧室，更换缸垫，拧紧螺栓；气缸体或气缸盖的冷却水套破裂，焊补或堵漏。

(3) 起动时排气管排出大量黑烟：柴油机起动困难的同时，其排气管还大量冒黑烟。其主要原因有：喷油泵联轴器上的固定螺钉松动，或喷油提前角过大；喷油泵有故障，如柱塞偶件严重磨损，滚轮或凸轮磨损过大，滚轮体上的调整螺钉松动等；喷油器有故障，如针阀芯卡住而不能关闭、针阀密封不严、喷油压力调整螺钉松动而使喷油压力过低等；喷油量过大；气缸压缩压力偏低；空气滤清器或进气道堵塞等。

针对上述可能出现的原因，首先检查柴油机进、排气道是否通畅，如空气滤清器有无堵塞，进气管是否凹瘪，排气制动阀是否开启等。若柴油机有敲击声并冒黑烟，说明喷油过早，应重新调整喷油提前角。通常这种情况是由于喷油泵联轴器螺栓松动、半圆键损坏或从动凸缘盘错位所致。此后应检查喷油器喷油雾化情况，若不正常应拆检、查看其针阀芯是否卡滞，针阀是否密封，调压弹簧是否过软或断裂，喷油器座孔密封垫是否有积炭或损坏等。最后，若燃油供给系工作均正常，柴油机不能起动且冒黑烟，应检查柴油机气缸的压缩压力。

2. 柴油机冒蓝烟

(1) 现象：若机油大量地窜入燃烧室并被汽化，排气便带蓝烟。蓝烟实际上是机油蒸气的再凝结。有时，柴油机在冷起动或低负荷时冒蓝烟，但暖机或负荷增大后便消失，这往往是由于机油蒸气被烧掉，当烧的不完全时还会冒黑烟(产生游离碳)。

(2) 后果：窜机油冒蓝烟的后果，是机油消耗量迅速上升，并产生大量的积炭和其他燃烧产物，使喷油器、活塞环的工作性能变坏，加速活塞环、气缸套等零件的磨损，应尽量避免。

(3) 原因如下。

① 柴油机磨合不良。试验表明，新的或大修后的柴油机一般需磨合 30～40h 才能达到良好的技术状况。未经良好磨合而直接带正常负荷工作是冒蓝烟的最常见原因；

② 活塞环、气缸套内表面粗糙度、椭圆度、锥度及配合间隙不符合要求，或由于连杆弯曲、主轴孔与气缸套不垂直而使活塞偏磨，也引起窜油冒蓝烟；

③ 柴油机长期在低负荷下工作(负荷小于 30%～50%)，气缸内压力低；

④ 油底壳内机油过多，机油压力过高，粘度太小，活塞环磨损及失去弹性或活塞与气缸套间隙过大，油浴式空气滤清器的油盘内加油过多等；

⑤ 带有倒角的活塞环或扭曲环将方向装错，反向将机油泵入燃烧室。

3. 柴油机动力不足

常见的柴油机动力不足表现为：运转均匀，但无高速且排烟少；运转不均匀，排气有大量白烟；运转不均匀，排气冒黑烟并有敲击声；柴油机有规律的忽快忽慢等。

(1) 柴油机运转均匀，无高速且排烟少：该故障表现为柴油机运转均匀、排烟少，急加速时转速提不高，排气有少量黑烟。其主要原因有：加速踏板及其拉杆的行程不能保证供给最大供油量；调速器的调速弹簧过软、折断或由于调整不当，使喷油泵不能保证供给最大供油量；喷油泵出油阀密封不良；喷油泵柱塞副磨损严重、粘滞或柱塞弹簧折断；喷油泵滚轮体粘滞、滚轮或凸轮磨损严重；喷油器泄漏，使喷油量减少；输油泵、油管堵塞等原因使其泵油量不足；空气滤清器、排气消声器堵塞；柴油粘度过大；油路中有空气等。

上述种种原因归结到一点：因达不到最大供油量，使柴油机转速不能提高。针对上述可能出现的原因，应先排除燃料供给系中的空气。然后检查加速踏板及其拉杆的行程，即将加速踏板踩到底，用手扳动调速器操纵手柄，如果还能向加油方向推动，说明加速踏板及其拉杆不能使喷油泵达到最大供油量，应予以调整：检查调速器高速限制螺钉和最大供油量限制螺钉。两个螺钉向增加供油方向旋进时感到柴油机有力(即柴油机转速变化灵敏)，说明此为症结所在。应调整供油量，直到急加速时排气管冒出少量黑烟为宜。

(2) 柴油机运转不均匀，排气管冒白烟：该故障表现为柴油机动力不足，运转不均匀并排出大量白烟。这又分排灰白色的烟雾、排水蒸气白烟、柴油机刚起动时排白烟而温度升高后变成排黑烟等 3 种情况。其主要原因有：喷油过迟；气缸水道孔破裂；气缸破裂；气缸压缩压力过低，柴油内有水等。

柴油机不但高速运转不均匀、加速不灵敏，而且温度容易过高，一般是由喷油过迟引起的。如果是新装配的柴油机，则可能是因为装配不当。如果突然发生上述故障，一般是因为喷油泵联轴器螺栓松动或柴油机装配不当所致。

如果排气管排出水蒸气烟雾时，应先检查是否油中有水。然后检查是否冷却水进入气缸，此时可采用单缸断油法检查喷油器上有无水迹。最后查明进水原因是气缸垫破损还是气缸体或气缸盖破裂。

柴油机刚起动时排白烟，温度升高后又冒黑烟，此时柴油机温度偏低，虽尚能起动，但许多柴油挥发成蒸气，未能参加燃烧便排出，所以呈白烟。待柴油机温度升高后，虽然柴油燃烧条件有所改善，但仍有部分柴油仅裂解成炭而没有完全燃烧，所以呈黑烟排出。

(3) 柴油机运转不均匀，排气管冒黑烟：此时柴油机动力不足，运转不稳定并排出黑烟，加速时有敲击声。其主要原因如下。

① 喷油泵有故障，如出油阀因磨损而密封不严，或出油阀芯回位弹簧折断；个别分泵的柱塞卡住或柱塞弹簧折断；个别分泵的扇形齿圈紧固螺钉松动；少数凸轮或滚轮磨损严重；滚轮体调整螺钉调整不当或松动等。

② 喷油器有故障，如针阀芯卡住而不能关闭；针阀不密封；调压弹簧弹力降低或折断；密封垫积炭。

③ 气缸压缩压力过低等。

柴油机发生该故障时，针对上述可能出现的原因，可首先进行逐缸断油检验。当某缸断油时，若柴油机转速显著降低、黑烟减少、敲击声音变弱或消失，说明该缸喷油量过多；若柴油机转速无变化或变化甚小，则说明该缸喷油量过少；若柴油机转速变化小而排黑烟现象消失，说明该缸喷油器喷雾质量差。找出有故障的气缸后，再进一步查明故障原因，如该缸喷油泵柱塞副情况；扇形齿圈紧固螺钉有无松动；柱塞弹簧有无断裂等。若均正常，可拆检该缸的喷油器，必要时可换装新喷油器进行对比试验，以判断喷油器状况，上述方法仍不能排除故障时，应检测各缸喷油提前角是否一致，调整到黑烟和敲击声均减轻为止。

如果以上各项均无问题，应对气缸测试压缩压力，以判断是否因气缸、活塞、活塞环等磨损而漏气或气门密封不良而导致故障。

(4) 柴油机游车：柴油机动力不足的同时，还伴随着有规律的忽快忽慢和转速提不高。其主要原因如下。

① 调速器有故障，如调速器外壳的孔、喷油泵凸轮轴轴承盖板孔、飞块销孔及座架等因磨损而松旷；飞块过重或收缩与张开的距离不一致；润滑油不足或太脏；调速弹簧变形或断裂等。

② 喷油泵有故障，如供油齿杆(或拉杆)卡滞；柱塞套安装不正，使供油齿杆(或拉杆)不能移动自如；调节臂或扇形齿圈变形或松动，使供油齿杆(或拉杆)运动不正常；凸轮轴轴向间隙、供油齿杆与扇形齿圈的间隙过大；供油齿杆(或拉杆)的销子松旷等。

③ 个别气缸喷油器的针阀卡死等。

针对上述可能出现的原因，首先拆下喷油泵侧盖，检测供油拉杆(或齿杆)的松紧度。即用手指轻轻捏住供油拉杆(或齿杆)并使其移动，若移动受阻，则可能是杆与孔配合过紧、杆变形或拉伤或被异物卡住。要求供油拉杆(或齿杆)在倾斜45°时能自行滑动。如果供油拉杆(或齿杆)只能在很小范围内移动，应找出阻滞点，方法是将供油拉杆(或齿杆)与调速器拉杆拆开，若这时供油拉杆(或齿杆)滑动自如，说明阻力在调速器内部，具体原因可能缺少润滑油，润滑油太脏，或各连接点过紧，飞块的收缩与张开不灵活，滑套阻力太大等。

4. 柴油机超速

(1) 超速现象：柴油机的转速超过最高空转转速并失去控制、伴随着巨大响声的现象，称为柴油机超速(俗称“飞车”)。

(2) 主要原因：一是喷油泵调速器有故障而失去了正常的调速性能，其特征是喷油泵调速器及其操纵部分有卡滞、松旷等不正常现象；二是柴油机运转过程中有额外的柴油或机油进入燃烧室参与燃烧；三是燃烧机油所引起。

(3) 超速处置措施：柴油机超速是非常危险的，将会造成严重的恶性事故，因此必须及时、果断、迅速地采取措施予以制止，如迅速收回加速踏板至熄火位置；供油拉杆(或齿杆)外露的喷油泵，可迅速将供油拉杆(或齿杆)拉回到停止供油位置；将减压装置的操纵手柄置于减压位置；挂挡并制动，迫使柴油机熄火；切断油路，停止向气缸供油；堵塞进气系统等。

9.4 柴油机冷却系统的检修

柴油机冷却系的作用是将由于燃料燃烧所产生的、除转化为机械能之外的、传给零部件(特别是高温零件)本身的热量及时散发掉，以维持其正常的工作温度，避免零件的刚度、强度下降，避免零件的正常配合间隙被破坏、摩擦和磨损加剧，减缓机油粘度变化、润滑性能变差的速度，避免柴油机的充气效果降低、动力性和燃料使用经济性下降等。

9.4.1 水冷却系主要部件的失效及原因分析

1. 水泵

(1) 水泵漏水：此故障多是从泄水孔处向外泄漏，使发动机缺水而过热。从泄水孔漏水说明水封有故障。对于用填料(石棉绳等)进行封水的水泵，产生漏水可能是填料与轴颈磨损所致；对于用胶木封水圈封水的水泵，则是由于夹布胶木封水圈与座产生磨损，以及橡胶密封件缺陷，如橡胶破裂、弹簧折断或变软等所致。

(2) 叶轮与泵壳的磨损：使叶轮与泵壳间的配合间隙增大，造成水泵的泵水量下降，冷却效果变差。叶轮与泵壳的磨损主要是由于其间夹有水垢等磨料磨损，冷却水流动时的冲刷和锈蚀的结果。

(3) 水泵轴及轴承孔的磨损：对于滑动配合的水泵来讲，长期使用后因磨损使水泵轴承与轴的配合间隙增大，造成叶轮及轴晃动，轻者影响泵水量，重者会导致叶轮与泵壳擦伤甚至打坏叶轮。此外，有时水泵轴与轴承会发生卡死现象，这主要是水封螺母旋得过紧而造成轴与轴承发热所致。对于大多数装有滚动轴承的水泵轴，除了轴承内圈松动及轴承缺油外，一般不会产生严重的磨损。

2. 散热器

(1) 散热器漏水：这是散热器最常见的故障。除机械损伤外，漏水多发生在散热器的四角及水管焊接处，这主要是由于振动、腐蚀等致使焊缝开裂。此外，放水阀关闭不严或失效也会引起散热器漏水。

(2) 水垢沉积过厚：经常使用未经软化处理的冷却水，散热器内沉积了过多的水垢，使其散热不良，导致发动机过热而影响其正常工作。

(3) 散热芯翅片串动、变形，水管压扁、弯折等使散热器散热不良和水流不畅，影响散热器工作效果。此多是机械损伤所致，如被风扇叶片打坏、拆装时碰伤等。

3. 节温器

节温器的主要失效形式是不能按照规定温度及时开启和关闭，以及开启高度不够、关闭不严和常开不关等。其主要原因是漏液、磨损或结垢。节温器失效后会造成发动机过热或过冷。

9.4.2 水冷系统常见故障及其排除

1. 泄漏

(1) 散热器泄漏：利用铜焊或铝焊进行焊接；

(2) 管道漏水：紧固接头或更换水管；

(3) 气缸垫损坏：更换；

(4) 水堵漏水：从新敲紧；

(5) 内漏：焊修或更换密封圈；

(6) 缸体、缸盖裂纹：焊修或粘修。

2. 发动机温度过高

(1) 冷却系严重缺水：检查水位，排除泄漏故障，将冷却水添加至正常水位。

(2) 百叶窗关闭或开度不足：打开百叶窗至最大开度，必要时，撤去百叶窗；

(3) 风扇皮带松弛或因油污而打滑：检查皮带的松紧度并调整至规定值，调整风扇皮带松紧度的方法是用大拇指以一定压力(40N 左右)压下皮带，测量其挠度(下垂量大约在9～15cm 为合格)，如图 9.27 所示；

(4) 散热器出水管被水泵吸瘪或被内壁停车所堵塞：清楚沉积物，修复或更换出水管；

(5) 水套内水垢沉积过多而堵塞水流流通面积：对于经常使用硬水的发动机，每隔一段时间就要定期清除内部水垢；冷却系常用的清理水垢的方法有以下几种：一是将散热器浸入 4%左右的碳酸钠水溶液中加热至 80～90℃，在浸泡 5～8h 后取出，再用清洁的温水冲洗；二是将散热器浸入 13%左右的苛性钠水溶液中，加热至 80～90℃，浸泡 30min 后取出，然后用清洁的温水冲洗；三是对于积垢严重的散热器可使用 4%左右的盐酸水溶液，并按每升溶液加入 3～5g 六亚甲基四胺的比例将六亚甲基四胺加入盐酸水溶液，然后加热至 80～90℃，浸泡约 30min 后，再用热碱水清洗，最后再用清洁的温水冲洗；

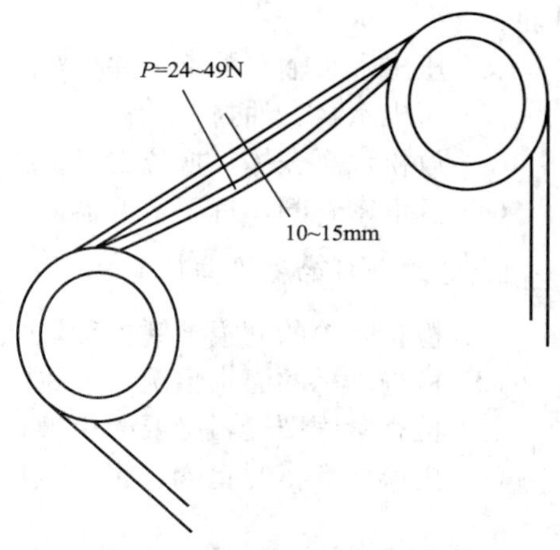

图 9.27 风扇皮带松紧度的检查

(6) 风扇叶片角度不当：重新安装风扇叶片，或对其整形或矫正；

(7) 散热器散热片变形、移串和并拢的个数过多或水管弯折、堵塞：检查修复变形或窜动的叶片，必要时更换；

(8) 发动机、散热器外部尘土过多，散热芯外部堵塞：冲洗、清理发动机、散热器外部尘垢；

(9) 散热器盖的空气蒸汽阀失效：将散热器盖旋装在测试器上，用手推测试器，直至蒸汽阀打开为止。蒸汽阀应在压力 0.026～0.037MPa 时打开，若压力低于 0.026MPa 时打开，应更换散热器盖。

(10) 风扇皮带断裂：应首先检查电流表工作情况，若加大油门时电流表不指示充电，且指针只是由 3～5 间歇摆回“0”位，说明风扇皮带断裂。此时，必须更换。

(11) 水泵轴与叶轮松脱或水泵皮带轮与水泵轴松脱：上述方法中，如果电流表指示充电，则应让发动机熄火，用手抚摸散热器和发动机，若发动机温度过高而散热器温度低，说明水泵轴与叶轮松脱，或水泵皮带轮与水泵轴松脱，使冷却水循环中断。将其紧固安装即可。

(12) 节温器主阀门开启失效，使冷却水大循环工作不良：用温度可调式恒温加热设备检查节温器主阀门的开启温度、全开温度及升程，其中有一项不符合规定值，则应更换节温器。

9.4.3 水泵的修理

1. 水泵的拆分

(1) 把水泵从发动机上拆下后，将其壳体夹紧固定在夹具中或台虎钳上；

(2) 拧松 V 形带轮紧固螺栓，拆下 V 形带轮；

(3) 分解前盖与泵壳，但注意分 2～3 次，交叉、对称地拧松紧固螺栓；

(4) 用拔轮器拆下 V 形带轮凸缘，然后再用拔轮器拆下水泵叶轮，注意防止损坏叶轮；

(5) 压出水泵轴和轴承，并分解水泵轴与轴承；

(6) 压出水封、油封；

(7) 放松水泵壳体，换位夹紧，拆下进水口接头的紧固螺栓，取下接管；

(8) 拆下密封圈，拆下节温器。

2. 各零部件的检查与修复

(1) 检查叶轮的磨损、锈蚀和气蚀情况，严重时更换，否则清理后装复使用；

(2) 检查轴承的磨损情况，严重时更换，否则涂抹润滑脂后装复使用；

(3) 检查紧固螺栓，必要时更换；

(4) 更换所有密封垫圈、密封垫片。

9.5 柴油机润滑系统的检修

润滑系工作正常时不仅有利于减少零件的磨损，延长其使用寿命，而且有助于提高柴油机的机械效率。但是，润滑系发生故障时不仅使零件的磨损加剧，甚至导致柴油机的损坏。

9.5.1 润滑系统主要零部件的失效

1. 机油泵

(1) 机油泵的失效形式及其原因分析：一是齿轮的端面、外圆、内孔或衬套及齿面磨损，与齿轮端面接触的端盖磨损，与齿轮轴孔相配合的销轴磨损。这些部位磨损的结果使机油泵齿轮的端面间隙、齿侧间隙、齿顶间隙、轴与孔的配合间隙增大，使机油泵工作时高压油腔的机油通过增大的间隙向低压油腔回流，即过大的内泄漏造成机油泵的泵油压力和流量下降。二是限压阀芯与阀座磨损，弹簧弹力减弱。机油泵限压阀一般设在机油泵上，也可设在机油滤清器上，密封形式有钢球式、锥面式和平面式等。密封面磨损主要是发动机起动和工作时不断地开启、关闭所造成的摩擦磨损和撞击磨损，尤其当机油较脏时磨损更为严重。限压阀磨损后由于阀座接触带变形、加宽、斑痕等致使阀芯与阀座的密封性下降，机油向油底壳回流，造成机油泵的泵油压力降低、泵油量不足。

限压阀弹簧弹力减弱是由于长期使用后弹簧疲劳的结果。弹簧弹力减弱后同样会造成机油泵的泵油压力、泵油量下降。

(2) 机油泵的检测。

机油泵性能试验一般在专用的试验台上进行，其原理如图 9.28 所示。

试验前应检查机油泵的转动灵活性，要求用手转动主动轴时应感到灵活而无任何卡滞现象。机油泵性能的主要指标是在一定转速下的泵油压力、一定转速及泵油压力下的流量以及限压阀的开启压力等。

检测试验中应注意以下几点：一是使机油达到正常的工作温度(一般在 50～90℃)，以符合实际工作环境；二是注意正确连接，防止油中含有空气，实践证明，如果油中有空气进入，会严重影响泵油流量；三是注意被检测机油泵的额定压力和额定流量值，试验结果

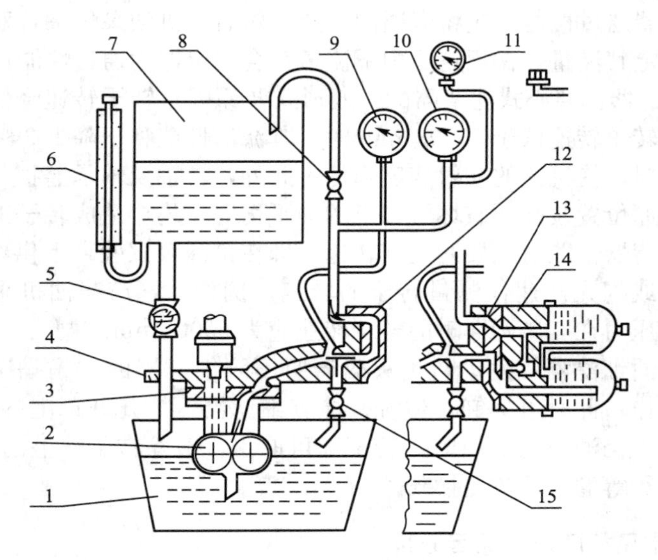

图9.28 机油泵专用试验台油路

1—下油箱；2—被测机油泵；3、13— 附属工具；4—工作台；5、8、15—开关；6— 量筒；7—上油箱；9、10— 油压表；11—被测油压表；12—盖板；14—被测机泵滤清器

应与该值相对比；四是对无法可查的齿轮式机油泵的流量，可按下式计算：

$$Q=0.7\,\frac{\pi Dhbn}{10^6} \tag{9-2}$$

式中，Q为油泵流量，L/min；0.7为漏损系数；D为齿轮分度圆直径，mm；h为齿高，mm；b为齿宽，mm；n为齿轮转速，r/min。

另外，在上述试验中，如果机油泵的检测结果低于规定值，应对机油泵进行适当调整。对于机油泵与限压阀为一体的应将限压阀顶死在关闭位置重新试验。此时若性能良好，则说明限压阀失调、弹簧过软或卡死；若性能仍低于规定值，则应对各间隙进行调整。机油泵各部位间隙对其性能影响大小的顺序为：端面间隙、齿顶与泵壳间隙、啮合间隙、泵轴与孔间隙。

限压阀检测和调整一般在最后进行。如果压力值高于规定值，应在限压阀螺塞的压紧面上加入适当厚度的垫片。使螺塞拧入深度减小；反之，应减少该处的垫片。如果调整仍然无效，则说明限压阀弹簧过软，柱塞或钢球卡住，应予以更换。

2. 机油滤清器

(1) 过滤式机油滤清器：滤芯缝隙为脏物阻塞，其通过性能下降、阻力增加；滤清元件损件，如绕线式铜丝折断，网式铜丝破损，纸质滤纸破漏等，使大量未经过滤的脏油进入主油道；旁通阀芯及阀座磨损、弹簧弹力减弱，使机油在较低压力下部分旁通，从而降低滤清效果。反之，当旁通阀卡住而不能开启时，若滤清器又部分堵塞，将会使流入主油道的机油量减少，容易造成发动机拉缸和烧瓦等事故。

过滤式滤清器的性能检测一般在机油泵试验台上进行，检测项目有3个：一是检测机油滤清器装配的密封性，观察在一定油压下滤清器是否有渗漏现象；二是检测机油滤清器的通过性能；三是检测各阀(旁通阀、溢流阀、安全阀等)的开启压力。

检测机油滤清器通过性能时应将旁通阀堵死，然后由机油泵供油，观察安置在主油道上的压力表，并测定其流量。在规定压力下流量符合规定即为通过性能良好。

(2) 离心式滤清器：离心式滤清器的失效形式及原因是转子转速降低，使滤油性能变差。实验证明，当转子转速低于5000r/min时，其滤清性能将下降1/3～1/2。转子转速降低的原因是喷孔磨损，使机油的喷射速度降低。此外，转轴及轴承磨损使转子产生晃动或拆装转子盖时未按原位置装配而破坏了转子的动平衡等，均会造成转子工作转速降低。

检测离心式滤清器性能时主要测定其转速，即在机油泵试验台上供给滤清器一定压力的机油，用转速表或闪光测速仪测量转子的转速。例如，国产柴油机采用的离心式滤清器，一般要求进油压力在0.4MPa时的转子转速应为5500r/min以上。

(3) 离心式机油细滤器：发动机熄火时若听不到细滤器的“嗡嗡”声，说明转子不转，细滤器停止工作；此时可拆卸、清洗、检查细滤器：拧开外罩上的螺母，取下外罩，将转子转到喷嘴对准挡油板的缺口时，转子即可取出，清除转子壁上的污物并疏通喷嘴；喷孔、转子轴与轴承等磨损后应更换新件。

9.5.2 润滑系统常见故障及其原因分析

1. 机油压力过低

(1) 机油压力始终过低：应先抽出机油尺检查油底壳内机油液面高低(存油量多少)。如果机油量严重不足，在发动机急加速时会出现主轴承、连杆轴承的敲击声。若机油量充足，应检查机油压力表或传感器。拆下机油压力传感器，当短时间起动发动机时，若机油喷出无力，则应检查机油滤清器旁通阀、限压阀、机油进油管、机油泵等。如果传感器良好，再检查机油压力表是否失效。为此可将机油压力传感器的导线拆下，接通电源开关，将导线头与气缸体搭铁，观察机油压力表指针状态，若迅速上升到头，说明机油压力表良好。否则，说明机油压力表失效，或导线接触不良。曲轴主轴承、连杆轴承、凸轮轴轴承等间隙增大，会直接影响机油压力。

(2) 发动机在运转过程中机油压力突然降低：应立即使发动机熄火，检查机油有无严重泄漏。

(3) 发动机起动时机油压力正常，运转一段时间后油压迅速降低：一般是油底壳内机油量不足所致。若机油量充足还是出现这种故障，则可能是机油粘度过小，应抽出机油尺检查，如见水珠或燃油味，说明曲轴箱内渗入冷却水或燃油，在排除渗水故障后更换机油。

(4) 在发动机运转中发现机油压力降至标准值以下时，可直接卸下主油道上的螺塞进行观察，若出油有力，可继续运转，待停车时修复；若出油无力，应立即使发动机停止运转，以防发生严重的机械事故。

2. 机油压力过高

发现机油压力过高时应立即让发动机熄火，并通过分析检查故障发生的原因及部位。

首先检查机油粘度是否过大，其次检查限压阀是否调整不当或弹簧是否过硬，第三，对于新发动机，应检查曲轴主轴承、连杆轴承、凸轮轴轴承等间隙是否过小；第四，若机油压力突然升高，应先检查机油滤清器是否堵塞，旁通阀弹簧是否过硬或压缩过多，或润滑油道堵塞；第五，接通电源开关，机油压力表即有指示，则应检查机油压力表和机油压力传感器是否良好。

3. 机油消耗量过多

(1) 检查有无泄漏：在发动机的主要漏油部位中，应特别注意曲轴前后端是否漏油。曲轴前端漏油常因油封损坏、老化或曲轴皮带轮与油封接触表面磨损严重所致。有时曲轴皮带轮与曲轴的配合间隙过大或键槽配合松旷也会引起漏油，当拆下起动爪后，可明显观察到曲轴皮带轮前端孔内存有机油，此时可在起动爪后端加上垫片或石棉绳。曲轴后端漏油除了油封密封不良的原因外，对无后油封的发动机应检查后主轴承盖回油孔是否过小。然后检查凸轮轴后端油堵是否松动而漏油。

(2) 踩下加速踏板使发动机转速提高时排气管大量排出蓝烟，机油加注口处也有冒蓝烟现象，说明活塞、活塞环、气缸壁等磨损严重，使机油窜入燃烧室而燃烧掉，此时应拆下活塞连杆组进行检查、分析。还应检查活塞环(特别是第一道环)的端隙、背隙和侧隙。若这些间隙过大，便会使活塞环泵油现象加重而促使机油消耗量增加。

发动机大负荷运转时排气管冒出浓重的蓝烟，但机油加油口处并不冒烟，这是因为飞溅到气门室罩内的机油沿气门导管被吸入燃烧室的结果。

(3) 曲轴箱通风不良，使曲轴箱内气体压力和温度升高，这不仅造成机油渗漏，还能将油底壳衬垫等冲破。

(4) 若储气筒放污塞处放出很多机油时，说明空气压缩机活塞、活塞环、气缸壁等磨损严重，使机油从空气压缩机的排气阀进入储气筒内。

9.5.3 机油泵的修理

1. 机油泵的拆卸

(1) 旋松并拆下机油泵壳与发动机机体的连接紧固螺栓，将机油泵及吸油部件(集滤器、吸油管等)一起拆下。

(2) 旋松并拆下吸油管组紧固螺栓，拆下吸油管组，检查并清洗滤网。

(3) 旋松并取下机油泵泵盖螺栓，取下机油泵盖组，检查泵盖上的限压阀(旁通阀)。观察泵盖接合面的磨损情况。

(4) 分解主从动齿轮，再分解齿轮和齿轮轴。

2. 机油泵的检修

(1) 检查齿轮啮合间隙：检查时，将机油泵盖拆下，用厚薄规在互成120度角三个位置处测量机油泵主、从动齿轮的啮合间隙(图9.29)。新机油泵齿轮啮合间隙为0.05mm，磨损极限值为0.20mm。

(2) 检查机油泵主从动齿轮与机油泵盖接合面的间隙：主从动齿轮与机油泵盖接合面间隙的检查方法如图9.30所示，正常间隙应为0.05mm，磨损极限值为0.15m。

(3) 检查机油泵主动轴的弯曲度：将机油泵主动轴支承在V形架上，用百分表检查弯曲度。如果弯曲度超过0.03mm，则应对其进行校正或更换。

(4) 检查限压阀：检查限压阀弹簧有无损伤、弹力是否减弱，必要时予以更换。检查限压阀配合是否良好、油道是否堵塞、滑动表面有无损伤，必要时更换限压阀。机油泵的安装与拆卸顺序相反。但安装时应更换垫片，注意各螺栓的拧紧力矩。

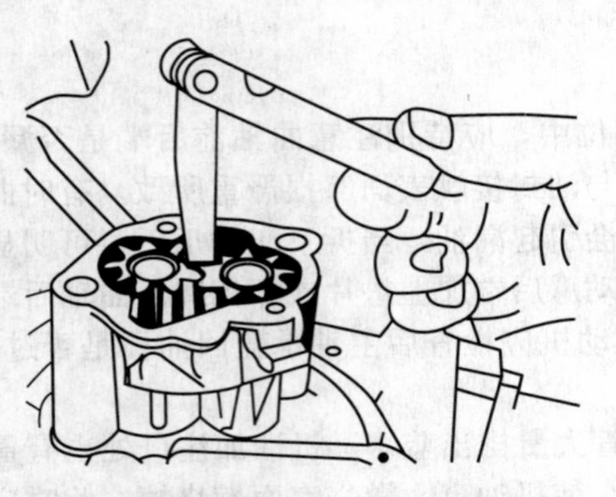

图 9.29 机油泵齿轮啮合间隙的检查

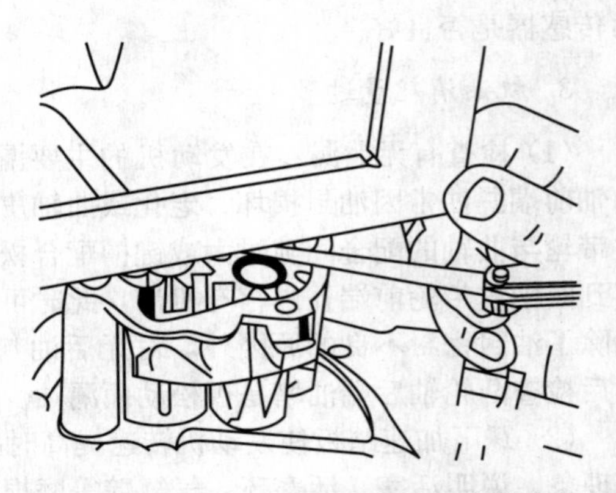

图 9.30 机油泵主从动齿轮端间隙的检查

3. 机油泵的安装与试验

机油泵装车后，通过压力表观察润滑油压力。在发动机温度正常的情况下，怠速运转时汽油机润滑油压力不应低于 0.2MPa，柴油机不低于 0.4MPa；当发动机高速运转时，汽油机润滑油压力不应大于 0.41MPa，柴油机不高于 0.65MPa。如不符合标准，应调整限压阀，可在限压阀弹簧的一端加减调整垫圈的厚度，使机油压力达到规定值。

9.6 工程机械电器设备的检修

9.6.1 蓄电池的检修

铅蓄电池是工程机械上重要的电源设备之一，它的技术状况好坏，对工程机械的用电设备工作可靠性影响很大。如果铅蓄电池发生故障，会使用电设备工作质量下降。铅蓄电池常见故障有外部故障和内部故障。铅蓄电池外部故障系指壳体或盖板裂纹、封口胶干裂、极柱松动或腐蚀等；内部有极板硫化、活性物质脱落、极板短路、自行放电、极板拱曲等故障。

1. 铅蓄电池壳体破裂

蓄电池外壳破裂一般明显易见，如果有内隔壁等处不易发现的隐蔽裂纹，可将极板抽出并倒出电解液，将壳体擦干，然后向怀疑的空格内灌满电解液用小锤轻击，观察渗漏情况便可查明故障部位。

若蓄电池壳体隔壁破裂，应更换新品，若外表部分或盖板有裂纹在途中无更换条件时，可用万能胶水或沥青临时粘补。

2. 铅蓄电池硫化

(1) 现象：铅蓄电池硫化是指蓄电池在充电不足的情况下长期放置不用，极板表面逐渐生成一层很硬的呈粗大晶粒的霜渍状硫酸铅，充电时它难以溶解，严重影响蓄电池充放电，这种现象称为蓄电池硫化。

(2) 蓄电池硫化的原因：放电后的蓄电池若不及时充电，当温度升高时，极板上一部分硫酸铅溶解于电解液中；当温度低时，硫酸铅的溶解度随温度降低而减小，部分硫酸铅再度结晶成为粗粒晶体粘附在极板上，形成硫酸铅，简称硫化。放置时间越长，温度变化次数越多，粗粒结晶层越厚，硫化越严重。

(3) 硫化的排除：蓄电池轻度硫化时，应进行充电放电锻炼，即反复多次快速充放电。每次充电前将原电解液倒出，灌入蒸馏水进行充电，充电时应随时检查密度上升情况。若密度上升，应再换蒸馏水，直到密度上升得不明显时为止，再将蒸馏水倒出换电解液，进行最后一次充电至规定电压即可。

也可以使用相应型号的蓄电池修复仪，对蓄电池进行修复。新型智能蓄电池修复仪利用微电脑控制模块自动跟踪，发出正负离子，对电池极板和硫化物质智能地发射正负离子束，同时自动检测每块电瓶的内阻、硫酸盐结晶颗粒大小、结晶程度，消除硫化和结晶，并促使大型结晶颗粒溶解；同时，还可以自动调节 $\alpha-PbO_2$ 和 $\beta-PbO_2$ 的比例达到 1∶1.25，使蓄电池的极板在机械强度和充放电性能方面都表现出良好的性能；此外，修复仪还有正负离子吸附作用，能够让脱离的活性物质自动恢复：修复后期，微控模块自动发出正负离子电，脱离活性物质带负电，正极板带正电，异电相吸，活性物质自动吸附归位。

当蓄电池硫化严重，不易修复时，应予以报废。

3. 铅蓄电池自行放电

(1) 现象：充足电的蓄电池，停放一昼夜后，其容量下降超过 2%时，就是故障性的自行放电。

(2) 原因分析：蓄电池内混入了有害的杂质，如铜、铁等，铜杂质附在负极板上与铅构成了一个小电池。铜为正极，铅为负极，电流就会由正极到负极，再经过电解液回到正极，构成闭合电路而自行放电。蓄电池表面有电解液，构成正负极柱之间电路而自行放电。用电设备放电：停机时没有关掉总开关，当用电设备的开关忘记关闭或有短路时便自行放电。

(3) 诊断：诊断时，应先大致查明故障所在部位以缩小怀疑范围。其方法是：将蓄电池极柱上任一线卡安装或拆下时，注意观察有无火花出现，若有火花出现，表明总开关未关，同时用电设备也有短路，应进而查明用电设备电路的故障所在并对症的排除；如果安装线卡时无火花出现，表明在蓄电池内部有短路故障，应进而查明并予以排除。

9.6.2 起动机的检修

起动机的作用是将电能变为机械能，带动曲轴旋转使发动机起动。一般起动机由直流电动机、单向离合器及电磁开关等组成。其特点是体积小、转矩大、常用电流大(600～900A)，每次起动时间不宜过长。

1. 起动机运转无力或不转动的检修

(1) 首先检查电源电路连接情况和电源总开关技术状况：通过观察和手动方法即可。如果发现线卡与蓄电池接柱接触不良，如线卡松动、蓄电池接柱有棱角或极柱氧化腐蚀严重，或起动机上的接柱与导线接触不良等，便是接触不好的原因所在，应予以排除。电源总开关接触不良电阻增大，也应对症排除。

另外，由蓄电池与起动机连接的导线过细，或蓄电池与车架连接的搭铁线过细，均会使电阻增大，致使起动机电枢电流减小，而起动机转动无力。

(2) 检查蓄电池电压：用放电叉检查蓄电池电压，将放电叉与蓄电池某格正负极在一定的力度下进行搭接，此时观察电压表，如果在5s内电压迅速下降低于1.5V，表明蓄电池内部有故障，例如，短路或极板硫化。没有放电叉时，也可用导线在蓄电池的正负极柱上做刮火试验，若出现微弱红火花，表明是蓄电池有故障或充电不足，而电压过低引起起动机转动无力或不转动，应按蓄电池故障进行处理。

(3) 检查起动机开关：当接通起动机开关起动机不转动时，用金属棒搭接开关两个接线柱(将开关隔出)，若起动机转动正常，表明开关有故障，是触盘与触点接触电阻过大所致，应用砂纸打磨开关接触盘和触点，以消除电阻保证接触良好。

(4) 检查直流电动机故障：拆下起动机，并用手扳转驱动齿轮，起动机摩擦阻力正常时应能轻易扳动。若扳动时感到费力或电枢转子不转，表明起动机内摩擦阻力过大。如果是刚修复的起动机，可能是轴与承套装配过紧，电枢轴弯曲或电机中三个轴承套不同轴等，均会使电动机内摩擦阻力过大。若是使用过久多是电动机“扫搪”，应予以排除。若用手转动转子手感轻松自如，则故障多在转子或定子绕组，或电刷接触不良，应再做进一步检查。

(5) 检查电枢绕组：观察电枢外圆柱面有无明显的擦痕、导线脱焊、搭铁或短路等，如有上述现象的其中之一便是故障所在，应进一步查明引起电枢外圆柱面明显擦痕、导线脱焊搭铁或短路的原因，并对症排除。其检查方法如下。

第一，搭铁检查：用试灯的两触针分别搭接在换向器和电枢轴上，如果试灯亮，表明电枢有搭铁现象，若不亮为良好。

第二，短路检查：将电枢放置在检验仪上，如图9.31所示。在电枢铁芯上，轴向放置一条形钢片(如手工锯锯条)，接通电源并将电枢慢慢转动(锯条不动)。若钢片在某部位跳动，说明该线槽有匝间短路(多数是因换向片间有炭粉或金属屑)，应予以更换或修理。

第三，断路检查：一般的磁场线圈不易折断，但引线焊接处脱焊还是有可能的。它的检查方法如图9.32所示。将电枢置于检验仪上并接通电源，用试灯两触针搭接水平位置的相邻换向片。若试灯亮，表明此线圈良好。否则，说明此线圈有断路。若没有试灯可用一导电片在与试灯检查相同的换向片上周向刮火，若火花强烈表明线圈良好。否则，电枢线圈断路，应予以更换或修理。

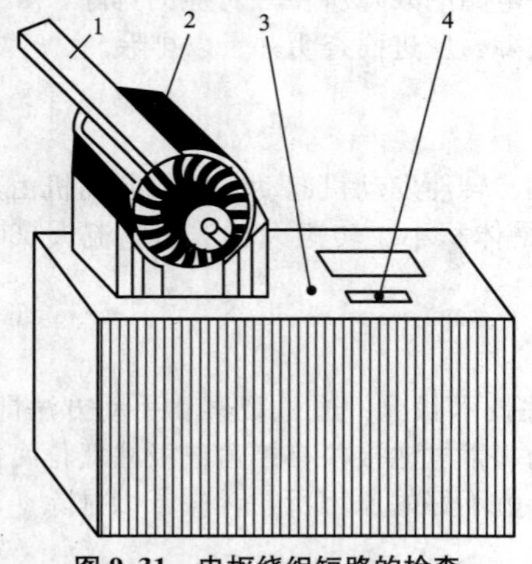

图9.31　电枢绕组短路的检查

1—钢锯条；2—电枢；3—指示灯；4—开关

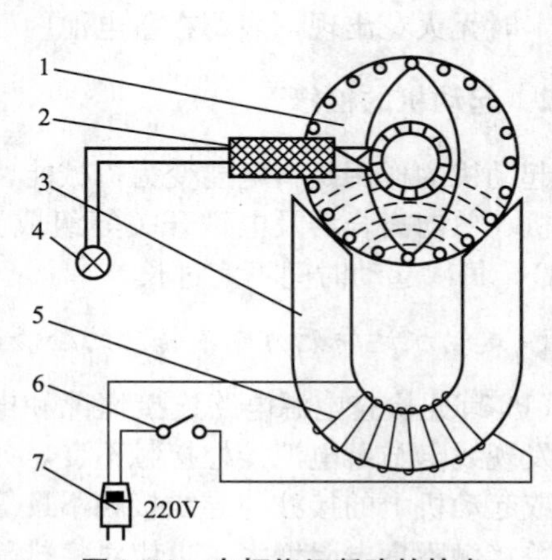

图9.32　电枢绕组断路的检查

1—电枢；2—触针；3—U形铁芯；4—试灯；5—检测仪线圈；6—开关；7—插头

(6) 检查磁场绕组检查如下。

第一，磁场绕组搭铁检查：用一试灯两触针分别搭接起动机外壳和磁场绕组接线柱，若试灯不亮，表明良好。否则，磁场绕组有搭铁，应拆下线圈进行修理。

第二，检查短路情况：用2V直流电与磁场绕组两端接通，用螺丝刀靠近磁极检查吸力，并进行相互比较，手感吸力小的表明此绕组有匝间短路，如图9.33所示。应进而查明绕组的短路部位，并进行绝缘处理。

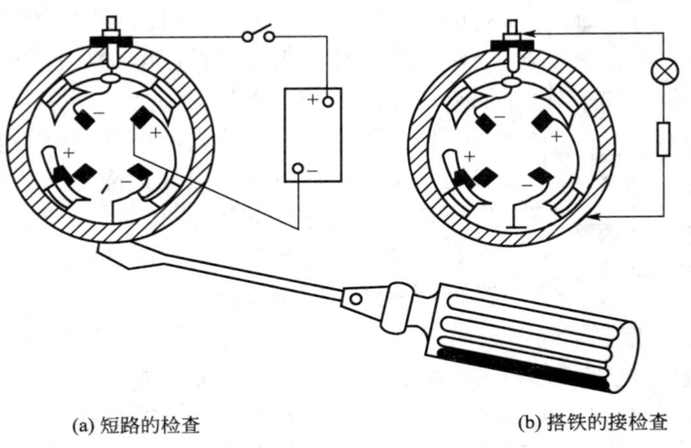

(a) 短路的检查　　(b) 搭铁的接检查

图9.33　磁场绕组断路2和搭铁的检查

第三，电刷检查：电刷高度应不低于新电刷高度的2/3(一般国产起动机新电刷高度为14mm)。另外，电刷与换向器接触面积应不小于75%，电刷弹簧弹力应不小于15～20N。换向器表面应清洁，如不符合要求便是故障所在，应对症排除。

2. 起动机电磁开关的检修

(1) 检查电源电路：接通点火开关起动挡，若起动机不工作，可通过开灯或鸣喇叭，看蓄电池充电情况。如果灯光红暗或喇叭音量小或不响，说明蓄电池电压不足，若否，则可能是因为起动机的导线接触不良或导线过细，应对症处理。

(2) 检查第一层控制电路：接通点火开关起动挡后观察电流表，若电流表指针指示在放电极限位置，表明第一层控制电路有搭铁，应用拆线法检查搭铁故障，并进行绝缘处理。如果电流表指示值正常，而电磁开关不工作，表明第一层控制电路有断路，应用螺丝刀按图9.34(a)所示的方式搭接起动继电器电源接线柱与起动机开关接线柱，若电磁开关工作正常，表明第一层控制电路有断路，应进而查明，并重新接好。

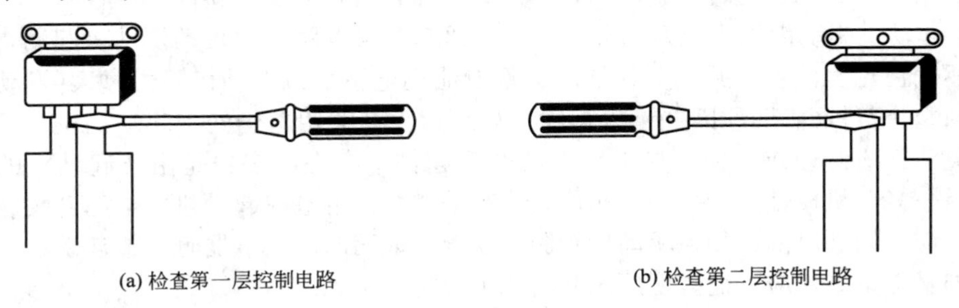

(a) 检查第一层控制电路　　(b) 检查第二层控制电路

图9.34　螺丝刀搭铁检查法

如果搭接后仍不工作，表明是继电器线圈有故障，应予以更换。如果能听到继电器触点有闭合时的撞击声，但电磁开关不工作，表明故障在触点，应打磨，保证触点洁净。

(3) 检查第二层控制电路——接通点火开关起动挡，若能听到起动继电器触点闭合声响，但电磁开关不动作，可用螺丝刀按图 9.34(b)所示的方法作搭接试验。若起动机转动，表明故障是因继电器触点接触电阻值过大所致，打磨消除触点间的电阻即可。否则，将是第二层控制电路断路，即故障在第二层控制电路至起动机电磁开关，应进而查明原因并予以排除。

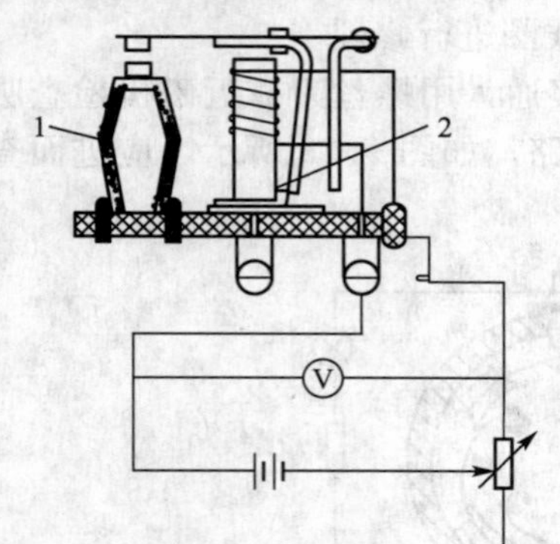

图 9.35　继电器的调整

1—固定触点支架；2—调整钩

值得注意的是，检查起动机的控制电路时，应事先检查起动机继电器触点间隙是否符合技术要求，若不符合时应调整。调整方法如图 9.35 所示，先用尖嘴钳别动调整钩，使气隙符合要求，再用尖嘴钳别动固定触点来改变其高低而使触点间隙符合要求。

(4) 检查第三层控制电路——用一导线搭接起动机开关主接线柱的电源接柱和电磁开关线圈接柱，若起动机不工作，表明电磁开关线圈有故障，或用万用按相关电阻值列表来测量线圈电阻值，若测得的电阻与表中规定值相差太大，表明是故障所在。若能听到电磁开关内有吸动引铁声响，表明开关的触盘与触点严重接触不良(接触电阻过大)，或者触盘不到位，应进而查明原因并予以排除。如果故障属于触盘接触不良，应用砂纸打磨，以保证接触良好。触盘与触点的压紧力过小时，予以调整触盘行程，使之有效行程增大。

如果蓄电池电压正常，当接通开关起动挡听到电磁开关有“嗒、嗒”的声响，表明吸拉线圈损坏，应查明原因并予以排除。属于导线松脱或折断引起的故障应重新将线接好；导线接头氧化锈蚀而引起接触不良时应将连接点打磨平光并保证接触良好。属于触点接触不良的应用锉刀修磨平整；若没有锉刀时可用砂纸打磨触点，再将触点擦干净，以保证接触良好。

3. 起动机离合器的检修

(1) 起动机空转：接通起动机开关，若听到有起动机空转声，多数是移动叉滑块脱出滑环，可进而拆下确诊；接通起动机开关听到有轮齿周向的撞击声，多数是由于轮齿端面啮合角磨损所致，可拆下起动机更换驱动齿轮和飞轮齿圈。若暂时无更换条件时，可将驱动齿轮锉削出易啮合角(倒角)；接通起动机开关的同时注意观察发动机风扇，若风扇能微转一下然后听到起动机空转声，表明是单向离合器打滑，应更换新件。

(2) 起动机驱动齿轮不脱离啮合：如果接通起动机电路无力带动发动机起动，但断开电路后驱动齿轮也没有退回，多数是由于蓄电池充电不足或发动机阻力过大(发动机装配过紧)所致，应进而查明原因并予以排除；如果点火开关钥匙仍处于起动挡位，即是点火开关不灵活，应修理或更换；如果以上两个问题都不存在，多数是由于起动机的操纵件(拨叉、铁芯等)机械性的卡死在工作位置或起动继电器触电或起动机主电路开关触盘与触点烧结，应先切断电源，如果驱动齿轮脱离啮合，证明起动继电器触点或起动机主电路开关触盘与触点烧结，应进而查明原因并将烧损件打磨平光。

若切断电源后驱动齿轮仍不脱离啮合，可能是由于机械性卡死所致，应查明卡滞部位并对症排除。

起动机驱动齿轮与飞轮齿圈咬住，也是时有发生的故障。造成这种故障的原因多数是因起动机转动无力，或发动机的阻力矩过大。当阻力矩与起动机电磁转矩相平衡时，两齿啮合处正压力大，摩擦力也大。即使驾驶员停止起动，起动机驱动齿轮也难以退出啮合(即咬住)。

遇有这种故障时应立即切断总电源，以免因输入电流过大而烧坏起动机，然后摇转发动机，如果感到沉重，表明故障在发动机。若是新修发动机，多数是由于因装配过紧所致，否则是发动机的其他机件有故障。可参看发动机故障进行排除。如果摇转发动机曲轴运转正常则表明故障在起动机，应按起动机无力故障检查诊断。

9.6.3 交流发电机的检修

目前工程机械中广泛应用的是硅整流发电机，包括定子、转子、壳体、端盖、风扇、皮带轮、整流电路、调节器及其他线路等组成。

硅整流发电机及其调节器与蓄电池组成了充电系统，无论是机械式调节器、电子式调节器还是集成式调节器，无论发电机出现故障，还是其调节器或线路发生故障，其表现均为充电电流过小或不充电，充电电流过大和充电电流不稳，发电机异响等。

1. 充电电流过小或不充电

对此故障进行诊断时，可先从电流表指针指示情况或充电指示灯指示情况，以及工程机械照明灯的亮度等几方面大致确定充电系统是否有故障和故障范围。

工程机械作业时，提高发动机转速观察电流表指针指示情况。若电流表指针指示为零，表明发电机不发电；夜间作业时打开前照灯，若灯光强度随发电机转速变化很小或不变化，且电流表指针指示放电位置，或充电指示灯不熄，前者充电系统充电电流过小，后者表明不充电。根据分析出的原因，以先易后难的顺序进行检查。

(1) 观察仪表：如果提高发动机转速，电流表指针指向放电位置，这时看水温表，若水温表指示水温很高，表明风扇皮带打滑而传动损失过大或松脱。

(2) 判断“扫搪”：发电机工作时能听到异常响声，可能是发电机“扫搪”，应进一步检查轴承是否有损坏和轴是否弯曲等。检查电枢“扫搪”的方法如下：拆下风扇皮带，用手拨转发电机皮带轮，若能听到发电机内有不均匀的摩擦声，且手感有阻力，再径向扳动皮带轮，若手感有松动，表明电枢有“扫搪”。如无松动感，表明“扫搪”是因轴弯曲所致，为了确诊故障，应解体观察电枢铁芯刮痕，并测量轴承松动或轴的弯曲程度，以便确诊故障。

(3) 短路检查法：起动发动机并将转速控制在略高于怠速状态，用螺丝刀将调节器的火线接柱与磁场接柱搭接，此时观察电流表。若指针指示充电，表明故障在调节器，应进而检查调节器；若不指示充电，表明故障在发电机或激磁电路。

在此应该说明的是：如果发电机的激磁电路正常可采用此方法确定大致故障范围，当无激磁电流时采用此方法无效。采用此方法检查是否充电时，发动机转速不宜过高，时间不宜过长，否则会烧坏电气设备。

(4) 用试灯检查充电系统故障：拆下发电机电枢接柱上的导线，将试灯夹在搭铁良好处，起动发动机并提高转速，用试灯触针搭接发电机电枢接柱，若试灯亮，表明故障在发电机电枢接柱至电流表这段输出线路中，有接触不良或折断现象，造成充电电流过小或不充电，应进而查明导线接触不良处或折断处，并对症排除。若试灯不亮，表明故障在发电机或激磁电路。注意，配置电脑的发动机不宜用此方法检查。

(5) 检查激磁电路：第一，观察发电机激磁电路中的导线连接情况。若连接有松动处或锈蚀现象，便可能是故障所在，应予以排除，以消除故障或怀疑。如果排除后充电还是不正常，应再进一步检查；第二，接通点火开关，用螺丝刀接触发电机皮带轮感觉是否有吸力感，若无吸力感，表明激磁电路有故障；第三，接通钥匙开关，将试灯夹在良好的搭铁处，再用试灯带导线的触针搭接发电机磁场接柱。若试灯亮，表明故障在发电机；若试灯不亮，再将触针移至调节器的磁场接柱；若试灯亮，表明故障在发电机至调节器这段线路中有断路，这是引起发电机不发电的原因所在，应查出断路部位并重新接好。若试灯仍不亮，应再将触针移至调节器前的火线接柱，若试灯亮，表明故障在调节器，因触点接触电阻过大所致，应用砂纸打磨触点，消除触点间的电阻即可，若试灯仍不亮但发动机能起动，则表明点火开关至调节器这段线路断路，应进而查明原因并对症排除；第四，检查调节器高速触点(下触点)是否与活动触点粘合，若粘合便是因调节器的下触点粘合而使无激磁电流而引起不充电故障，应予以排除；第五，用万用表检查法测量发电机各接柱之间电阻值与额定值相比较来判断故障。

2. 充电电流过大

(1) 检查激磁导线短路情况：将调节器上的火线或磁场线任意拆下一根，如果充电电流过大，说明激磁线路短路，应进而查明短路部位，并采取抱扎绝缘措施；

(2) 检查调节器气隙：拆下调节器盖，用塞尺测量铁芯端与活动触点臂的气隙，一般应为 1.1～1.3mm，若过大，可通过调整固定触点臂使之符合要求(其调整方法见前述)。然后起动发动机，并将发电机转速稳定在 2000r/min 左右，若充电正常，表明故障是因气隙过大所致，否则作进一步检查；

(3) 检查触点和弹簧：用手将调节器活动触点臂强行按下，使之与上触点断开，若充电电流减小，表明充电电流过大是因触点烧结所致，应对触点进行打磨，提高触点工作面的质量。若触点表面无烧蚀迹象，可能是平衡弹簧弹力过大所引起的充电电流过大，应配合电压表对弹簧拉力进行调整，其调整方法见前述；

(4) 检查调节器铁芯线圈：用万用表测量线圈电阻值，铁芯线圈电阻值应符合相关要求。若电阻值为无穷大时，表明线圈断路；若小于规定值时，表明线圈短路。若有上述两种情况中的其中一种，均能引起充电电流过大，应对症排除；

如果没有万用表时，接通点火开关，用螺丝刀在调节器铁芯上端试验吸力。若无吸拉感，表明线圈电路中断。另外，也可通过观察线圈的颜色进行检查。如果线圈的颜色发黑紫色，表明是因线圈烧坏引起充电电流过大，应重新绕制。若线圈无烧坏现象，便是线圈断路，应更换线圈，并应检查线圈烧坏的原因，以免修理后再次将线圈烧坏；

(5) 检查调节器高速触点和发电机激磁电路：发电机工作时，触点臂与高速触点接触，若发动机为中转速时充电电流仍过大，说明发电机激磁电路短路；若发电机为高速时充电电流过大，表明高速触点接触电阻过大所致。

3. 晶体管调节器或集成电路调节器所引起的不充电

(1) 发动机怠速稍高时，用螺丝刀短时间搭接调节器的激磁与火线两接柱，若发电机发电正常，说明调节器有故障，应予以更换。

(2) 将怀疑有故障的调节器拆下换一个良好的调节器，证明原来调节器是否有故障，这种方法称为置换法。置换后，如果充电正常，表明原调节器已坏，应予以更换。

随着电子科学技术不断发展，晶体管调节器的体积越来越小，有的机型更是采用了集成式调节器，内部密封较好，工作性能可靠，造价也越低廉。一般不可拆卸，故障很少，一旦调节器有损坏，应更换新件。

9.7 主离合器的检修

主离合器位于内燃机和变速器之间，由驾驶员操纵，可以根据机械运行作业的实际需要，切断或接通传给变速器等总成的动力。

工程机械所用的主离合器大多为机械摩擦式，中小马力的机械大多为单片或双片离合器，马力较大的工程机械常用具有较大摩擦系数、较大压力的粉末冶金材料的多片湿式离合器。摩擦离合器根据加压情况不同，可分为经常接合式与非经常接合式两种，前者多用于工程汽车及某些工程机械中，后者多用于马力较大的履带底盘工程机械中。某些工程机械采用了液力变矩器，它在很多情况下是单独工作的，但也有与摩擦离合器配合使用的。本节主要叙述机械摩擦式常接合主离合器的故障及其维修。

9.7.1 离合器常见故障及其原因分析

1. 离合器打滑

当机械阻力增大，速度明显降低，而发动机转速下降不多或发动机加速时机械行驶速度不能随之增高，即表明离合器打滑。经常打滑的离合器还会产生较多的热量烧伤压盘和摩擦片，使摩擦面的摩擦系数降低而打滑加剧，从而使摩擦片烧焦，引起离合器零件变形、弹簧退火、润滑油粘度降低外流，造成轴承缺油而损坏等。

离合器打滑的根本原因是离合器所能传递的最大转矩小于发动机的转矩和机械的阻力矩，而对于给定的离合器，其所能传递的转矩与自身零件的技术状况、压盘压力、摩擦系数有关，现具体分析如下：

(1) 离合器压盘压力不足：对于经常接合式离合器压盘压力不足而言，压紧弹簧弹力不足或折断，离合器调整不当，踏板无自由行程或自由行程过小或各分离杠杆调整不一致，致使离合器在接合状态下有的分离杠杆承压端面仍与分离轴承推力面接触，因而使压盘压力降低，离合器打滑。

(2) 摩擦表面摩擦系数降低：摩擦表面沾有油污等减磨物质时，其摩擦系数将大为降低，引起离合器打滑；当离合器工作不正常，造成摩擦表面温度过高或烧焦、硬化时，摩擦系数亦会降低。

(3) 摩擦表面严重磨损：当摩擦表面严重磨损时，经常接合式离合器则因压紧弹簧伸长而压紧力降低。当摩擦片磨损至铆钉外露时，摩擦面间将因接触不良而降低摩擦力。

(4) 摩擦盘翘曲变形：摩擦盘翘曲变形后，离合器接合时摩擦面间接触不良，压力降低，传递转矩的能力下降。

(5) 离合器分离机构复位不畅：踏板或分离轴承复位不畅，将消耗弹簧压紧力，使压盘压力降低，造成离合器打滑。

(6) 使用不当引起离合器打滑：机械操作不当，如离合器分离不迅速，大油门高挡起步，低挡换高挡操作失当，用突然加油克服突然增加的阻力，以及使离合器处于半联动状态等，都易引起离合器打滑。

2. 离合器发抖

从机车起步到离合器完全接合期间，机车不是逐渐平滑地增加速度，而是间断起步甚至使机械产生抖动，这种现象叫离合器发抖。离合器发抖不仅使驾驶员不舒适，而且会使传动系零件因承受附加冲击载荷而加速磨损。其原因如下。

(1) 主、从动盘间正压力分布不均匀：离合器各弹簧技术指标不同，以及各分离杠杆调整不一致或分离杠杆变形不一致，离合器接合时，压力不均匀，造成离合器抖动。

(2) 从动盘翘曲、歪斜和变形：当从动盘发生翘曲、歪斜和变形时，在离合器接合过程中，摩擦片会产生不规则接触，压力不能平顺地增加。分离轴承移动不灵活，压盘平面度误差超限，从动盘铆钉松动，摩擦片厚度不匀等会使压力分布不均，造成离合器抖动。

3. 离合器分离不彻底(分离不清)

离合器操纵杆或踏板处于分离状态时，主、从动盘未完全分开，仍有部分动力传递，这种现象叫离合器分离不彻底。离合器分离不彻底时，会使变速器换挡困难，产生齿牙撞击、损坏齿端，同时亦将加速压盘及摩擦片表面的磨损，引起离合器发热。其原因如下：

(1) 离合器调整不当：离合器调整不当，使主动盘与从动盘间的分离间隙过小造成离合器分离不彻底。如：经常接合式离合器踏板自由行程过大等，使压盘后移的行程缩短，不能完全解除对从动盘摩擦片的压紧力，从而使离合器不能彻底地分离。当离合器几个分离杠杆调整不一致或压爪压紧程度不同时，会使压盘歪斜或复位不畅，造成分离不清。

(2) 主、从动盘翘曲、变形和歪斜：主从、动盘翘曲、变形和歪斜时，在正常分离行程下仍有可能局部相碰而分离不清。

(3) 从动盘轴向移动不畅：离合器分离时，从动盘应随着压力的解除而迅速离开主动盘。当从动盘与离合器轴的花键配合因锈死、脏物堵塞、装配过紧等，分离时从动盘在花键轴上的移动阻力过大而不易离开主动盘，因而仍被主动盘带动旋转而造成联动现象。

(4) 压盘复位弹簧失效：非经常接合式离合器压盘片状复位弹簧过软或折断，经常接合式离合器中压盘撑持弹簧折断、脱落或失效时，会使压盘或中压盘不能复位而使主、从动盘分离不清。另外离合器压紧弹簧弹力不一致或折断、摩擦片过厚等，也会因压盘歪斜或分离行程过小而分离不清。

4. 离合器异响

离合器接合或分离过程中以及转速变化时所发出的不正常响声叫离合器异响。离合器异响既让驾驶员感到不舒适又会使机械工作可靠性降低。离合器异响一般有轴承响、压盘响、主、从动盘响及其他响声等几种情况，现分述如下。

(1) 分离轴承响：当离合器的分离轴承端面与分离杠杆接触时，听到有“沙沙沙”的轻度响声，这是分离轴承由于缺油或磨损松旷而发响。如果响声较大，且当离合器完全分离时产生“哗哗哗”的响声(甚至有零乱的“嘎啦”声)，则说明分离轴承损坏或因缺油而过度磨损。

(2) 从动盘响：在离合器刚一接合时产生"咯噔"一下的响声，在离合器接近完全分离或怠速工况油门变化时产生轻度的"嘎啦、嘎啦"响声，可能是从动盘钢片与盘毂铆钉松动或从动盘与离合器轴(或离合器毂)花键松旷，在转速和转矩变化时产生的一种零件间的撞击。

(3) 主动盘响：经常接合式离合器的压盘及中间压盘响，多因主动盘与传动销间配合松旷，在离合器分离或怠速转速变化时，主动盘产生周向摆动而发出"嘎啦嘎啦"响声。

9.7.2 离合器主要零件的维修

1. 主动盘的维修

(1) 主动盘的损伤：主动盘主要损伤是摩擦表面产生磨损、划痕、烧伤与龟裂；摩擦表面翘曲与变形；经常接合式离合器压盘与传动销配合间隙因磨损而松旷，离合器盖的变形或裂纹以及窗孔磨损等。

(2) 主动盘的维修如下。

主动盘摩擦表面损伤的修复：摩擦表面磨损轻微时可用油石修整，去除磨痕和不平。摩擦表面磨损严重，形成深0.5mm以上沟纹、0.3mm以上平面度误差以及产生烧伤或裂纹时，应用磨削加工法磨平，或精车后用砂纸磨平。修磨时应注意保证摩擦表面与回转轴线的垂直度误差(0.1mm)，两平面的平面度和平行度误差(均不大于0.1mm)。为增加修磨次数，在保证消除损伤的前提下应尽量减少加工量。经多次修磨后，主动盘厚度小于极限尺寸时应更换新件。主动盘厚度减小量一般不超过2～4mm。

主动盘或压盘与传动销配合间隙的修复：主动盘与传动销配合间隙大于1.0～1.5mm时应修复。常用方法是修整销孔(或销槽)，更换加大尺寸的传动销。有的可将旧销孔焊死，在新的位置上重新开制销孔。

其他损伤的维修：类似于T120型推土机的离合器凸耳断裂时可用铸铁焊条焊修。修后应检查其平衡性。滚柱轴承与主动盘配合松旷时应用刷镀的方法增大轴承外径，轴承径向间隙大于0.5mm时应换新。离合器盖变形，其接合面平面度误差超过0.5mm时应修平，窗口磨损可堆焊修复，堆焊后锉修。

2. 从动盘的维修

(1) 从动盘的损伤：从动盘是离合器中最易损坏的零部件。主要损伤是摩擦片表面产生磨损，硬化，烧伤，破裂，表面沾有油污(干式)，摩擦片松动，从动盘翘曲、变形，钢片断裂，钢片与盘毂铆接松动，花键孔磨损等。当摩擦片厚度小于规定值以及铆钉头低于摩擦表面不足0.5mm时，应更换新摩擦片。

(2) 从动盘的维修：当摩擦片表面磨损较均匀、厚度足够、铆钉头低于表面0.5mm以上时，可用锉修或磨修的方法修整摩擦表面，去除硬化层。当摩擦片表面磨损严重，厚度小于规定要求，铆钉头低于表面不足0.5mm(可用如图9.36所示的方法检查)，或产生烧焦破裂时，应去除旧片，更换新摩擦片，其工序如下。

去除旧摩擦片：铆接的旧摩擦片可用钻孔法除去旧铆钉，粘接的旧片一般用机械法去除。除掉旧片后，用钢丝刷刷去钢片上的灰尘和锈迹，或用汽油清洗。

从动盘钢片和盘毂的检修：从动盘钢片与盘毂的铆接情况用敲击法检查，如有松动和

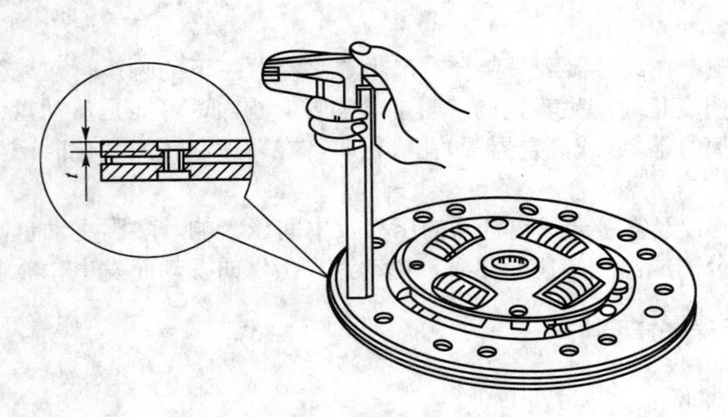

图 9.36　铆钉头埋入深度的检查

断裂应予更换或重铆。从动盘花键套键槽磨损，可用样板检查，其齿宽磨损不得超过 0.25mm；或将其套在变速器第一轴未磨损的花键部分，用手来回转动从动盘，不得有明显的旷量，否则应换新。钢片翘曲检查如图 9.37 所示。从动盘端面翘曲的允许误差超过规定时用特制夹模或虎钳进行冷压校正，也可在平台上用木锤敲平。

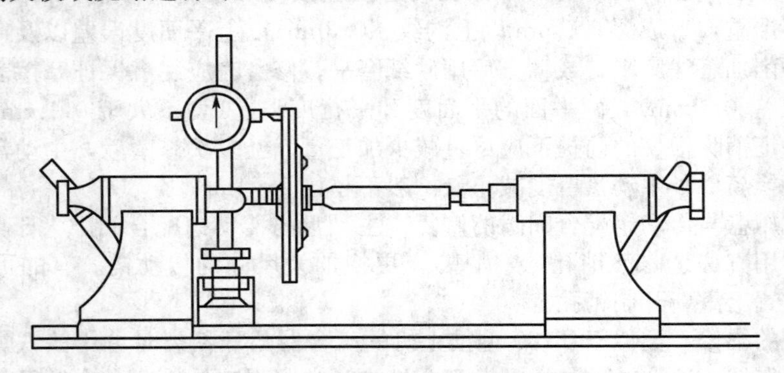

图 9.37　从动钢盘端面跳动量的检查

选配新摩擦片和铆钉：换用的新摩擦片直径、厚度应符合原车规格，且两片应同时更换，质量应相同。同时两摩擦片厚度差不应超过 0.50mm。所用铆钉应是铜铆钉或铝铆钉，粗细应与从动盘上的孔径相符合。铆钉的长度必须根据摩擦片上铆钉孔下平面和钢片厚度来确定，将铆钉穿入孔中，伸出 2～3mm 为宜。

钻孔和铆合：将两片新摩擦片同时放在钢片的同一侧，使其边缘对正，并用夹具夹牢。选用与钢片孔相适应的钻头钻通孔，再用与铆钉头直径相应的平头锪钻在每片衬片的单面钻出埋头孔。含钢丝的摩擦片埋头孔深度为片厚的 2/3，不含钢丝的为其厚度的一半。

摩擦片的铆合可用手工进行或在铆接机上进行。用手工铆合时，将铆钉插入摩擦片铆钉孔中，使摩擦片向下，把铆钉头抵紧平铳，再用开花铳将铆钉铳开后铆紧(铆钉紧度要适宜，以免损伤摩擦片)。铆合一般采用单铆，即一颗铆钉只铆一片摩擦片。铆钉头的方向交错排列。铆钉头应低于摩擦表面 1mm 以上。

铆后检验与修磨：铆后应检查从动盘的厚度，如太厚或不平可用砂轮磨平。修磨表面时，一般是在飞轮上涂一层白粉，放上从动盘，略施压力转动检查，锉、磨去较高部分，直至均匀地接触。有些主离合器摩擦片可用粘接法代替铆接。粘接的摩擦片厚度可得到最大限度地使用。

3. 离合器轴的损伤与维修

离合器轴的主要损伤是花键损坏，滑动轴颈磨损，与轴承配合的轴颈磨损，轴弯曲等。花键磨损后可用标准花键套或新从动盘毂在花键轴上检查齿侧间隙。齿侧间隙大于0.8mm时，一般应更换新轴。配件供应不足时，可用堆焊的办法焊修齿侧，然后在未磨损部分铣出标准花键，也可以用局部更换法进行维修。与分离套筒配合处轴颈磨损使配合间隙超过0.50mm时，可用刷镀、振动堆焊或镶套法修复。镶套时套与轴间过盈量可取为0.01～0.07mm，并将套加热至120～200℃后压装在轴上。离合器轴上连接盘的维修与从动盘的维修相同。轴弯曲超过0.05时冷压校正。

4. 压紧弹簧的维修

(1) 圆柱螺旋弹簧：压紧弹簧应无裂纹和擦伤，端面与中线应垂直，自由长度与弹力要符合规定要求。当弹簧有裂纹、擦伤、歪斜时，一般换新。一个离合器上各弹簧自由长度与弹力相差不能超过标准规定。弹簧的自由长度允许比标准值小2mm。

(2) 膜片弹簧：膜片弹簧磨损的检查方法是用游标卡尺测量膜片弹簧与分离轴承接触部位磨损的深度和宽度(图9.38)。深度应小于0.6mm，宽度应小于5mm，否则应更换。

膜片弹簧变形的检修：用专业工具盖住弹簧分离指内端(小端)，然后用塞尺测量弹簧内端与专用工具之间的间隙(图9.38)。弹簧内端应在同一平面内，间隙不应超过0.5mm。否则用维修工具将变形过大的弹簧分离指翘起以进行调整。

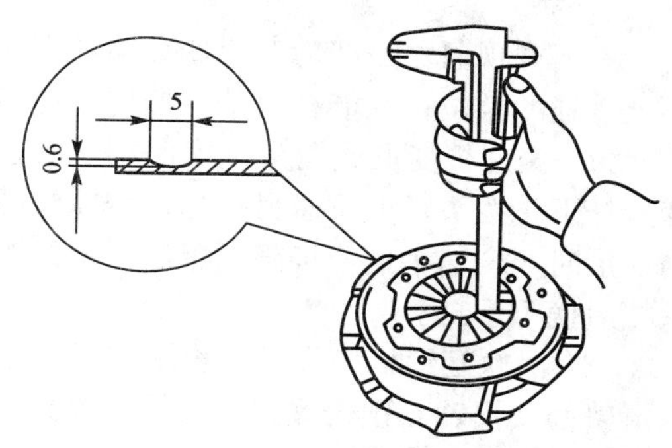

图9.38 膜片弹簧的检查

9.8 变速器的检修

在工程机械使用过程中，变速器经常在高转速、大负荷、变转速、变负荷下工作。同时由于使用条件复杂，变换挡位频繁，使得变速器内部齿轮与轴之间、齿轮与齿轮之间、轴承内部由于相对运动而磨损。加之装配调整不当，使用操作不当，均会使变速器各机件磨损加剧，甚至损坏，影响变速器乃至整台机械的正常工作。为此，在维修时，应加强零部件的检测和修复，采取各种措施恢复零件尺寸形状及装配关系，以保证变速器的使用性能。

9.8.1 变速器的常见故障及其原因分析

1. 自动脱挡

自动脱挡也叫跳挡，是指机械在正常使用情况下，未经人力操纵，变速杆连同齿轮(或啮合套)自动跳回空挡位置，使动力传递中断。产生自动脱挡的主要原因如下。

(1) 齿轮(或啮合套)啮合的轴向分力过大：一是齿面偏磨：变速器齿轮在频繁的换挡与传力过程中会使齿面偏磨，使齿面形成斜度，从而啮合中会产生较大的轴向分力，当轴向分力超过锁定力及摩擦力时即自动脱挡。二是变速器壳形位误差过大：试验表明，当变速器壳体各轴线间的平行度误差过大时，会使齿轮产生很大的轴向分力，当此轴向分力的方向与齿轮自动脱挡力方向一致时，即会促成自动脱挡。另外，变速器轴刚度差、齿轮与轴配合间隙过大、齿侧间隙过大等，也会使齿轮歪斜，传动中冲击等产生较大的轴向推力。

(2) 锁定机构失效：工程机械变速器除自锁机构外，大多数设有与主离合器联动的刚性联锁机构。但当联锁机构损坏或联锁操纵失效时，在主离合器接合状态下仍有可能产生自动脱挡。

(3) 滑轨未被锁定：变速杆变形、拨叉变形、拨叉与拨叉槽轴向间隙过大、拨叉与滑轨连接松动等，均可使变速杆在相应挡位下齿轮或滑轨不能进入正常啮合位置或锁定位置。

2. 乱挡

有下列现象之一即为变速器乱挡：实挂挡位与欲挂挡位不符；同时挂入两个挡位；挂不上欲挂的挡位；只能挂入某一挡位；挂挡后不能退出。其原因如下。

(1) 变速杆变形或拨头过度磨损：变速杆侧向变形时，当变速手柄位于某一挡位时，变速杆下端拨头可能位于另一挡位变速轨凹槽中，引起乱挡。当拨头磨损严重或沿变速方向变形时，变速手柄至极限位置后变速拨头可能脱出滑轨拨槽，形成挂不上挡，或挂上某一挡后摘不下挡。

(2) 滑轨互锁机构失灵：长期使用后互锁机构零件会产生磨损，如某些机型互锁钢球与滑轨间磨损、互锁销磨损、滑轨与导孔配合松旷等，即形成变速滑轨内边之间的距离大于或等于两钢球直径之和，造成互锁失灵。

(3) 变速拨叉与滑轨连接松脱：变速拨叉与变速滑轨连接松脱时，变速齿轮不受变速杆及滑轨的控制，容易产生窜位、脱挡，或同时挂入两个挡位。

3. 变速器异响

变速器在正常情况下会有均匀谐和的响声，这是由于传动件的传动、齿轮间摩擦、轴承转动等引起的。变速器磨合后此响声会变小。当响声不均匀，响声较大、尖刺、断续、沉重时，即为变速器异响。变速器异响有以下几种。

(1) 轴承异响：变速器滚动轴承长期使用后会因磨损而增大轴向间隙与径向间隙，滚动体与滚道表面易产生疲劳点蚀，缺油时尚易产生烧伤。故在高速下会因滚动体与滚道间的冲撞而产生细碎、连续的“哗哗”响声。变速器内缺油或润滑油过稀、过稠、品质不好等，也会造成轴承异响。

(2) 齿轮异响：齿轮加工精度低或牙齿磨损过甚，间隙过大，啮合不良，啮合位置不对；维修时未成对更换齿轮或新旧齿轮搭配使齿轮不能正确啮合；齿面硬度不足、刚性差、粗糙度大、有疲劳剥落或个别牙齿损坏折断等，均会引起齿轮异响。

4. 换挡困难

换挡困难主要表现为挂不上挡，或挂上挡后摘不下挡。变速器出现该故障后使机械无法正常工作。其原因除“乱挡”部分所述以外，还可能有以下原因。

(1) 滑轨弯曲、锈死或为杂物所阻，移动不灵；

(2) 联锁机构调整不当，离合器分离时变速滑轨处于锁定位置；

(3) 离合器分离不彻底，小制动器失效，离合器轴不能停止转动，使挂挡困难；

(4) 锁定销或钢球、互锁机构等被脏物所阻而移动不灵时，也会造成换挡困难；

(5) 同步器损坏，使换挡困难。

9.8.2 普通齿轮式变速器的维修

1. 变速器工作部件的维修

(1) 变速器箱体的损伤。第一，箱体变形：箱体变形后将使同一根轴前后轴承孔的同轴度及各轴之间的平行度降低；最大影响是传递转矩的不均匀性增大，齿轮轴向分力增大；轴孔间中心距增大或变小，使齿轮的啮合状态恶化。圆柱齿轮传动的中心距允许误差为±0.05mm

箱体变形大小可用图 9.39 所示的辅助芯轴及仪表进行测量。

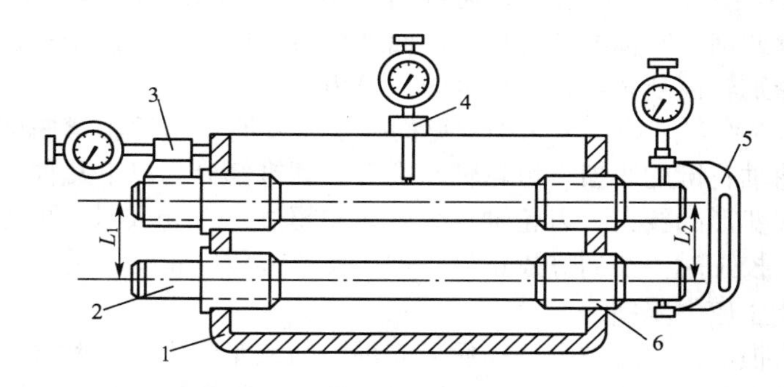

图 9.39 箱体变形的检验

1—箱体；2—辅助芯轴；3、4—百分表；5—百分表架；6—衬套

两芯轴外侧间的距离减去两心轴半径之和即为中心距，两端中心距之差即为平行度误差。但这种测量只有当两个芯轴轴线共面时才准确。测量端面垂直度时可用左侧百分表，将其轴向位置固定，转动一圈，表针摆动量即为所测圆周上的垂直度大小。测量上平面与轴线间平行度时可在上平面搭放一横梁，在横梁中部芯轴上方安放一百分表及其接头，使接头触及芯轴上表面，由横梁一端移至另一端时表针摆动大小即反映了上平面相对于轴心线平行度误差及上平面本身的平面度误差。

第二，轴承安装孔或轴承座安装孔的磨损：当轴承间进入异物使滚动阻力增大时，轴承外圈可能相对座孔产生转动，引起轴承安装孔磨损；轴承座固定螺栓松动而使座产生轴向振动时，也会引起安装孔的磨损。

第三，箱体裂纹及螺纹孔损坏：箱体裂纹多为制造缺陷，有时亦为工作时受力过大或维修操作不当所致。螺纹孔损坏一般是由于装配不当造成的。检验裂纹可用无损探伤法。较简单的方法是箱体内盛以煤油，静置 5min 后观察有无外渗。亦可用敲击法判断，但不易查找出裂纹的部位。螺纹孔损坏一般用感觉法检验。

(2) 变速器箱体的维修。第一，箱体变形的修整：上平面的平面度误差较小时，可将其倒置于研磨平台上用气门砂研磨修整；平面度误差较大时，应以孔心线定位进行磨削修整，以保证磨修后两者间的平行度。

当孔心距及孔心线间平行度超限时，可用镗削加工法进行修整。镗削后再镶套，最后加工，以恢复各孔间的位置精度及尺寸精度。

第二，轴承与轴承座安装孔的维修：轴承孔与轴承座安装孔磨损较小时，可用机加工法去除不均匀磨损，用刷镀法恢复配合。孔磨损较大时可用镶套法修复孔径。镶套时过盈量可取 0.005～0.025mm，钢套壁厚 3.5mm，其孔径最后加工尺寸应保证与轴承或轴承座的正确配合及各孔间的位置精度。

第三，箱体裂纹及螺纹孔的修复：箱体裂纹发生在箱壁但不连通轴承座孔时，可用焊修法修复。当裂纹连通轴承或轴承座安装孔时，为可靠起见以更换新件为宜。螺纹孔损坏后的维修可采用维修尺寸法或镶过渡螺塞法进行修复。

(3) 变速器齿轮的损伤：变速器齿轮大多用 18CrMnTi、40Cr、22CrMnMo、20Mn 等合金钢制造，其常见损伤有：齿面磨损、疲劳点蚀与拉伤；轮齿的裂纹与断裂；齿轮花键孔的磨损等。

(4) 齿轮的维修：齿面磨损轻微，齿侧间隙小于 0.9mm 时，可用油石修整齿面后继续使用。形状对称或基本对称的齿轮单向齿面磨损后可换向安装使用；齿轮断齿时一般应报废，如果只有个别轮齿断裂，也可用堆焊或镶齿法修复。

(5) 齿轮轴的损伤与维修：齿轮轴常见的损伤主要有，齿轮轴弯曲变形，与轴承配合的轴颈磨损，齿轮轴花键的磨损，齿轮轴断裂等。其维修分为以下几种情况。

第一，齿轮轴变形的校正：齿轮轴直线度误差超过 0.04mm 时，可进行冷压校正或局部火焰加热校正。校正时要控制好校正量，加压支承部位应正确，尤其应注意不要使阶梯轴轴肩处因校正产生应力集中。

第二，轴颈磨损的修复：轴颈磨损后可先用磨削或车削方法消除偏磨，然后用刷镀镍或刷镀铜的方法以恢复过盈量。轴颈磨损严重时可堆焊或镶套维修。堆焊时可用振动堆焊、埋弧焊、气体保护焊等。焊后应进行无损探伤。镶套壁厚为 3～4mm。镶套前加工时，台肩处圆角半径不应太小且应光洁。轴颈维修后的直线度及表面粗糙度应符合原厂规定。

第三，花键的维修：花键磨损后可用气焊或纵向自动堆焊法修复磨损的齿侧面，然后以未磨损花键为基准，铣削花键。为防止堆焊时产生裂纹与变形，堆焊前最好进行低温预热(200～250℃)，焊后缓冷。焊后应检查变形，必要时先校正后铣齿。花键维修后的技术要求为：键齿分布不均匀的积累误差应小于 0.03mm；键齿侧面对轴心线的平行度误差应小于 0.05mm；定心表面相对安装轴承的轴颈表面跳动量应小于 0.05mm。

第四，断轴的维修：花键轴断裂不易修复，为工作可靠起见应予以换新。但如果在直径相差较大的阶梯轴的轴肩处断裂时，则可采用螺纹连接和焊接联合连接的方法局部更换。焊接时采用高强度低氢型焊条，圆角加工应圆滑，过渡圆弧半径不应过小。

(6) 变速器盖的损伤与维修：变速杆中部的球节座孔的孔径磨损量不得大于 0.50mm。通常是把球节装入座内进行检验，如图 9.40 所示(图中 h 为球高)。

球节座磨损超限时可用堆焊后重新机加工的方法进行修复，对于某些变速器盖，也可将原球节座孔扩大后再镶入一个新的座圈；而对于另外一些变速器盖，还可用局部更换的方法进行修复，即将变速器盖上已磨损的球节座部分去掉，另制一新球节座镶配上去，镶配过盈量为 0.02～0.05mm，接口部分焊牢，如图 9.41 所示。

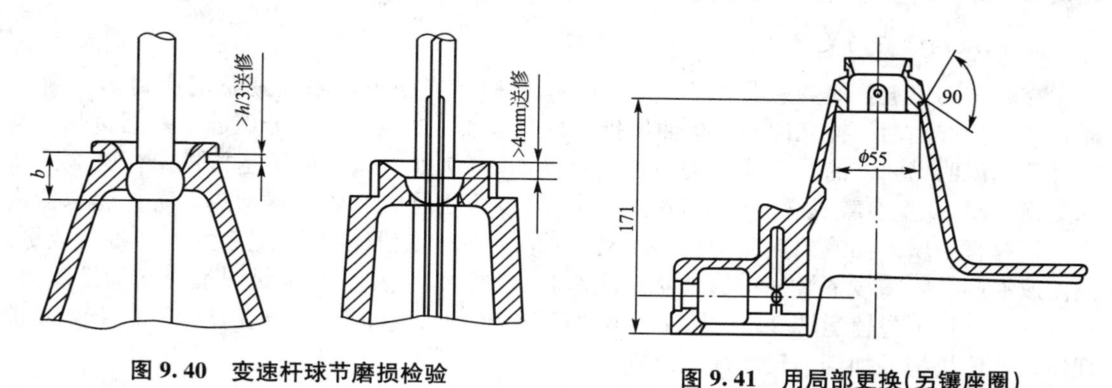

图 9.40 变速杆球节磨损检验

图 9.41 用局部更换(另镶座圈)法修复变速器盖球节座

变速器盖上的变速拨叉轴孔磨损过大，与拨叉轴的配合间隙超过 0.2mm 时应更换。

2. 变速器操纵部分主要零件的维修

(1) 变速杆的维修：变速杆变形时可进行冷压校正。球铰配合面磨损后可用油石修光。

T120、T90 等型号的推土机球铰磨损致使配合间隙增大后，可用减少半座间垫片法恢复配合。球铰磨损量大于 1mm 时，可用中碳钢焊条堆焊，然后加工成球形并进行热处理。十字铰销轴磨损后可刷镀修复或更换，亦可更换与销轴相配的衬套。D80A-12 等型推土机的销轴与衬套标准配合间隙为 0.032～0.086mm，需修间隙为 0.9mm。

变速杆下端拨头磨损轻微时可用油石修光修圆。磨损量大于 3mm 时应堆焊后修磨成形并进行热处理。拨头与拨槽配合间隙为 1～2.5mm。

(2) 变速拨叉的维修：拨叉变形时可用虎钳等进行冷压校正。拨叉脚侧面磨损使其与滑槽配合间隙大于 1.00～1.50mm 时，应用堆焊法修复叉脚，焊后磨修成形。叉脚与齿轮滑槽配合间隙为 0.80～0.9mm。叉脚修磨后同样需进行热处理，以保证其硬度。

(3) 拨叉轴的维修：拨叉轴外径磨损后可刷镀维修，外径与壳体孔标准配合间隙为 0.025～0.13mm。

3. 同步器的检修

同步器的锁环花键齿一般是端部磨损。在维修过程中，对于磨损不严重的，可通过钳工作业修整花键齿倒角(每个牙齿两侧倒角均为 45°)。损坏严重时应更换。

锁环花键毂的 3 个轴向槽是与相应的 3 个滑块配合的。两者之间不断摩擦造成磨损，同步效果变差，换挡困难。维修中如发现两者之间配合松动，可视情况铜焊修补轴向槽或更换花键毂及滑块。

9.8.3 自动变速器的维护

自动变速器为液力变矩器和动力换挡变速器组合结构，其零件精度要求极高，故障往往是由于液压油的质量不好引起阀门“卡阻”，换挡离合器片磨损，轴承损坏等。其次，各联动装置的手动控制和节流阀控制系统，由于安装调整不当引起的故障也不少。因此，要认真做好自动变速器的技术维护工作。

1. 油液的检查与更换

在驻车挡位上，使变速器预热(空转 5～8min)，当变矩器的油液温度达到 70～80℃时，开始检查油面。补充油液要按油尺指示刻度添加，油液过多可能引起变矩器过热。当超过使用说明书要求的时间或里程时，应更换油液(例如：CL7 型铲运机规定行驶 2 万千米更换，ZL50 型装载机规定使用 500h 时更换)。放油前应对变速器预热，防止变速器内部残留有害杂质。油液预热完毕后，发动机熄火，将变矩器的放油螺塞拧下，将油放尽。为使放油容易，需拔下换气孔的管塞。注油时从加油口先注入一定量煤油，起动发动机，在变速器空挡上怠速运转 2min 左右，再加足剩余的油。这时，如果在其他挡位上无异常现象，就停机把油加到油尺的标准位置上。

2. 油压试验

试验前仔细清洗变速器，避免脏物从测压孔内进入。由于各种油压测定器的位置和油压规定值不同，应按使用说明书的规定进行试验。在试验中，如果管路压力超过规定值，则是节流阀开度过小所致，需调大，相反则应调小。

9.8.4 动力换挡变速器的检修

动力换挡变速器通常与液力变矩器配合使用。动力换挡变速器不易发生大的损坏，故一般不必全部拆检。只有当大量零件需要更换或维修时，才彻底解体。

1. 变矩器和变速器箱体的检修

检查箱体是否有裂纹、破损；各机械加工面是否碰伤；各螺纹孔是否损坏。箱体上有不超过 150mm 的裂纹，而裂纹未穿过轴承座孔和油道，则箱体可以焊修；箱体接合面碰伤时应修磨光平。轴承座孔磨损不大时，可用刷镀的办法恢复座孔与轴承的配合。

变矩器和变速器箱体出厂时是配对加工的，因此，如果其中之一报废时必须成对更换。

2. 液力变矩器的检修

泵轮轮毂轴承座磨损超过允许极限尺寸，与密封环接触表面磨损成明显的沟槽，应更换；不同机型的泵轮轮毂轴承座均由标准尺寸和允许极限尺寸，变矩器轮毂密封环环高也有标准尺寸和允许极限尺寸，超过时均应更换；涡轮轮毂轴承安装轴颈超过允许极限尺寸时可进行刷镀修复或更换。涡轮轮毂轴承座超出允许极限尺寸时应进行刷镀修复或予以更换；导轮超越离合器轴承座安装轴颈超过允许极限尺寸时刷镀或更换；导轮超越离合器弹簧损坏、滚柱磨损及超越离合器座斜槽磨损或有较深压痕时应更换损伤零件。

3. 变速器齿轮的检修

变速器齿轮有下列缺陷之一者必须换新。

(1) 齿厚磨损超过允许极限；

(2) 齿面渗碳层疲劳剥落，大量麻点；

(3) 轴承孔磨损超过允许极限；

(4) 花键侧表面磨损超过允许极限；

(5) 齿轮轮齿折断。

4. 换挡离合器的检修

换挡离合器的主要损伤是活塞与油缸工作表面磨损，活塞密封环磨损，主动盘和从动盘磨损或由于长期打滑而烧蚀、翘曲变形等。当各零件超出极限尺寸时一般应予以更换。

9.9 万向传动装置的检修

工程机械行工作中，万向传动装置在高速、变速情况下转动，伴随着一定的振动，承受很大的转矩和冲击载荷，而且润滑条件也不理想。因此工作条件较恶劣，各部零件容易发生磨损、变形等，如不及时维修将影响万向传动装置的正常工作。

1. 万向传动装置的故障

1）万向节异响

万向节异响，在车速变化时尤为明显。造成这种故障的原因主要是由于润滑不良而使万向节十字轴、滚针轴承、传动叉轴承孔严重磨损松旷或滚针折断等。

2）花键松旷异响

轮式机械在行驶中，由于悬挂变形，传动轴长度会经常变化，使滑动叉和传动轴轴管花键槽磨损而松旷。磨损了的传动轴花键在机械行驶速度发生变化时便会产生异响。

3）传动轴抖振

传动轴的结构特点是细而长，如果不平衡，旋转时由于离心力的作用会产生抖振。严重时，会使传动轴零件迅速损坏，并影响变速器和主传动器的正常工作。

2. 传动轴主要零件的维修

1）万向节叉、轴管及花键的维修

(1) 传动轴花键的损伤及维修：传动轴花键与滑动叉键槽的侧隙一般均不得大于0.30mm。花键磨损后一般应予以更换。无配件更换时可采用振动堆焊法修复。花键轴键齿裂纹，其尺寸未超过齿根圆1.50mm深时，也可用振动堆焊法修复。当花键轴或万向节叉裂纹较大时应采用局部更换法修复。更换花键轴或万向节叉首先在车床上车去焊缝(注意花键轴及万向节叉上的焊缝倒角为45°，而轴管焊缝倒角为60°)，然后压出花键轴及万向节叉。清洗焊缝后，压入新的花键轴和万向节叉，先在对称的6点上进行点焊，校直后再沿圆周将其焊牢。焊后再次进行直线度检验，必要时校直。传动轴总成轴管摆差不大于1.5mm。同一轴上万向节叉两承孔中心线与传动轴中心线的垂直度误差在十字轴全长上不大于0.3mm，两承孔中心线的同轴度误差不大于0.15mm。

万向节叉轴承座孔直径磨损不得超过0.05mm，超过者可在座孔内焊补或刷镀。对于瓦盖结构的轴承座孔除焊补刷镀外还可铣磨结合面，然后镗孔。镗孔时要求两孔同心并光滑。

(2) 传动轴轴管的损伤及维修：传动轴轴管弯曲变形后，其摆差在5.00mm以内时，可采用冷校法校直；摆差超过5.00mm者可采用加热校直法校直。热校时可先去掉花键轴和万向节叉，将轴管加热至650～850℃，用直径比轴管稍小的校正心棒穿入管内，架起心棒两端，沿轴管弯曲处或凹陷处加垫块敲击校正，然后将花键部分和万向节叉焊回原位。

传动轴轴管焊缝开裂，可用焊接修复。

2）万向节滑动叉的维修

花键套键槽磨损超限采用局部更换法维修。更换新花键轴套时首先将磨损的花键轴套从 A 处切去(图 9.42)，切面 A 必须与中心线 B 垂直(垂直度误差不得大于 0.9mm)。接下来将 A 面车出与新花键轴套相接的焊角(45°)。新的花键轴套有两种：一种是花键轴套的键槽已经做好，只要按技术要求焊接上即可；另一种是用 45 号钢制造花键轴套。后者首先要按照图 9.42 所示的尺寸车削一个套管，然后将已加工好的原滑动叉 A 部与新制的半成品套管 B 部套装在与内孔相配的轴上。焊接时先在两连接的倒角处沿圆周对称焊 4 点，校正后再全部堆焊。清理焊缝后，精车内孔和端面 C，以端面 C 为基准，拉削内花键，最后钻润滑脂嘴安装孔，盖好防尘盖。

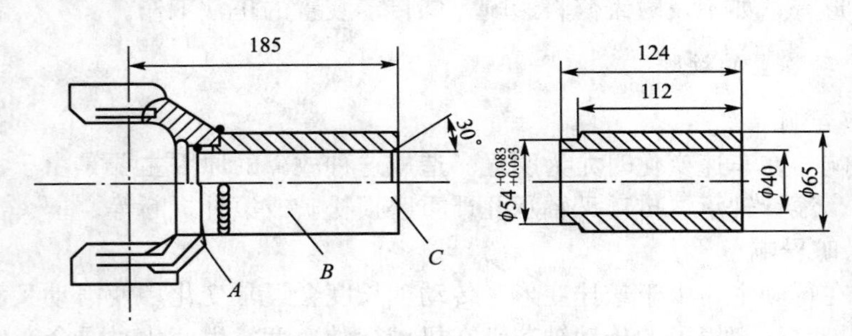

图 9.42　传动轴花键轴套的制造与镶接

3）十字轴的维修

十字轴轴颈磨损是常见的损坏形式。工程机械在运行中，传递转矩的方向是不变的，所以十字轴轴颈和万向节叉的轴承座孔等处的磨损主要发生在受力面一侧。装有滚针轴承的十字轴轴颈磨损严重时，产生沟槽，以致松旷、产生噪声。

十字轴轴颈磨损起槽深度超过 0.40mm 或直径磨损超过 0.05mm 时，可采用镀铬、振动堆焊或镶套法修复(目前多用振动堆焊法修复)。修复后轴颈硬度不低于 HRC56。也可将轴颈磨小，用尺寸合适的尼龙衬套代替轴承使用。磨削后轴颈的圆度和圆柱度误差不得超过 0.005mm；两轴线的垂直度(从轴端测量)误差不大于 0.9mm；轴颈与轴承装合后其轴向间隙一般为 0.02～0.25mm，径向间隙不得超过 0.20mm。磨损不大的十字轴轴颈，可用刷镀法修复。非传力面磨损及压痕不严重的可转动 90°装配。

轴承套筒内表面磨损过度或起槽破裂，轴承油封损坏，滚针断裂、偏磨或出现大麻点时应更换。

9.10　轮式底盘驱动桥的检修

9.10.1　后桥的常见故障及其原因分析

1. 后桥异响

(1) 轴承响：轴承响是一种杂乱的连续噪声。其主要原因是由于轴承磨损、疲劳点蚀及安装不正确(松旷)而产生的。轴承发响时应更换或重新调整轴承紧度。

(2) 螺旋锥齿轮发响：螺旋锥齿轮异响往往是由于调整不当(啮合间隙及接触印痕不符合要求)而引起的。配合间隙过大，机械急剧改变车速或起步时会产生较严重的金属撞击声。啮合间隙过小时由于发生运动干涉而产生一种连续挤压摩擦的噪声。接触印痕不正确也会引起齿轮噪声。螺旋锥齿轮因配对错误而破坏其正确的啮合关系，同样会产生不正常响声。当螺旋锥齿轮出现异响时应及时检查并重新进行调整。

(3) 差速器响：行星齿轮与十字轴发咬、差速器齿轮调整不当或齿轮止推垫圈磨损过大，差速器会产生不正常的响声。但这种响声一般只在机械转弯、差速器起作用时发生。

(4) 轮边减速器响：轮边减速器齿轮磨损时，机械变速或换向时会产生清脆的敲击声。轮边减速器传递转矩较大，一旦产生异响，会加速减速器零件的磨损。因此，当轮边减速器有异响时应及时维修。

2. 漏油

主减速器壳内油位降低，外部有漏油痕迹，说明驱动桥漏油。连接螺栓或放油螺栓松动，油封损坏等都会造成漏油。后桥壳通气孔应保持畅通，否则会造成后桥壳内压力增高而使润滑油外漏。

3. 发热

后桥壳缺油或油的粘度太小，主从动齿轮或轴承的配合间隙过小等均会导致驱动桥发热。后桥发热时，先检查润滑油，再检查各部位间隙，必要时更换符合要求的润滑油，并将轴承齿轮间隙调到规定要求。

9.10.2 后桥的重要调整

1. 主传动器轴承的调整

主传动器主动锥齿轮两个轴承的间隙可用百分表检查。检查时将百分表固定在后桥壳上，百分表触头顶在主动锥齿轮外端，然后撬动传动轴凸缘，百分表的读数差即为轴承间隙。间隙不符合技术要求时，改变两轴承间垫片或垫圈的厚度进行调整。后桥拆洗装配后，主、被动锥齿轮轴承预紧度用拉力弹簧或用手转动检查。当轴承间隙正常时，主动齿轮转动力矩为 1～5N·m，被动齿轮应为 11～15N·m。间隙小加垫或增厚垫圈，间隙大则相反。

大锥齿轮的轴向间隙也可用百分表加撬动的方法进行检查，检查结果应符合规定。

双级减速主减速器中间轴的轴承间隙为 0.2～0.25mm，不合适时用轴承盖下的垫片进行调整。在左右任意一侧增加垫片时，轴承间隙增大，相反则减小。差速器壳轴承预紧度采用旋转螺母进行调整。调整时先将螺母拧紧，然后退回 1/16～1/9 圈，使最近的一个花母缺口与锁止片对正，以便锁止。

2. 锥齿轮啮合印痕的调整

主传动器的使用寿命和传动效率在很大程度上取决于齿轮啮合是否正确。检查主动锥齿轮和被动锥齿轮的啮合印痕时，在齿面上涂上红铅油，然后转动齿轮，检查齿面上的印痕。当齿轮啮合正确时，啮合印痕应符合规定(图 9.43)。齿轮啮合印痕不正确时，则应调整。

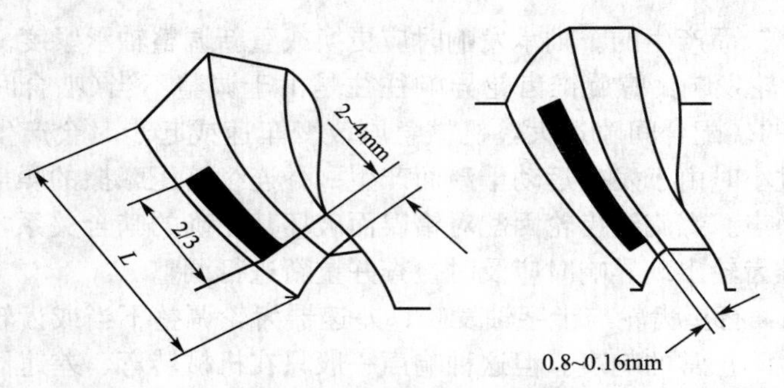

图 9.43 啮合印痕的正确位置

若啮合印痕靠近轮齿小端或大端时，先移动被动锥齿轮。假如因此改变了齿轮啮合间隙时，再用移动主动锥齿轮的方法加以补偿调整。若印痕靠近齿顶或齿根，则先移动主动锥齿轮，并视啮合间隙大小移动从动锥齿轮。移动从动锥齿轮，利用两边轴承座下的垫片，即从一边轴承座下取出垫片，装入另一边。

调整主动锥齿轮位置，也靠增加或减少调整片的厚度来实现。调整后齿轮啮合间隙应在 0.15～0.40 之间。

有些单级主减速器(如 ZL50 型装载机)，在从动锥齿轮背面有止推螺栓，防止负荷过大或轴承松动时从动齿轮产生过大偏差或变形。这时当调整主动锥齿轮和从动锥齿轮后，应重新调整止推螺栓，使其与从动锥齿轮背面保持 0.25～0.40 的间隙。

3. 后桥车轮轴承的调整

在装配轮毂轴承前，首先检查轴承油封、轴承、后轴管螺纹与螺母等机件的技术状况。后轮轮毂轴承松紧度的一般调整方法是：先装上轮毂内轴承，再装制动毂与轮毂外轴承。在旋紧调整螺母的同时旋转制动毂(以使安装位置准确)，直到感觉微有转动阻力为止。将调整螺母反方向旋松 1/8～1/6 圈(约 2 个孔)，最后紧固锁紧螺母。调整完好的后轮轮毂轴承不应有可察觉的轴向松动感觉，并且转动自如无摆动。

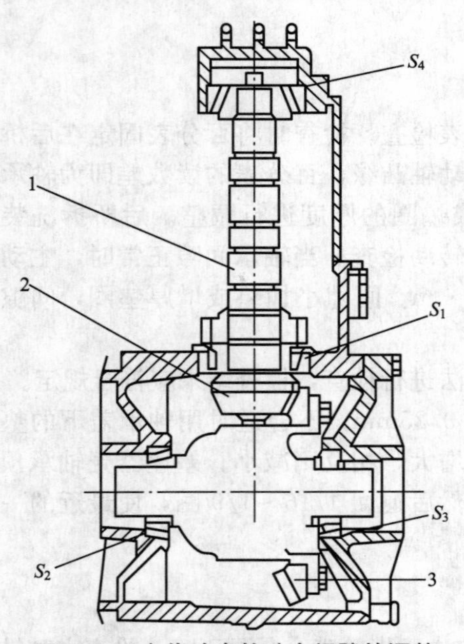

图 9.44 主传动齿轮啮合间隙的调整

S_1、S_2、S_3、S_4—调整垫片；1—小锥齿轮轴；2—小锥齿轮；3—大锥齿轮

4. 主传动齿轮啮合间隙的调整

以如图 9.44 所示的主减速器为例，其啮合间隙的调整方法如下：当因长期使用而使主传动齿轮副的齿面啮合间隙加大时，可通过改变调整垫片的厚度使啮合间隙变小。如果磨损较轻，间隙增大，噪声也变大时，可在调整时只增加垫片 S_1 的厚度，使从动锥齿轮向主动锥齿轮轴心方向移动一些即可；如果磨损较重，间隙较大或很大，噪声也很大，当增加调整垫片 S_1 的厚度只能使啮合间隙变小而不能做到正确的齿面啮合形状时，还要适当减小 S_3 的厚度，同时增加 S_4 的

厚度，使主动锥齿轮向从动锥齿轮轴心方向移动，使之达到既缩小了啮合间隙，又得到正确的齿面啮合形状之目的。调整垫片为主传动器维修配件，垫片厚度尺寸间隔为0.05mm，调整时可以选择某一厚度尺寸，需要时也可将两个垫片叠加使用。

所以，调整的依据应是正确的啮合印痕，齿侧间隙仅作一重要的参考指标，作为判断响声或报废极限的依据。如果在正确地调整了齿轮啮合印痕的情况下，齿轮的啮合间隙超过0.8～0.9mm时，则必须更换齿轮副。

9.10.3 后桥的维修

后桥零件解体并清洗后应认真进行检查，对于那些不能再继续使用的零件，应进行修复或更换。

1. 后桥壳的检修

后桥壳变形后，应对半轴套管座孔同轴度误差进行检查，其方法如图9.45所示，可以反映桥壳的变形。测量仪由定位和测量两部分组成。定位部分包括定位头1和6，花瓣套11及12，外管2，内管5，推母3及锁母4。检验时，将量具放入差速器孔内，把内管拉出，使定位头支承在第4及第5道座孔上，然后锁紧锁母4。此时，锁母内装的5只橡皮圈被压缩变形并将内管抱死，使锁母与内管连成一体。逆时针旋转推母3，让内管5和外管2向两端移动，而将定位头上的花瓣套11及12在第4和第5道座孔上胀紧，花瓣套的轴线便与第4和第5道座孔轴线重合，形成检查的定位基准。测量时，在检验杆7上接装内孔量头后，推到两定位头的内孔中，将百分表置于座孔内的2/3处。转动检验杆，百分表摆差的一半即为该部位的弯曲量。检查桥壳弯曲变形时，还可以在半轴套管未拆下时进行。弯曲量超限时应予以修复。

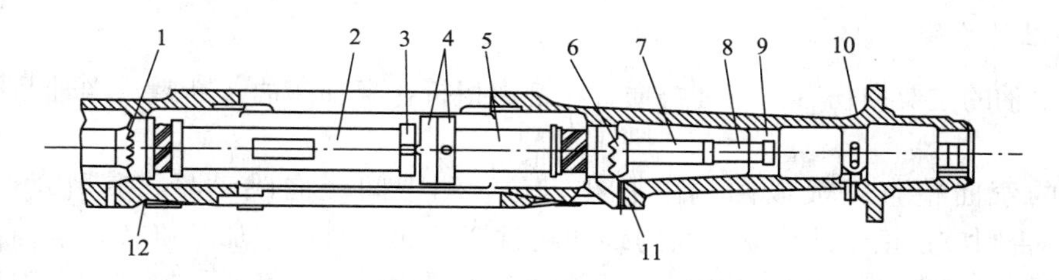

图9.45 后桥壳弯曲变形测量仪

1、6—定位头；2—外管；3—推母；4—锁母；5—内管；7—检验杆；
8—内孔量头；9—百分表；10—后桥壳。11、12—花瓣套

桥壳弯曲变形在2mm范围内，可用冷压法校正。当弯曲超过2mm时，应采用热压法校正，即将桥壳弯曲部分加热至300～400℃，再加压校正。加热温度最高不得超过600～700℃，以防止金属组织发生变化，影响桥壳的刚度和强度。

后桥壳的裂纹可通过目测或对可疑部位用物理检查法检验。桥壳的任何部位均不得有裂纹，严重者应换新件。配件供应困难或局部有微小裂纹时，可焊接修补。焊补时，首先在距裂纹端部的延伸方向约7.00mm处钻一个ϕ5的通孔，以防裂纹继续扩大，再沿裂纹开成60°～90°的V形坡口。坡口深度对于较厚的部位一般为工件厚度的2/3，较薄的部位为1/2。焊接时，一般是用直流反极性手工电弧焊。每焊完一段(20～30mm)需用小锤敲

击焊缝，以降低温度，消除内应力。待工件温度降至 50～60℃时再焊下一段。为增加强度，可在焊缝处焊补加强附板。附板厚度为 4.00～6.00mm。附板应与桥壳中心线对称。焊补时，先均匀点焊固定，再分段焊牢。焊后进行桥壳变形的检查与校正。

2. 主减速器壳和差速器壳的检修

主减速器壳的主要损伤是轴承座孔磨损、螺纹孔损坏以及与后桥壳结合面处出现裂纹等。减速器壳出现上述损伤时，一般应更换新件。但是如果配件供应不足，可采取如下补救措施：当大小锥齿轮轴承座孔磨损超限时，可用镶套法或镀铁及刷镀法修复。镶套修复时，衬套厚度可取 2.50mm，并保持 0.05～0.11 的过盈量。镶入衬套时，应沿衬套与壳体接缝钻三个夹角为 120°、深度大于 4mm 的孔，再将孔堆焊填平，使衬套牢固地焊在壳体上，最后将衬套内孔镗至标准尺寸。当采用镀铁法修复时，可将非镀面绝缘，磨损表面按电镀要求预先加工并清理干净，浸入电解液内电镀。当磨损不大且偏磨不严重时刷镀修复。

行星齿轮支承端面及半轴齿轮支承端面的磨损，可采用机械加工法修复，即先按维修尺寸镗削球面及车削平面，然后配装加厚的球面垫片及半轴齿轮端面垫片。镗削球面时采用成形镗刀。镗刀的半径按维修尺寸确定。车削半轴齿轮支承面时，按差速器分界面的深度控制。球面、半轴齿轮支承端面磨损小时可刷镀。

滚动轴承内圈支承轴颈磨损，用振动堆焊、镀铬及刷镀法修复。采用电镀法维修时，先磨去 0.9mm，镀后留 0.15mm 的磨削余量，并磨至公称尺寸。当以差速器壳与圆柱(锥)被动齿圈结合的圆柱面及端面为基准测量时，半轴齿轮轴承孔及差速器轴承轴颈表面的径向圆跳动一般应不大于 0.08mm，表面粗糙度为 Ra1.6。

差速器壳十字轴颈座孔磨损，可酌情采用刷镀法、换位法及镶套法修复。

3. 半轴的检修

后桥半轴的主要损伤有：花键磨损，花键齿扭折，半轴弯曲、断裂，半轴凸缘螺栓孔磨损等。

半轴的弯曲检查一般以两端中心孔定位，测中间径向跳动量，其跳动量不大于 1.00mm，否则应校正。凸缘盘平面的跳动超过 0.15mm 时，应加工修整。半轴花键齿宽磨损不应超过 0.20mm。半轴技术状况不符合上述要求时应维修或更换。当半轴花键扭转或断裂时，可采用局部更换法修复。

4. 主传动齿轮的检修

齿轮如有不严重的点蚀、剥落或擦伤，个别牙齿损伤(不包括裂纹)且不大于齿长的 1/6 和齿高的 1/3，齿面磨损但接触印痕正常，啮合间隙不超过 0.80～0.90mm 时，可修整后继续使用。损伤超过规定时，应予以更换且须成对更换。因为齿轮制造时，是按齿隙、接触印痕选择配对的。不成对更换将造成新旧齿轮啮合不良，产生噪声及加速磨损。

9.11 履带式底盘驱动桥的检修

履带式底盘(推土机与装载机)后桥一般包括后桥壳体、中央传动、转向离合器与转向制动器、转向助力器、最终传动等，是履带底盘的重要总成部分之一，其技术状态好坏对机械使用性能影响较大。

9.11.1 后桥的常见故障及其原因分析

1. 中央传动的故障及原因

(1) 中央传动异响：中央传动的异响主要发生在齿间与轴承处。啮合间隙过小会引起“嗡嗡”声，间隙过大会引起撞击声。啮合间隙不均是齿轮本身有缺陷。轴承异响是由于轴承磨损、安装过紧、轴承歪斜、壳体与轴变形等引起。

(2) 中央传动齿轮室发热：中央传动齿轮室发热是由于齿轮啮合间隙过小，轴承安装过紧、歪斜，滚动体内有杂物，润滑油不足或油质较差等引起。轴承引起发热时轴承处温度会过高。

2. 转向离合器与转向制动器的故障

1) 转向离合器的故障及原因

转向离合器打滑：在转向制动器未工作的情况下机车自行跑偏，是一侧离合器打滑的征象，在负荷的情况下尤为明显。在主离合器与转向制动器工作正常情况下，同时踩两个制动器时发动机不熄火、不跑偏，说明双侧离合器均打滑。

转向离合器分离不清：拉动一边转向杆时机车不转弯或转弯半径很大；两个转向操纵杆全拉开时机车不完全停止，则说明离合器分离不清。

转向离合器发响：起步、转向时异响可能是摩擦片内外齿齿侧间隙过大引起撞击所致；分离时发响也可能是分离不清或某些零件松动、损坏的原因。

转向离合器发热：离合器发热是由于离合器分离不清、操作不当(经常处于半分离状态)、主、从动毂偏心超限、制动器拖滞等而产生大量摩擦热的结果。

2) 转向制动器的故障及原因

转向制动器拖滞：转向制动器分离不开将导致制动带过热甚至烧毁，同时也使制动毂产生过度磨损，其原因是制动带调得过紧或下部的制动带支承螺钉调整不当，制动带不复位等。

转向制动器打滑：转向制动器打滑除造成制动带过热外，还影响机械的正常使用。其原因有：制动带调整不当，粘油，过度磨损，烧毁，铆钉头外露，制动毂表面过度磨损、凸凹不平等。

3. 转向助力器的故障及原因

转向助力器的主要故障是助力失灵并引起操纵沉重。当操纵力达 350N 左右时，说明助力器完全失效。当一边操纵杆沉重时主要是助力器有故障；两个操纵杆皆沉重时可能是油泵或油路有故障，亦可能是助力器本身有故障。助力失灵或失效的具体原因如下。

(1) 助力器油箱缺油引起泵油量不足，油压降低，随动活塞移动无力，致使操纵杆直接操纵。油箱缺油大多因油封损坏使油液漏出，或因壳体裂纹而外泄。

(2) 油泵缺陷使泵的流量和压力降低。其主要缺陷是因磨损使齿顶间隙、齿端间隙、齿侧间隙增大，内漏增加。

（3）助力器零件磨损，如滑阀与阀套内孔配合间隙增大，活塞与阀套外圆配合间隙增大时，液压油泄漏增加，使活塞随动不灵，操纵杆沉重。

9.11.2 后桥的重要检查和调整

1. 中央传动的检调

中央传动锥齿轮的啮合位置不正确往往是造成噪声大、磨损快、齿面易剥落、轮齿易折断等现象的原因。所谓正确啮合就是要求两个锥齿轮的节锥母线重合，节锥顶点交于一点。

（1）轴向间隙的检调：以T120型推土机为例，中央传动轴承间隙的调整方法如下。

卸下燃油箱、助力器和转向离合器，清除后桥箱上的污垢，并用煤油清洗传动室；

装上检查轴向间隙的夹具和百分表，并将表的触头顶在从动锥齿轮的背面；

用手扳动从动锥齿轮，使横轴转动几圈，以消除锥形滚子轴承外圈和滚子间的间隙；

先用撬杆使从动锥齿轮带动横轴向左移动至极端位置，将百分表大指针调“0”。再将横轴推至极右位置，百分表的摆差即为横轴轴向间隙。其正常值应为0.09～0.20mm，不符合要求时应进行调整；

如果轴向间隙因轴承磨损而过大，可在左右两轴承座下各抽出相同数量的垫片，其厚度等于要求减小间隙数值的1/2，这样就可保持从动锥齿轮原来的啮合位置基本不变。

（2）锥齿轮啮合间隙的检查与调整：轴向间隙调整好后，用压铅丝法(或测隙纸法)检查其啮合间隙。检查时将铅丝(比所需间隙稍厚或稍粗)放在轮齿间，并转动齿轮使铅丝进入齿轮啮合表面而被挤压，然后取出被挤压的铅片，测量最薄处的厚度，即为齿侧间隙。一般新齿轮副啮合间隙为0.20～0.80mm，且在同一对齿轮上沿圆周各点间隙的差值不得大于0.20mm。对于用旧的齿轮副来说，其啮合侧隙最大可允许为2.50mm，超过此值应更换新件。

若不符合以上要求时，可将一侧轴承座下的调整垫片抽出并加到另一侧(两边垫片的总数仍不变，以保证横轴轴承间隙不变)进行调整。抽出左边垫片加到右边时，侧隙增大，反之，则减小。

（3）主传动器锥齿轮啮合印痕的检调：中央传动的使用寿命与传动效率在很大程度上决定于锥齿轮啮合的正确性。正确的啮合印痕是避免早期磨损和事故性损坏、减小噪声、增大传动效率的重要保证。

啮合印痕的检验方法是：在一个圆锥齿轮齿面上涂以红铅油，转动齿轮1～2圈，在另一个圆锥齿轮的齿面上即留下了啮合印痕。检查啮合印痕应以前进挡啮合面为主，适当照顾后退挡位。正确的啮合印痕应在齿面中部偏向小端(但距小端端面应大于5mm)，前进挡时啮合面积应大于齿面的50%，后退挡时应大于齿面的25%。印痕长应大于齿长的一半，印痕应在齿高中部。印痕允许间断成两部分，但每段长度不得小于12mm，断开间距不得大于12mm。印痕大小及位置不合适时，可通过移动大小锥齿轮来改变轴向位置。当小锥齿轮轴向位置安装正确时，一般情况下调整大锥齿轮轴向位置即可满足要求。当调整大锥齿轮不能满足啮合印痕时才调整小锥齿轮。调整大锥齿轮轴向位置的方法与调整啮合间隙的方法相同。小锥齿轮的轴向位置可通过增减变速器第二轴前端轴承座与变速器壳体间垫片的厚度进行调整。

当用以上方法调整不出合适的啮合印痕时，则往往是由于后桥壳变形、齿轮轴变形等造成，需更换或维修有关零件。

2. 最终传动的检调

(1) 最终传动装置驱动轮轮毂轴向间隙的检调(以上海 T120 推土机为例)：最终传动装置驱动轮轮毂轴向间隙标准值为 0.125mm。间隙过大或过小都会加速轴承和齿轮的损坏，引起驱动轮在行驶中轴向摆动量增大，加速啮合处的磨损和端面油封的损坏，使最终传动产生漏油现象。因此，须定期检查调整。具体调整方法与步骤如下。

拆开履带，并松开半轴外轴套的夹紧螺栓，取下驱动轮轴承调整螺母的锁止片。用约 1500N·m 的转矩将调整螺母拧到极点，即将轴承间隙完全消除，然后退回一个齿(即 1/4 圈)。用撬杠把驱动轮向外撬，以消除半轴外瓦和调整螺母之间的间隙。调整后，装上调整螺母的锁止片，并拧紧半轴外轴套的夹紧螺栓，最后装复其他附件。

(2) 最终传动装置驱动链轮油封漏油的检查和调整：首先检查链轮在轮毂花键上的配合情况，如发现自紧油封对于本身的垫圈压得不紧，必须拧紧轮毂螺母(拧紧调整螺母的力矩约为 1500N·m)。

如漏油仍不停止，则需拆开减速器(传动齿轮壳)找出原因。在正常情况下，自紧油封装配后，应被压缩 4～8mm。以 T120 为例其压缩量应用下述方法进行控制：即装配后的尺寸(图 9.46)A 与 B 应分别满足规定要求，否则必须卸开并除去或添加油封有插销一面的垫片，补加调整垫片必须用密封胶粘牢。

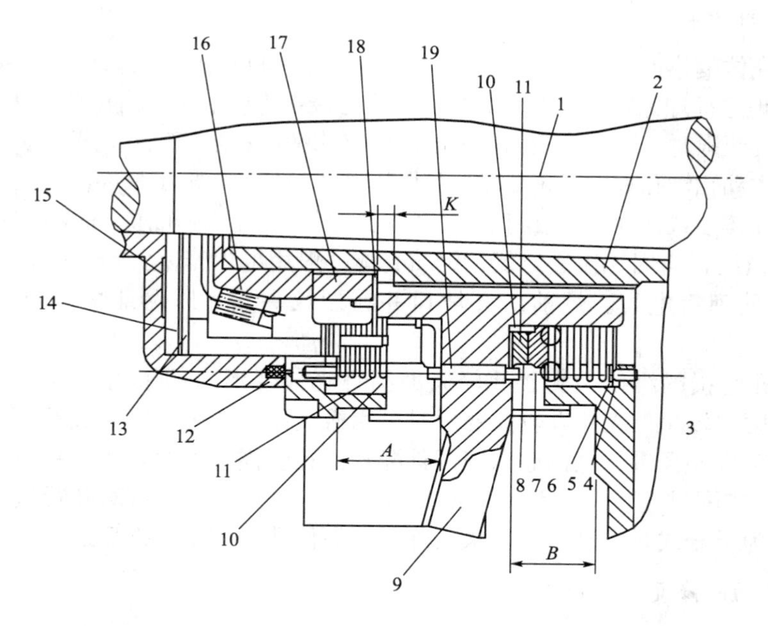

图 9.46 上海 T120 推土机最终传动油封位置

1—半轴；2—轮毂；3—最终传动箱体；4—软木垫；5、9—软木皮革环；6—波纹筒；7—皮革环；8—软木环；10—驱动轮；11—钢环；12—调整螺母；13—软木密封环；14—轴承座；15—半轴轴承；16—轴承；17—轮毂螺母；18—锁垫；19—销钉

3. 转向离合器的检调

仍以 T120 推土机为例，其检调步骤如下。

(1) 转向离合器操纵杆自由行程的检查与调整：转向离合器在正常的情况下，操纵杆的自由行程为 135～165mm。当因转向离合器摩擦片磨损使此行程小于 75mm 时，转向离合器便会出现上述故障，这时就必须对它进行调整。调整的方法和步骤如下。

使推土机熄火或分离主离合器；打开转向离合器后面和上面的检视孔；将操纵杆移至最前方，使转向离合器分离机构的球面螺母紧靠在分离杠杆上，以便使助力器活塞处于最前位置；松开助力器前端顶杆胶套的卡环和顶杆叉锁紧螺母，调节顶杆长度，并将操纵杆空行程调整到 20～40mm(由手柄上端测量)；拧松转向离合器分离机构的球面螺母，使操纵杆手柄之端头从最前位置到转向离合器开始分离位置的行程为 135～165mm；

调整完毕后，用锁紧螺母固定球面螺母，上好检视盖。

(2) 转向制动器的调整：制动器工作不良时必须进行调整。调整方法如下：

取下转向离合器室检视孔盖；拧动调整螺母，顺时针方向旋转时，制动带收紧，踏板行程减小，相反则自由行程增大，正确的踏板自由行程应为 150～160mm；利用制动带顶推螺栓(后桥壳下部)调整制动带和转向离合器外毂间的间隙，调整时首先松开锁紧螺母并将顶推螺栓拧到极点，然后再退出 1～1.5 圈，最后用锁紧螺母固定；装上检视孔盖。

9.11.3 履带式机械驱动桥(后桥)的维修

1. 后桥壳的修复

(1) 后桥壳体变形的维修：后桥壳体变形后一般用机械加工法修整。根据变形位置的不同，应正确地选择加工定位基准。如当横轴孔与最终传动主动轴轴孔垂直度不超限，而与前平面间平行度超限时，则可以横轴孔为基准修整前平面；当横轴孔与前平面平行度不超限而与最终传动主动轴轴孔垂直度超限时，则以横轴孔为基准，加工最终传动主动轴轴孔。

(2) 后桥壳体裂纹的维修：由于后桥壳体受力复杂、负荷沉重，故不宜用胶补、栽丝或补板法修补裂纹，应用焊接法修复。钢质壳体一般用电焊修复。铸铁壳体可用加热减应法气焊或加固处理后电焊。焊前应开坡口并将裂纹夹紧，以保证焊修质量和减小壳体变形。

(3) 安装孔磨损的维修：安装孔轻微磨损且壳体变形未超限时，可直接用刷镀法修复。当安装孔磨损较少但壳体有较大变形时可用机械加工法去除安装孔几何形状误差，然后对与其相配零件外径进行电刷镀以恢复其配合。孔磨损较大时，可用镶套法维修。镶套可用 40 号钢，镶配过盈量可取为 0.03～0.05mm。钢质壳体亦可对孔径进行焊补而后加工。横轴座孔为半分式时，可用加工法去除分界面使孔径缩小，然后加工至要求尺寸。

2. 中央传动的修复

(1) 锥齿轮的维修与更换：锥齿轮轮齿的大端齿厚磨损 1mm 以上，齿面疲劳点蚀超过齿长的 1/4，轮齿有裂纹或轮齿折断时应更换新齿轮。更换齿轮时须成对更换，以保证锥齿轮副的正常啮合。大齿圈与横轴接盘配合间隙大于 0.06mm 时应维修横轴以恢复配合。螺栓连接孔配合间隙大于 0.9mm 时应用维修尺寸法修复。

(2) 横轴的维修：横轴变形的校正——横轴与齿圈配合的外圆相对于轴承安装轴颈的

径向跳动量应小于0.05mm，与齿圈配合的端面跳动量应小于0.9mm。横轴变形超限时可用冷压校正，变形较大时可用热压校正；配合表面磨损的修复——横轴接盘与齿圈配合的外圆柱面及螺栓孔磨损，主要是由于螺栓未按规定转矩拧紧或工作中产生松动所致。外圆柱面磨损会影响外圆柱面与轴颈间的同轴度，维修时可先磨削接盘外圆柱面，使其同轴度恢复到要求范围内，然后刷镀到标准尺寸。

3. 转向离合器的修复

(1) 转向离合器主动毂的维修：主动毂外齿齿顶磨损出现凸凹不平后，维修时可予车光。当齿侧两边皆磨损，其磨损量约1.5mm时，铸铁主动毂应报废，铸钢主动毂可将齿间堆焊，然后加工并重新铣出新齿；摩擦端面产生磨痕和烧伤时，可加工修整去除磨损痕迹，但加工后工作面须与内孔垂直。

花键孔磨损后亦可换装到另一侧安装使用。当孔与轴上花键皆损坏时，在缺件情况下亦可用局部更换法修复。湿式转向离合器的主动毂内孔磨损较轻时可刷镀修复，磨损较重时可用镶套法修复。定位止口损坏可加工修整后刷镀，最后加工到标准尺寸。

(2) 转向离合器从动毂的维修：内齿齿顶磨损出现不平时可予车光，允许车去量为1.50mm(直径方向)。齿侧单边磨损0.80mm时可换装到另一侧使用。两齿侧皆磨损使齿厚减少约1.50mm时应更换或修复(修复方法与主动毂相同)。

制动毂外圆磨损出现0.50mm以上擦伤和沟槽时可予车光，车削时应以内孔及端面为定位基准。D80A-12型、TY220型推土机从动毂外径最多允许车去量为5mm(直径方向)。

(3)转向离合器摩擦片的维修：主动摩擦片多为钢片(40号、45号薄钢板)，从动片多为两面带有耐磨材料的摩擦片。当摩擦片磨损后尚能使用时，为解决因主、从动片总厚度减少引起的离合器打滑，可在紧贴压盘处增加一片主动片。当主、从动摩擦片齿顶磨尖时，应更换新片。当从动片耐磨材料减薄或碎裂时，应更换耐磨材料。粉末冶金材料磨完时，说明钢片齿牙已磨损严重，所以也应更换新件。主动片烧蚀严重时应更换。

(4) 压盘的维修：压盘端面变形与磨损后可用车削或磨削加工法修整，内齿损伤后的处理与从动毂内齿相同。内孔配合间隙大于1mm时，可用镗削加工去除偏磨，将与之相配的轴颈刷镀。某些壁厚较大的推土机压盘可用镶套法维修，镶套材料为中碳钢，壁厚可取为3mm，与压盘配合过盈量为0.015～0.075mm。T90型、T120型推土机压盘与分离轴承松旷时，可镀铬、镀铁、刷镀。湿式离合器压盘内孔键槽损坏后可用维修尺寸法修复。

4. 制动器的维修

(1) 制动带的维修：摩擦带断裂或厚度低于规定值时，应更换新件并重新铆接或粘接。铆钉松动时应去除旧铆钉并用新铆钉重新铆紧。

(2) 杠杆、拉杆、铰链的维修：制动器的杠杆、拉杆、销轴等一般不易损坏，主要损伤是各铰链销轴与孔配合处磨损以及拉杆变形等。铰链配合可大致分为两类，一是销轴与孔配合(许多是衬套孔)，标准配合间隙为0.03～0.30mm，大于0.50mm时应维修；二是拉动销与孔配合，标准间隙为0.05～0.40mm，大于1mm时应维修。其维修方法大多是采用维修尺寸法。拉杆弯曲时应予校直。

5. 最终传动的维修

由于最终传动构造的不同，主要零件也有差异。现以T90型、上海T120型、D80A-12

型推土机的最终传动为例叙述如下。

(1) 主动齿轮与二联齿轮的维修：齿面磨损具有单面性质，所以当齿厚磨去约0.80mm时，可将齿轮换装到另一侧，以磨损较轻的齿面工作。齿面两边均磨损使齿厚减少约1.50～2.00mm时，应更换新件或焊修齿面。齿面产生小于齿长1/3的条状剥落损伤时可继续使用；当损伤超过齿长1/3或较宽时应焊修齿面。齿端产生小于齿长1/6的掉块时可继续使用，大于1/6的掉块应堆焊。有裂纹的齿轮可根据裂纹大小和部位确定修补或报废。

与轴承配合表面产生0.02mm以上间隙时可镀铁、镀铬或刷镀修复。磨损严重时亦可焊修，修后轴颈与齿轮节圆同轴度应小于0.05mm。

(2) 从动齿轮的维修：轮缘裂纹或开裂时可用焊接法修复，由于开裂后的轮缘会引起变形，所以焊前应用拉紧器将裂纹拉紧合拢。焊接时可开成8～9mm宽的90°的坡口。为了增加连接强度，可在齿圈轮缘左右两内面各加焊一直径为16～18mm的钢环，焊接后车削与轮毂配合的一面。

如齿圈相邻几个齿严重损坏时，可用镶齿扇法修复。镶焊时最主要的应保证齿扇的位置精度。

螺栓孔磨损可用维修尺寸法修复。轮毂与齿圈配合面磨损后可用刷镀、堆焊、加压钢圈等修复，并加工至要求尺寸。此时应注意修后外圆与轮毂轴颈的同轴度及端面与轴颈的垂直度要求。

(3) 滚动轴承的更换：当滚动体及滚道严重疲劳点蚀或过度磨损使其径向间隙大于0.25～0.30mm时应予更换。轴向间隙可以进行调整。轴承与相配的轴孔配合松动，可对轴、孔刷镀，以恢复要求的配合关系。

(4) 长半轴、半轴轴承、端轴承的维修：长半轴端部弯曲超过2mm时应拆下后进行冷压校正。

螺纹损坏时可焊后重新加工；键槽损伤可用维修尺寸法修复，键槽损坏严重时可在其他方向重新铣制。安装有滚动轴承的轴颈松旷后可进行堆焊或刷镀处理。

半轴外轴承与衬套配合间隙大于1.50mm时，用堆焊法修复外轴承外径或更换轴承衬套以恢复配合(标准间隙为0.05～0.21mm)。半轴外轴承键槽损坏可修整后换加大尺寸半圆键，亦可在其他方位重新拉出外键槽。外轴承座定位销磨损后应更换新件。

(5) 驱动链轮的维修：由于驱动齿磨损具有较明显的单边性质，所以驱动轮齿磨损量大于5～6mm时，两边换位维修；已换过位再次磨损时应换新或堆焊修复。其他损伤都用焊接法修复。驱动链轮修复后，轮缘端面摆差应小于3mm，齿底相对内孔径向跳动量应小于3mm，齿节距误差应小于1mm。

9.12 轮式机械行驶系的检修

9.12.1 车架的修理

1. 车架变形的检验与矫正

(1) 车架变形的检验：车架的检验在修理厂可参考如下方法进行。

检查钢板销中心距及其对角线——为了保证前后桥轴线平行，必须使铆接在车架上的各钢板支架销孔中心前后左右的距离都合乎要求，如图 9.47 所示。车架Ⅰ段左右相差不应超过 1mm，Ⅱ、Ⅲ段左右相差不得超过 2mm。1 和 2、3 与 4、5 和 6 等对角线间相差不应超过 5mm。

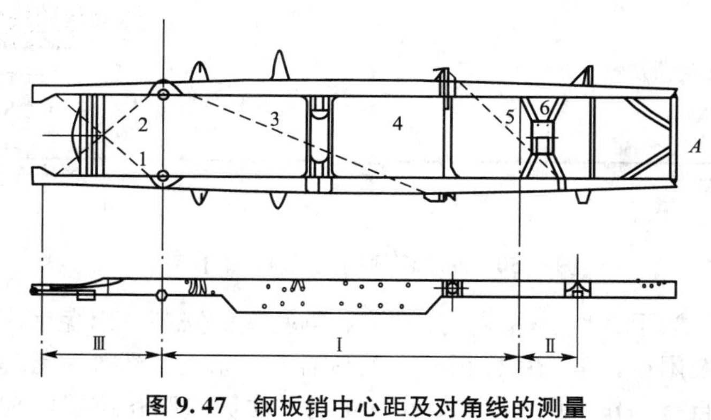

图 9.47 钢板销中心距及对角线的测量

当直线距离正确而对角线略差时，前后桥仍可平行；反之，对角线不差，直线距离不同时，说明前后桥不平行。因此，对钢板销中心距所要求的偏差应比对角线严格。

检查车架纵梁上平面及侧面纵向直线度，纵梁侧面对上平面的垂直度，纵梁上平面的平面度。

纵梁的直线度、平面度、垂直度不符合要求，将影响有关总成的安装，应予校正。平面度、直线度可用拉线法检查，如图 9.48 所示。直线度在任意 900mm 长度上应不大于 3mm，在全长上应不大于全长的 1/900；平面度误差应不大于其长度的 1.5/900。

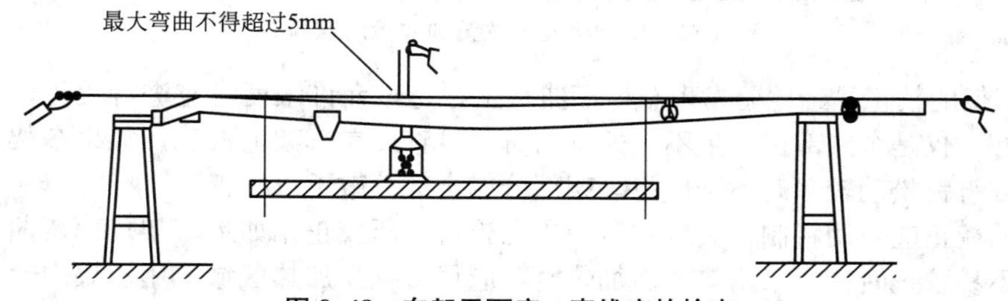

图 9.48 车架平面度、直线度的检查

垂直度误差可用图 9.49 所示的角尺法检查，角尺与纵梁下沿的最大离缝应不大于纵梁高度的 1%；车架主要横梁对纵梁的垂直度误差应不大于横梁长度的 0.2%。

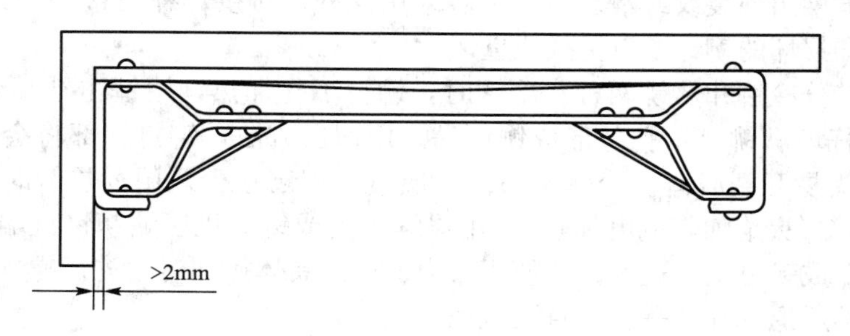

图 9.49 车架垂直度的检查

车架对中性的检查：为保证前后桥平行，以减小行驶阻力和配合件的磨损，应使对应左右钢板销在同一中心线上。检查方法如图 9.50 所示，两杆在车架中心处的偏差应不大于 2mm。

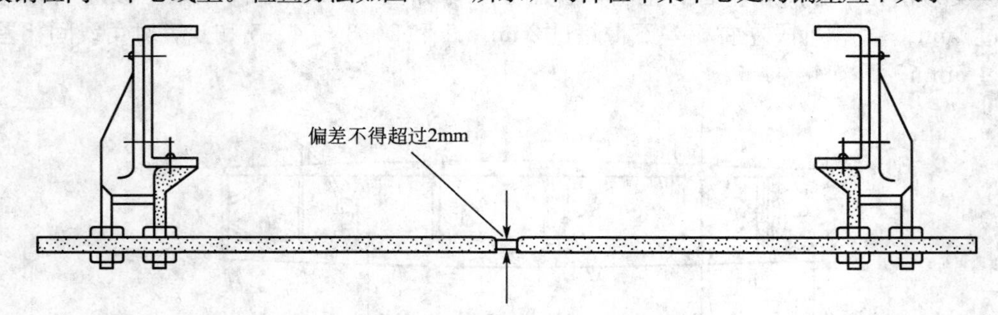

图 9.50　左右钢板销孔同轴度的检查

样板对照检查：为了方便散热器、发动机、驾驶室的安装，以免因车架变形使安装螺钉孔错位而造成安装困难，事先用样板检查散热器、发动机及驾驶室等座孔位置。样板可按不同车型用铁皮自行制作。图 9.51 所示为固定发动机的座孔位置的检查，其对角线之差不得超过 3mm。

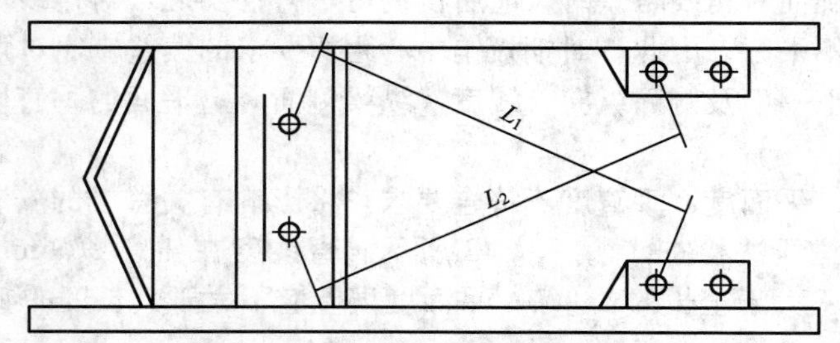

图 9.51　发动机支架位置的样板对照检查

(2) 车架的校正：经检验发现车架弯曲、歪扭超过允许限度时应进行校正。当车架总的情况良好，仅是个别部位产生不大的弯曲时，可直接在车架上校正。如果车架变形很大并有裂纹或铆钉松动较多时，则应将车架部分或全部拆散予以校正。

车架的校正应采用特制机具或在压力机上施行冷压校正。如果车架局部弯曲很大，采用冷压法不易校正时，可采用热校。加热时，应尽量减少加热区域，用乙炔中性火焰或炭火将需要校正部位加热至暗红色(不超过 700℃)。校正后应使其缓慢冷却以免脆裂。

2. 车架的修补和铆接

车架纵、横梁出现裂纹或断裂时，一般采用挖补、对接焊补与帮补等方法进行修理。对错位、松动和损坏的铆钉予以更换或重铆。

车架的铆接分冷铆和热铆两种。冷铆时，铆钉不作加热，用锤击或压缩铆钉杆端的方法，使铆钉杆填满铆钉承孔并形成铆钉头。用锤击方法，铆钉端部将会产生冷作硬化并变脆，铆钉头易开裂脱落。冷铆不易保证质量，现已很少采用。热铆时，将铆钉加热至 1000～1100℃(火焰加热或电加热)，用连续锤击或铆钉机压缩铆钉杆端，使铆钉充满铆钉承孔，并形成铆钉头，这种方法使用较为普遍。具体操作时，先用螺栓全部紧固，只留一孔先铆，然后退一孔铆一孔，直至铆完。

9.12.2 轮胎及车轮的修理

1. 轮胎的修理

(1) 外胎的修补与翻新：轮胎修补要从“小”做起，及时根据其损坏的类型确定修补方法。轮胎在使用过程中，应注意胎面的磨损程度和胎体的技术状况，符合翻新条件时，应及时送厂翻新，不得勉强使用或不经翻新一直使用到报废。外胎的修补与翻新一般送专业翻修厂进行。

(2) 内胎的修如下。

穿孔和破裂的修补——用火补胶修补：内胎穿孔和破裂范围如不超过 20mm，或行驶途中应急修补时采用；用生胶修补：若内胎破损伤口较大，可用生胶修补。

气门嘴根部漏气的修补——旋下气嘴固定螺母，将气嘴顶入胎内。然后将气嘴口处锉毛，露出底胶；剪直径约 20mm、30mm、50mm 的 3 块帆布和一块直径约 60mm 的生胶，在帆布中央开一小洞，洞的大小应与气嘴上端直径一致；在帆布表面(两面)及气嘴口锉毛处涂生胶水(2～4 次)，待胶水风干后，将帆布以先小后大的次序铺在气嘴口处，使帆布上的洞口对正气嘴口，然后在帆布洞口处放一小纸团，最后放上生胶加温硫化。补好后，用剪刀在中间开一小口，取出纸团，将气嘴装回原处，拧紧螺母。

气嘴口的更换——气嘴更换时，可在气嘴附近开一小洞，松开紧固螺母后，将气嘴顶入内胎并从所开小洞取出，新气嘴也从此洞装入，待新气嘴装好后将该洞用生胶补好。

2. 轮辋修理

轮辋与轮盘，大修时应检查铆钉松动或焊接裂纹，检查轮毂螺栓周围有无裂纹、生锈、腐蚀或过度磨损。轮辋、轮盘及挡圈锁圈生锈可用砂布除锈并视情涂漆保护。裂纹一般因车轮过载疲劳所致。轮辋裂纹、螺栓孔定位锥面过度磨损、变形超限均应更换新件。

3. 车轮偏摆的检查

车轮偏摆不但会造成汽车高速行驶时摆振，且使车轮本身产生疲劳破坏。为了检查车轮偏摆，可将车轮与轮毂装配，安装在车桥上，用一个百分表使伸缩杆置于如图 9.52 所示的位置，转动车轮，观察指针的偏离，检查垂直和水平偏差，其允许使用极限为 4mm。

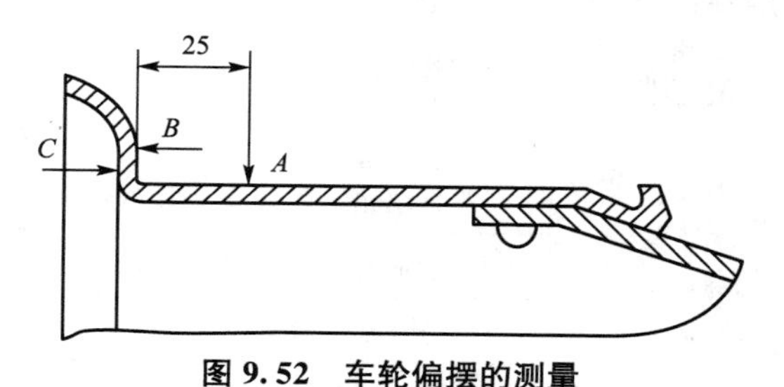

图 9.52 车轮偏摆的测量

A—垂直偏摆测量点；*B*、*C*—水平偏摆测量点

9.12.3 车轮的平衡

1. 车轮的静不平衡

当车轮外径与宽度的比值大于或等于 5，不论其工作转速高低，都只需要进行静平衡。检验静平衡时可将车桥支起，通过转车轮用观察法检查。

2. 车轮的动不平衡

车轮的动平衡性能在动平衡检验仪上检查。

3. 车轮不平衡的校正

车轮的不平衡状态，可在车轮适当位置加上一个质量，使该质量和不平衡点所产生的离心力大小相等，方向相反，车轮达到静平衡。动平衡的校正一般通过加两个质量形成力矩去平衡原有动不平衡量。

9.13 履带式机械行驶系的维修

9.13.1 履带式机械行驶系的故障、原因及排除方法

履带式机械行驶系的常见故障及产生故障的原因和排除方法见表9-6。由于履带式机械种类及型号繁多，结构也不尽相同，所以在使用中进行维护及故障判断与排除时，除参照表中所述外，还应结合所属机型的使用说明书进行。

表9-6 履带式机械行驶系的故障、原因及排除方法

故障	产生的原因	排除方法
链轨和各轮迅速磨损或偏磨啃轨	1. 润滑不良或使用不合规的润滑剂；	1. 严格执行润滑表规定的润滑项目和规定的润滑剂；
	2. 各转动部分转动不灵或锈死；	2. 检查、调整和修复；
	3. 轴承间隙过大或过小；	3. 检查、调整至规定间隙；
	4. 驱动轮、引导轮、支重轮的对称中心不在同一个平面上；	4. 检查、修复；
	5. 引导轮偏斜；	5. 检查引导轮轴承间隙是否过大，内外支承板磨损是否悬殊，内外支承弹簧弹力是否均匀，调整螺杆是否弯曲，引导轮叉臂长短是否一致；
	6. 驱动轮装配靠里或靠外；	6. 重新检查、装配；
	7. 半轴弯曲，驱动轮歪斜；	7. 校正半轴，检查轮毂花键磨损情况；
	8. 托链轮歪斜；	8. 检查并校正托链轮支架；
	9. 托链轮轴承间隙过大或半轴轴承和端轴承间隙过大	9. 检查、调整或更换
支重轮托链轮漏油	1. 橡胶密封圈硬化变形或损坏；	1. 换新；
	2. 内外盖固定螺栓松动；	2. 拧紧固定螺栓；
	3. 轴磨损；	3. 修复；
	4. 因装配不当，引起油封移位而失效；	4. 重新正确安装；
	5. 有些推土机使用的浮动端面油封，密封面不平或夹有杂质影响密封	5. 研磨修平，清洗干净

（续）

故障	产生的原因	排除方法
机件发热转动困难	1. 轴承间隙太小，或无间隙；	1. 按规定值调整轴承轴向窜动量；
	2. 轴承损坏，咬死；	2. 更换轴承；
	3. 润滑不良；	3. 清洗，然后按润滑要求加注润滑油；
	4. 严重偏磨	4. 检查同侧各轮是否在同一对称中心平面上
履带脱轨	1. 履带松弛引起掉轨；	1. 调整履带松紧度；
	2. 由于引导轮、驱动轮、链轨销套等部件的磨损量积累引起脱轨；	2. 及时调紧履带，并注意履带的维护和各轮的润滑；
	3. 张紧弹簧的弹力不足；	3. 调紧或换新；
	4. 液压式张紧装置的液力缸严重失圆、活塞磨损、密封件损坏而不起作用；	4. 镶套修复或换新；
	5. 引导轮的凸缘严重磨损，驱动轮的轮齿磨损变尖，支重轮和托链轮的凸边磨损严重；	5. 堆焊修复或换新；
	6. 台车架变形；	6. 检查同侧各传动部分的对称中心是否在同一平面，校正台车架变形部分；
	7. 半轴弯曲变形	7. 校直半轴

9.13.2 履带式机械行驶系主要零件的维修

1. 机架的损伤与修复

机架的主要损伤是产生弯曲、扭曲等变形，其他损伤是构件产生裂纹或开裂，各支承面、安装面等产生磨损。

机架变形可用各种方法检验，如用长直尺放在纵梁上平面及侧平面，根据直尺与梁间缝隙大小检查梁的弯曲变形；对于整个机架，由于尺寸较大，可用拉线法检验。

机架变形多用冷压校正，热校正往往会影响机架刚度与强度。校正时可用大型压力机或螺旋加压机构进行校正，校正时多在机架上进行。当变形较大时，可将构件取下，校正后重新装配。

机架产生裂纹或焊缝开裂时，可用高强度低氢型焊条电焊或气焊。型钢壁厚小于6mm时可单边焊；壁厚为6～8mm时，应双面焊。重要部位或因强度不足而产生裂纹时应加焊补板：采用单面补板时应在另一面焊接裂纹；采用双面补板时，只焊补板而不焊裂纹。

铆接松动时，应去除旧铆钉，铰圆铆钉孔后重新铆接。铆钉直径大于12mm时应用热铆法铆接。铆接后零件间应贴合牢靠，用敲击法检查铆接质量，声音应如同整块金属一样清脆。

各总成和部件的安装面、定位面磨损后可用堆焊或增焊补板法修复。安装孔磨损后可用加大尺寸、镶套或焊补法修复，此时应注意安装孔的位置精度。

2. 行走台车的维修

(1) 台车架的维修：台车架亦称履带架或支重，台车其上装有支重轮、导向轮、托链轮、张紧装置，它通过前梁与后半轴实现与机架的连接。台车架的损伤如下。

台车架裂纹：台车架是受力沉重的机件之一，在受力严重的部位易产生裂纹或焊缝开裂。维修时应用钢丝刷去除锈迹、污垢后对易裂部位(图 9.53)进行检查。

台车架变形：台车架变形将破坏“四轮”的位置精度，引起机车跑偏和行走装置零件的快速磨损。台车架变形后可用各种方法进行检验，较大的修配厂多在专用的检验、校正平台上进行，平台上的刻线为常用机型基准线及定位槽，不同机型可对照各自的车梁弯扭和斜撑变形标准。

车架安装面与配合表面的磨损。台车架安装面与配合表面的磨损主要表现为以下几个部位：轴承孔由于台车架相对于机架上下摆动而与半轴间产生摩擦磨损，配合间隙增大，易破坏台车梁与半轴的垂直度与端轴承定位销配合孔；当螺纹连接松动时也易产生磨损；前叉口上下滑动面及左右外侧滑动面因工作中导向轮在变化的阻力作用下产生前后滑动而磨损，磨损后下滑动面与勾板间及导向轮轴端盖板与叉口侧滑动板间间隙将增大，如图 9.54 中的 B 及 C。图中 D 为台车架，B 一般允许增大至 6mm，C 允许增大至 3mm。

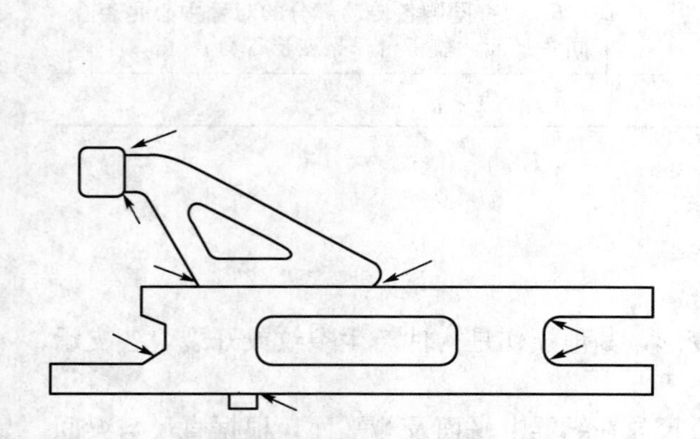

图 9.53　台车架裂纹的检查部位

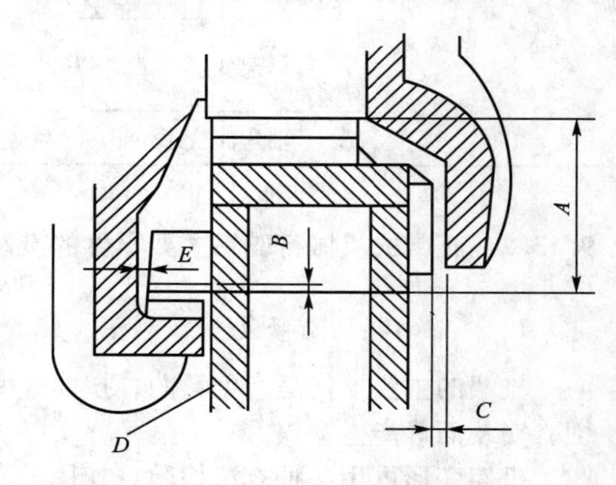

图 9.54　台车架前部配合间隙

台车架的修复方法如下。

第一，台车架裂纹的焊修：台车架产生裂纹时，应找出裂纹端部并钻以止裂孔，然后进行焊接修理。重要裂纹或焊后重新开裂时，应用补板法进行增强补焊，所用焊条应为低氢型高强度焊条。

第二，台车架变形的校正：台车架变形超限时应进行校正。变形较小时可进行冷校正，变形较大时应进行局部加热校正。

第三，台车架配合面磨损的维修：台车架后端轴承定位销孔磨损后可铰大孔径，更换加大尺寸定位销。

斜撑支座轴承孔磨损后更换轴承；支承座孔磨损较轻时，可刷镀轴承外径，磨损严重时可堆焊后进行机械加工，加工时应注意座孔位置精度。

台车梁前部上下左右导向面磨损超过2mm后可更换导板，导板材料常用16Mn，焊接后，应保持的厚度约为12mm。

(2) 导向轮、支重轮、托链轮的维修：轮体滚道直径磨损量达9mm以上时，可用堆焊或镶圈法修复；导向凸缘磨损达9mm以上时亦应堆焊维修。堆焊时应注意以下几点。

第一，堆焊层超过3层时，应用韧性好、硬度约为HRC25～HRC27的珠光体材料打底(2～3层)，再堆焊较硬的耐磨材料；

第二，应注意堆焊顺序，堆焊支重轮、托轮时可按图9.55所示顺序及箭头方向进行；

第三，堆焊导向凸缘时可将焊嘴相对工件倾斜一个角度($\alpha=30°\sim40°$)，且应很好预热，以防根部裂纹；

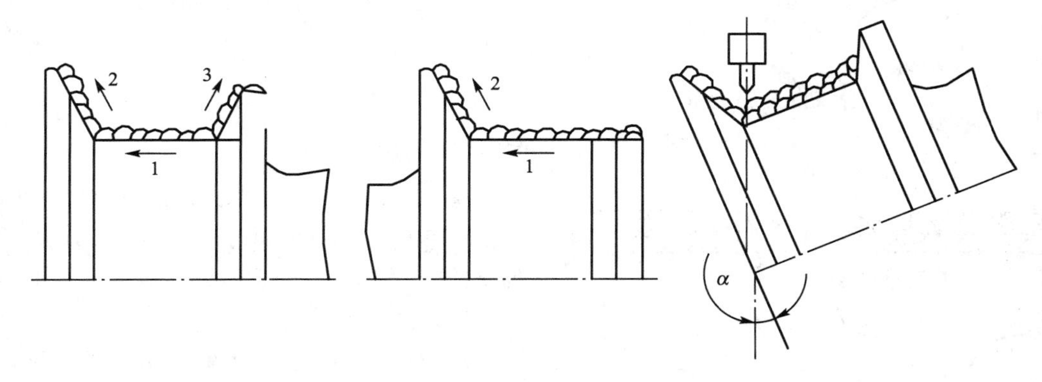

图9.55 支重轮与托链轮的焊接顺序与角度

第四，为提高焊层接合强度与光滑程度，焊嘴距工件中垂线间的距离$A=19\sim50$mm(图9.56)。

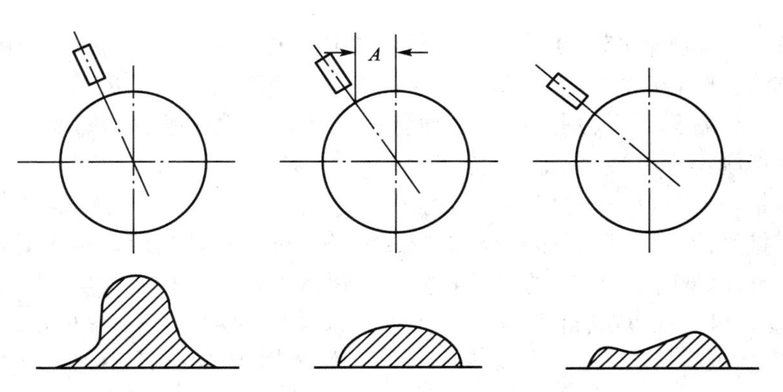

图9.56 焊嘴相对于工件的位置

轮轴弯曲跳动量应小于0.20mm，否则应校正。轮轴弯曲较大时亦可用堆焊轴颈并重新加工法恢复其直线度。

与滚动轴承配合的轴颈磨损使配合间隙大于0.05时，可用刷镀法修复轴颈；与滑动轴承配合的轴颈磨损后配合间隙大于1mm时，可用振动堆焊或埋弧焊修复。由于轮轴磨损多属单边性质，所以有些轮轴可在单边磨损达0.80mm时，转动180°安装使用，根据结构不同，有时也允许用镶套法维修。

(3) 履带总成的维修。

第一，链轨节的维修——当链轨滚道磨损大于 9mm 时可进行堆焊，或补焊中碳钢板。堆焊时可用手工电弧焊，用能产生 HRC48～HRC58 硬度的焊条材料进行焊接。另外也可采用埋弧焊自动堆焊，生产率高，且不必拆卸链轨。堆焊顺序如图 9.57 所示。

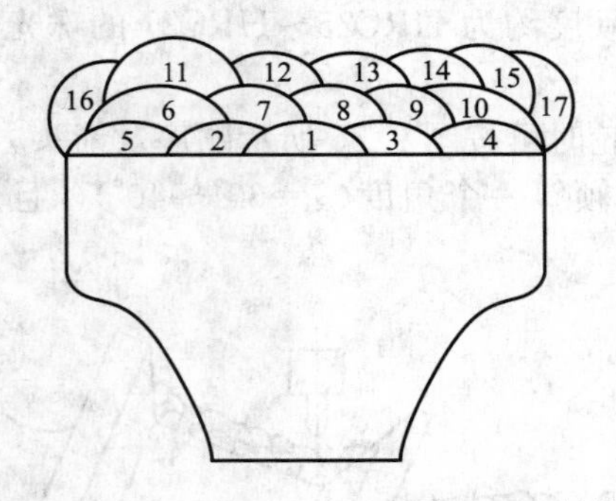

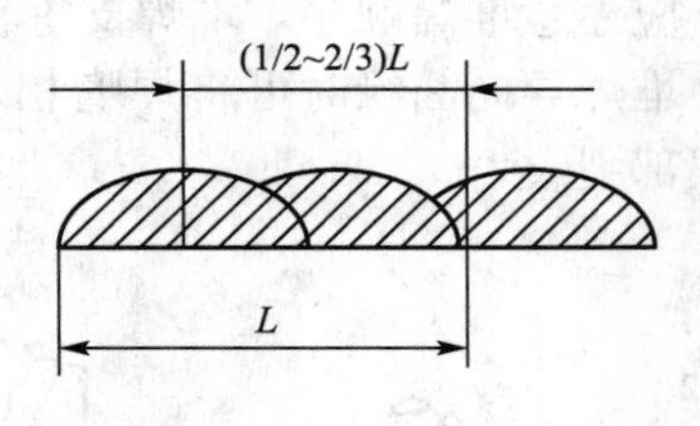

图 9.57　链轨节埋弧堆焊顺序

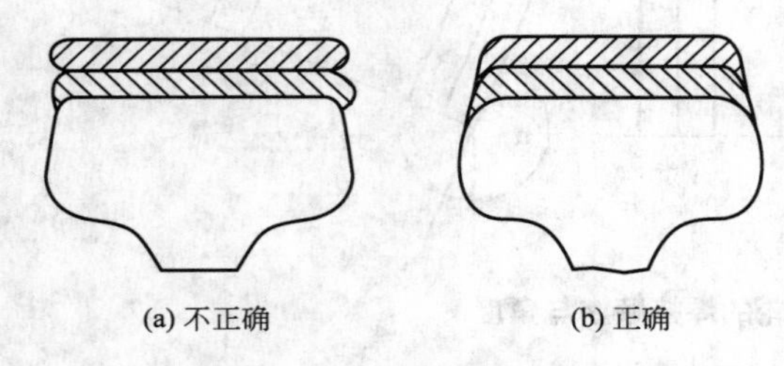

图 9.58　链轨节的堆焊形状

为了焊接后直接可用，焊面应平滑，为此焊道重叠量以焊道宽度的 1/2～2/3 为宜。堆焊至边缘时应注意不要形成伞形(图 9.58)，以防在边缘处产生脱层。

滚道焊后不平度较大时可机械加工修平。链轮销孔磨损后可用加大尺寸修复。螺栓孔磨损后可焊堵原孔，重新钻孔。为保证孔心距，钻孔时应用样板。链轨断裂应报废，小裂纹可焊补。

第二，链轨销与链轨套的更换——链轨销常用 50Mn 制造，链轨套则用 20Mn 制造。当链轨销与链轨套配合间隙大于 0.50mm 时，将销与销套转动 180°安装，以恢复节距；如果间隙大于 3mm 或已转位使用过，应更换新销与新套。销或销套与链轨节配合过盈量消失时，可用外径刷镀或电镀法恢复配合。

第三，履带板的维修——履带板一般用 45 号钢、$40SiMn_2$ 等材料制造的。履带齿磨损较少时可直接堆焊，磨损严重时可加焊中碳钢条，以恢复其高度。堆焊时可用能产生硬度为 HRC53～HRC61 的堆焊层的焊条修复。加焊钢条时应用高强度(大于 $500N/mm^2$)低氢型焊条焊接，可手工焊或自动焊。为防止裂纹与焊层剥落，堆焊(或焊接)前应预热履带板(温度为 90～150℃)。如果着地的一面磨损严重而使履带板过薄时应更换新件。

9.14　轮式机转向系统的检修

9.14.1　转向系的常见故障与排除方法

转向系常见故障与排除方法见表 9-7。

表9-7 转向系常见故障与排除方法

故障	产生的原因	排除方法
转向沉重	1. 转向器调整过紧或轴承损坏；	1. 调整或更换；
	2. 转向轴弯曲，或配合间隙小，调整不良；	2. 校正、调整和润滑；
	3. 转向盘与转向轴衬套端面相磨；	3. 修理；
	4. 转向器壳内缺油；	4. 加注齿轮油；
	5. 主销止推轴承缺油或装配不当；	5. 润滑或调整；
	6. 转向节与前轴配合间隙过大；	6. 调整；
	7. 主销与转向节衬套配合间隙过大；	7. 修理；
	8. 球头销过紧或缺油；	8. 调整或润滑；
	9. 前轮定位失准，轮胎气压不足；	9. 调整、充气
	10. 转向止销上端面与转向节臂接触	10. 变换止销
跑偏	1. 各轮胎气压不等；	1. 按标准充气；
	2. 前轮毂轴承左右紧度不一；	2. 调整；
	3. 钢板弹簧U形螺栓松动；	3. 校正、紧固；
	4. 一边制动不能解除或轴承过紧；	4. 调整；
	5. 前轮定位失准；	5. 调整；
	6. 直拉杆弹簧折断	6. 检查、更换
转向盘摆动	1. 转向盘游隙过大；	1. 更换；
	2. 转向器传动副配合间隙过大；	2. 调整或更换；
	3. 球头销松旷；	3. 调整或更换；
	4. 转向器壳固定螺栓松动；	4. 拧紧；
	5. 前轮钢圈轮辐摆差大；	5. 更换；
	6. 直拉杆弹簧折断；	6. 检查更换；
	7. 转向节主销与衬套配合间隙过大；	7. 更换衬套；
	8. 前轮不平衡量过大；	8. 调整；
	9. 前轮轴毂间隙过大；	9. 调整或更换；
	10. 前轮定位失准；	10. 调整；
	11. 前钢板弹簧U形螺栓松动；	11. 紧固或更换；
	12. 驾驶室前端支承螺栓松动；	12. 紧固更换；
	13. 钢板弹簧过硬	13. 更换

9.14.2 前桥零件的检修

1. 前轴的检修

(1) 前轴的检查：为简单起见，可用拉线法检查前轴的变形(图9.59)。

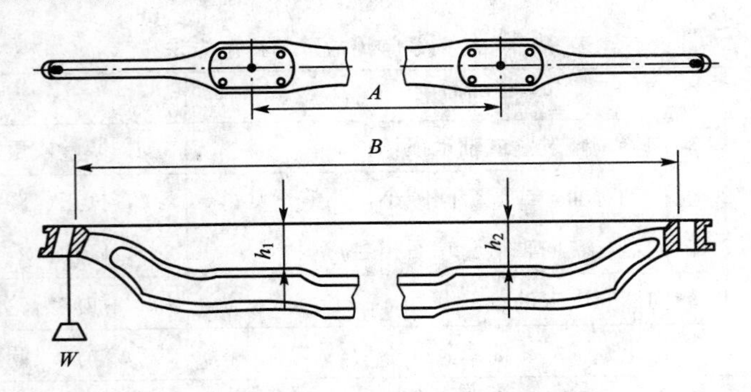

图 9.59 用拉线法检查前轴

检查时用高度尺分别测量两钢板座平面到拉线间的距离 h_1 和 h_2，若测得的值与新的前轴值不符，则说明前轴在垂直方向弯曲。此后可从上方观察前梁，看拉线与两钢板定位销中心连线是否在同一垂直面上，如不在同一垂直面上，说明前轴两端在水平面上有弯扭变形。

(2) 前轴的修理：主销座孔磨损后，主销的配合间隙将增大，该间隙如超过标准达 0.9～0.15mm 时应按修理尺寸法修复。即将原孔扩大并装用加大尺寸的主销。主销孔磨损过大，超过了最后一级修理尺寸时，可镶套修复，衬套镶入后，进行铰孔，装配标准尺寸的主销。

前轴弯曲、扭曲一般不大于 30′。前轴弯曲和扭曲超过规定标准时，应进行校正。冷校一般是在专用的压力机或全液压前梁校验台上进行。校验台既能对前梁进行弯扭变形的检验和冷校，还可对前梁主销座孔进行镗削加工。

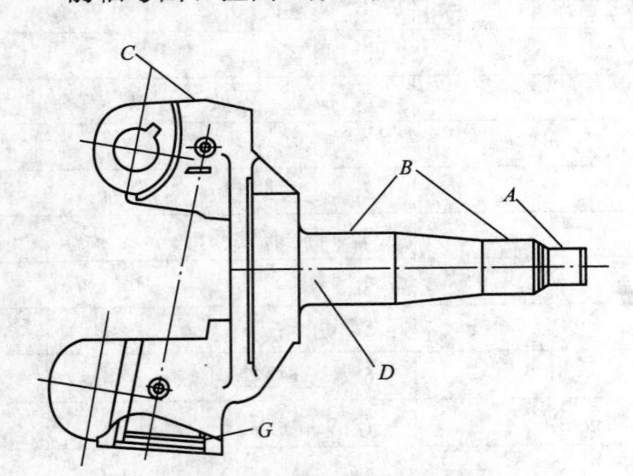

图 9.60 轮式机转向节损伤部位

前轴裂纹较小时，可用手工电弧焊修复。焊前应先开好 V 形坡口，焊缝凸出基体高度不应超过 1～2mm，还可以在裂纹处焊补钢板予以修复。裂纹较大时可更换新件。

2. 转向节的修理

转向节损伤的部位及修理方法如图 9.60 所示及见表 9-8。

表 9-8 转向节的修理方法

损伤部位及修理技术指标	修理方法
转向节端头 A 螺纹损伤应不多于两牙，超过时	振动堆焊修复
支承轴承轴颈 B 磨损在 0.04mm 以内，而无裂纹损伤时	镀铁、镀铬修复，刷镀
支承轴承轴颈 B 磨损超过 0.04mm，没有裂纹损伤时	镀铁修复、刷镀
支承轴承轴颈 B 磨损超过 0.04mm，又有裂纹口损伤时	局部更换法修复
转向节衬套 C 磨损超过 0.07mm 时	修理尺寸法或重新镶套修复
装转向节臂的锥形孔键槽，宽度磨损超过 0.12mm 时	手工弧焊或振动堆焊修复

转向节轴颈与轮毂轴承内座圈一般为过度配合，当相对转动而稍有磨损时，可更换轴承以提高配合质量。当磨损超限，间隙达 0.04～0.06mm 时，可刷镀修复。转向节主销衬套与主销配合间隙不应超过使用限度，一般为 0.15～0.25mm，否则要更换主销对套。更换的衬套与孔应有一定的过盈量，封闭式衬套一般过盈为 0.065～0.165mm；开口式衬套一般过盈为 0.9～0.20mm。

3. 转向拉杆的检修

用磁力探伤法或浸油敲击法检查转向拉杆的裂纹情况，若有裂纹，应予换新。将拉杆放在检验平台上用厚薄规检查其直线度，当直线度误差大于 2mm 时，要进行冷压校正。球头销磨损松旷时一律换新。

9.14.3 动力转向系的维修

1. 液压动力转向系统技术状况的检查

(1) 转向盘自由行程的检查：检查时，可将前轮置于直线行驶位置，即转向盘位于中间位置。在转向柱上安装一个刻度盘，把指针装在转向盘上，并使指针对准刻度盘零位。然后向左或向右慢慢转动转向盘，但不改变前轮的位置，根据指针在刻度盘上指示的数值，即可确定转向盘的自由行程，此值一般不应超过 15°。转向盘的自由行程过大时，应调整转向器及转向传动装置各部位的间隙。

(2) 油泵工作性能检查：在检查油泵的工作压力时，可在油泵的出油口与转向器的进油口之间安装一个压力表及一个限压阀。发动机以较低的稳定转速工作，短时间地关闭限压阀(最多不超过 9s)，此时压力表的指示值即为油泵的最大工作压力。此压力应不低于油泵铭牌上标出的最大压力的 90%。

如果油泵的工作压力过低，应拆下溢流阀和安全阀，进行清洗和检查，并重新调整。再重复上述试验，如油泵的工作压力仍然太低，应对油泵进行拆检。

(3) 分配阀和动力缸泄漏检查：分配阀和动力缸内泄漏是难于发现的，因此，在高保作业中应检查内泄漏，其方法与上述的方法相同。检查时发动机以较低的稳定转速运转，分别向左、右转动转向盘到极限位置，以 300N 的力稳住转向盘 9s，此时压力表的指示值如低于油泵原来测得的油压，则说明分配阀或动力缸内部存在着泄漏现象。

(4) 液压行程限制器的检查和调整：检查时，在油泵和转向加力器之间的压力输油管上安装一个压力表(图 9.61)，并将前轴支起。

液压行程限制器卸荷阀开始起作用时，车轮转角限制螺钉与前轴限位凸块之间的距离应为 2～3mm。为此，将一厚度为

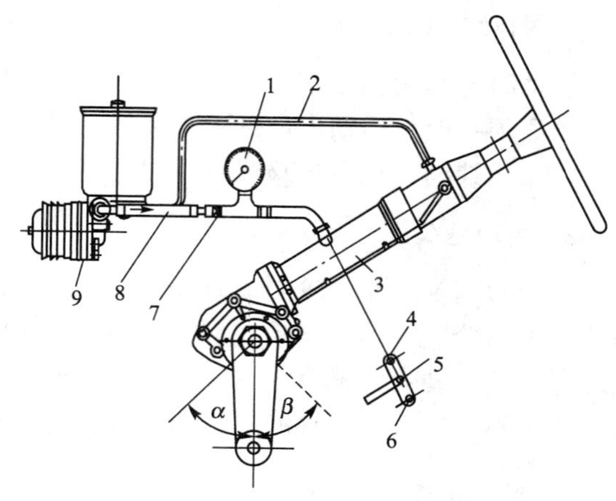

图 9.61 液压行程限位器的检查

1—压力表；2—回油管；3—转向加力器；4—转向垂臂转角 α 的液压行程限位器调整螺钉；5—压力油管接头；6—转向垂臂转角 β 的液压行程限位器调整螺钉；7—三通接头；8—压力油管；9—转向油泵

3mm 的垫片放在前轴限位凸块上。起动发动机，转动转向盘至转向轮与前轴限位凸块上的垫片相碰为止，大约用 300N 的力握住转向盘。此时，液压行程限制器卸荷阀应立即开启，压力表的读数应为 2.94～3.43MPa。压力过高，说明卸荷阀开启过晚，应进行调整。如图 9.61 所示，当转向垂臂向 α 方向摆动时，调节调整螺钉 4；反之，向 β 方向摆动时，调节调整螺钉 6。反时针旋动螺钉，卸荷阀提前开启；顺时针旋动螺钉，卸荷阀延迟开启。调整合适后，应将锁紧螺母拧紧，并取出前轴限位凸块上的垫片。

2. 动力转向系统的检修

(1) 转向器壳：检查转向器壳及其凸缘是否有裂纹，如有裂纹且只穿过一个转向器壳的固定螺栓孔时，可进行焊修。轴承座孔磨损超过允许极限尺寸时，应予更换。如轴承座孔磨损不严重时，也可将轴承外座圈或座孔刷镀，以恢复轴承与座孔间的配合紧度。

(2) 转向螺杆—螺母传动副：螺杆、螺母螺旋槽不允许有拉毛、剥落、凹陷及麻点等过度磨损的损伤，否则，应予更换。螺杆—钢球—螺母传动副应成套更换，因为这些零件在制造厂是选配的。

(3) 螺母球销曲柄及螺母齿条齿扇传动副：螺母球销座及球销工作表面不允许有凹陷、剥落及麻点等过度磨损的损伤。螺母齿条及齿扇牙齿工作表面不允许有阶梯状磨损。

9.15 制动系统的检修

为了提高机械平均行驶速度和作业生产率，保证工作及行车安全，在维修时，对制动系应严加检验，发现故障应及时维修。本节以轮式机械为例简要介绍制动系的维修技术。

9.15.1 制动系的常见故障及原因

1. 制动不灵或失效

制动时各车轮不起制动作用，或虽有制动但效果很差，车辆不能立即减速和停止。

其原因一般为传动皮带过松、漏气、漏油、制动踏板自由行程及制动蹄片与毂的间隙过大、总泵缺油、总泵皮碗踩翻、油路堵塞、接触面有油污或制动蹄片磨损严重所致。

2. 制动跑偏

制动时同轴上左右轮制动效果不一，使车辆向一边偏跑称之为跑偏。制动时跑偏，说明某一侧车轮制动器或制动气室有故障，其原因一般为左右蹄片与制动鼓间隙不一致，个别蹄片油污、硬化、铆钉露出，个别鼓磨损失圆等。此外，如左、右车轮制动器摩擦片型号、质量不一致及摩擦片磨损不均匀也会引起制动跑偏。

3. 制动器拖滞

制动停车后，由于制动蹄片与毂咬住，造成再起步困难称之为拖滞。在这种情况下行驶，不易加速，且制动毂发热。若全部车轮都发咬，则故障多出自制动阀。液压制动一般为制动踏板自由行程太小或回油孔堵塞，使制动液压力在制动踏板释放时也不能解除。制动器拖滞的主要原因如下。

(1) 蹄与毂之间的间隙过小，不能保证蹄和毂彻底分离；

(2) 复位弹簧弹力不足或断裂，凸轮轴、支承销与衬套装配过紧、润滑不良或锈蚀；

(3) 制动阀或快放阀工作不正常，使排气缓慢或排气不彻底；

(4) 气—液综合式制动驱动机构中液压系统有故障：例如，液压系统管路中有异物而堵塞，系统中存在残余压力，使制动器分离不彻底；或者制动分泵活塞自动复位机构因紧固片破裂或与紧固轴配合过松而失效等。

(5) 盘式制动器摩擦片变形，固定盘或转动盘花键齿卡住，分离不彻底，也引起制动器发咬。

9.15.2 制动器的检修

1. 蹄式制动器的检修

双向双领蹄式制动器的基本构造如图 9.62 所示，其常见损伤、一般检测和常规修复技术如下。

(1) 制动毂的损伤、检验及修理：制动毂的检验主要是测量磨损后的最大直径和圆度、圆柱度，可用游标卡尺或弓形内径规测量，弓形内径规用法与量缸表类似。

制动毂圆度误差超过 0.125mm，或工作面拉有深而宽的沟槽，以及制动毂工作表与轮毂轴线间同轴度误差大于 0.9mm 时，应镗削制动毂，镗削制动毂可在车床或专用镗毂机上进行。修复后，圆度误差和同轴度误差应不大于 0.025mm，圆柱度误差应不大于 0.05mm，同轴两毂直径差应不大于 1mm。

镗削时应以轮毂轴承座孔为定位基准，以保证同轴度要求。镗削后内径增大，为保证强度，设计时已考虑修理时有 2～4 次(4～6mm)镗削量，对内径加大超过 2mm 的制动毂，应配用相应加厚尺寸的摩擦片。

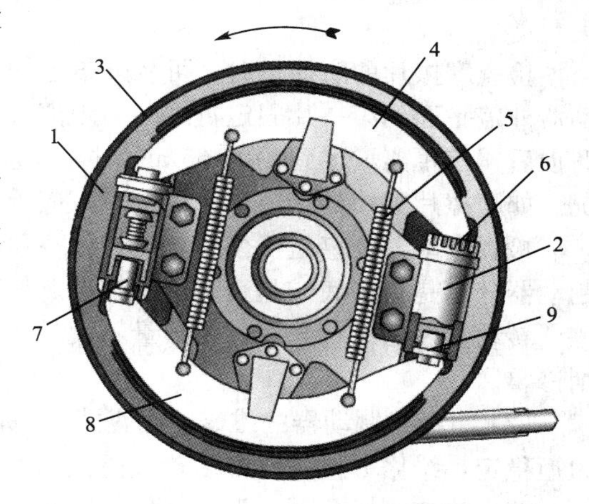

图 9.62 双向双领蹄式制动器的构造

1—制动底板；2—制动轮缸；3—制动毂；4—制动蹄；5—回位弹簧；6—调整螺母；7—可调支座；8—制动蹄；9—支座

(2) 制动蹄的修理：制动蹄的摩擦片在使用中将因长期剧烈摩擦而磨损，当磨损严重(一般指铆钉头埋进深度减小至 0.50mm 以下)以及油污过甚、烧焦变质、出现裂纹等失效形式，使摩擦系数下降、制动效能降低时，应更换新片。

制动蹄摩擦片的铆合与离合器片的铆接相同。为防止在使用中摩擦片断裂和保持散热良好，铆接时蹄片与摩擦片必须贴紧，摩擦片与蹄片之间不允许有大于 0.12mm 的间隙。为此，所选摩擦片的曲率应与制动蹄相同。铆接时应用专用夹具夹紧，由中间向两端依次铆固。同一车辆，特别是同一车桥车轮，选用的摩擦片材质应相同，以保证制动效能一致。

采用粘接法时，应将摩擦片与制动蹄的相互贴合面的油污彻底除去，并将摩擦片按蹄片的曲率切削加工，在两者的贴合面上涂以粘接剂，用夹具夹紧放入烘箱加温固化。

采用铆接时，蹄片上铆钉孔与铆钉须密合，若发现铆钉孔磨损，可焊补后重新钻孔或扩孔后换加大尺寸的铆钉。

铆接或粘接的摩擦片外圆应根据制动毂实际内径（理论分析和使用表明蹄片圆弧半径比毂圆弧半径大0.3～0.6mm时制动效能最好）用制动蹄片磨削机或制动蹄片车削机进行加工。如无上述设备，也可用专用夹具在车床上加工。加工后摩擦表面应清洁平整光滑，因为毛糙突出部分会剥落成粉末，降低制动效能。为避免制动时衬片两端与毂发卡，两端头要锉成坡形。蹄片与制动鼓的靠合面积应大于衬片总面积的50%，靠合印痕应两端重中间轻，两端靠合面长约各占衬片总长的1/3。

2. 盘式制动器的检修

(1) 全盘式制动器的检修：有些重型轮式车辆由于所需制动力较大，而采用了全盘式制动器，下面以机械—液力制动系统为例简要介绍其检修技术。

盘式制动器零件的主要损伤是摩擦片磨损，制动盘变形；固定盘和转动盘花键卡住；分泵活塞和油缸工作表面磨损，活塞皮碗密封不严；分泵自动调整间隙复位机构失灵等。

检查摩擦片的磨损量时，可从外盖上的检查孔中用深度尺来测量。在制动状态时，制动器外盖平面到第一片固定盘之间的距离，当制动器为新摩擦片时约为40mm；当摩擦片磨损后，该距离增大到约为65mm时，则应拆卸制动器，检查各组摩擦片的实际磨损情况。如摩擦片磨损到接近于铆钉头时，应予更换。

检查制动器分离是否彻底，可将后桥顶起，放松制动器，从车轮自由转动过程中观察制动器分离是否彻底或是否有卡死现象。如有，应拆卸，仔细检查有关零件。

转动盘表面平整光滑，变形量不大时，可继续使用；摆差大于0.05mm时应车削或磨削修整。

(2) 钳盘式制动器的维修：钳盘式（亦称点盘式）制动器冷却好，烧蚀、变形小，制动力矩稳定，维修方便，故许多轮式机械和汽车常采用该种制动器。

首先检查液压分泵，不得有任何泄漏，制动后活塞能灵活复位，无卡滞，橡胶防尘罩应完好，不得有任何老化、破裂，否则更换。

其次检视制动盘，工作面不得有可见裂纹或明显拉痕起槽。若有阶梯形磨损，磨损量超过0.50mm，平行度超过0.07mm，或端面跳动超过0.12mm时，应拆下制动盘修磨，如制动盘厚度减薄至使用极限以下时，则应更换新件。

第三，检视摩擦片。检查内外摩擦片，两端定位卡簧应安装完好，无折断、脱落。

有下列情况之一时，应更换摩擦片。

摩擦片磨损量超过原厂规定极限，或粘接形摩擦片剩余厚度在2mm以下，有铆钉者铆钉头埋进深度小于1mm以下时；

制动效能不足、下降，应检查摩擦片表面是否析出胶质生成胶膜、析出石墨形成硬膜，如是，也应更换摩擦片。

第四，检查调整轮毂轴向间隙应符合所属车型规定。踩下制动踏板随即放松，车轮制动器应在0.8s内解除制动，5～9N的力应能使制动盘转动。

当就车更换制动摩擦片时，按以下步骤操作：顶起车辆并稳固支撑，拆去轮胎；不踩制动踏板，拧松分泵放气螺栓，放出少量制动液；用扁头楔形工具，楔入分泵活塞与摩擦片间，使分泵活塞压缩后移；拆卸制动钳紧固螺栓、导向销螺母，取下翻起制动钳总成（注意：使制动钳稳妥搁置合适部位，避免制动软管吊挂受力）；拆下摩擦片两端定位卡簧，取下摩擦片；换用新摩擦片：注意检查厚度，外形应符合规定，按拆卸逆顺序，依次装合各零部件，装合时，导向销等滑动部位应涂润滑脂，按规定转矩拧紧紧固螺栓和导向销；制动分泵放气：踩制动踏板数次，踏板行程和高度应符合规定，制动器应能及时解除制动，转动制动盘，应无明显阻滞。

（3）制动分泵总成的检修：拆去制动软管、制动油管，拆下制动钳总成；用压缩空气从分泵进油口处施加压力，压出分泵活塞，压出时，在活塞出口前垫上木块，防止其撞伤；用酒精清洗分泵泵筒和活塞；检查分泵泵筒内壁，应无拉痕，若有锈斑可用细砂纸磨去；若有严重腐蚀、磨损或沟槽时，应更换泵体；检查泵筒和活塞橡胶密封圈，若有老化、变形、溶胀时，应更换密封圈；检查活塞表面，应平滑光洁，不准用砂纸打磨活塞表面；彻底清洗零件，按解体逆顺序装合活塞总成。装合时，各密封圈、泵筒内壁与活塞表面应涂洁净的锂基乙二醇润滑油或制动液；各密封圈应仔细贴合装入环槽。再用专用工具将活塞压入分泵体，最后装好端部密封件和橡胶防尘罩。

9.15.3 制动驱动机构的检修

制动驱动机构是制动系的重要组成部分，结构比较复杂，它的工作好坏直接影响制动效果和行车安全，维修时应由专人进行此项工作。

1. 空气压缩机的检修(以往复活塞式空气压缩机为例)

在按照正确的方法将空压机解体并进行彻底的清洗后，按下列内容进行检修。

（1）缸盖、缸体外部裂纹长度不超过50mm(或个别规定)可焊修，平面度误差超过0.05mm(或个别规定)时应修整，螺孔螺纹损伤2牙以上应镶螺套修复。

（2）检查活塞与气缸的配合状况，当其配合间隙超过极限或气缸圆柱度、圆度超差时应进行修复。气缸修理尺寸分3级，每级0.40mm，缸套与缸体过盈为0.03～0.06mm(或个别规定)。气缸圆度极限值为0.05～0.08mm(或个别规定)，圆柱度极限值为0.15～0.20mm(或个别规定)。

（3）曲轴轴颈圆度、圆柱度超过0.015mm(或个别规定)时应修磨至修理尺寸。修理尺寸分4级，每级0.25mm。轴颈直径磨损超限后换曲轴或刷镀、喷涂、堆焊修复。在使用维护中圆度、圆柱度的使用极限为0.03mm(或个别规定)。

（4）在活塞连杆组合件中，连杆及连杆盖的结合端面应平整，其平面度误差不大于0.03mm；连杆变形的检查与校正与发动机相同。

（5）连杆衬套压入连杆小端孔时，应保证有0.015～0.04mm的过盈量。经铰削或镗削后的衬套内孔与活塞销的配合间隙为0.005～0.01mm。

（6）活塞销应分组选配，保证活塞销与销孔及衬套孔配合符合要求。在15～25℃时，活塞销同衬套孔装复时以能用拇指压进为度，同销孔配合以能用木锤轻轻敲入为宜。

（7）连杆轴承与连杆轴颈的径向间隙超过规定值时，可抽调垫片，如还不能达到要求，应更换轴承。在连杆盖两端面加2～3片0.05mm的垫片，并按规定转矩拧紧连杆螺栓后进行镗削，加工后的轴承与轴颈配合应符合技术要求。

（8）活塞环与活塞装配前应检查其端隙、背隙、侧隙，均应符合技术要求。

2. 制动阀的检修(以 CA991 型制动阀为例)

(1) 从上盖的耳架上拆下拉臂，检查滚轮是否运转自如，若有锈蚀发卡现象，则清除之。

(2) 拆下挺杆及防尘罩，在清除挺杆上的尘土污垢后，拆下上盖。

(3) 拆下平衡弹簧座、平衡弹簧及上活塞，检查上活塞橡胶密封圈磨损是否严重，必要时更换新件；检查活塞的阀口是否有损伤，若有损伤应研磨修整。然后取出上活塞回位弹簧。

(4) 拆下上壳体，检查上壳体槽中的橡胶密封圈磨损是否严重，若是，即换新件。

(5) 拆下中壳体，由中壳体中取出下活塞、继动活塞及回位动弹簧，检查活塞上的橡胶密封圈是否磨损严重，若是，即更换之；检查下活塞的阀口是否损伤，若损伤则进行修整。

(6) 拆下中壳体的两个挡圈，即可取出上阀门座、上阀门总成及回位弹簧，检查橡胶密封圈及上阀门的橡胶表面，看是否有严重磨损或压痕，若已损伤且影响密封，即换新件；检查中壳体的阀门，看是否损伤，若是，则修整。

(7) 拆下下壳体的挡圈，取出排气阀及阀座并检查，若破损则更换。

(8) 拆下下阀门座的挡圈，取出下阀门座，检查其橡胶密封圈，若损伤则更换。

(9) 取出下阀门回位弹簧、弹簧座及下阀门总成，检查密封圈及阀口，若损伤则更换或修整阀口。各活塞与其相配合的内孔的配合间隙最大不得超过 0.45mm。

(10) 待所有项目检查、修理完毕，按逆顺序装复调试。

3. 油水分离、压力调节及安全组合阀的检修

(1) 空气压缩机在充气阶段时漏气：油水分离器排气口漏气，说明放卸阀密封不严；压力调节器排气孔漏气，说明进气阀、活塞密封圈或膜片密封不严；安全阀排气孔漏气，说明安全阀阀门密封不严。

(2) 空气压缩机在卸载阶段时漏气：压力调节器排气孔漏气，说明排气阀或膜片密封不严；发动机熄火时，油水分离器排气口漏气，则说明单向阀或活塞密封圈漏气。

(3) 安全阀开启压力的检查与调整：检查时，先将压力调节器调整螺栓拧死，提高储气筒的气压。当储气筒气压超过 833kPa 时，允许安全阀排气孔有微量的漏气。当储气筒气压达 860～900kPa 时，安全阀应开启。储气筒气压应不再升高。否则，应调整安全阀。

(4) 储气筒充气压力的检查与调整：安全阀调整正常后，再调整压力调节器。先将储气筒气压下降到 686kPa 以下，松开压力调节器调整螺钉。提高储气筒气压并逐渐拧紧压力调节器调整螺钉，使气压为 760～800kPa 时放卸阀开启；当气压降低到 686～735kPa 时，放卸阀又重新关闭，接空压机的卸荷阀管道内压力应降为零，使空压机又恢复向储气筒充气。

4. 油气加力器的检修

以图 9.63 所示的油气加力器为例，在正确解体和彻底清洗后，按下列内容对各个零件进行检修。

(1) 检查各滑动零件是否过度磨损或损坏。活塞、气室缸体、活塞杆等不得有擦伤

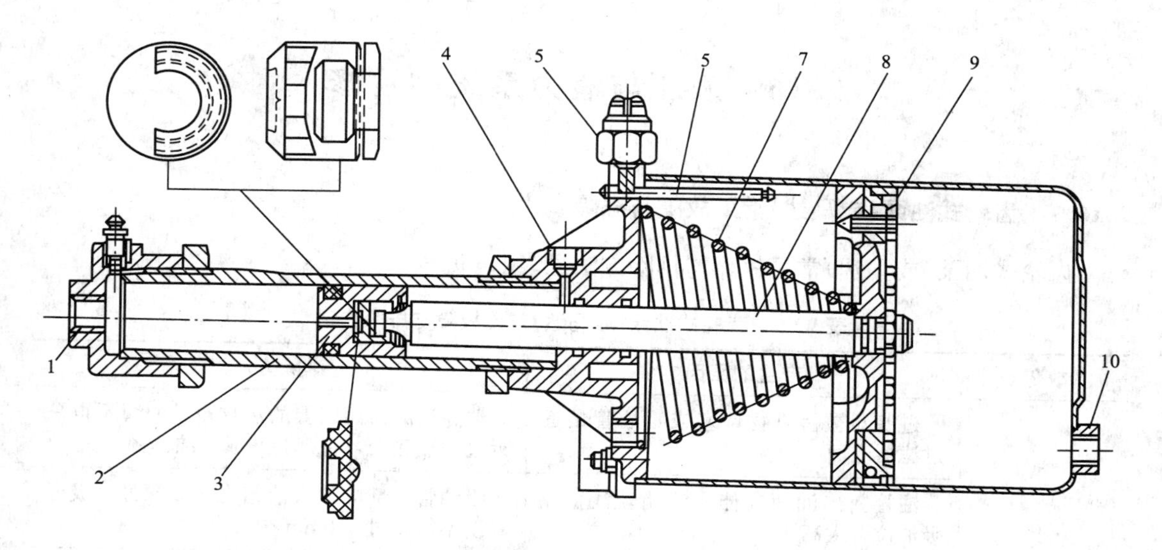

图 9.63　油气加力器

1—出口；2—气缸；3—油压活塞；4—接口；5—限位开关；6—指示杆；
7—弹簧；8—活塞杆；9—气压活塞；10—入口

现象。

(2) 检查橡胶密封件是否有膨胀变形、磨损及老化等现象，如有，则更换。

(3) 弹簧不应有永久变形、锈蚀及断裂，如有，则应予以更换。

5. 制动气室的检修

制动气室有两种形式，一种是膜片式，另一种是活塞式。

制动气室检修时，对外壳的裂纹和凹陷应焊补整形或换新。推杆弯曲应校正。弹簧应无弯曲、变形及弹力不足现象。膜片或活塞密封圈应无裂纹及老化现象，否则换新。活塞式制动气室的活塞及气室缸筒磨损严重时应换新。膜片式制动气室更换里程为6万公里，以保证安全。装配时，盖的螺钉应分几次均匀上紧，当通入压缩空气时，推杆动作应灵活迅速，且在800～900kPa气压下不应漏气。左右制动气室推杆长度应调整一致。

6. 液压制动总泵与分泵的修理

制动总泵及分泵长期使用后，由于活塞及皮碗对缸壁的磨损，造成缸壁内径增大、偏磨、出现沟槽或台阶，当缸筒圆度、圆柱度大于0.025mm，磨损量超过0.12mm时，可镶套修复或更换新件。未达到上述限度时，可通过更换活塞改善其使用性能。

镶套时，首先应视总泵、分泵自身的壁厚条件决定其是否可行。一般镶套的壁厚为2.53mm，配合过盈为0.03～0.05mm，不得有气孔、砂眼。镶入后再加工内孔至标准尺寸，研磨前应按原厂规定尺寸加工回油孔、补偿孔、放气螺孔。

总、分泵皮碗、皮圈和油阀等零件在维修中均应更换。

复位弹簧应正直、无明显变形、弹力足够，不符合所属车型规定时，应更换。总泵星形阀片如有损坏应换新。

9.16 液压与液力系统的检修

9.16.1 齿轮式油泵(或马达)常见故障与排除

齿轮式油泵(或马达)常见故障与排除方法见表9-9。

表9-9 齿轮式油泵(或马达)常见故障与排除方法

故障	产生的原因	排除方法
噪声大或压力波动严重	过滤器被污染物堵塞或吸油管贴近过滤器底面	清除过滤器铜网上的污物；吸油管不得贴近过滤器底面，否则会造成吸油不畅
	油管露出油面或伸入油箱较浅，或吸油位置太高	吸油管头部应伸入油箱内2/3深处，吸油高度不得超过500mm
	油箱中的油液不足	按油标尺规定线加注油液
	CB型齿轮泵由于泵体与泵盖是硬性接触(不用纸垫)，若泵体与泵盖的平直性不好，泵旋转时会吸入空气；泵的密封性不好，接触面或管道接触处有油漏，也容易使空气混入	若泵体与泵盖的平直性不好，可在平板上用金刚砂研磨，使其平直度不超过5μm(同时注意垂直度要求)，并且紧固各连接件，严防泄漏
	泵和电动机的联轴器碰撞	联轴器中的橡皮圈损坏需要调换，装配时应保证同轴度要求
	轮齿的齿形精度不够	调换齿轮或修整齿形
	CB型齿轮泵骨架式油封损坏或装配时骨架油封内弹簧脱落	检查骨架油封，若损坏则应更换，避免吸入空气
输出油量不足或压力提不高	轴向间隙与径向间隙过大	修复或更新泵的机件
	连接处有泄漏，因而引起空气进入	紧固连接处的螺钉，严防泄漏
	油液粘度太高或油温过高	选用合适粘度的液压油，并注意气温变化对油温的影响
	电动机旋转方向不对，造成泵不吸油，并在泵的吸油口处有大量气泡	改变电动机的旋转方向
	过滤器或管道堵塞	清除污物，定期更换油液
	压力阀中的阀芯在阀体中移动不灵活	检查压力阀，使阀芯在阀体中移动灵活
运转不畅或咬死	轴向间隙或径向间隙太小	修复或更换机件
	装配不良	根据“修复后的齿轮泵装配注意事项”进行装配
	压力阀失灵	检查压力阀中弹簧是否失灵、阀上小孔是否堵塞、阀芯在阀体中移动是否灵活等，视具体情况采取措施

（续）

故障	产生的原因	排除方法
运转不畅或咬死	泵和电动机的联轴器同轴度不合要求	使两者的同轴度在规定范围内
	油液中杂质被吸入泵体内	严防周围灰尘、铁屑及冷却水等污物进入油箱，保持油液清洁
CB型齿轮泵的压盖或骨架油封有时被冲击	压盖堵塞了前后盖板的回油通道，造成回油不通畅而产生很高压力	将压盖取出重新压进，并注意不要堵塞回油通道
	骨架油封与泵的前端盖配合松动	检查骨架油封外圈与泵的前端盖的配合间隙，骨架油封应压入泵的前盖。若间隙过大，应更换新的骨架油封
	装配时，若泵体装反，使出油口接通卸荷槽，形成压力，冲击骨架油封	纠正泵体的装配方向
	泄漏通道被污物阻塞	清除泄漏通道上的污物
严重发热（工作温度应低于65℃）	油液粘度过大	更换适当标号的油液
	油箱小、散热不良	加大油箱容积或增设冷却器
	泵的径向间隙或轴向间隙过小	调整间隙或调整齿轮
	卸荷方法不当或泵带压溢流时间过长	改进卸荷方法或减少泵带压溢流时间
	油在油管中流速过高，压力损失过大	加粗油管，调整系统布局
外漏	泵盖上的回油孔堵塞	清洗回油孔
	泵盖与密封圈配合过松	调整配合间隙
	密封圈失效或装配不当	更换密封圈或重新装配
	零件密封面划痕严重	修磨或更换零件

9.16.2 柱塞泵(或柱塞马达)的常见故障与排除方法

由于柱塞和柱塞孔加工工艺成熟，组装时容易保证配合精度，密封性好，所以这种柱塞泵具有高压、高速、容积效率高的特点。由于结构形式很多，不能一一举例。在此，仅以ZB型斜盘式柱塞泵为例进行讨论。因为该型斜盘泵既可作液压泵又可作液压马达使用，具有可逆性，其他结构形式的柱塞泵也可以此作为参考。

1. 液压泵输出流量不足或无流量输出

(1) 泵吸入量不足。原因可能是泵的油箱(转向油箱、液压油箱、制动油箱等)液压油过低，油温过高，进油管漏气，滤油器堵塞等。

(2) 泵泄漏量过大。主要原因是密封不良造成的。例如泵体和配油盘的支承面有沙眼或裂痕，配油盘被杂质划伤，变量机构及其中单向阀各元件之间配合或密封不好等。这可以通过检查泵体内液压油中的异物来判断泵中损坏或泄漏的部位。故障排除则根据不同的原因进行。如研磨配油盘及缸体端面，单向阀密封面重新研磨，更换有砂眼或裂纹的零件等；当柱塞孔严重磨损或损坏，就应该将缸孔重新镀铜、研磨等加工修理。若变量机构的活塞磨损严重，可更换活塞，保证活塞与活塞孔间隙为0.01～0.02mm。当配油盘与泵体之间没有贴紧而造成大量泄漏时，则应拆分液压泵，查明原因，重新组装。如果是液压油粘度过低，从而使各部分泄油增加，要更换液压油等。

(3) 斜盘实际倾角太小。斜盘倾角过小，使柱塞行程减小，泵排量小，这需要调整手动操纵杆或伺服操纵系统(包括各种操纵阀)，增大斜盘倾角。

(4) 压盘损坏。当柱塞泵压盘损坏，不仅无法自吸，而且碎渣部分进入液压系统，没有流量输出，除应更换压盘外，还应对系统碎渣进行排除。

2. 斜盘零角度时仍有排油量

斜盘式变量轴向柱塞泵的斜盘零角度时不应有流量输出。但是在使用时，往往出现零角度时尚有流量输出。其原因在于斜盘耳轴磨损，控制器的位置偏离、松动或损坏等。这需要更换斜盘或研磨耳轴，重新调零、紧固或更换所有控制器元件以及调整控制油压力等措施来解决。

3. 输出流量波动

(1) 若流量波动与旋转速度同步，有规则的变化，则可认为是与排油行程有关的零件发生了损伤，如柱塞与柱塞孔、滑履与斜盘、缸体与配油盘等。

(2) 若流量波动很大，对变量泵可以认为是变量机构的控制作用不佳。如异物混入变量机构，控制活塞上划出伤痕等，引起控制活塞运动的不稳定。其他如弹簧控制系统可能伴随负荷的变化产生自激震荡，控制活塞阻尼器效果差引起控制活塞运动的不稳定等。

流量的不稳定又往往伴随着压力的波动。出现这类故障，一般都需要拆解液压泵，更换受损零件，加大阻尼，改进弹簧刚度，提高控制压力等。

4. 输出压力异常

(1) 输出压力不上升：原因有：溢流阀有故障或调整压力过低，使系统压力上不去，应检修或更换溢流阀，或重新检查调整压力；单向阀、换向阀及液压执行元件(液压缸、液压马达)有较大泄漏，系统压力上不去，这需要找出泄漏处，更换元件；液压泵本身自吸进油管道漏气或因油中杂质划伤零件造成内漏过甚等，可紧固或更换元件，以提高压力。

(2) 输出压力过高：系统外负荷上升，泵的输出压力随负荷上升而增加，这是正常的。若负荷一定，而泵的输出压力却超过负荷压力的对应压力值时，则应检查泵外的元件，如换向阀、执行元件、传动装置、油管等，一般压力过高应调整溢流阀进行确定。

5. 震动和噪声

(1) 机械震动和噪声：泵轴和原动机不同心，轴承、传动齿轮、联轴节的损伤，装配螺栓松动等均会产生震动和噪声。

如果泵的转动频率与组合的压力阀的固有频率相同时，将会有共振，可用改变泵的转速来消除共振。

（2）管道内液流产生的噪声：当进油管道太细，粗滤油器堵塞或通油能力减弱，进油管道中吸入空气，油液粘度过高，油面太低吸油不足，高压管道中有压力冲击等，均会产生噪声，必须正确设计油箱，选择滤油器、油管、方向控制阀等。

6. 液压泵过度发热

主要由于系统内，高压油流经各液压元件时产生节流压力损失所产生的泵体过度发热。因此正确选择运动元件之间的间隙、油箱容量、冷却器的大小，可以解决泵的过度发热、油温过高的现象。

7. 漏油

液压泵的漏油可分为外漏与内漏两种。

内漏在漏油量中比例较大，其中缸体与配油盘之间的内漏又是主要问题。为此要检查缸体与配油盘是否被烧蚀、磨损，安装是否合适等。检查滑履与斜盘间的滑动情况，变量机构控制活塞的磨损状态等。故障排除视检查结果来进行，如有必要时，除可以更换零件、油封，加粗或疏通泄油管孔之外，还要适当选择、调整运动件之间的间隙，如变量控制活塞与后泵盖的配合间隙应为0.01～0.02mm。

9.16.3 活塞式液压缸的常见故障与排除方法

1. 液压缸产生爬行或局部速度不均匀

（1）缸内混入气体：打开排气阀，使液压缸通过快速运动而排气。无排气阀的增设排气阀。

（2）活塞杆与活塞同轴度有误差：检查调整其同轴度，使之在0.04mm的范围内。

（3）活塞杆局部产生弯曲：进行校正，杆全长校正值应在0.2mm以内。

（4）密封圈压得过紧或过松：调整到合适的松紧度，既要保证能人力可以推动，又要在试车时无漏油。

（5）缸内锈蚀或拉毛：轻微时，修去锈斑和毛刺；严重时，要经过镗削和磨削加工。

（6）活塞杆产生变形：有时由于杆端螺母拧得太紧，而活塞杆产生变形，一般杆端螺母不宜拧得太紧，稍为拧紧(小缸用手拧紧即可)后，使活塞杆处于自然状态，再用两把扳手将双螺母锁紧即可。

2. 活塞杆或缸不能运动

（1）长期不用而锈蚀：拆洗，修去锈斑，严重时，重新镗磨，再配活塞。

（2）O形密封圈老化，失效，内泄严重：更换。

（3）缸内精度差，表面粗糙或损坏，使内泄增大：修复或更换。

（4）脏物进入润滑部件：拆洗，必要时更换油液。

（5）缸端密封圈损坏：更换。

（6）油缸装配质量差(杆、活塞与端面之间的同轴度、垂直度误差大，安装精度低等)：重新装配和安装，不合格零件应更换。

3. 推力不足，工作速度慢

（1）缸孔与活塞配合间隙太小或开槽太浅，使“O”形密封圈形成阻力太大：重新配制间隙，将加大开槽深度。

(2) 缸体与活塞间隙太大，使活塞两面高低压互通：重新配制活塞。

(3) 活塞杆弯曲：校正。全长矫正值应在 0.2mm 范围内。

(4) 端面内密封圈压得太紧：适当放松压紧螺钉，以不泄漏为限。

(5) 系统泄漏，造成压力和流量不足：查出系统泄漏部位和部件，紧固接头或作有关密封处理。流量不足时，更需要检查油泵输出流量及压力是否达到额定值。

(6) 液压缸油管因装配不良被压扁：更换油管，且避免再次出现压扁。

(7) 系统压力调整较低：调整溢流阀系统压力，使之在规定的范围内。

(8) 油温过高：油液温度超过规定值时，应使系统冷却后再进行工作；如果频繁超温，必须增设辅助冷却措施。

4. 外漏严重

外漏是液压缸故障中问题最多的一种，也是最影响安全、环境的故障现象。

1)活塞杆处泄漏

密封件磨损引起的泄漏：密封件磨损的原因，通常是衬套在滑动磨损后的微粒所引起的。

密封件损伤引起的泄漏：Y 形密封圈最关键的部位是唇边，所以，安装密封件时，绝对不能使唇边损伤。密封件应无毛刺，过渡部分应光滑。密封唇边不能装错或装配不当，更不能装反。对小 Y 形(即 Yx 形)密封圈，注意有轴用、孔用两种类型，其短唇边应为有相对运动一侧(对活塞而言，小 Yx 形的短唇边为与缸体相对运动侧)，千万不能弄错。有时，密封圈虽然没有损伤，但密封件唇边相对粗糙，也会引起泄漏。

密封橡胶压缩后永久性变形引起的泄漏：由于密封件材质问题，长期压缩使用，橡胶失去弹性，因而产生泄漏。

密封件外界杂质的进入引起的泄漏：密封唇边有时因外部极小的砂粒从缸杆活动端混入而引起损伤产生油泄漏。为此，在野外作业更应采用密封防尘罩进行保护。

错误的采用气缸用的密封圈：对于 V 形密封件来说，气缸用的密封 V 形圈唇边端部是尖角的，使活塞杆在作往复运动时，起到刮油作用，从而使活塞杆产生油滴下落现象。而液压缸用密封 V 形圈唇边端部是圆角的，它使活塞杆上形成一薄油膜，起到润滑作用。

2) 缸筒与端盖接合部产生的外泄漏

螺栓紧固式：螺栓紧固方式有法兰连接、半环连接和固定螺栓连接等。这种方式又有 O 形圈密封与端面密封方式。在 O 形圈密封方式中，从配合间隙产生泄漏；在端面密封方式中螺栓紧固不良，都会产生泄漏。

螺纹连接方式：螺纹连接方式有内螺纹和外螺纹连接两种。在大直径时，由于紧固端盖的力量往往达不到额定转矩而可能增加泄漏。所以一定要有专用工具进行拧紧且达到额定需要的转矩值。

3)液压缸进油口处的泄漏

这种泄漏的主要原因是，因进油压力冲击或工作中的震动而引起的管口松动所致，需要经常检查及拧紧。

为使大家一目了然，现将液压缸常见故障与排除方法列表见表 9-10，谨供参考。

表9-10 液压缸常见故障与排除方法

故障		产生的原因	排除方法
活塞杆不能动作	压力不足	无油或缺油严重	按要求添加液压油
		虽有油，但没有压力 溢流阀故障 内漏严重 活塞与活塞杆松脱	调整或更换溢流阀 更换密封件 将活塞与活塞杆紧固牢靠
		有压力但不达标 密封件老化、失效，唇口装反或有破损； 活塞杆损坏 系统调定压力过低 压力调节阀有故障 通过调速阀的流量过小，因液压缸内泄漏，当流量不足时会影响压力不足	更换密封件，并正确安装 更换活塞杆 重新调整压力，达到要求值 检查原因并排除 调速阀的通过流量必须大于液压缸内的泄漏量
	压力已达到要求，但仍不动作	液压缸结构上的问题	端面上要加一条通油槽，使工作油液迅速流向活塞的工作端面，缸筒的进出油口位置应与接触表面错开；
		活塞端面与缸筒端面紧贴在一起，工作面积不足，故不能启动；	
		具有缓冲装置的缸筒上单向回路被活塞堵住	疏通该回路
		活塞杆移动“别劲”	检查配合间隙，并配研到规定值
		缸筒与活塞、导向套与活塞杆配合间隙过小	
		活塞杆与夹布胶木导向套之间的配合间隙过小	检查配合间隙，修配导向套孔，达到要求的配合间隙
		液压缸装配不良(如活塞杆、活塞和缸盖之间同轴度差、液压缸与工作平台平行度差等)	重新装配和安装、对不合格零件应更换
动作缓慢	内漏严重	密封件严重破损	更换密封件
		油的粘度太低	更换适宜粘度的液压油
		油温过高	检查原因并排除
	外载过大	使用错误，超负荷工作	按额定以下负荷工作
		设计或判断错误，选用压力标准不足	核算后更换元件，调大工作压力
	活塞发卡	加工精度差、缸筒孔锥度和圆度超标	检查零件尺寸和精度，对无法修复的零件应更换新件
		活塞、活塞杆与缸盖之间同轴度差	按要求重新装配
		活塞杆与导向套配合间隙过小	检查配合间隙，修配导向套孔，达到要求的配合间隙

（续）

故障		产生的原因	排除方法
动作缓慢	脏物进入润滑部位	油液污染过重	过滤或更换油液
		防尘圈破损	更换防尘圈
		修理装配时未将零部件清洗干净或带入脏物	拆开清洗，装配时要注意清洁
	活塞端部行程急速下降	缓冲节流阀的节流口调节过小，在进入缓冲行程时，活塞可能停止或速度急剧下降	缓冲节流阀的开口度要调节适宜，并能起缓冲作用
		固定式缓冲装置中节流孔直径过小	适当加大节流孔直径
		缸盖上固定式缓冲节流环与缓冲柱塞之间间隙过小	适当加大间隙
	中途变速或者停止	缸筒内径加工精度差，表面粗糙，使内泄量增大	修复或更换缸筒
		缸壁发生胀大，当活塞通过增大部位时，内泄量增大	更换缸筒
爬行	发卡	见“活塞发卡”	见“活塞发卡”
	缸内进入空气	新液压缸，修理后的液压缸或设备停机时间过长的缸，缸内有气或液压缸管道中排气不净	空载大行程往复运动，直到把空气排完
		液压缸内部形成负压，从外部吸入空气	先用油脂封住结合面和接头处，若吸空情况有好转，则将螺钉及接头紧固
		从液压缸到换向阀之间的管道容积比液压缸内容积大得多，液压缸工作时，这段管道上油液未排完，所以空气也很难排完	可在靠近液压缸管道的最高处加排气阀。打开排气阀，活塞在全行程情况下运动多次，把气排完后，再把排气阀关闭
		从液泵吸入空气	拧紧泵的吸油管接头
		油液中混入空气	油缸排气阀放气，或换油（油质本身欠佳）
缓冲装置故障	缓冲过度	缓冲节流阀的节流开口过小	将节流口调节到合适位置并紧固
		缓冲柱塞“别劲”（如柱塞头与缓冲环间隙太小，活塞倾斜或偏心）	拆开清洗，适当加大间隙，对不合格零件应更换
		在柱塞头与缓冲环之间有脏物	修去毛刺并清洗干净
		固定式缓冲装置柱塞头与衬套之间间隙太小	适当加大间隙
	失去缓冲作用	缓冲调节阀处于全开状态	调节到合适位置并紧固
		惯性能量过大	应设计合适的缓冲机构
		缓冲节流阀不能调节	修复或更换

（续）

故障		产生的原因	排除方法
缓冲装置故障	失去缓冲作用	单向阀处于全开状态或单向阀阀座封闭不严	检查尺寸，更换锥阀阀芯和钢球，更换弹簧，并配研修复
		活塞上的密封件破损，当缓冲腔压力升高时，工作液体从此腔向工作压力一腔倒流，故活塞不减速	更换密封件
		柱塞头或衬套内表面上有伤痕	修复或更换
		镶在缸盖上的缓冲环脱落	更换新缓冲环
		缓冲柱塞锥面长度与角度不对	给予修正
	缓冲过程出现爬行	加工不良，如缸盖、活塞端面不合要求，在全长上活塞与缸筒间隙不均匀；缸盖与缸筒不同轴；缸筒内径与缸盖中心线偏差大，活塞与螺母端面垂直度不合要求造成活塞杆弯曲	对每个零件均仔细检查，不合格零件不许使用
		装配不良，如缓冲柱塞与缓冲环相配合的孔有偏心或倾斜等	重新装配，确保质量
外漏	装配不良	液压缸装配时端盖装偏，活塞杆与缸筒定心不良，使活塞杆伸出困难，加速密封件磨损	拆开检查，重新装配
		液压缸与工作台导轨面平行度差，使活塞杆伸出困难，加速密封件损磨	拆开检查，重新安装，并更换密封件
		密封件安装差错，如密封件划伤、切断、密封唇装反，唇口破损或轴倒角尺寸不对，装错或漏装	更换并重新安装密封件
		密封件压盖未装好，压盖安装有偏差；紧固螺钉受力不均；紧固螺钉过长，使压盖不能压紧	重新安装，拧紧螺钉并使受力均匀，按螺孔深度合理选配螺钉长度
	密封件质量不佳	保管期太长，自然老化失效	更换密封件
		保管不良，变形或损坏	
		胶料性能差，不耐油或胶料与油液相容性差	
		制品质量差，尺寸不对，公差不合要求	
	活塞杆加工质量差	活塞杆表面粗糙，活塞杆头上的倒角不符合要求或未加工倒角	表面粗糙度应为 $R_a 0.2\mu m$，并按要求车倒角
	沟槽精度差	设计图样有错误	按有关标准设计沟槽
		沟槽尺寸加工不符合标准	检查尺寸，并修正到要求尺寸
		沟槽精度差，毛刺多	修正并去毛刺

（续）

故障		产生的原因	排除方法
外漏	油的粘度过低	用错了油品	更换合格的油液
		油液中渗有乳化剂	更换合格的油液
	油温过高	液压缸进油口阻力太大	检查进油口是否通畅
		周围环境温度太高	采取隔热、降温措施
		泵或冷却器有故障	检查原因并排除
	高频振动	紧固螺钉松动	应定期紧固螺钉
		管接头松动	应定期紧固管接头
		安装位置变动	应定期紧固安装螺钉
	活塞杆拉伤	防尘圈老化、失效	更换防尘圈
		防尘圈内侵入砂粒、切屑等脏物	清洗更换防尘圈，修复活塞杆表面拉伤处
		夹布胶木导向套与活塞杆之间的配合太紧，使活动表面过热，造成活塞杆表面各层脱落而拉伤	检查清洗，合理地修复导向套内径，使其达到正确的配合间隙

9.16.4 液压阀的故障与排除方法

1. 单向阀

(1) 普通机械式单向阀的故障与排除方法见表9-11。

表9-11 机械单向阀的常见故障与排除方法

故障	产生的原因	排除方法
发出异响	油的流量超过阀本身的允许值	更换较大流量的单向阀
	与其他阀共振	可略为改变阀的稳定压力，也可调试弹簧的强弱
	在卸压单向阀用于立式大液压缸等回路时，没有卸压装置	补充卸压装置回路
泄漏严重	阀座锥面密封性不好	重新研配
	滑阀或阀座拉毛	研磨后重新装配
	阀座碎裂	更换并研配阀座
不起单向阀作用	阀体孔变形，使滑阀在阀体内咬住	修研阀体孔
	滑阀配合时有毛刺，使滑阀不能正常工作	修理，去毛刺
	滑阀变形胀大，使滑阀在阀体内咬住	修研滑阀外径

(2) 液控单向阀的故障与排除方法见表9-12。

表9-12 液控单向阀的常见故障及其排除方法

故障		产生的原因	排除方法
不能逆流	单向阀打不开	控制压力过低	提高控制压力，使之达到要求值
		控制管道接头漏油严重或管道弯曲或被压扁使油流不通畅	紧固接头，消除漏油或更换管件
		控制阀芯卡死(如加工精度低，油液过脏)	清洗修配，使阀芯灵活，过滤或更换油液
		控制阀端盖处漏油	紧固端盖螺栓，并保证拧紧力矩均匀
		单向阀卡死(如弹簧弯曲，单向阀加工精度低，油液过脏)	清洗、修配，使阀芯移动灵活；更换弹簧；过滤或更换油液
		控制滑阀泄漏腔泄漏孔被堵(如泄漏孔处泄漏管未接，泄漏管被压扁，泄漏不通畅；泄漏管错接在压力管路上)	检查泄漏管道，泄漏管应单独接油箱
逆向不密封	逆流时单向阀不密封	单向阀在全开位置上卡死 阀芯与阀孔配合过紧 弹簧弯曲、变形、太弱	修配，使阀芯移动灵活 更换弹簧
		单向阀锥面与阀座锥面接触不均匀 阀芯锥面与阀座同轴度差 阀芯外径与锥面不同轴 油液过脏	检修或更换 检修或更换 过滤油液或更换
		控制阀芯在顶出位置上卡死	修配达到移动灵活
		预控锥阀接触不良	检查原因并排除
噪声	选用错误	通过阀的流量超过阀本身的允许值	更换适宜规格的阀
	共振	和别的阀发生共振	更换弹簧，消除共振

2. 电磁换向阀

电磁换向阀的故障可大致分为电气故障、机械故障和油液故障3大类。电气故障主要包括：短路、断路、绝缘破坏、线圈烧毁、磁铁退磁、电压太低或不稳等；机械故障主要包括：阀芯与阀体孔配合间隙太小所致摩擦阻力太大、阀芯或阀孔几何精度差、回位弹簧刚度不够、阻尼器单向密闭性差、节流阀控制流量过大等；油液故障主要有：油温太高、油液粘度太高、油液过脏等。

在此，我们以电液换向阀为例，列表说明其故障原因与排除方法(表9-13)。

表 9-13 电液换向阀常见故障与排除方法

故障		产生的原因	排除方法
主阀芯不动	主电磁铁故障	电磁铁线圈烧坏	检查原因，进行修理或更换
		电磁铁推动力不足或漏磁	检查原因，进行修理或更换
		电气线路出故障(短、断路、虚接等)	消除故障
		电磁铁未加上控制信号	检查后加上控制信号
		电磁铁铁心卡死	检查、排除或更换
	先导电磁阀故障	阀芯与阀体孔卡死(如零件几何精度差，阀芯与阀孔配合过紧，油液过脏等)	修理配合间隙达到要求，使阀芯移动灵活；过滤或更换油液
		弹簧弯曲，使滑阀卡死	更换弹簧
	主阀芯卡死	阀芯与阀体几何精度差	修理配研使间隙达到要求
		阀芯与阀体孔配合太紧	修理配研使间隙达到要求
		阀芯表面有毛刺	修去毛刺，冲洗干净
	液控系统故障	控制油路电磁阀未换向，造成无油 控制油路被堵塞，造成无油	检查原因并排除 检查清洗，并使控制油路畅通
		阀端盖处漏油，造成控制油压不足 滑阀排油腔一端节流阀调节得过小或被堵死，使控制油压不足	检查密封，拧紧端盖螺钉 清洗节流阀并调整合适
	油液变化	油液过脏使阀芯卡死	过滤或更换油液
		油温升高，使零件产生热变形，而产生卡死现象	检查油温过高原因并排除
		油温过高，油液中产生胶质，粘住阀芯表面而卡死	清洗，消除高温
		油液粘度太高，使阀芯移动困难而卡住	更换适宜的油液
	安装不良	安装螺钉拧紧力矩不均匀致使阀体变形	重新紧固螺钉，使之受力均匀
		阀体上连接的管子“别劲”	重新安装
	弹簧不合要求	弹簧刚度过大或过小	更换适宜刚度的弹簧
		弹簧弯曲、变形，致使阀芯卡死	修正或更换
		弹簧断裂不能复位	更换
换向后流量小	开口间隙过小	电磁阀中推杆过短	更换适宜长度的推杆
		阀芯与阀体几何精度差，间隙太小，移动时有卡死现象	配研至规定要求
		弹簧太弱，推力不足，使阀芯行程达不到终端	更换适宜弹力的弹簧

（续）

故障		产生的原因	排除方法
压降大	使用参数选择不当	实际通过流量大于额定流量	应在额定范围内使用
换向阀阀芯换向速度不易调节	可调装置故障	单向阀封闭性差	修理或更换
		节流阀加工精度差调节不出最小量	更换节流阀
		排油腔阀盖处漏油	更换密封件，拧紧螺钉
		针形节流阀调节性能差	改用三角槽节流阀
电磁铁过热或线圈烧坏	电磁铁故障	线圈绝缘不好	更换
		电磁铁心不合适，吸不住	更换
		电压太低或不稳定	电压的变化值应在额定电压的9%以内
		电极焊接不好	重新焊接
	负荷变化太大	换向压力超过规定	调低换向压力
		换向流量超过规定	更换规格合适的电液换向阀
		回油口背压过高	调整背压使其在规定值以内
	装配不良	电磁铁铁芯与阀芯轴线同轴度不良	重新装配，保证有良好的同轴度
吸力不够	装配不良	推杆过长	修磨推杆到适宜长度
		电磁铁铁芯接触面不平或接触不良	清除污物，重新装配达到要求
冲击与振动	换向冲击	大通径电磁换向阀，因电磁铁吸合速度快而产生较大冲击	需要采用大通径换向阀时，应选用液动换向阀
		液动换向阀，因控制流量过大，阀芯移动速度太快而产生冲击	调小节流阀节流口减慢阀芯移动速度
		单向节流阀中的单向阀钢球漏装或钢球破碎，造成无阻尼作用	检修单向节流阀
	振动	固定电磁铁的螺钉松动	紧固螺钉并加装垫圈

3. 溢流阀

溢流阀在工程机械中主要起定压溢流和安全保障作用，其类型主要有直动式溢流阀和先导式溢流阀两种。

溢流阀的主要的常见故障有：系统无压力、压力波动太大、噪声过大和泄漏等。

下面以先导式溢流阀为例，列表表示其常见故障及其排除方法(表9-14)。

表9-14　先导式溢流阀常见故障原因及排除方法

故障		原因分析	故障排除
无压力	主阀故障	主阀芯阻尼孔被堵(装配时主阀芯未清洗干净，油液过脏)	清洗阻尼孔使之畅通，过滤或更换油液
		主阀芯在开启位置卡死(如零件精度低，装配质量差，油液过脏)	拆开检修，重新装配；阀盖紧固螺钉拧紧力要均匀；过滤或更换油液
		主阀芯复位弹簧折断或弯曲，使主阀芯不能复位	更换弹簧
	先导阀故障	调压弹簧折断	更换弹簧
		调压弹簧漏装	补装
		锥阀或钢球漏装	补装
		锥阀碎裂	更换
	装错	进油口与出油口装反	调换纠正
	泵故障	见前述	见前述
压力无法升高	主阀故障	主阀芯锥面封闭性差 主阀芯锥面磨损或不圆 阀座锥面磨损或不圆 锥面处有脏物粘住 主阀芯锥面与阀座锥面不同轴作时有卡滞现象，阀芯不能与锥面严密结合	设法恢复密封性 配对研磨或更换 配对研磨或更换 清洗并配研 修配使之配合良好 修配使之结合良好
		主阀压盖处有泄漏(如密封垫损坏，装配不良，压盖螺钉有松动等)	拆开检修，更换密封垫，重新装配，并确保紧固螺钉拧紧力均匀
	先导阀故障	调压弹簧弯曲，或太弱或长度过短	更换弹簧
		锥阀与阀座接合处封闭性差(如锥阀与阀座磨损，锥阀接触面不圆，接触面太宽容易进入脏物或被胶质粘住等)	检修更换，使之达到要求
压力突然升高	主阀故障	主阀芯工作不灵敏，在关闭状态突然卡死(如零件加工精度低，装配质量差，油液过脏)	检修更换零件，过滤或更换油液
	先导阀故障	先导阀阀芯与阀面接合面突然粘住，脱不开	清洗修配或更换油液
		调压弹簧弯曲造成卡滞	更换弹簧
压力突然下降	主阀故障	主阀芯阻尼孔突然被堵死	清洗过滤或更换油液
		主阀芯工作不灵敏，在开启状态突然卡死(如零件加工精度低，装配质量差，油液过脏等)	检修更换零件，过滤或更换油液
		主阀盖处密封垫突然破损	更换密封垫
	先导阀故障	先导阀阀芯突然破裂	更换阀芯
		调压弹簧突然折断	更换弹簧

（续）

故障		原因分析	故障排除
压力波动	主阀故障	主阀芯动作不灵活有时有卡死现象	检修更换零件，压盖螺钉拧紧力应均匀
		主阀芯阻尼孔有时堵有时通	拆开清洗，检查油质，更换油液
		主阀芯锥面与阀座锥面接触不良，磨损不均匀	修配或更换零件
		阻尼孔孔径太大，使阻尼作用差	适当缩小阻尼孔孔径
	先导阀故障	调压弹簧弯曲	更换弹簧
		锥阀与锥阀座接触不好，磨损不均匀	修配或更换零件
		由于压力调压螺钉的锁紧螺母松动而使压力变动	调压后应把锁紧螺母锁紧
振动与噪声	阀故障	阀体与主阀芯几何精度差，棱边有毛刺，导致径向力不平衡而振动	检查零件精度，对不合要求的零件应去除毛刺，必要时更换
		阀体内黏附有污物，使配合间隙增大和不均匀	检修、清洗或更换零件
	先导阀故障	锥阀与阀座接触不良，圆周面的圆度不佳，表面粗糙度数值大，造成调压弹簧受力不平衡，使锥阀振荡加剧产生尖叫声	把封油面圆度误差控制在0.01mm以内
		调压弹簧轴心线与端面不够垂直，这样锥阀会倾斜，造成接触不均匀	设法提高锥阀精度，表面粗糙度达$R_a0.4\mu m$
		调压弹簧在定位杆上偏向一侧	更换弹簧
		装配时阀座装偏	提高装配质量
		调压弹簧弯曲	更换弹簧
	系统存在空气	泵吸入空气或系统存在空气	排除空气
	使用不当	通过流量超过允许值	在额定流量范围内使用

其他类型的液压阀(比如流量阀、减压阀、顺序阀、比例阀、电液伺服阀、平衡阀、背压阀、卸荷阀等)常见的故障以及排除方法与前述各种阀类基本相似，可参照检修。

本章小结

本章分为16节，篇幅较长，分别以不同型号的机械设备，比较详细地介绍了工程机械各机构、系统主要零部件的常见故障形式、故障原因、检测步骤和修理方法。重点和难点是柴油机的检修，制动系统、液压系统的检修也比较关键，学习中也应多加注意。

习题

1. 一柴油机加速冒黑烟，试分析其故障原因、检测步骤和修复方法。
2. 柴油机气门导管过度磨损后，应怎样处理？
3. 冬季用车应注意哪些事项？
4. 一机车起步时发抖，如何检测与修复？
5. 一台轮式装载机制动时跑偏，试述其检修过程。

第10章 再 制 造

★ 了解再制造工程的定义、与其他工程活动的区别、国内外现状、意义及发展趋势；
★ 了解再制造工程中的主要先进技术；
★ 了解我国工程机械再制造的必要性及限制因素。

知识要点	能力要求	相关知识
再制造的定义、意义、特点，再制造与循环经济的关系等	了解再制造的意义、再制造与技术创新的关系等	再制造、循环经济、3R1G 原则、4R 原则等概念
再制造的关键技术	了解可再制造性评估及再制造工程主要技术	表面工程技术、快速成形技术、恢复性热处理等
工程机械再制造	工程机械再制造的特点，我国工程机械再制造的局限性	我国工程机械再制造的必要性及限制因素

10.1 概　　述

10.1.1 再制造的基本概念

1. 再制造的定义

以设备可靠性、维修性和全寿命周期理论为指导，以废旧机械装备实现跨越式提升为目标，以优质、高效、节能、节材、环保为准则，以先进技术和产业化生产为手段，进行拆卸、清洗、修复、改造、装配、调试和验收的一系列技术措施或工程活动称为再制造。

而再制造业是一种对废旧产品实施高技术修复和改造的产业，它针对的是损坏或行将报废的零部件或机械设备，在性能失效分析、寿命评估等分析的基础上，进行再制造工程设计，采用一系列相关的先进修复和制造技术，使再制造产品质量达到或超过新品。

2. 再制造的意义

1）再制造是循环经济“再利用”的高级形式

再制造是指将废旧汽车、工程机械、机床零部件或整机等进行专业化修复的批量化生产过程，再制造产品达到与原有新品相同的质量和性能。

2）加快发展再制造产业是建设资源节约型、环境友好型社会的客观要求

再制造与制造新品相比，可节能 60%，节材 70%，节约成本 50%，几乎不产生固体废物，大气污染物排放量降低 80%以上。再制造有利于形成“资源—产品—废旧产品—再制造产品”的循环经济模式，可以充分利用资源，保护生态环境。

3）加快发展再制造产业是培育新的经济增长点的重要方面

我国汽车、工程机械、机床等社会保有量快速增长，再制造产业发展潜力巨大。2010 年全国机动车保有量达 2.29 亿辆(其中汽车突破 1 亿辆、14 种主要型号的工程机械保有量达 500 多万台)，机床保有量达 900 多万台。其中大量装备在达到报废要求后将被淘汰，新增的退役装备还在大量增加。发展再制造产业有利于形成新的经济增长点，为社会提供大量的就业机会，获得良好的社会效益。

4）加快发展再制造产业是促进制造业与现代服务业发展的有效途径

再制造是制造与修复、回收与利用、生产与流通的有机结合。工程机械和汽车零部件再制造产品主要用于维修，既能提高维修技术质量，又能提高维修效率和效益。国外经验表明，当再制造零部件占维修配件市场的 65%时，机械产品的维修速度将增加 8 倍。发展再制造产业还能使制造企业有能力投入更多精力进行新产品研发和设计，形成良性循环，对推动我国制造业的产业结构调整、产品更新换代、技术进步和人员素质提高十分有利。再制造是一种先进的生产过程，再制造产品可以达到(甚至超过)原有新品相同的质量和性能。加快发展再制造产业是建设资源节约型、环境友好型社会的客观要求。

5）加快发展再制造产业是满足战时应急需要、降低军费开支的重要渠道

第二次世界大战中，美国、德国的经验说明，战争期间，完全依靠全新的军事装备投放战场，不但会给整个社会造成极其沉重的经济负担，也不能完全、及时地满足战时大量损毁情况下的武器装备的数量需求，因此大力发展再制造产业，有利于战时快速提高装备

性能，及时补充武器装备，进一步保障获得军事主动权，大大降低国内民众的经济负担。

3. 再制造中的“3R、1G”原则

所谓“3R、1G”，就是指Reuse，Remanufacture，Recycle和Green - process。

Reuse是指，在再制造过程中，凡是没有损伤的零部件，在经过清洗、探伤和寿命评估后，都要尽量继续使用，比如，轴承盖、罩盖、连杆杆身等；

Remanufacture是指，在再制造过程中，对于那些有一定损伤，但可以进行修复的零部件，在经过适当工艺的维修处理或重新加工后，对其进行原尺寸使用或减量化使用，比如，磨损后的曲轴进行喷涂和磨削后按原尺寸继续使用，气缸体经过镗削后的减量化使用等；

Recycle是指，在再制造过程中，对于那些受到严重损伤，而且通过一般维修已无法恢复其使用性能的零部件，要进行回收、分拣、重熔、铸造、锻造等环节的再循环处理，比如，一些报废的气缸套、轮胎、履带板等；

Green - process是指，对于那些彻底报废，既无维修价值，也不能进行再循环使用的零件，要进行绿色的环保处理，比如，一些密封垫、内饰物、废油废液等。

10.1.2 再制造与其他相关行为过程的区别

1. 再制造与维修的区别

再制造是规模化、批量化、专业化生产，必须使用先进技术和现代管理模式，产品要达到或超过原性能，可对原产品进行技术升级；而维修则是为保持和恢复产品完成规定功能而采取的技术和管理措施，修后产品性能一般低于新品标准。其具体区别见表10 - 1。

表10 - 1 再制造与维修的区别

工程类别 / 比较项目	维修工程	再制造工程
对象	运行中的设备	到寿命期或技术状态落后的设备
内容	局部、随机、原位、应急	全面恢复性能
标准	修理标准	新机标准

2. 再制造与再循环的区别

再制造是以旧的机器设备零件为毛坯，采用专门的、先进的工艺和技术，在原有制造的基础上进行一次新的制造，而且重新制造出来的产品无论是性能还是质量都不亚于原先的新品，在很大程度上达到经济、社会与生态的和谐统一；而再循环是指最大限度地减少废弃物生成，力争做到废弃输出物的无害化，最大限度地实现生产资料再循环利用，同时，尽可能地利用高科技手段进行再循环处理，以减少能源的消耗。二者的主要区别见表10 - 2。

表 10-2 再制造与再循环的区别

比较项目 \ 工程类别	再循环工程	再制造工程
加工方式	回炉重熔	以成行零件为毛坯，不改变构件形态
环保性	耗能多、污染重	耗能少、污染轻
经济性	价值低、浪费大	耗材少、附加值高

3. 再制造与制造的区别

制造是指通过调研、构思、设计、采购，按照市场需求，将生产资料进行加工处理，再利用组装、实验、改进等手段，将这些资源转化为可供人们使用和利用的工业品与生活消费品的过程。它与再制造的主要区别见表 10-3。

表 10-3 制造与再制造的区别

比较项目 \ 工程类别	制造工程	再制造工程
原料	新毛坯	报废或淘汰的零部件
工艺	铸、锻、机加工等	拆解、清洗、机加工
经济性	成本高	成本低

4. 再制造的特点

通过对以上各点的分析，我们可以知道，与传统的制造业相比，再制造有以下特点。

(1) 再制造是以废旧或落后设备为对象，以提高旧件利用率为核心，对其进行高技术修复和改造的产业化工程；

(2) 再制造工程以尺寸恢复、行为公差保障、性能的全面提升和先进的技术改造为基本内容；

(3) 再制造完全可以达到甚至超过新品的质量或性能；

(4) 再制造比新品节约成本 50%以上；

(5) 再制造比新品节能 60%以上；

(6) 再制造比新品节材 70%以上；

(7) 再制造与新品制造相比，环保性能明显提高；

(8) 再制造过程中，关键技术、高新技术的利用率高，自动化程度高，质量可靠；

(9) 再制造业的有关法律法规、基础理论、关键技术、行业标准的制定和完善速度远远超过传统制造业。

10.1.3 再制造与循环经济的关系

1. 经济增长模式

(1) 什么是经济增长模式？所谓经济发展模式，是指在一定时期内国民经济发展战略及其生产力要素增长机制、运行原则的特殊类型，它包括经济发展的目标、方式、发展重心、步骤等一系列要素。

(2) 粗放型经济增长模式：传统经济是“资源—产品—废弃物”的单向直线过程，创造的财富越多，消耗的资源和产生的废弃物就越多，对环境资源的负面影响也就越大。

(3) 循环型经济增长模式：即物质闭环流动型经济，是指在人、自然资源和科学技术的大系统内，在资源投入、企业生产、产品消费及其废弃的全过程中，把传统的依赖资源消耗的线形增长的经济，转变为依靠生态型资源循环来发展的经济。循环型经济增长模式是以资源的高效利用和循环利用为目标，以“减量化、再利用、资源化”为原则，以物质闭路循环和能量梯次使用为特征，按照自然生态系统物质循环和能量流动方式运行的经济模式。它要求运用生态学规律来指导人类社会的经济活动，其目的是通过资源高效和循环利用，实现污染的低排放甚至零排放，保护环境，实现社会、经济与环境的可持续发展。

循环经济是把清洁生产和废弃物的综合利用融为一体的经济，本质上是一种生态经济，循环经济以尽可能小的资源消耗和环境成本，获得尽可能大的经济和社会效益，从而使经济系统与自然生态系统的物质循环过程相互和谐，促进资源永续利用。

2. 构建循环经济的紧迫性

1) 发展循环经济是实现全面建设小康社会奋斗目标新要求的必然选择

人口众多、人均资源相对不足、环境容量有限是我国的基本国情。而且我国现阶段正处于工业化、城市化加速发展阶段，资源消耗总量很大，加之粗放型的经济增长方式，资源环境约束日益突出，已严重制约经济发展。

据统计，截止到2010年，按2010年的开采速度计算，全球重金属可开采年限，Fe为61年，Zr为176年，Cu为20年，Zn为18年，Ni为40年，Cr为270年，Mn为92年，W为78年，而我国已探明的可开采矿源就更为贫乏。但是，在基本实现工业化的过程中，我国能源消耗总量还会增加。资源和环境问题是伴随实现全面建设小康社会目标全过程的硬约束，我们必须坚持不懈地走新型工业化道路。大力节约能源资源，保护生态环境，建设资源节约型、环境友好型社会，循环经济是必然选择。

2) 发展循环经济是转变经济发展方式的有效途径

经济又好又快发展的重要标志是结构优化、资源节约、生态良好。实现经济又好又快发展必须加快转变经济发展方式。但我国的投入和产出所占比要比世界平均水平高得多，我国目前GDP能耗是世界平均量的3倍，水耗是世界平均量的4倍，我国每年消费石油近4亿吨、原煤近25亿吨、粗钢近4.5亿吨、水泥12.5亿吨和氧化铝1761万吨。发展循环经济，能够最有效利用资源和保护环境，提高经济增长的质量和效益，促进国民经济又好又快发展。

3) 发展循环经济是建设生态文明社会的客观要求

生态文明的提出，丰富了科学发展观的内涵。它是对传统工业文明进行深刻反思的成果，是人类文明形态和文明发展观念、道路和模式的重大进步，如果不计代价，片面追求经济增长，必然导致能源资源约束突出，生态环境破坏严重，人与自然关系紧张，反过来影响人与人、人与社会的和谐。发展循环经济，建立全社会的资源循环利用体系，以最少的能源资源消耗、最小的环境代价实现经济社会的可持续发展，是建设生态文明社会的必然选择。

4）发展循环经济是实现节能减排目标的必由之路

据统计，2009年我国报废汽车616万辆，工程机械90万台，家电近7000万台，电脑1000万台。其他方面的排放控制还有着着巨大的压力，减排面临的形势十分严峻。发展循环经济不仅开辟了资源综合利用的新途径，物尽其用、变废为宝，资源利用效率显著提高，而且从资源消耗的源头减少了污染物的产生，实现“零”排放，化害为利，污染治理成本大大降低。循环经济把发展经济与节约资源、保护环境有机结合起来，是实现节能减排目标的根本性措施。

3. 循环经济中必须坚持的4R原则

(1) 减量化原则(Reduce Principle)：尽量节省原材料，以小的投入带来大的产出；
(2) 再利用原则(Reuse Principle)：凡是还能够使用的零部件，一律继续利用；
(3) 再制造原则(Remanufacture Principle)：对某些损伤的零部件进行修复和提升处理，继续使用；
(4) 再循环原则(Recycle Principle)：实在不能再使用的物料要进行绿色再循环处理。

4. 再制造对循环经济的贡献

1）美国情况统计(每件新品与再制造产品的能耗比)
工程机械整机：6倍；
工程机械柴油发动机：10倍；
工程机械发电机：7倍；
发动机关键部件：2倍。
2）全球情况统计(每年再制造比新品制造节省材料的数量)
节省金属等材料1400万吨；
节省原油350艘标准油轮的载油量；
节省8家中型核电站所产电能。
3）国内情况显示
大众帕萨特发动机新品售价60000元，帕萨特再制造发动机售价26000元；
如果再制造工程能够在全国范围内的所有废旧发动机上全面实施，则在2020年前的几年内，年均可回收附加值1424～2236亿元，年均可节电60～90亿度，年均可减少CO_2排放667～969吨；
再制造一个发动机缸盖，比报废旧品生产新品减少CO_2排放61%，耗水量减少93%，能耗减少86%，材料消耗减少98%，填埋空间减少99%。

10.1.4 再制造与技术创新的关系

1. 什么是技术创新

美国国家科学基金会(National Science Foundation of U. S. A.)在其1969年的研究报告《成功的工业创新》中将创新定义为技术变革的集合。认为技术创新是一个复杂的活动过程，从新思想、新概念开始，通过不断地解决各种问题，最终使一个有经济价值和社会价值的新项目得到实际的成功应用。到20世纪70年代下半期，NSF对技术创新的界定大大改变，认为“技术创新是将新的或改进的产品、过程或服务引入市场。”明确地将模仿和不需要引入新技术知识的改进作为最终层次上的两类创新而划入技术创新定义范围中。

2．对技术创新的绩效评价

技术创新包括许多类型和内容，一种技术创新的绩效如何，企业或社会对其满意度如何，我们可以用一个简单的数学模型来表示：

$$I=\frac{\sum VF}{\sum HF+\sum C} \tag{10-1}$$

式中，I 为理想度，是公众对某一项创新成果的满意度的评价(Ideality)；VF 为有利因素，指该创新对科学发展的有利一面(Valuable Factors)；HF 为有害因素，指该创新对科学发展不利的一面(Harmful Factors)；C 为创新所需成本(Costs)。

综前所述，无论是贯彻“3R1G”原则，还是贯彻“4R”原则，均能使公式(10－1)中的分子最大化，分母最小化，也就是说，再制造技术可以使创新的理想度大大提高。

10.1.5 国际再制造业的发展简况

1．再制造的历史起源

早在20世纪30年代，美国的一些机械行业的私营业主就已经发现了再制造比制造业可以带来更加丰厚的利润。比如，美国汽车零部件再制造的起源就可追溯到20世纪30年代。当时美国处于经济大萧条时期，由于资金和资源的缺乏，一些修理商不得不在汽车维修中尝试采用再制造措施，以节约资金和资源。

第二次世界大战的爆发，更加刺激了零部件再制造行业的发展。当时，美国国内所有汽车制造厂和配件生产厂都为满足战争需求而转产军工产品，致使美国国内的民用汽车零部件供应严重不足，许多型号的车辆因为配件缺乏而无法继续使用。这迫使一些汽车修理商不得不拆下报废和存在故障的零部件修理后继续使用，从而逐步形成了一个新兴的产业。同时，美军在战场上使用大量车辆用于作战，损坏率非常高，急于修理，开始尝试使用在国内批量修理好的汽车备件在战场上快速更换，使车辆的维修速度大幅度提高。

第二次世界大战结束后，零部件再制造企业能够生存下来，并在一段时期内快速发展，主要得益于这个行业产生的丰厚利润。

在整个汽车零部件再制造的产业链中，从旧件的收集者到再制造产品的使用者，所有参与者无一例外都得到了可观的经济效益。这使汽车零部件再制造行业得到快速发展，很快覆盖了整个北美大陆，成为美国仅次于钢铁行业的“工业第二巨人”。

在工业化初期，人们还没有深切体会到自然资源供给和环境容量的有限性，制造业成为所有产业中最大的资源使用者，也是最大的污染源之一。而再制造作为改善这一恶果最直接、最有效的手段，成为社会可持续发展的重要途径。

2．国际再制造业现状

随着社会的进步，再制造所带来的社会效益、经济效益和环保效益已经引起全球社会的高度关注。目前，全球有7.4万多家再制造企业。仅就2008年的统计数据看来，北美地区汽车再制造产业规模约420亿美元，工业设备再制造规模150亿美元；欧洲汽车再制造规模约220亿美元，工业设备再制造规模60亿美元左右。2008年，全球再制造产业产值超过1360亿美元。

1997年成立国际再制造联合会(RICI)，目前以美、德、日、法等国家的再制造技术和理念最为先进。

美国再制造产业规模是全球最大的，达780亿美元，其中汽车和工程机械等领域占2/3以上，约550亿美元左右。美国再制造产品的范围覆盖汽车零部件、机床、工程机械、铁路装备、医疗设备及部分电子类产品。其中，汽车零部件再制造无论从技术成熟性、经济性还是从产业规模来看都更具优势，覆盖发动机、变速器、转向器、发电机、电动机、离合器、水泵、油泵、空调压缩机、雨刮电机、制动总泵、分泵、启动机、轮胎等零部件。

世界工程机械巨头卡特彼勒公司占总产值30%～40%的产品为再制造产品，它从设计阶段就考虑产品的可回收性、再制造性，卖出去的产品易于以旧换新，易于回收和再利用，一些柴油机、工程机械底盘部件等，经过CAT的再制造被赋予了新的生命。

美国军队也是再制造的最大受益者。美空军B-52战略轰炸机，1962年生产，1980、1996年两次再制造，到1997年时平均自然寿命还有13000飞行小时，可服役到2030年；2005年，美国空军完成了209架阿帕奇直升机的再制造，2015年前还将完成750架的再制造。再制造后的阿帕奇直升机成为美军现役武装直升机中战斗力最强的一种机型。此外，美军还对CH-47支奴干运输直升机、M1a1坦克、布拉德利装甲车、AV-8b鹞式垂直起降战斗机等军工产品完成了再制造。通过再制造，美军一方面使大量濒临报废的装备重新焕发生机，以很低的费用维持了武器装备的战备完好率；另一方面大大提高了现有武器装备的战术技术性能，也为先进技术提供了一个十分难得的应用和检验的机会。

10.1.6 我国再制造业的发展与现状

我国再制造业起步较晚，直到1997年RICI成立，我国才意识到再制造的重要性。

1998年中国重汽与英国Lister-petter公司合资创办济南复强动力有限公司，专注于发动机的翻新制造；1999年6月，徐滨士院士在中国西安召开的“先进制造技术国际会议”上作了《表面工程与再制造技术》的特邀报告，在中国率先提出“再制造”的概念；2000年，“再制造工程技术及理论研究”被国家自然科学基金委机械学科列为“十五”优先发展领域，标志着再制造的基础研究已经得到了国家的重视和认可；2005年7月，国务院颁布的21、22号文件明确表示，国家将“支持废旧机电产品再制造”，并把“绿色再制造技术”列为“国务院有关部门和地方政府加大经费支持力度的关键、共性项目之一”；同年10月，国家发改委等6部委联合公布了国家首批循环经济示范试点领域及企业名单，再制造成为4个重点领域之一，发动机再制造企业济南复强动力有限公司被列为再制造重点领域的试点单位；2008年3月，国家发改委批准全国14家企业作为新一轮“汽车零部件再制造产业试点企业”，其中包括一汽、东风、上汽、重汽、奇瑞等整车制造企业和潍柴、玉柴等发动机制造企业；同年，斗山国际投资控股有限公司和武汉千里马工程机械有限公司开工兴建工程机械再制造厂。

国家装备再制造技术国防科技重点实验室，采用等离子喷涂技术，攻克了某型主战坦克转向机构重要薄壁零件“行星框架”易热变形的再制造难题，经六辆坦克的实车考核，再制造行星框架的使用寿命达到新品的3倍，成本仅为新品的1/10，材料消耗为1/100；英国路虎汽车(Iand-rover)的铝合金发动机缸盖，服役后出现环形压槽，造成气密性下降，英方无法修复，委托装备再制造技术国防科技重点实验室解决，该实验室采用材料成形与制备一体化技术成功完成了路虎汽车铝合金发动机缸盖的再制造，突破了铝合金材料零件再制造的国际难题，再制造的发动机已投入实车考核，性能稳定。目前，该项技术已经应用于某些缸盖的生产。

在再制造产业化方面，我国已基本构建了再制造产业，越来越多的专业化再制造企业不断出现。仅 2008 年一年，在机械产品领域，就有近 30 家再制造企业挂牌，如二汽康明斯发动机再制造公司、广西玉柴发动机再制造公司等。目前，发动机再制造企业济南复强动力有限公司是我国最大的再制造企业，专门从事斯太尔、康明斯、三菱等种类型号，尤其是重型汽车发动机的再制造。在 2005 年成为国家循环经济示范试点企业后，该公司加强了与装备再制造技术国防科技重点实验室的合作，将最新的纳米表面工程技术和自动化表面工程技术应用于生产线，显著提升了废旧发动机的再制造水平和再制造率，现已达到年产再制造发动机 25000 台的能力。此外，到 2009 年底，该公司已形成汽车发动机、变速箱、转向机、发电机共 23 万台套的再制造能力，并在探索旧件回收、再制造生产、再制造产品流通体系及监管措施等方面取得了积极进展。再制造基础理论和关键技术研发取得重要突破，开发应用的自动化纳米颗粒复合电刷镀等再制造技术达到国际先进水平。工程机械、机床等再制造试点工作也已开展。

10.2 再制造的工程结构和关键技术

10.2.1 可再制造性评估

1. 可再制造性评估的意义

(1) 经济意义：再制造产业的决策者不但要考虑再制造企业的成本与利润，更应该以国家利益为着眼点，站在全球一体化和可持续发展的高度，对淘汰、老旧、报废产品进行全面考察、评估，力争在再制造工程中节约每一滴水、每一升油、每一度电，以实现全球的绿色循环经济的可持续发展。

(2) 技术意义：零件剩余疲劳寿命是否足够维持下一个生命周期，是再制造面临的重要技术问题。而零件失效的主要形式有疲劳、腐蚀、变形和磨损，其中除疲劳外，其他失效形式都比较直观或比较容易检测。因此研究零件剩余疲劳寿命的预测技术对再制造的发展很有意义。

2. 再制造在产品生命周期中的地位和作用

再制造在产品生命周期中的地位和作用如图 10.1 所示。

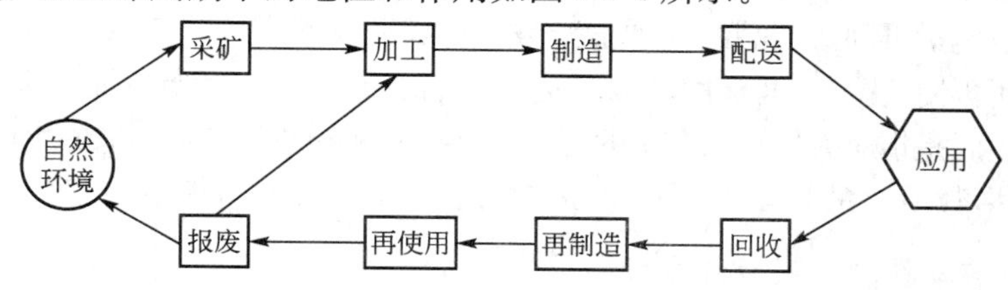

图 10.1 再制造在产品生命周期中的地位和作用

3. 产品是否可再制造的判断准则

(1) 再制造对象必须是陈旧的、淘汰的或报废的产品或零部件；

(2) 产品应该能够进行批量化生产，标准化程度高、系列化程度高、自动化程度高、生产效率高；

(3) 零部件或产品必须有足够的再制造价值，必须通过合理、科学的评估，分析其再制造的经济性和可行性；

(4) 必须有相对成熟而且先进的再制造技术和良好的再制造工艺；

(5) 必须有成熟而经济适用的技术升级方法；

(6) 必须有稳定、足量的市场需求；

(7) 再制造过程必须有利于绿色环保和可持续发展。

4. 可再制造性评估的技术路线

对于可再制造性评估，站在不同的视角，有不同的方法，其中疲劳寿命评估的技术路线较为常用。该方法通过标准试样拉伸、疲劳试验以及估算获得材料特性；通过几何建模、动态仿真获得载荷；通过有限元分析获得局部应力；最后将获得的材料特性、载荷和局部应力代入相应的疲劳损伤模型，便可以预测无损伤积累零件的疲劳寿命然后减去利用已知的服役疲劳损伤积累得到最大载荷下的当量寿命，便可得到剩余疲劳寿命。

例如，采用电弧喷涂修复曲轴的疲劳寿命，可通过带有相应涂层和不带有涂层标准试样试验得到修正系数来修正后，获得再制造后零件的剩余疲劳寿命。

5. 产品可再制造性评估的模型结构

与可再制造性评估的技术路线类似，考虑的侧重点不同，其模型结构也有所区别。而再制造是一种绿色制造模式，故对工程机械再制造进行评估要综合考虑绿色制造中的“TQCRE(Time Quality Cost Resource and Environment)”五大决策属性，因此，绿色评估法是目前比较流行的一种方法。

有效评估废旧机械产品的可再制造度，支撑废旧机械产品绿色再设计和再制造方案的形成，结合绿色制造中的时间、质量、经济、资源、环境(TQCRE)五大决策属性，通过对影响废旧机械产品再制造的技术、经济、质量、资源、环境和时间等因素进行分析，可以建立废旧机械产品绿色再制造综合评估模型。该模型可用下式表示：

$$\lambda=\lambda_{tech}\times(\lambda_c\times P_c+\lambda_q\times P_q+\lambda_r\times P_r+\lambda_t\times P_t) \qquad (10-2)$$

式中，λ 为可再制造度；λ_{tech} 为技术性指数；λ_c 为经济性指数，P_c 为经济性权重；λ_q 为质量指数，P_q 为质量性权重；λ_r 为资源指数，P_r 为资源权重；λ_t 为时间指数，P_t 为时间权重。

而技术性指数又包括可装配性指数、可再制造性指数、可升级性指数和加工难易程度指数；经济性指数包括再制造产品的附加值指数、再制造成本指数和获取废旧产品的费用指数；质量指数一般用再制造产品的服役寿命来表示；资源指数主要包括节省能源指数和节省材料指数；环境指数主要是指对大气和水资源的污染程度；时间指数是指再制造的生产效率。

每种性能指数所占的权重，可根据由专家系统建立的评语集中的相关项目来确定。

6. 再制造前零件剩余疲劳寿命评估

再制造一般要经过拆解、清洗、检查、分类整理、翻新、恢复、维修、检测装配等工序。其中检查首先是指依靠有经验的工人通过目测检查：废旧产品经过拆解后，根据可再制造性评估准则，初步判断、划分和归类适合再制造的零件，清洗工作完成后便要进行检查，有经验的工人通过目测淘汰那些有明显缺陷和变形过大的零件；接下来要利用各种无损探伤方法或检测仪器检查零件是否有缺陷，对于缺陷超出各自标准的零件进一步淘汰。这些标准根据各零件的工作载荷、工况和采取的修复工艺决定。比如柴油发动机再制造，对曲轴来讲是采用“减材料”的修复工艺修复曲轴的形位精度和恢复装配表面的表面粗糙度(这些表面在拆卸时均有所破坏)，还是采取“增材料”的方法，喷涂后再磨削，要视具体情而定。一般有宏观裂纹的曲轴便要被淘汰。

因此，再制造前零件剩余寿命的评估不但对于评估该零件是否适合于再制造有意义，同时对不采用任何修复工艺而直接利用的零件也有意义。根据零件检查后是否有缺陷以及缺陷的类型和程度分别采取不同的剩余寿命评估方法。

工程机械中常用的无损检测主要是用来检测材料和构件中的宏观缺陷，也就是说无损检测技术所表征的是材料和构件中宏观组织结构的特点。

7. 再制造后零件疲劳寿命评估

首先要说明的是，这里所说的再制造后零件是指修复、加工后的零件。对修复后的零件，类似于再制造前的方法，主是要根据修复时采用“减材料”还是“加材料”修复，对评估方法做相应的调整。下面分别加以说明。

(1) 采用“减材料”修复工艺的疲劳寿命计算：可以采用上述再制造前零件疲劳寿命方法计算疲劳寿命，只需要根据修复的实际情况改变零件的有关尺寸即可。

(2) 采用“加材料”修复工艺的疲劳寿命计算：先按未修复的情形计算疲劳寿命，采用的方法和上述“减材料”时的方法一样。当然这时候问题的关键是采用加材料修复后零件的表面有了涂层，其疲劳特性已经发生了变化，需要给计算结果乘上修正系数而得到疲劳寿命，修正系数可以根据再制造修复工艺，通过试验的方法得到。

8. 再制造产品的可靠性、维修性、整机寿命预测

再制造产品的可靠性和维修性可以分别按照前述的可靠性理论和维修性理论，依照新品进行各指标的估算和评价。

机械设备的两大类失效形式中，偶发性失效仅需进行静强度一类的静态设计，就可以避免。但对于渐进型损伤(耗损)型失效产品，则需要知道其寿命。再制造产品的寿命是其重要的质量评估指标之一。确定累积损伤型失效产品的寿命的方法有二类，其一是对于大批量的机械产品，可采用产品原型试验的办法进行确定，该方法试验数据准确、实验时间较长，实验结果与实际情况基本相符；其二是对于小批量的、机构复杂的机械产品则可以利用一些基础试验数据，用可靠性理论等一些分析方法，建立一定的数学模型，利用模型试验对其寿命进行分析、估算。

10.2.2 再制造的主要技术

制造技术(Manufacturing Technology)是按照人们的需要，运用知识和技能，利用客观物质工具，使原材料转变为产品的技术总称，也可以说是完成产品生产活动所需的一切手段的总和。

先进制造技术是制造业不断吸收信息技术及现代化管理等方面的成果，并将其综合应

用于产品设计、制造、检测、管理、销售、使用、服务乃至回收的制造全过程，以实现优质、高效、低耗、清洁、灵活生产，提高对动态多变的产品市场的适应能力和竞争能力的制造技术的总称。

而对于再制造工程而言，除了先进制造单元技术(该技术是指制造技术与电子、信息、新材料、新能源、环境科学、系统工程、现代管理等高新技术结合而形成的崭新的制造技术)和集成技术(应用信息、计算机和系统管理技术对上一个层次的技术局部或系统集成而形成的先进制造技术的高级阶段，如：FMS、CIMS、IMS等)之外，再制造业应用的主要先进技术有以下几种。

1. 表面工程技术(SET)

除了传统的冷作强化、氮化处理、氧化处理、磷化处理和渗碳处理等表面工程之外，现代表面工程技术具有优质、高效、低耗等先进制造技术特征，是再制造的主要手段之一。采用多种现代表面工程技术，可以针对多种贵重零件的失效原因，实施局部表面强化和修复，从而重新恢复其使用价值。

1) 纳米表面处理技术(NSDT，Nanometer Surface Disposal Technology)

(1) 纳米复合颗粒电刷镀技术：纳米复合颗粒电刷镀技术是近年发展起来的高新技术。通过在普通电刷镀液中添加纳米陶瓷颗粒，并解决纳米颗粒在盐溶液中的团聚倾向和非导电的纳米陶瓷颗粒与金属实现共沉积等两大技术难题，实现了纳米颗粒与基体金属之间牢固的化学键结合，从而依靠纳米颗粒的特殊性能，大幅度提高了刷镀层的力学、摩擦学性能，提高了零件的耐高温、抗磨损(纳米复合颗粒镀层相对耐磨性为普通电刷镀层的2.1倍以上)和耐疲劳性能，同时，对原基材而言有强化作用，镀层结合强度增加，镀层孔隙率降低，镀层微观结构更加致密

(2) 纳米热喷涂技术：以现有热喷涂技术为基础，通过喷涂纳米结构颗粒粉末或纳米颗粒结构丝材，得到具有纳米结构涂层。涂层以纳米结晶颗粒为主，同时辅以亚微米晶，使涂层结合强度、致密性以及其他性能均显著提高。

纳米热喷涂涂层除了具有较好的耐磨性之外，还具有其他许多优点，表10-4以氧化铝/氧化钛涂层为例，说明了普通喷涂涂层与纳米涂层的主要区别。

表10-4 传统 Al_2O_3/TiO_2 涂层和纳米 Al_2O_3/TiO_2 涂层性能比较

性能	传统 Al_2O_3/TiO_2 涂层	纳米 Al_2O_3/TiO_2 涂层	改善程度
强度	差	优良	大幅度提高
微观硬度(VHN)	800～1000	900～1000	—
抗磨能力(Nm/mm^3)	7.5×10^3	40×10^3	提高5倍
防腐性能	好	优异	大幅提高
磨削性	差	优良	大幅提高
抗疲劳性能	1000000r轻微损坏	>10000000r无损伤	提高10倍
抗弯曲能力	弯曲150°时产生裂纹或剥落	弯曲180°后无裂痕	大幅提高
表面结合强度(psi)	～2000	～8000	提高4倍

(3) 纳米冷喷涂技术：热喷涂技术是把某种固体材料加热到熔融或半熔融状态并高速喷射到基体表面上形成具有预期性能的膜层，从而达到对基体表面改质目的的表面处理技术。由于热喷涂涂层具有特殊的层状结构和若干微小气孔，涂层与母材的结合一般是机械方式，其结合强度较低。在很多情况下，热喷涂可以引起相变，还可以引起部分元素的分解和挥发以及部分元素的氧化。

冷喷涂技术是相对于热喷涂技术而言，在喷涂时，温度一般在室温到600℃之间，喷涂粒子以高速(600～1200m/s)撞击基体表面，在整个过程中粒子没有熔化，保持固体状态，粒子发生纯塑性变形聚合形成涂层。冷喷涂技术近年来在国际上到了很快的发展。

在冷喷涂过程中，由于喷涂温度较低，发生相变的驱动力较小，固体粒子晶粒不易长大，氧化现象很难发生。而且由于到达基板及沉淀材料上的金属粉末粘接力的作用，而使其形成固态，因此，冷喷涂沉淀的特征十分独特，所以它非常适合在多种类型的基板材料上沉淀广泛的传统和高级材料，特别是对于工艺温度敏感的非传统应用，尤其适合于喷涂诸如纳米相材料、非晶材料等。

与传统热喷涂技术相比，冷喷涂技术具有以下优点。

一是可以避免喷涂粉末的氧化、分解、相变、晶粒长大等；二是对基体几乎没有热影响；三是可以用来喷涂对温度敏感的材料，如易氧化材料、纳米结构材料等；四是涂层组织致密，可以保证良好的导电、导热等性能；五是涂层内残余应力小，且为压应力，有利于沉积厚涂层；六是粉末可以回收利用；七是送粉率高，可以实现较高的沉积效率和生产率；八是如果采用压缩空气，喷涂成本低；九是噪声小，操作安全。

(4) 微纳米减磨自修复添加剂技术：该技术是利用自修复添加剂的化学摩擦作用，在摩擦表面形成具有减磨润滑和自修复功能的固态修复膜，达到磨损和修复的动平衡，从而在不停机、不解体的情况下对失效摩擦表面实现减磨和自修复。微纳米材料能够以润滑油为载体，通过机械摩擦作用、摩擦—化学作用和摩擦—电化学作用等，在摩擦表面沉积、结晶、渗透、铺展成膜，对磨损损伤进行一定程度的填补和修复，以补充所产生的磨损，甚至可以生成一定厚度的修复层。

2) 功能梯度材料覆层技术(FGM，Functionally Graded Material)

功能梯度材料(FGM)是指一类组成结构和性能在材料厚度或长度方向上连续或准连续变化的非均质复合材料。在FGM涂层中，沿涂层厚度方向，随涂层厚度增加，陶瓷相成分含量逐渐增加，金属相成分含量则相应减小，即金属相与陶瓷相涂层间无明显界面，很好地解决了二者性能不相匹配的问题，最大程度地削弱或消除了涂层中的应力，提高涂层与基体间结合强度。比如，采用一定梯度复合技术制备的Al_2O_3系FGM组分从纯金属Ti一端连续过渡到纯陶瓷Al_2O_3的另一端，使材料既具有金属Ti的优良性能，又具有Al_2O_3陶瓷的良好的耐热、隔热、高强及高温抗氧化性，同时由于中间成分的连续变化，消除了材料中的宏观界面，整体材料表现出良好的热应力缓和特性，使之能在超高温、大温差、高速热流冲击等苛刻环境条件下使用，可望用为新一代航天飞机的机身、燃烧室内壁等以及涡轮发动机、高效燃气轮机等提供超高温耐热材料。

(1) 功能梯度材料的类型：根据不同的分类标准，FGM有多种分类方法。

按材料的组合方式，FGM分为金属/陶瓷，陶瓷/陶瓷，陶瓷/塑料等多种组合类型；

按其组成变化，FGM分为梯度功能整体型(组成从一侧到另一侧呈梯度渐变的结构材料)，梯度功能涂敷型(在基体材料表面沿厚度上形成渐变的涂层)，梯度功能连接型

(连接两个基体间的界面层呈梯度变化)；

按不同的梯度性质变化分，有密度 FGM，成分 FGM，光学 FGM，精细 FGM 等；

按不同的应用领域又可分为，耐热(热障涂层) FGM、生物 FGM 涂层、化学工程(耐蚀功能)FGM 涂层、耐磨 FGM 涂层、电子工程 FGM 涂层等。

(2) 功能梯度材料的特点：将 FGM 用作界面层来连接不相容的两种材料，可以大大地提高粘接强度；将 FGM 用作涂层和界面层可以减小残余应力和热应力；将 FGM 用作涂层和界面层，可以消除连接材料中界面交叉点以及应力自由端点的应力奇异性；用 FGM 代替传统的均匀材料涂层，既可以增强连接强度也可以减小裂纹驱动力。

(3) FGM 的制备工艺和方法：目前机械工程中最流行的 Al_2O_3 系 FGM 的制备技术种类非常多，但迄今为止，用于 Al_2O_3 系梯度功能材料制备的方法主要有气相沉积法(Vapor Deposition)、自蔓延高温合成法(Self - propagating High - temperature Synthesis，SHS)、等离子喷涂法(Plasma Spraying)、激光加热合成法(Laser Heating Synthesis)、干式喷涂+温度梯度烧结法(Dry Spraying and Temperature Gradient Sintering)、颗粒共沉降制备工艺(Particle Co - sedimentation)等几种方法，它们各具特色，分别应用于不同的场合。

3) 表面复合工程技术(SCET，Surface Compound Engineering Technology)

表面复合工程是指利用两种或多种先进的表面工程技术，以适当的技术和方法复合在一起，使零件表面获得一种由不同材料组合而成的结构，在新制成的复合表面材料中，原来各种材料的特性得到了充分的应用，而且复合后，可望获得单一材料得不到的新功能。

(1) 复合表面工程技术的基本特征：复合表面工程技术与其他表面技术领域的重要区别是综合、交叉、复合、优化，综合运用两种或多种表面工程技术的复合表面工程技术通过最佳协同效应获得了“1+1>2”的效果，解决了一系列高新技术发展中特殊的工程技术难题，复合技术使本体材料的表面薄层具有更加卓越的性能，如大大提高材料表面硬度、提高耐磨性、增强表面防滑能力、增强耐腐蚀性等。

(2) 复合表面工程技术的基本内容：一是膜层或涂层的复合优化设计，尤其是多层膜层和膜系的优化设计，使得参与复合的膜层材料和涂层材料物尽其用，各自发挥自己的独特优势。如，金属基陶瓷复合涂层、陶瓷复合涂层、多层复合涂层、梯度功能复合涂层等。

二是将各种表面处理技术进行优化组合，使各类技术各展所长。如热喷涂与激光重熔的复合、热喷涂与刷镀的复合、化学热处理与电镀的复合、表面强化与喷丸强化的复合、表面强化与固体润滑层的复合、多层薄膜技术的复合、金属材料基体与非金属材料涂层的复合等。再如，热浸镀铝+热扩散和热浸镀锌+热扩散可使镀层结合牢固，还有渗碳热处理+喷丸，离子注入+气象沉积等。

(3) 复合表面工程技术基本方法如下。

多种金属元素的表面复合渗透层或包覆层技术；金属与陶瓷弥散微粒复合镀层技术；底层、中间层、面层复合涂层技术；电镀与有机涂层复合技术；热喷涂和封闭与有机涂层的复合技术；热喷涂与激光重熔复合技术；表面强化与固体润滑复合技术；多种薄膜和改性复合技术。

4) 气相沉积技术(VDT，PVD and CVD)

近年来，PVD 和 CVD 技术已广泛应用于航空航天、工程机械、汽车、化工、能源和生物工程等领域制备功能梯度涂层，同时不断与其他表面涂层技术相结合，开发出了一些改进型的表面涂层技术制备梯度涂层，如电子束物理气相沉积法(EB－PVD)、离子束增强物理气相沉积法(IBEB)、燃烧化学气相沉积法(CCVD)、物理化学沉积法(PCVD)、反应溅射及阴极磁控溅射等。而且，随着科学技术的发展，CVD 和 PVD 梯度涂层技术在材料制备及改善零部件表面性能等方面的应用不断增加，有着美好的应用前景。

(1) 物理气相沉积(PVD，Physical Vapor Deposition)：物理气相沉积是通过蒸发、电离或溅射等物理过程，产生原子或分子，或者与某种气体反应形成化合物沉积在工件表面而形成镀膜或涂层的过程。物理气相沉积分为：真空蒸镀(Vapor Evaporation)、真空溅射(Vapor Sputtering)、真空离子镀(Vapor Ion Plating)和分子束外延(Molecular Beam Epitaxy)等 4 大类，目前应用较广的是真空离子镀。

(2) 化学气相沉积(CVD，Chemical Vapor Deposition)：CVD 乃是通过化学反应的方式，利用加热、等离子激励或光辐射等各种能源，在反应器内使气态或蒸气状态的化学物质在气相或气固界面上经化学反应形成固态沉积物的技术。

通过 CVD 技术可以获得表面涂层的许多优点：一是与基体材料的结合力好，因此在成形时能转移所产生的高摩擦—剪切力；二是有足够的弹性，零件发生少的弹性变形时，不会出现裂纹和剥落现象；三是具有良好的润滑性能，可以减少粘着磨损，降低了“咬舍”的危险；四是具有较高的硬度，能够降低磨粒磨损；五是化学气相沉积可以控制薄膜的组成、制备各种单质、化合物、氧化物及氮化物，甚至可以制备一些全新结构的薄膜或形成不同的薄膜组分；六是运用不同反应并控制相应的成膜参数(温度和压力等)，可以控制所得到的薄膜的性质。但是，该技术同样也存在不足之处，主要是反应温度高，沉积速度低(几 μm～几百 μm/h)，难以局部沉积，气源和废气有毒等。

几种不同气相沉积的对照见表 10－5。

表 10－5 几种常见气相沉积的比较

		蒸镀	溅射	离子镀	PECVD
涂敷材料	金属	可	可	可	卤化物蒸汽＋H_2
	合金(AB)	$P_A \approx P_B$	可	可能	
	化合物	Pv＞Pd	可	金属蒸气＋气体	金属蒸气＋气体
质点撞击能量		≤0.4ev	≤30ev	≤1000ev	≤0.1ev
沉积速率		≤75μm/min	≤2μm/min	≤50μm/min	—
与基体结合能力		好	优	优	好
背面涂敷性		不行	不行	稍行	可
无扩撒时基体背面和沉积物之间界面		在 SEM 下清楚	AES 观察到迁移	界面逐次变化	较清楚
工作压力(Pa)		$<10^{-2}$	10^{-2}～	10^{-3}～1	10^{-2}～10
基体材料		任意	任意	任意	任意

5) 分子外延覆膜技术(MBE，Molecular Beam Epitaxy)

在微波、光电和多层结构器件制造、再制造领域，常常需要制备单晶薄膜，这一技术叫做外延，外延分同质外延和异质外延两种情况：同质外延是指外延层与衬底材料在结构和性质上相同，如在 Si 衬底上外延 Si 层为同质外延；异质外延是指外延层与衬底材料在

结构和性质上不同，如在蓝宝石上外延 Si 是异质外延。

外延的方法有 3 种：气相外延法、液相外延法和分子束外延法。气相外延法，就是采用 CVD 技术在单晶表面的沉积过程；液相外延，是指把溶质放于溶液内，在一定温度下形成均匀溶液，再进行缓冷处理，当达到饱和点(液相线)时，固体析出而进行结晶生长，可制得纯度高和结晶优良的外延层，并能连续生长多层结晶膜。而分子束外延(MBE)，是指在超高真空条件下，把薄膜各组分元素的原子束流直接喷到温度适宜的衬底表面上，在合适的条件下就能沉积出所需的外延层。MBE 实际是将真空蒸镀加以改进和提高的一种外延技术，其优点是：能生长极薄的单晶膜，能精确控制膜厚及组分与掺杂，是制作集成光学和超大规模集成电路的有力手段。

6) 高能束(HEB，High Energy Beam)表面改性技术

高能束流通常是指激光束、电子束及离子束等载能粒子流，俗称“三束”。由特定的装置将它们聚焦至很小的尺寸，形成极高能量密度($10^3 \sim 10^{12}$ W/cm^2 之间)的粒子束(以后均称为高能束 HEB)。再把它们作用于材料的表面，可以在极短的时间内以很快的加热速度使材料基体表面的照射斑处瞬间产生物理、化学或结构的变化，性能也随之发生改变。此外，它们还可以作为精细加工技术，在材料表面形成各种图案和形状，以及获得各种特殊功能等。因此，高能束在材料表面改性在细微加工领域中得到了广泛的应用。

(1) 激光表面改性：虽然表面改性技术很多，但总体上可以被分为不改变基材表面成分的表面改性和改变基材表面成分的表面改性两大类型(图 10.2)，我们只对几种常用技术做简单介绍。

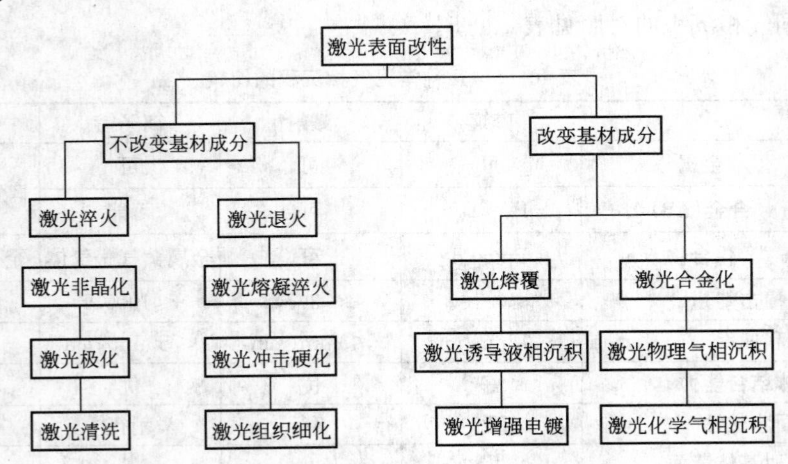

图 10.2 激光表面改性技术的类型

第一，激光熔覆技术——采用激光光束在选定的工件表面熔覆一层特殊性能的材料，以改变其表面性能的工艺称为激光熔覆。激光熔覆有以下特点。

一是熔覆层稀释率低，且可以精密控制。所以熔覆层的成分与性能主要取决于熔覆材料本身的成分和性能。这样，可以把各种性能优良的材料通过激光熔覆上去，达到对基材表面改性的目的。二是能量密度高，作用时间短。这使得基材热影响区及热变形均可以降到最小程度。三是熔覆层的组织细化，微观缺陷少，结合强度高，性能更优。四是熔覆层的尺寸大小和位置可以精密控制。五是熔覆层对环境无污染、无辐射、低噪声、劳动条件

得到了明显的改善。

第二，激光表面合金化技术——为获得零件表面的合金特性并能够节省贵金属，用高能激光束将预置合金涂层或同步将合金粉末熔入基材表面，在基材表面形成成分既不同于添加的元素，又不同于基材的合金层。

影响激光表面合金化质量的主要因素是激光光斑直径、激光能量密度、扫描方式、合金元素的添加方法以及质量分数比例等。表面合金化后均会使其显微硬度和耐磨性得到显著提高(表 10－6)。

表 10－6　几种常用基材表面激光合金化后的性能

基体材料	添加的合金元素	硬度(HV)、耐磨性或耐蚀性等
Fe，45 钢，40Cr	B	1950～2100
45 钢，GCr15	MoS_2，Cr，Cu	耐磨性提高 2～5 倍
T10	Cr	900～1000
Fe，45 钢，T8A	Cr_2O_3，TiO_2	1030
Fe，GCr15	Ni，Mo，Ti，Ta，Nb，V	1650
$1Cr_{12}Ni_{12}MoV$	B	1225
Fe	TiN，Al_2O_2	2000
45 钢	WC+Co	1400
铬钢	WC	2100
Al-Si 合金	镍粉	300
Ti	C，Si	在 40%H_2SO_4 溶液中耐蚀性提高了 40%～50%

第三，激光清洗技术——用高能 Laser 束照射工件表面，使表面的锈斑、污物、颗粒或者涂层等附着物瞬时蒸发或剥离，达到表面洁净化的目的。其特点如下。

激光清洗是绿色的“干洗”过程，不需使用任何化学药剂和清洗液，清洗下来的废料基本上都是固体粉末，体积小，易于存放，可回收，轻易地解决了化学清洗带来的环境污染问题。

清洗的对象范围很广，从大块的污物到微小的颗粒均可清洗。例如，工件表面粘有亚微米级的污染颗粒时，这些颗粒往往粘得很牢，常规的清洗办法不能够将它去除，而用纳米激光辐射工件表面进行清洗则非常有效。

激光清洗几乎适合一切固体材料，而基本上不损伤基材；尤其是对精密工件或其精细部位清洗十分安全，可以确保其精度。

易实现自动化，操作安全。可以用光纤把激光引入污染区，再与机器手或机器人相配合，方便地实现远距离操作，能清洗传统方法不易达到的部位，应用在一些危险的场所(比如核反应堆冷凝管的除锈等)可以确保操作人员的安全；

虽然购买激光清洗系统的前期一次性投入较高，但清洗系统可以长期稳定使用，运行成本低，而且也有一些小型的、价格较低的设备可供选择。

激光清洗可以在再制造中大显身手。

一是模具的清洗——包括机械行业的铸模、锻模、轮胎模、食品工业的模具等。

二是工程机械拆解零件的清洗——采用激光清洗系统，可以高效、快捷地清除废旧工程机械零件上的锈蚀、污染物，并可以对清除部位进行选择，实现清洗的自动化。采用激光清洗，不但清洁度高于化学清洗工艺，而且对于物体表面几乎无损害。

三是旧漆的清除——再制造过程中的许多零件表面都要重新喷漆，但是喷漆之前需要将原来的旧漆完全去除掉，传统的机械清除油漆法容易对零件的金属表面造成损伤，如采用多个激光清洗系统，可在较短的时间内将表面的漆层完全除掉，且不会损伤到金属表面。

四是电气设备的清洗——机械设备中的很多电器需要高精度地去污，特别适合采用激光去除氧化物。比如，一些触点的清洗，某些电路板焊接前元件针脚氧化物的去除等，激光清洗可以满足使用要求，且效率很高。

(2) 离子束表面改性：以近似一致的速度沿几乎同一方向运动的一簇离子称为离子束。从离子源引出低能量离子束，将其加速为几万到几十万电子伏特的高能离子束后注入固体材料的表面，以形成特殊物理、化学或力学性能的表面改性层的过程称为离子注入。

离子束表面改性有以下几个方面的特点。

一是在常用金属的离子注入改性中，可以提高金属的硬度、抗腐蚀性能和抗疲劳强度，降低金属的磨损率。

二是靶材与注入或添加的元素均不受限制，几乎所有的元素都可以作为注入元素或添加元素注入靶材内；而几乎一切固体材料均可以作为被注入的靶材。

三是离子注入过程不受温度限制，可以据需要分别在高温、低温或室温下进行，温控特性显著优于常规冶金过程。

四是注入或添加到靶材内的原子不受靶材固溶度的限制，也不受扩散系数和化学结合力的影响，可以在材料表层得到许多合金相图上不存在的合金，是研究新材料的一种新的方式。

五是能精确控制掺杂数量、掺杂深度和位置，而且掺杂位置的精度能达到亚微米级，掺杂的浓度最低能达到 $5\times10^{5}\sim1\times10^{16}/cm$，从而实现低浓度掺杂和浅结制备。

六是离子注入过程的横向扩散可以忽略，深度均匀；大面积均匀性好，掺杂的杂质纯度高，特别适合于半导体元件和集成电路的微细加工。

七是不改变零件尺寸，适合精密机件、航空和航天领域构件的表面处理。

八是设备投资大，运行成本高，注入层浅，注入尺度以纳米为计量单位，最大注入深度也不过几微米。

(3) 电子束表面改性技术：是指在真空的条件下，利用聚焦后能量密度极高（$10^{6}\sim10^{9}\,W/cm^{2}$）的电子束，以极高的速度（可达到光速的 0.66 倍）冲击到工件表面极小的面积上，在极短的时间（几分之一微秒）内，其能量的大部分转变为热能，使被冲击的大部分的工件材料表面达到数千度以上的高温，从而引起材料的局部融化或气化。图 10.3 为电子束表面改性工作原理示意图。

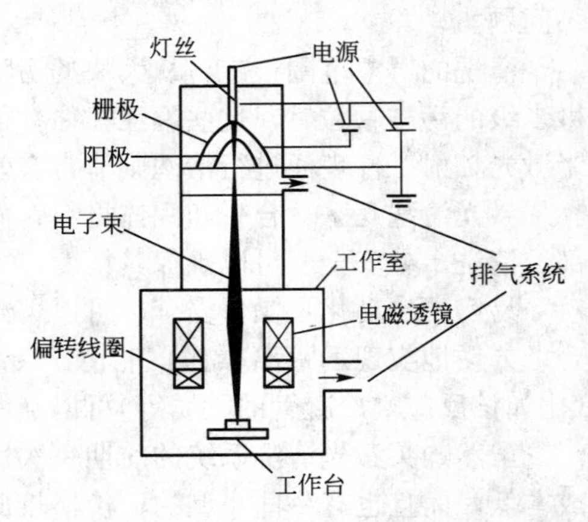

图 10.3　电子束表面改性工作原理示意图

电子束表面改性的特点是：加热和冷却速度极快；与机构工艺相比，加工成本低；工件变形小，可以大大减小后续精加工的研磨余量；能量利用率高。

电子束改性的工艺主要有电子束表面淬火、电子束表面重熔处理、电子束表面合金化处理以及电子束表面非晶化处理等几个方面。

2. 再制造毛坯快速成形技术

1）什么是 RPM

RPM 是 Rapid Prototyping Manufacturing 的英文缩写，即快速成形制造技术，它是在现代 CAD/CAM 技术、激光技术、计算机数控技术、精密伺服驱动技术等基础上集成发展起来的一项先进制造技术，它可以在无需准备任何模具、刀具和工装卡具的情况下，直接接受产品设计(CAD)数据，快速制造出新产品的样件、模具或模型。

2）RPM 系统的基本工作原理

不同种类的快速成形系统因所用成行材料不同，成形原理和系统特点也各有不同。

但其基本工作原理都是一样的，那就是“分层制造，逐层叠加”，类似于数学上的积分过程。可以这样形象地比喻：快速成形系统相当于一台“立体打印机”。将一个复杂的三维物理实体离散成一系列二维层片的加工，是一种降维制造的思想，大大降低了加工难度，并且成形过程的难度与待成形的物理实体的形状和结构的复杂程度无关，如图 10.4 所示。

图 10.4　RPM 基本原理

而在再制造过程中 RPM 技术，则是根据离散、堆积原理，利用 CAD 几何信息，采用激光同轴扫描技术，以原报废零件为毛坯快速熔敷、堆积成形的再制造零件制作技术。

3）实体零件的成形机理

RPM 技术中，实体零件成行的基本过程如图 10.5 所示。

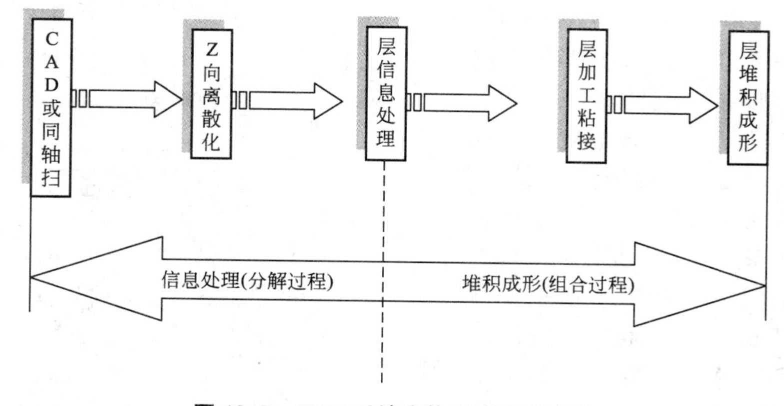

图 10.5　RPM 系统实体毛坯成形过程

首先由CAD软件设计出所需零件的计算机三维曲面模型或实体模型(在再制造工程中直接扫描旧件毛坯)；然后根据工艺要求，按一定的规则将该模型离散为一系列有序单元，通常在Z向将其按一定厚度进行离散(习惯称为分层或切片)，把三维数字模型变成一系列的二维层片；再根据每个层片的轮廓信息进行工艺规划，选择合适的加工参数，自动生成数控代码；最后由成形机(数控机床)接收指令控制激光器(或喷嘴)有选择性地烧结一层接一层的粉末材料(或固化一层又一层的液态光敏树脂，或切割一层又一层的片状材料，或喷射一层又一层的热熔材料或粘合剂)形成一系列具有一个微小厚度和特定形状的片状实体，再采用熔结、聚合、粘接等手段使其逐层堆积成一个三维物理实体。

4) RPM的几种基本形式

自美国3D公司1988年推出第一台商品SLA快速成形机以来，到现在已经有十几种不同的成形系统，其中比较典型的有SLA、SLS、LOM和FDM等几种方法。

(1) 激光固化成形(SLA，Stereo Lithography Approach)：SLA是最早出现的、技术最成熟和应用最广泛的快速成形技术。其基本构成与原理如图10.6所示。

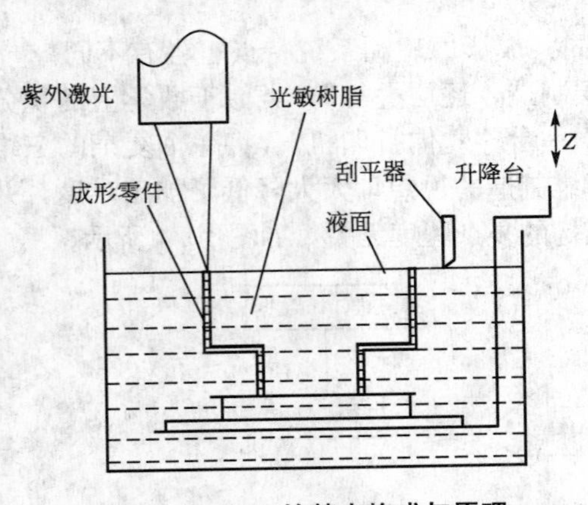

图10.6　SLA的基本构成与原理

它以光敏树脂为原料，在计算机控制下，紫外激光按零件各分层截面数据对液态光敏树脂表面逐点扫描，使被扫描区域的树脂薄层产生光聚合反应而固化，形成零件的一个薄层；一层固化完毕后，工作台下降，在原先固化好的树脂表面再敷上一层新的液态树脂以便进行下一层扫描固化；新固化的一层牢固地粘合在前一层上；如此重复，直到整个零件原型制作完毕。

(2) 选择性激光烧结成形(SLS，Selective Laser Sinter)：SLS技术与SLA很相似，也是用激光束来扫描各层材料，但SLS的激光器为CO_2激光器，成形材料为粉末物质。制作时，粉末被预热到稍低于其熔点温度，然后控制激光束来加热粉末，使其达到烧结温度，从而使之固化并与上一层材料粘接到一起。

(3) 激光层压快速成形LOM(LOM，Laminate Object Manufacturing)：LOM系统是由美国Michael Feygin公司研发的一种出快速原型技术，其基本原理是：根据零件分层几何信息切割薄材(如纸张、金属箔材)，将所获得的层片依次粘接成三维实体。一般采用一定功率(依被切割材料而定，如切割纸张时可用20W)的CO_2激光器进行切割，如图10.7所示，首先铺上一层薄材，然后激光器在计算机的控制下切出本层轮廓，并把非零件部分按一定形状切成碎片以便去除；

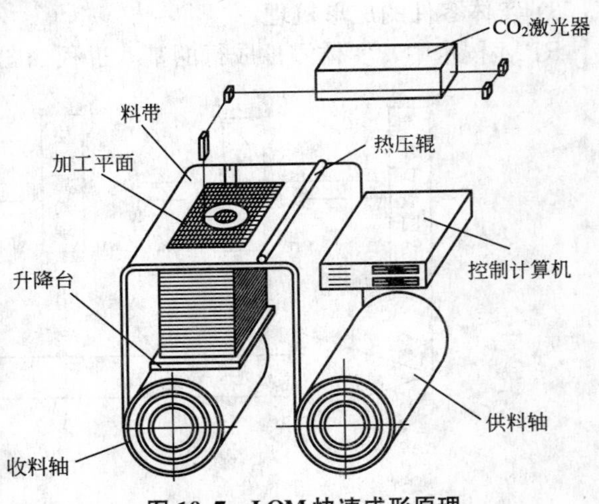

图10.7　LOM快速成形原理

本层完成后，再铺上一层薄材，用热辊碾压，以固化粘接剂，使新铺上的一层粘接在已形成的形体上，再切割。其主要用于快速制造新产品样件、模型或铸造用木模。

(4) 熔融沉积成形 FDM(FDM，Fused Deposition Modeling)：该方法使用丝状材料(石蜡、金属、塑料、低熔点合金丝)为原料，利用电加热方式将丝材加热至略高于熔化温度(约比材料的熔点高 1℃)，在计算机的控制下，喷头作 $x-y$ 平面运动，将熔融的材料涂覆在工作台上，冷却后形成工件的一层截面，一层成形后，喷头上移一层高度，进行下一层涂覆，这样逐层堆积形成三维工件，其原理如图 10.8 所示。

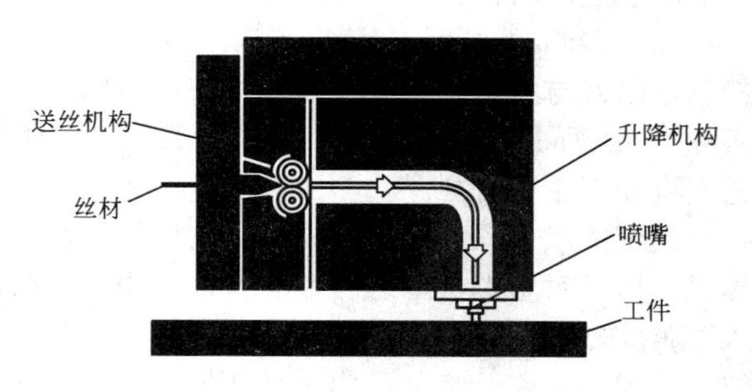

图 10.8 FDM 快速成形原理

该方法污染小，材料可以回收，用于中、小型工件的成形。

3. 恢复性热处理(RHT，Recoverable Heat - treatment)

对大型、高价值构件的某些内部损伤或表面微型众多裂纹，进行合理的热处理，以重组和恢复原有组织结构，以碳化物颗粒通过搭桥而进行自我修复的热处理技术，目前也应用于修理和再制造工程中。

国内外的研究结果表明，恢复性热处理能提高老化金属零件的室温强度，显著提高持久强度和降低蠕变速度，从而降低蠕变裂纹开裂损伤和扩展速度。与更换新件相比，采用恢复性热处理的费用仅为前者的 12.5%左右，具有巨大的经济效益。

例如：蠕变损伤的 12Cr1MoV 钢经恢复性热处理后，其金相组织、常温力学性能及热强度可完全恢复，使原受损伤对材料性能的影响甚微。消除蠕变微孔损伤的完全恢复，包括消除小的微孔、使微孔转入晶内，其效果按等效恢复系数 ϕ(Ve)评定，ϕ(Ve)与损伤率有关。实验同时证明，某些车架在使用到蠕变第三阶段初期或损伤率达 0.1%之前进行修复热处理可延长使用寿命。

再如：NSK 进口轴承工件在 500～550℃服役条件下，易于在晶内短程扩散生成超微片状物质析出。由此出现了强化区域周围分布断续网状析出物的弱化带相互连接现象，当有外力特别是冲击负荷作用形成应力集中时，将使薄弱环节处产生微裂纹，并在应力作用下沿晶界缺陷区扩展出现沿晶断裂，工件容易脆化并形成宏观脆性断口。采用正火＋回火工艺的恢复热处理后，工件性能良好。回火后经喷砂加工，NSK 进口轴承件表面呈银灰色，表面质量良好，经超声波检查，未发现任何缺陷，产品质量完全符合技术标准要求。经恢复热处理后进行组织检验发现，其晶界区域黑色网状组织消失，晶粒细小，晶内组织为回火索氏体＋少量粒状贝氏体。

4. 虚拟制造技术

(1) VMT 的含义：VMT 又叫虚拟现实制造(VMT，Virtual Manufacture Technology)，它利用信息技术、仿真技术、计算机技术对现实制造活动中的人、物、信息及制造过程进行全面的仿真，以发现制造中可能出现的问题，在产品实际生产前就采取预防措施，从而达到产品一次性制造成功，来达到降低成本、缩短产品开发周期，增强产品竞争力的目的。

VMT 不是一成不变的技术，而是一个不断吸收各种高、新技术而不断丰富其内涵的动态技术系统，它通过计算机虚拟环境和模型来模拟生产各场景和预估产品功能、性能及可加工性等各方面可能存在的问题，从而提高了人们的预测和决策水平，为工程师们提供了从产品概念的形成、设计到制造全过程的三维可视及交互的环境，使得制造技术走出主要依赖于经验的狭小天地，发展到了全方位预报的新阶段。

(2) VMT 的特征：VMT 以模型为核心，以模型信息集成为根本，以高逼真度仿真为特色，以人与虚拟制造环境的交互的自然化为手段，基本上不消耗资源和能量，也不生产实际产品，而是产品的设计、开发与实现过程在计算机上的本质实现，与实际制造相比较，它具有如下主要特征。

高度集成——虚拟制造中产品设计与制造过程依赖的是虚拟的产品数字化模型，在计算机上即可对虚拟模型进行产品设计、制造、测试等过程，甚至设计人员或用户可以“进入”虚拟的制造环境检验其设计、加工、装配和操作，而不依赖于传统的原型样机的反复修改。因此，易于综合运用系统工程、知识工程、并行工程和人机工程等多学科先进技术，实现信息集成、知识集成、串并行交错工作机制集成和人机集成。

敏捷灵活——开发的产品(部件)可存放在计算机里，不但大大节省仓储费用，更能根据用户需求或市场变化快速改型设计，快速投入批量生产，从而能大幅度压缩新产品的开发时间，提高质量，降低成本。

分布合作——可使分布在不同地点、不同部门的不同专业人员在同一个产品模型上同时工作，相互交流，信息共享，减少大量的文档生成及其传递的时间和误差，从而使产品开发以快捷、优质、低耗来响应市场变化。

(3) VMT 的基本类型：广义的制造过程不仅包括了产品的设计加工、装配，还包含了对企业生产活动的组织与控制。从这个观点出发，可以把虚拟制造划分为 3 类：以设计为中心的虚拟制造(Design Centered VM)、以生产为中心的虚拟制造(Production Centered VM)和以控制为中心的虚拟制造(Control Centered VM)。

① DCVM——以设计为中心的虚拟制造是借助于 internet 构筑一个虚拟设计平台，将制造信息加入到产品设计与工艺设计过程中，为设计工作者提供设计工具和条件，并为他们提供一种评估产品可制造性的环境，而且可以在计算机中进行多种制造方案的仿真与模拟。

它的主要支持技术包括特征造型、面向数学的模型设计及加工过程的仿真技术。主要应用领域包括造型设计、热力学分析、运动学分析、动力学分析、容差分析、加工过程仿真分析、装配质量分析以及可制造性经济分析等。

② PCVM——以生产为中心的虚拟制造是将仿真能力加入到生产过程模型中，其目的是方便和快捷地评价多种加工过程，检验新工艺流程的可信度、产品的生产效率、资源的需求状况(包括购置新设备、征询盟友等)，从而优化制造环境的配置和生产的供给计划。

它的主要支持技术包括虚拟现实技术和嵌入式仿真技术，其应用领域包括工厂或产品的物理布局及生产计划的编排。

③ CCVM——以控制为中心的虚拟制造是将仿真能力增加到控制模型和实际的生产过程中，模拟实际的车间生产，评估车间生产活动，达到优化制造过程的目的。

它的主要支持技术有：对离散制造基于仿真的实时动态调度，对连续制造基于仿真的最优控制等。

(4) VMT在再制造中的应用如下。

① VMT可以用于机械产品再制造可行性评估、毛坯再制造设计、风险分析估算、再制造生产管理决策的改善以及再制造产品生产前各项生产活动的验证等;

② 虚拟再制造技术可以促进远程协同产品开发的实现,充分利用网络上的资源;

③ 虚拟再制造技术可以应用于再制造企业或教育部门的技能培训与教育;

④ 在沉浸式的再制造虚拟环境中,设计者通过直接三维操作(键盘是一维操作、鼠标是二维操作)对再制造产品模型进行管理,以直观自然的方式表达设计概念,并通过视觉、听觉与触觉反馈感知产品模型的几何属性、物理属性与行为表现;

⑤ 在虚拟环境中,再制造产品模型从人机交互到行为表现,均高度接近于现实产品,设计者无需通过实物样机就能对产品设计结果进行多角度、全方位的分析与验证,以确保产品的可制造性、可装配性、可使用性、可维护性与可回用性,从而为实现"零样机再制造"提供强有力的支持。

5. 功能提升技术(Function Upgrade Technology)

随着社会的不断发展和生活水平的不断提高,人们对机械产品在安全性、环保性、舒适性等方面的要求越来越高,这就要求机械设备的性能不断改进和提升。因此,在再制造过程中,就不能循规蹈矩、照抄照搬,而是应该利用当今先进的设计技术(CAD、CAPP、VRV)、现代加工技术(PE、RPM、LP、ESP)、高端的制造技术(CAM、FMS、CIMS、IMS)、高效优质的管理技术,时刻追踪和利用机械设计和制造方面的最新成果,不断对再制造产品各方面的性能进行完改进和提升,以满足不断增长的需求。

(1) 现代设计功能提升技术:现代设计技术由4个不同层次的技术群所组成,其中计算机辅助设计技术(CAD)是现代设计的主题技术手段,支撑技术是现代设计技术的关键,传统技术是现代设计技术的基础,应用技术是现代设计技术的前提,其体系结构如图10.9所示。

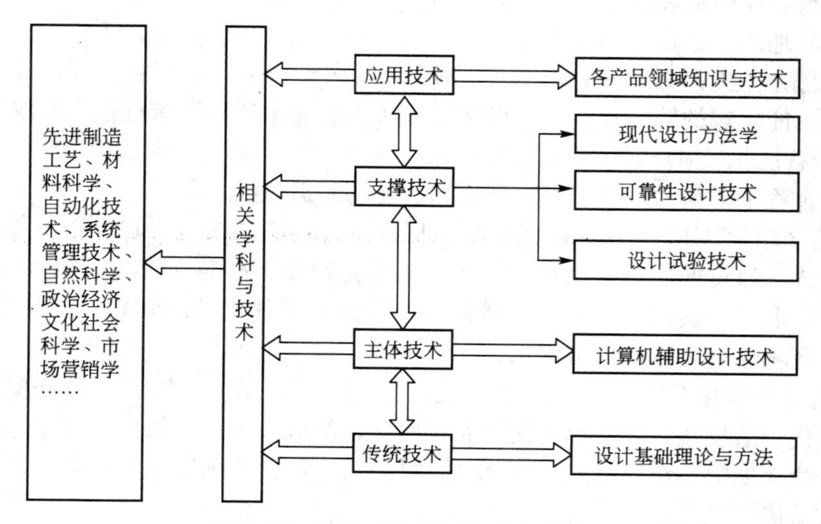

图10.9 现代设计技术体系结构框图

而应用较为广泛、相对比较成熟的几种产品设计计算方法,主要包括:优化设计、可靠性设计、价值工程设计、反求工程设计和绿色设计等。

(2) 现代先进加工功能提升技术：现代先进加工工艺意味着在精度方面达到微纳米级，在刀具耐热性方面达到1000℃以上，在切削速度方面达到每分钟数千米，在自动化程度方面由单机自动化实现系统综合自动化，在毛坯成行方面向微余量甚至零余量方向发展，在表面工程方面向离子注入、气相沉积、激光处理等方向发展等。

① 先进受迫成行加工技术——包括精密洁净铸造技术(如：气冲造型、消失模铸造、压力铸造、绿色铸造等)，精密金属塑型技术(如：精密锻模、超塑性成行、精密冲裁等)，粉末锻造成形技术和高分子注射成形新技术等。

② 超精密加工技术——包括天然单晶金刚石刀具的超精密切削加工、CBN砂轮超精密磨削加工、超精密加工机床设备、超精密加工环境配置、超微机械加工、光刻蚀加工、激光加工、电火花加工、超声波加工、等离子切割、水射流切割等。

(3) 现代先进自动化制造功能提升技术：制造自动化能够显著提高劳动生产率、提高产品质量、降低制造成本、提高经济效益，能够明显地改善劳动条件、降低劳动强度、增进劳动工程舒适性，有利于产品更新并带动相关技术的发展，有利于提高企业的市场竞争能力。再制造工程先进制造技术主要包括以下几个方面。

① 制造敏捷化(AM)——AM是指将柔性生产技术和有技术、有知识的劳动力与能够促进企业内部以及企业之间合作的灵活管理(俗称敏捷制造三要素)集成在一起，通过所建立的共同基础结构，可以使面临激烈市场竞争的企业作出快速响应，从而满足快速的、不断变化的市场的实际需求，提高企业竞争力。

② 制造柔性化(FMS)——FMS是指由多台加工设备、物料运储系统和控制系统所组成的，通过改变软件程序以适应多品种、中小批量生产的自动化制造系统。

③ 制造网络化(NM)——网络制造是指通过采用先进的网络技术、制造技术及其他相关技术，构建面向企业特定需求的基于网络的制造系统，并在该系统的支持下，突破空间对企业生产经营范围和方式的约束，开展覆盖产品整个生命周期全部或部分环节的企业业务活动，实现企业内部和企业之间的协同和各种社会资源的共享与集成，实现制造过程的集成，实现异地制造、远程协调作业。

④ 制造虚拟化(VM)——VM(如前述所)可以在模拟生产过程中发现问题，从而避免实际生产中可能出现的缺陷和错误，以保证真实产品的生产和制造过程一次成功。

⑤ 制造智能化(IM)——IM是指采用人工智能制造系统，扩大、延伸、部分取代人类专家在制造过程中的脑力劳动，以实现更加优化的制造过程。

⑥ 制造全球化(GM)——GM是一种新型的先进制造模式，同时也是一种经营策略和资源配置方式。通过构建全球化制造网络，制造企业能够跨越时空界限推动价值的创造、转移和实现，形成持续的竞争优势，增强竞争能力，实现市场国际化、产品制造跨国化、制造资源跨区域化、全球经营协调化。

⑦ 制造可持续化CM——CM也叫绿色制造(GM)，是一个综合考虑环境影响和资源效益的现代化制造模式，其目标是使产品从设计、制造、包装、运输、使用到报废处理的整个产品生命周期中，对环境的影响(负面作用)最小，资源利用率最高，并使企业经济效益和社会效益协调优化。

(4) 优质高效的现代生产管理功能提升技术：现代制造业中的管理是指用于设计、管理、控制、评价、改善制造业从市场调研、产品设计、产品制造、质量控制、物流管理以及市场营销和售后服务等一系列活动的管理思想、管理方法和管理技术的总称，现代管理技术的特点是科学化、信息化、集成化、智能化、自动化和网络化。主要包括企业资源规划(ERP)、物料需求规划(MRP)、产品数据管理(PDM)、生产信息管理(PIM)、生产技术管理(PTM)和产品质量管理(PQM)等几个方面。

6. 快速应急技术(Rapid Emergency Technology)

现代社会自然灾害(地震、海啸、台风、龙卷风、洪水、冰雪灾害等)多发，人为事故(战争、核泄漏、瓦斯爆炸、煤矿透水、水质污染、疫情爆发等)频繁，因此重大应急预案编制、科学的应急技术和先进的应急仪器设备是安全生产、事后应急处理的重要基础前提和保障。其中快速应急修复和再制造技术对于提高应急救援能力，控制事故与灾害的恶化，保障人们生命财产安全以及快速恢复作战能力具有重大意义。

例如，现代高技术局部战争具有作战空间大、战场变化快、装备战损率高等特点，战场维修保障力量能否快速到达装备损伤现场并实施高效的战场应急维修，直接关系到装备战斗力的恢复和保持，事关战局乃至战争的成败。随着高新技术在武器装备系统中的大量应用，对装备应急维修技术提出了新的、更高的要求。发展先进、高效、便捷的战场应急维修新技术、新手段，解决新装备可能出现的战场应急维修难题，不断提高应急维修的效能，对于提升战时装备维修保障能力具有重要意义。

工程机械在恶劣的环境条件下也会经常遇到结构损伤、表面损伤、摩擦副损伤，目前在修复和再制造工程中也出现了一些有效、简捷的快速修复技术。其中，针对铁磁材料应力和裂纹的磁记忆快速检测技术、针对复合材料结构损伤的低频板波检测技术都已在装备损伤预报中发挥了重要作用；而无电焊接技术、微波快速修复技术等，都是近年来面世的最新研究成果。

10.2.3 再制造工艺设计

根据实际要求，按一定的格式，用文件的方式规定出机械设备再制造工艺流程和操作方法等的过程，称为机械产品再制造工艺设计。

它是机械再制造过程中最主要的技术文件之一，是生产一线的法规性文件，是指导生产的主要技术资料，是组织和管理生产的基本依据，是交流和推广经验的基本内容。

制定工艺规程的原则是：保证产品质量；提高劳动生产率；降低成本；充分利用本企业现有的生产条件；采用国内外先进工艺技术；保证良好的劳动条件。

1. 拆解工艺设计

(1) 人员与设备的安全性设计：保障拆解人员的安全，杜绝零部件在拆解过程中的人为损伤。

(2) 拆解环保性设计：尽量减少对周围环境的污染，保障精密零部件干净、整洁。

(3) 拆解步骤设计：不同机械设备有不同的拆解工艺要求，但均应遵循以下原则。

① 首先要泄压，包括液体压力、气体压力和电压等；

② 放干净设备内的油料、液体；

③ 同一系统的零部件放在一起；

④ 需要时，对零件做出标记，或画出草图；

⑤ 精密零部件拆下后，应放置在洁净的专业支架上或干净的台布上；

⑥ 防治各种管、路、道、套、线被损坏；

⑦ 注意使用专用拆卸工具。

2. 清洗工艺设计

在机械产品拆解之后，零件的清洗是一项比较重要的工作。当各总成拆成零件后，要清除零件的油污、积炭、水垢、密封物残渣和尘土等污物，使得零件检测工作得以顺利进行。

机械零部件的清洗，按不同的方法可以分为低压水冲洗、高压水冲洗、蒸气洗、溶剂洗、化学洗、沙洗、超声波洗、人工洗、机器洗、激光洗等。

清洗各种污物的难易程度和方法不尽相同，但清洗均应注意以下几点。

(1) 选择合适的洗涤剂进行清洗，清洗剂不得有残存，而且之后需要用高压空气吹干；

(2) 一般金属零件清洗后，表面应该一尘不染，无残存的油渍和水垢粘附物，直观上应达到清新爽目；

(3) 清除积炭后能显出金属本色、无刮痕；

(4) 各种管、道应确保清洁畅通，无结胶和异物堵塞，无破裂和扁弯变形；

(5) 凡橡胶、胶木、塑料、铝合金、油封、制动摩擦片及离合器片等都不能采用碱性溶液清洗；含油粉末冶金轴承等零件不能浸泡在易使其变质的溶液中清洗。

3. 毛坯零件的检测工艺设计

为确定技术状态、工作性能或堪用程度，对拆分、清洗后的零部件，要按一定的要求对零件进行技术检查，以确定对其性能恢复或处理的方式。

零件检测的基本内容有：表面损伤类型和损伤程度的检查；形状、尺寸、位置精度检查；隐蔽缺陷的检查；动平衡性检查；密封性检查；物理及力学特性检查等。

常用的零件检测方法有：感官检验法、测量检验法、无损探伤法和样件实验法等，在零件检测工艺的设计中要依据不同类型、不同用途、不同材质的零件，选用不同的检测方法和工艺流程(详见第6章)。

4. 机加工工艺设计

机加工工艺是规定再制造零件机械加工工艺过程和操作方法的文件，它是在具体的生产条件下，把较为合理的工艺过程和操作方法，按照规定的形式书写成工艺文件，经研究、实验和审批后用来指导生产的规程。机加工工艺设计一般包括以下内容：工件加工的工艺路线、各工序的具体内容及所用的设备和工艺装备、切削用量、工件在各工序的检验项目及检验方法、时间定额等。制定工艺规程的步骤如下。

(1) 制订某一时间周期内的生产计划，确定机加工的类型；

(2) 根据零件图及产品装配图，对零件进行工艺分析；

(3) 选择可进行机加工的毛坯；

(4) 拟定工艺路线，根据零件的结构、毛坯状况、定位、安装与夹紧的需要，合理、科学地确定各种机加工工艺的先后顺序。

5. 表面工程工艺设计

表面工程是指利用热处理技术、表面改性技术和涂覆技术使零件表面获得材料本身不具备而又希望具有的性能的系统工程，它可以提高零件的耐磨、耐腐、耐热和抗疲劳特性。

其工艺设计，可根据不同目的和实际需要分别或组合性选择电镀、化学镀、热喷涂、渗碳、渗氮、喷丸、退火、正火、淬火、回火、物理气象沉积、化学气象沉积、激光扫描、涂装等工艺过程，工艺选择过程中必须注意各工艺的先后次序，以防相互影响。

6. 装配工艺设计

1）制定装配工艺规程的基本要求

(1) 保证产品的装配质量，争取最大的精度储备，以延长产品的使用寿命；

(2) 尽量减少手工装配工作量，降低劳动强度，缩短装配周期，提高装配效率；

(3) 尽量减少装配成本，减少装配占地面积。

2）制定装配工艺规程的步骤与工作内容

(1) 产品构成与原理分析；

(2) 确定装配方法和装配组织形式；

(3) 划分装配单元，确定装配顺序；

(4) 划分装配工序，设计工序内容；

(5) 填写装配工艺文件。

7. 冷磨合工艺设计

经过再制造的机械装备在出厂前，必须经过冷磨合来提高零件摩擦表面的质量、耐磨性、抗疲劳强度和抗腐蚀性能，同时通过冷磨合，可及时发现和清除在零件修理和再制造装配中由于偏离技术条件而引起的缺陷。

(1) 冷磨合的速度选择：磨合速度的选择是指磨合时起始速度和终止转速的选择。一般起始速度较低，而后逐渐递增、提高、过渡到终止速度，而终止速度以能使运动副形成最大单位压力时的速度确定。

(2) 冷磨合时间确定：不同的机械设备有不同的冷磨合时间标准，一般冷磨合时间不得少于2小时，结合各种设备的具体情况，可通过试验确定每一级的冷磨合时间。

(3) 冷磨合时正确选用润滑剂：例如，发动机冷磨合时，应采用低粘度润滑油，因为低粘度润滑油流动性好，散热性强，可降低零件摩擦表面的温度，并能使摩擦表面的磨屑得以清除。如在润滑油中加入适量活性添加剂，可明显改善冷磨合过程，缩短冷磨合时间。例如加入硫化添加剂，可减少磨合持续时间2～5倍，磨合期的磨损量降低1.2～1.5倍。

8. 涂装工艺设计

(1) 前处理(表面清洁处理)：有资料表明，涂层寿命受3方面因素制约：表面处理占60%；涂装施工占25%；涂料本身质量占15%。

表面清洁处理的一般工艺是——机械清理→预脱脂→脱脂→热水洗→冷水洗→酸洗→冷水洗→中和→冷水洗→表面调整→磷化→冷水洗→热水洗→纯水洗→干燥。

(2) 喷涂工艺：可根据机件情况采用空气喷枪、高压无气喷枪、空气辅助式喷枪及手提式静电喷枪进行喷涂底漆→烘干→喷中间漆→烘干→喷面漆→烘干等工艺，可以是全自动全封闭式喷涂，也可以是半自动或手工喷涂。

9. 场所、车间、装备设计

再制造地点的选择应该是交通方便、物流通畅的场所；再制造车间的设计以“在充分满足生产需要的情况下，尽量保证生产安全和降低生产成本”为原则；装备设计以“尽量减少手工操作、自动化程度高、提高产品质量”为原则。

10. 技术经济设计

再制造工程正是出于“如何以最小的代价，取得最大的效果”之目的应运而生的行业，因此在再制造过程中，如何在各种可能的选择中，即在各种主观与客观、自然与人际条件的制约下，以最小付出而收获较大的经济利益，就成为再制造企业领导者必须考虑的重要问题之一，而且必须认识并处理好以下两个方面的问题。

一是经济可以促进技术的发展：经济发展是技术进步的动力；经济发展决定着技术发展的方向；经济发展是技术发展的物质基础；经济发展改善技术进步的条件和环境。

二是技术与经济间具有相互制约性：技术研究、开发、应用与经济可行性之间存在矛盾；技术先进性与适用性之间存在矛盾；技术效益的滞后性及潜在性与应用者渴望现实盈利之间存在矛盾；技术研究开发应用效益与风险之间存在矛盾；技术研究开发应用成本与新增效益之间存在矛盾等。

10.2.4 再制造的管理设计

再制造企业的管理者必须树立现代企业管理观念，才能搞好企业的管理与经营。

1. 人员管理

在再制造工程的物资资源、资金资源、信息资源和人力资源中，人力资源因其可控性和无限性而处于最重要的地位。而人力资源的管理应当遵照以下几个原则。

(1) 充分认识“人”的生物性和社会性；

(2) 善于用激励因素调动人的正向因素；

(3) 管理者不是用制约因素限制被管理者的消极因素，而是擅长于将被管理者的消极因素转化为积极因素；

(4) 用工作本身去满足再制造企业职工的需要；

(5) 建立定向的工作“磁场”，使所有员工均能够有序地、按部就班地流动和开展工作；

(6) 以“孵化”的理念指导人力资源管理：给一个科学的指导，孵化出一个高效的部门。

2. 质量管理

随着全球市场竞争的不断加剧，作为再制造企业组织管理中的组成部分之一，再制造产品的质量管理越来越成为所有组织管理工作的重点。一个企业应具有怎样的组织文化，以保证向顾客提供高质量的产品便成为企业质量管理的焦点。目前国际公认的质量管理四项原则如下。

1) 以顾客为中心的原则

再制造企业生存和发展依赖于他们的顾客，因而企业应理解顾客当前和未来的需求，满足顾客需求并争取达到超出顾客期望值的质量标准。

2）全员参与原则

各级、各类人员都是再制造企业的基本组成，只有所有人都树立了产品质量意识，才能够充分调动广大职工踊跃参与实现企业质量目标的积极性，并将这种积极性转化为实际行动，从而使他们用自己的才干为企业带来收益。

3）过程方法原则

将再制造工程中与质量管理相关的资源和活动作为过程来进行管理，可以更高效地达到预期的目的。

4）持续改进原则

除了企业领导和管理者应当树立“质量是企业的生命，要想延续生命就必须不断提高质量”的观念之外，还要想方设法使“再制造产品质量的持续改进”成为所有员工的共识和行动。

3. 安全管理

再制造企业的管理者必须对安全生产进行有效的计划、组织、指挥、协调和控制等一系列管理，以保护职工在再制造生产过程中的安全与健康，避免或减少企业和集体财产的损失，为其他各项工作的顺利开展提供安全保障。

4. 生产管理

再制造的生产管理是在再制造工程中，对将投入转化为最终产品和服务的生产系统所有方面的管理。高效的生产系统和先进的生产管理，是企业综合实力和整体素质的集中体现；现代生产管理是企业维持竞争优势和持续发展的一个重要基石。

1）生产过程的空间管理

研究再制造企业内部各生产阶段和各生产单位的设置和运输路线的布局问题，根据已选定的厂区地形，把工厂的各个生产单位、各个组成部分进行科学合理的配置，使之成为一个有机的整体。包括适宜大规模流水线生产的产品布局管理，适宜多家协作生产过程布局管理，适宜复杂结构、体积庞大、难以组装的产品生产的定位布局管理等。

2）生产过程的时间组织

主要是研究再制造工程中，劳动对象在生产过程中各道工序之间的结合与衔接(移动)方式，目的在于提高产品在生产过程中的连续性，缩短产品生产周期。包括批量零件生产的传递管理，流水线生产管理，成组技术管理以及柔性生产管理等。

5. 信息管理

利用现代信息技术，对再制造企业生产经营中的各个环节涉及的各方面信息，进行收集、整理、分析和提供利用的工作过程，称为再制造企业的信息管理。其内涵是信息技术由局部到全局、由战术层次到战略层次向企业全面渗透、运用于各个流程的过程。

从再制造企业信息管理规划的角度看，企业信息管理的内容主要涉及以下方面：信息技术的应用对生产经营模式和管理模式的影响；建立企业总体数据库；建立相关的自动化及管理系统；建立企业内部网；建立企业外部网；与因特网相连接等。

从企业信息管理的工作流程来讲，企业信息管理大致包括5个内容：制定信息规划；收集信息；处理信息；分析信息；提供信息产品服务。

6. 营销管理

市场营销是企业通过创造、生产、提供出售，并同他人交换产品和价值以满足其需要和欲望的一种社会活动和管理过程。

作为再制造企业营销的管理者应该做好以下几个方面的工作：一是善于分析再制造产品的营销机会，二是加强营销调研，掌握营销信息，三是做好市场划分，四是选择市场目标，五是搞好市场开发与拓展，六是实施合适的竞争策略。

7. 物流管理

为了符合顾客和企业自身的需求，将原材料、半成品、成品和相关的信息从发生地向消费地流动的过程，以及为使保管能有效、低成本地进行而从事的计划、实施和控制的行为，称为物流管理。

回收、运输、分发配送、保管、流通加工、包装、装卸搬运、信息(物流信息、商流信息)等构成了再制造企业物流管理的基本要素。

10.3 工程机械再制造

与汽车再制造相比，开展工程机械再制造有着得天独厚的优势：一是因为工程机械大多为大型或重型装备，大型结构件多，如果实施再制造可以节约更多的资源；二是因为工程机械再制造的质量高、附加值高，利润更丰厚；三是因为工程机械的机械结构部分相对较为简单，更容易实现拆解、清洗、检测和修复。因此。以美国CAT为首的再制造业巨头们的再制造产品的主要领域除汽车外，主要是工程机械和机床等行业。

10.3.1 中国工程机械再制造势在必行

工程机械设备数量巨大、种类繁多，国外的经验和国内的现实都说明，开展工程机械再制造势在必行。

1. 国外的经验

美国的工程机械已经要求全部实现再制造，其市场准入制度是：制造商负责对使用5年或运行10000h的工程机械设备进行全部回收和再制造，在回收的同时返还消费者50%的费用。例如，卡特彼勒公司已先后在美国、英国、法国、墨西哥、中国等8个国家建立了超过20家的再制造公司，同时在全球200个国家或地区拥有完善的物流体系，基本做到了全球物流的统一管理。CAT在全球建有近30个零配件发送中心，代理商只需通过计算机网络查询和订货系统，就可以在很短的时间内获得40多万种不同的零配件。卡特彼勒同时还进行再制造技术的研究和工程开发工作，已取得100多项专利。只工程机械再制造的年产值就早已突破200亿美元，年生产再制造发动机等产品250万件，居世界领先地位。

2. 国内的市场

我国工程机械保有量很大，而且每年的递增速度很快，进口产品的主打机型以进口国外上世纪80～90年代的产品为主，资源、能源的消耗相对较大；国内生产的工程机械设备，质量位于国际二流水平，可靠性相对较差，寿命相对较短，外观及表面质量较差，早期故障较多，绿色环保、节能减排方面的性能与国外先进产品相比差距较大。预计到2020年，我国工程机械的年增长率和总拥有量都将位居世界第一位。

按照国产工程机械平均大修期限5000～6000h，进口产品10000～12000h计算，2010年已有80%以上的产品达到大修期。

3. 广阔的前景

我国工程机械再制造起步于2006年，此后很多地方成立了再制造公司(如，山东复强，卡特彼勒-玉柴，武汉千里马，徐工集团工程机械有限公司、广西柳工机械有限公司、三一集团有限公司等)，开始切实落实这件事情，再制造在中国已经进入了操作层面。虽然现阶段的中国工程机械再制造业仍处于起步阶段，但是从长远观点看，其前景十分广阔。

1）工程机械再制造的综合效益良好

(1) 资源效益：减少原生资源开采，减少大量能源消耗；

(2) 环保效益：减少废品掩埋，降低排放，减低温室气体排放；

(3) 经济效益：工程机械产品的制造成本大大降低，生产利润相对提高，环保耗费降低，绿色品牌效益提高；

(4) 社会效益：劳动密集培训就业机会增加，物美价廉的工程机械再制造产品使得低收入者买得起，社会更加和谐；由污染造成的疾病减少，生活质量提高；用户手中使用的工程机械产品质量提高，减少了安全隐患；

(5) 军事效益：战时应急效能显著，快速提高装备性能，有效降低军费开支。

2）工程机械再制造的政策条件已经具备

“十二五”期间，我国将以重点行业、重点产品为着力点，推动工业节能降耗，减排治污迈上新台阶，加快发展循环经济和再制造产业，其中工程机械和汽车再制造首当其冲。

我国将以汽车零部件、工程机械为重点，建设一批再制造示范工程和示范基地；开展再制造产品认定，研究制定再制造相关鼓励政策，推进再制造产业规模化、规范化发展。

2008年3月，国家发改委审批了东风康明斯、玉柴机器、潍柴动力等14家企业作为再制造产业试点。2009年12月，工信部选定了包括卡特彼勒、徐工、中联重科、三一等7家工程机械企业在内的35个企业和产业集聚区作为首批机电产品再制造试点。

2009年，国家颁布的《循环经济促进法》中确定国家支持企业开展机动车零部件、工程机械等产品的再制造。

2010年4月，国家发改委表示，2010年将会同有关部门编制《再制造产业发展规划》，明确“十二五”时期我国促进再制造产业健康发展的目标、重点任务和保障措施。同时，将制定相应法规，解决再制造企业资质管理、再制造发动机产品登记备案、再制造标识管理等问题，完善回收和销售体系，加快培育一批再制造典型企业。

最近，国家发改委等10部委联合发布的《意见》指出，我国将紧紧围绕提高资源利用效率，从提高再制造技术水平、扩大再制造应用领域、培育再制造示范企业、规范旧件回收体系、开拓国内外市场着手，加强法规建设，强化政策引导，逐步形成适合我国国情的再制造运行机制和管理模式，实现再制造规模化、市场化、产业化发展，从而将再制造产业培育成为新的经济增长点，推动循环经济形成较大规模，加快建设资源节约型、环境友好型社会。

3）工程机械再制造的市场条件正日渐趋于成熟

我国是装备制造及使用大国，设备资产已达几万亿元，14 种主要机型工程机械保有量达 500 万台左右。随着我国进入机械装备报废的高峰期，再制造产业在社会、资源、环境效益等方面的优势决定了发展再制造产业势在必行。我国机械设备大多处于超负荷工作状态，目前全国 80％的在役工程机械超过保质期，如果将被淘汰的装备产品进行修复，便能以较少的成本，获取较大的回报，并减少能源消耗。有专家预测，中国再制造市场每年的规模可达 100 亿美元。

4）工程机械再制造的主要技术起步较高

和欧美等发达国家相比，我国再制造业的发展虽然起步较晚，但是中国特色的再制造工程从技术上、认识上起步较高，是在维修工程、表面工程基础上发展起来的，主要基于复合表面工程技术、纳米表面工程技术和自动化表面工程技术，这些先进的表面工程技术是国外再制造时所不曾采用的。而这些先进表面工程技术在再制造中的应用，可将旧件利用率提高到 90％，使零件的尺寸精度和质量标准不低于原型新品水平，而且在耐磨、耐蚀、抗疲劳等性能方面达到原型新品水平，并最终确保再制造装备零部件的性能质量达到甚至超过原型新品。

5）工程机械再制造的国际经验已经充分说明再制造业的发展潜力巨大

目前全球再制造产值已超过 1000 多亿美元，有 75％来自美国，其中汽车和工程机械再制造占 2/3 以上。在国外，再制造经过近来 30 多年的发展已经成为循环经济的重要组成部分。再制造不仅节省了生产线投资、能源和原材料消耗，还大大延长了产品的使用寿命，商机无限、利润可观，是一个巨大的市场。

6）机械制造原材料价格暴涨

钢材是工程机械行业的主要原材料，其价格直接影响到企业生产的成本。铁矿石是钢材生产企业的重要原材料，但世界铁矿资源集中在澳大利亚、巴西、俄罗斯、乌克兰、哈萨克斯坦、印度、美国、加拿大、南非等国，我国目前的铁矿石需求量大大超过供给量，对国外铁矿资源依赖很大。众所周知铁矿石价格数年来以惊人的幅度频频上涨，钢铁价格随之上涨，钢铁厂又将差价转嫁给下游产业。工程机械制造行业面临着严峻的原材料上涨导致的成本危机。

7）再制造将成为工程机械行业新的增长点

如何更加有效地利用地球上有限的自然资源和最低限度地产生废弃物，其根本之道是实现绿色再制造工程，它是解决环境保护、资源浪费、实现经济可持续发展的重要途径。

而制造业是资源消耗的大户，也是污染自然环境的主要根源，尤其是工程机械设备的制造，更是消耗大量的原材料，在自然资源日趋紧张的今天，其成本危机也日渐严重。因此，大力发展再制造产业对中国具有深远的战略意义。

今后我国将全面发挥核心科技机构的作用，加强再制造关键技术攻关，支持设立国家再制造工程研究中心，开展关键适用技术的推广和产业化应用，鼓励科研院所和企业开展联合攻关，支持生产企业、研究设计单位开展有利于再制造的绿色设计，总结中国特色再制造发展的有效模式并加大推广力度。仅就 300 多万台工程机械而言，如再制造产品的市场占有率达到 5％，就可以实现 400 亿元以上的产值，节约大量的自然资源，形成新的绿色可循环的经济增长点。

10.3.2 我国工程机械再制造的制约因素

我国的再制造业虽然发展较快，但是起步太晚，基础薄弱，目前仍处于创业阶段，再加上管理体制、消费者意识等一些方面的因素，该行业的发展还受到以下几个因素的制约。

1. 缺乏完备的零部件供给系统

重要、关键、要害零部件是中国工程机械行业的软肋，2009 年需求高峰的时候，国外重点零部件供给商受金融危机的影响，延长供货周期，很多国内企业受制于此，错失了发展机遇。现阶段，由于整机市场的持续火爆，重点零部件供给仍然紧张，一方面延长了采购时间，另一方面增加了采购成本。再制造的发展必须以完备的零部件供给为依托，否则无论从成本角度还是技术角度都很难达到市场要求，对比新机没有竞争力可言。

2. 再制造"原料"不足

这里的原料指退出市场，进入再制造流程的旧机。中国工程机械消费者主要以个人用户为主，并且没有强制淘汰制度。这就决定了中国的工程机械产品往往使用过度，很难适合再制造的要求。还有一点就是中国市场充斥着大量的低成本、劣质零部件，用户出于成本考虑，机器坏了，往往会选择这样的部件进行更换继续使用，很难进入再制造流程。

3. 代理商技术水平落后，阻碍市场发展

代理商是真正贴近终端用户的，是再制造环节的重要参与主体，他们可以较轻易地获得再制造的原料，并且对客户使用过的旧机情况有一定了解。但是到目前为止，代理商再制造技术水平有限，很难生产出真正符合市场需求的再制造产品，返回厂家，物流成本又成为一个不得不考虑的因素。再有一点，再制造过程复杂、环节众多，但利润的获得又得不到保证，代理商几乎没有动力去开发市场。

4. 中国消费者较难接受再制造产品

中国人喜欢新东西，尤其是个人消费者，宁愿多花些钱买台新机，也不愿意选择再制造产品。当然，这与中国制造的产品质量有关，消费者认为购买这样的产品有风险。所以，在中国推行再制造产品，首先要转变消费者的观念，培养消费习惯。还有一点必须先行，就是提高产品质量，新机产品问题不断，再制造产品怎么能让消费者安心购买呢。

5. 中国厂家在再制造领域存在明显短板

卡特彼勒针对再制造提出了"要害零部件全生命周期"的概念，即在制造新机的过程中就要为未来旧机的再制造做好预备，通过模块化生产使产品易于拆分，使得要害零部件得到循环利用。中国企业现在的主要精力还在攻城略地、抢占市场份额上，要害零部件的生产技术远远落后于国外企业，站到与卡特彼勒同样的高度去思考再制造，显得有些茫然。

6. 配套政策不够完善

目前国家按照制造业的政策来管理再制造，使得企业受到政府具体政策的牵制比较大，比如增值税问题没法解决，如果按照 17%增值税率，从事再制造的厂家基本没有太大利润空间。再比如，企业要对废旧发动机进行再制造，而发动机固定的号码没办法更改，再制造后生产的发动机就无法像正常商品一样流转。另外，国外将旧品送到我国再制造，如同来件加工，但国家目前的政策是将其作为洋垃圾对待，这样就卡住了国内从事对外零部件再制造企业的进货渠道。

7. 再制造的技术人才比较匮乏

我国目前再制造业界的设备管理、专业技术人才比较缺乏。现在的机械设备越来越复杂，自动化程度越来越高，而高技术维修和再制造也不是以往的换换零件、修修补补等简单工序，而要融入工程机械、自动化控制、材料处理等交叉学科，需要更高层次的专业人才。而且，再制造业天生就很脏很累，所以很少有人愿意干。再制造过程的第一步就是回收清理废旧机械设备，这些废旧设备在清洗过程中有大量油腻，很多年轻人知难而退。当前的工资制度也不尽合理，国外维修工工资都比操作工高，而国内正好相反，这也制约了国内再制造业拢聚人力资源途径。

但是，我们必须清醒地认识到，中国开展再制造已经有了一定的基础，在倡导节能减排、循环经济的大环境下，再制造获得了政策的大力支持，部分龙头企业、代理商已经迈出实质性的一步。近几年，伴随新机销售火爆，工程机械产品保有量持续攀升，旧机、二手机市场容量快速膨胀，为再制造业务开展提供了最坚实的基础。从发展趋势上看，再制造在中国有美好的发展前景。当然，此过程不会是一蹴而就，还有很多问题有待解决。

本章小结

本章介绍了再制造的基本概念，重点叙说了再制造生产中应用的先进技术，最后一节分析了我国工程机械再制造的有利环境和制约因素。

1. 什么是再制造？
2. 分析再制造和可持续发展之间的关系。
3. 举例说明 2～3 项在再制造工程中应用的先进表面工程技术。
4. 试分析我国工程机械再制造业应走什么样的道路。

参考文献

[1] 魏富海. 现代工程机械故障诊断与排除、维护及检修技术实务全书 [M]. 天津：天津电子出版社，2004.

[2] 戴玉绵. 工程机械修理学 [M]. 北京：中国铁道出版社，1996.

[3] 许安，崔崇学. 工程机械维修 [M]. 北京：人民交通出版社，2004.

[4] 邝朴生. 设备诊断工程 [M]. 北京：中国农业科技出版社，1997.

[5] 张庆荣. 工程机械修理学 [M]. 北京：人民交通出版社，1982.

[6] 中国机械工程教育协会. 汽车检测与维修 [M]. 北京：机械工业出版社，2001.

[7] 浦维达. 汽车可靠性工程 [M]. 北京：机械工业出版社，1986.

[8] 戴冠军. 汽车维修工程 [M]. 北京：人民交通出版社，1999.

[9] [美] J. 厄尔贾维克. 汽车构造与检测 [M]. 叶淑贞，译. 北京：机械工业出版社，1999.

[10] 徐滨士. 绿色再制造工程设计基础及关键技术 [J]. 中国表面工程，2001，2.

北京大学出版社教材书目

✧ 欢迎访问教学服务网站 www.pup6.cn，免费查阅下载已出版教材的电子书(PDF 版)、电子课件和相关教学资源。

✧ 欢迎征订投稿。联系方式：010-62750667，童编辑，13426433315@163.com，pup_6@163.com，欢迎联系。

序号	书　　名	标准书号	主　　编	定价	出版日期
1	机械设计	978-7-5038-4448-5	郑　江，许　瑛	33	2007.8
2	机械设计	978-7-301-15699-5	吕　宏	32	2009.9
3	机械设计	978-7-301-17599-6	门艳忠	40	2010.8
4	机械设计	978-7-301-21139-7	王贤民，霍仕武	49	2012.8
5	机械原理	978-7-301-11488-9	常治斌，张京辉	29	2008.6
6	机械原理	978-7-301-15425-0	王跃进	26	2010.7
7	机械原理	978-7-301-19088-3	郭宏亮，孙志宏	36	2011.6
8	机械原理	978-7-301-19429-4	杨松华	34	2011.8
9	机械设计基础	978-7-5038-4444-2	曲玉峰，关晓平	27	2008.1
10	机械设计课程设计	978-7-301-12357-7	许　瑛	35	2012.7
11	机械设计课程设计	978-7-301-18894-1	王　慧，吕　宏	30	2011.5
12	机电一体化课程设计指导书	978-7-301-19736-3	王金娥　罗生梅	35	2012.1
13	机械工程专业毕业设计指导书	978-7-301-18805-7	张黎骅，吕小荣	22	2012.5
14	机械创新设计	978-7-301-12403-1	丛晓霞	32	2010.7
15	机械系统设计	978-7-301-20847-2	孙月华	32	2012.7
16	机械设计基础实验及机构创新设计	978-7-301-20653-9	邹旻	28	2012.6
17	TRIZ 理论机械创新设计工程训练教程	978-7-301-18945-0	蒯苏苏，马履中	45	2011.6
18	TRIZ 理论及应用	978-7-301-19390-7	刘训涛，曹　贺 陈国晶	35	2011.8
19	创新的方法——TRIZ 理论概述	978-7-301-19453-9	沈萌红	28	2011.9
20	机械 CAD 基础	978-7-301-20023-0	徐云杰	34	2012.2
21	AutoCAD 工程制图	978-7-5038-4446-9	杨巧绒，张克义	20	2011.4
22	工程制图	978-7-5038-4442-6	戴立玲，杨世平	27	2012.2
23	工程制图	978-7-301-19428-7	孙晓娟，徐丽娟	30	2012.5
24	工程制图习题集	978-7-5038-4443-4	杨世平，戴立玲	20	2008.1
25	机械制图(机类)	978-7-301-12171-9	张绍群，孙晓娟	32	2009.1
26	机械制图习题集(机类)	978-7-301-12172-6	张绍群，王慧敏	29	2007.8
27	机械制图(第 2 版)	978-7-301-19332-7	孙晓娟，王慧敏	38	2011.8
28	机械制图习题集(第 2 版)	978-7-301-19370-7	孙晓娟，王慧敏	22	2011.8
29	机械制图	978-7-301-21138-0	张　艳，杨晨升	37	2012.8
30	机械制图与 AutoCAD 基础教程	978-7-301-13122-0	张爱梅	35	2011.7
31	机械制图与 AutoCAD 基础教程习题集	978-7-301-13120-6	鲁　杰，张爱梅	22	2010.9
32	AutoCAD 2008 工程绘图	978-7-301-14478-7	赵润平，宗荣珍	35	2009.1
33	AutoCAD 实例绘图教程	978-7-301-20764-2	李庆华，刘晓杰	32	2012.6
34	工程制图案例教程	978-7-301-15369-7	宗荣珍	28	2009.6
35	工程制图案例教程习题集	978-7-301-15285-0	宗荣珍	24	2009.6
36	理论力学	978-7-301-12170-2	盛冬发，闫小青	29	2012.5
37	材料力学	978-7-301-14462-6	陈忠安，王　静	30	2011.1

38	工程力学(上册)	978-7-301-11487-2	毕勤胜，李纪刚	29	2008.6
39	工程力学(下册)	978-7-301-11565-7	毕勤胜，李纪刚	28	2008.6
40	液压传动	978-7-5038-4441-8	王守城，容一鸣	27	2009.4
41	液压与气压传动	978-7-301-13129-4	王守城，容一鸣	32	2012.1
42	液压与液力传动	978-7-301-17579-8	周长城等	34	2010.8
43	液压传动与控制实用技术	978-7-301-15647-6	刘　忠	36	2009.8
44	金工实习(第2版)	978-7-301-16558-4	郭永环，姜银方	30	2012.5
45	机械制造基础实习教程	978-7-301-15848-7	邱　兵，杨明金	34	2010.2
46	公差与测量技术	978-7-301-15455-7	孔晓玲	25	2011.8
47	互换性与测量技术基础(第2版)	978-7-301-17567-5	王长春	28	2010.8
48	互换性与技术测量	978-7-301-20848-9	周哲波	35	2012.6
49	机械制造技术基础	978-7-301-14474-9	张　鹏，孙有亮	28	2011.6
50	机械制造技术基础	978-7-301-16284-2	侯书林　张建国	32	2012.8
51	先进制造技术基础	978-7-301-15499-1	冯宪章	30	2011.11
52	先进制造技术	978-7-301-20914-1	刘　璇，冯　凭	28	2012.8
53	机械精度设计与测量技术	978-7-301-13580-8	于　峰	25	2008.8
54	机械制造工艺学	978-7-301-13758-1	郭艳玲，李彦蓉	30	2008.8
55	机械制造工艺学	978-7-301-17403-6	陈红霞	38	2010.7
56	机械制造工艺学	978-7-301-19903-9	周哲波，姜志明	49	2012.1
57	机械制造基础(上)——工程材料及热加工工艺基础(第2版)	978-7-301-18474-5	侯书林，朱　海	40	2011.1
58	机械制造基础(下)——机械加工工艺基础(第2版)	978-7-301-18638-1	侯书林，朱　海	32	2012.5
59	金属材料及工艺	978-7-301-19522-2	于文强	44	2011.9
60	金属工艺学	978-7-301-21082-6	侯书林，于文强	32	2012.8
61	工程材料及其成形技术基础	978-7-301-13916-5	申荣华，丁　旭	45	2010.7
62	工程材料及其成形技术基础学习指导与习题详解	978-7-301-14972-0	申荣华	20	2009.3
63	机械工程材料及成形基础	978-7-301-15433-5	侯俊英，王兴源	30	2012.5
64	机械工程材料	978-7-5038-4452-3	戈晓岚，洪　琢	29	2011.6
65	机械工程材料	978-7-301-18522-3	张铁军	36	2012.5
66	工程材料与机械制造基础	978-7-301-15899-9	苏子林	32	2009.9
67	控制工程基础	978-7-301-12169-6	杨振中，韩致信	29	2007.8
68	机械工程控制基础	978-7-301-12354-6	韩致信	25	2008.1
69	机电工程专业英语(第2版)	978-7-301-16518-8	朱　林	24	2012.5
70	机床电气控制技术	978-7-5038-4433-7	张万奎	26	2007.9
71	机床数控技术(第2版)	978-7-301-16519-5	杜国臣，王士军	35	2011.6
72	自动化制造系统	978-7-301-21026-0	辛宗生，魏国丰	37	2012.8
73	数控机床与编程	978-7-301-15900-2	张洪江，侯书林	25	2011.8
74	数控技术	978-7-301-21144-1	吴瑞明	28	2012.9
75	数控加工技术	978-7-5038-4450-7	王　彪，张　兰	29	2011.7
76	数控加工与编程技术	978-7-301-18475-2	李体仁	34	2012.5
77	数控编程与加工实习教程	978-7-301-17387-9	张春雨，于　雷	37	2011.9
78	数控加工技术及实训	978-7-301-19508-6	姜永成，夏广岚	33	2011.9
79	数控编程与操作	978-7-301-20903-5	李英平	26	2012.8
80	现代数控机床调试及维护	978-7-301-18033-4	邓三鹏等	32	2010.11
81	金属切削原理与刀具	978-7-5038-4447-7	陈锡渠，彭晓南	29	2012.5
82	金属切削机床	978-7-301-13180-0	夏广岚，冯　凭	28	2012.7
83	典型零件工艺设计	978-7-301-21013-0	白海清	34	2012.8
84	工程机械检测与维修	978-7-301-21185-4	卢彦群	45	2012.9

85	精密与特种加工技术	978-7-301-12167-2	袁根福，祝锡晶	29	2011.12
86	逆向建模技术与产品创新设计	978-7-301-15670-4	张学昌	28	2009.9
87	CAD/CAM 技术基础	978-7-301-17742-6	刘　军	28	2012.5
88	CAD/CAM 技术案例教程	978-7-301-17732-7	汤修映	42	2010.9
89	Pro/ENGINEER Wildfire 2.0 实用教程	978-7-5038-4437-X	黄卫东，任国栋	32	2007.7
90	Pro/ENGINEER Wildfire 3.0 实例教程	978-7-301-12359-1	张选民	45	2008.2
91	Pro/ENGINEER Wildfire 3.0 曲面设计实例教程	978-7-301-13182-4	张选民	45	2008.2
92	Pro/ENGINEER Wildfire 5.0 实用教程	978-7-301-16841-7	黄卫东，郝用兴	43	2011.10
93	Pro/ENGINEER Wildfire 5.0 实例教程	978-7-301-20133-6	张选民，徐超辉	52	2012.2
94	SolidWorks 三维建模及实例教程	978-7-301-15149-5	上官林建	30	2009.5
95	UG NX6.0 计算机辅助设计与制造实用教程	978-7-301-14449-7	张黎骅，吕小荣	26	2011.11
96	Cimatron E9.0 产品设计与数控自动编程技术	978-7-301-17802-7	孙树峰	36	2010.9
97	Mastercam 数控加工案例教程	978-7-301-19315-0	刘　文，姜永梅	45	2011.8
98	应用创造学	978-7-301-17533-0	王成军，沈豫浙	26	2012.5
99	机电产品学	978-7-301-15579-0	张亮峰等	24	2009.8
100	品质工程学基础	978-7-301-16745-8	丁　燕	30	2011.5
101	设计心理学	978-7-301-11567-1	张成忠	48	2011.6
102	计算机辅助设计与制造	978-7-5038-4439-6	仲梁维，张国全	29	2007.9
103	产品造型计算机辅助设计	978-7-5038-4474-4	张慧姝，刘永翔	27	2006.8
104	产品设计原理	978-7-301-12355-3	刘美华	30	2008.2
105	产品设计表现技法	978-7-301-15434-2	张慧姝	42	2012.5
106	产品创意设计	978-7-301-17977-2	虞世鸣	38	2012.5
107	工业产品造型设计	978-7-301-18313-7	袁涛	39	2011.1
108	化工工艺学	978-7-301-15283-6	邓建强	42	2009.6
109	过程装备机械基础	978-7-301-15651-3	于新奇	38	2009.8
110	过程装备测试技术	978-7-301-17290-2	王毅	45	2010.6
111	过程控制装置及系统设计	978-7-301-17635-1	张早校	30	2010.8
112	质量管理与工程	978-7-301-15643-8	陈宝江	34	2009.8
113	质量管理统计技术	978-7-301-16465-5	周友苏，杨　飒	30	2010.1
114	人因工程	978-7-301-19291-7	马如宏	39	2011.8
115	工程系统概论——系统论在工程技术中的应用	978-7-301-17142-4	黄志坚	32	2010.6
116	测试技术基础(第 2 版)	978-7-301-16530-0	江征风	30	2010.1
117	测试技术实验教程	978-7-301-13489-4	封士彩	22	2008.8
118	测试技术学习指导与习题详解	978-7-301-14457-2	封士彩	34	2009.3
119	可编程控制器原理与应用(第 2 版)	978-7-301-16922-3	赵　燕，周新建	33	2010.3
120	工程光学	978-7-301-15629-2	王红敏	28	2012.5
121	精密机械设计	978-7-301-16947-6	田　明，冯进良等	38	2011.9
122	传感器原理及应用	978-7-301-16503-4	赵　燕	35	2010.2
123	测控技术与仪器专业导论	978-7-301-17200-1	陈毅静	29	2012.5
124	现代测试技术	978-7-301-19316-7	陈科山，王燕	43	2011.8
125	风力发电原理	978-7-301-19631-1	吴双群，赵丹平	33	2011.10
126	风力机空气动力学	978-7-301-19555-0	吴双群	32	2011.10
127	风力机设计理论及方法	978-7-301-20006-3	赵丹平	32	2012.1